Gerhard Spaethe

Die Sicherheit tragender Baukonstruktionen

Zweite, neubearbeitete Auflage

Springer-Verlag Wien New York

Prof. Dr.-Ing. habil. Gerhard Spaethe

Institut für Erhaltung und Modernisierung von Bauwerken
Berlin, Bundesrepublik Deutschland

Printed in Germany by Maxim Gorki-Druck GmbH, O-7400 Altenburg
Gedruckt auf säurefreiem Papier

Mit 70 Abbildungen

Die Deutsche Bibliothek – CIP-Einheitsaufnahme

Spaethe, Gerhard:
Die Sicherheit tragender Baukonstruktionen / Gerhard Spaethe.
– 2., neubearb. Aufl. – Wien; New York: Springer, 1992
ISBN 3-211-82348-4 (Wien)
ISBN 0-387-82348-4 (New York)

ISBN 3-211-82348-4 Springer-Verlag Wien New York
ISBN 0-387-82348-4 Springer-Verlag New York Wien

ISBN 3-345-00194-2 1. Aufl. VEB Verlag für Bauwesen Berlin

Vorwort zur ersten Auflage

Die Zuverlässigkeitstheorie der tragenden Baukonstruktionen hat sich im letzten Jahrzehnt rasch von einem Gegenstand der wissenschaftlichen Forschung zu einem wirksamen Hilfsmittel für die Lösung von baupraktischen Sicherheits- und Zuverlässigkeitsproblemen entwickelt. Insbesondere stehen heute Näherungsverfahren zur Berechnung von Versagenswahrscheinlichkeiten und Sicherheitsindizes zur Verfügung, mit denen auch komplizierte Grenzzustandsfunktionen mit vielen Zufallsgrößen behandelt werden können. Auch auf dem wichtigen Gebiet der Lastkombination und der Berechnung von Systemen mit mehreren Versagensmechanismen sind erhebliche Fortschritte erzielt worden.

Bisher hat jedoch die Anwendung der Methoden nicht mit der raschen Entwicklung auf theoretischem Gebiet Schritt halten können. Mit dem vorliegenden Buch soll versucht werden, diese neuen Methoden zusammengefaßt darzustellen, um sie einem breiteren Kreis von Ingenieuren näherzubringen und um so die Anwendung, insbesondere auf Sicherheitsfestlegungen der Normen zu fördern.

Ein Schwerpunkt der Ausführungen ist die Darstellung der Verfahren der Zuverlässigkeitstheorie der tragenden Konstruktionen im Abschnitt 3. Dabei wird besonderes Gewicht auf die Näherungslösungen der Zuverlässigkeitstheorie 1. Ordnung gelegt, die zukünftig sicherlich größere praktische Bedeutung erlangen werden. Die Ausführungen beschränken sich auf statische Probleme, auf Zufallsschwingungen wird nicht eingegangen. Dem Ingenieur, der mit dieser Materie noch nicht vertraut ist, wird die Vielzahl der theoretischen Möglichkeiten vielleicht etwas verwirrend erscheinen. Er könnte zur Erleichterung des Verständnisses beim ersten Studium des Buches eventuell die Abschnitte über Zufallsfunktionen, über stochastisch abhängige Basisvariable, über die Monte-Carlo-Methode, über Probleme mit mehreren zeitabhängigen Basisvariablen und über Systeme übergehen.

Den Methoden der Zuverlässigkeitstheorie werden im 4. Abschnitt die baupraktischen Sicherheitsmodelle der Normen – sowohl die traditionellen Vorgehensweisen wie auch das moderne Konzept der Methode der Grenzzustände mit Teilsicherheitsbeiwerten – gegenübergestellt. Zwischen diesen und der Zuverlässigkeitstheorie wird im Abschnitt 5 eine Verbindung hergestellt und ein Überblick über Möglichkeiten zur Berechnung von Teilsicherheitsbeiwerten mit zuverlässigkeitstheoretischen Hilfsmitteln gegeben. Neben einer direkten Anwendung auf Tragwerke mit sehr hohem Sicherheitsanspruch wird zukünftig die indirekte Anwendung auf die Sicherheitsfestlegungen der Normen größere Bedeutung erlangen.

Das Verständnis der Zuverlässigkeitstheorie erfordert gewisse Kenntnisse in Wahrscheinlichkeitsrechnung und Statistik. Um hier den Einstieg zu erleichtern, sind im Abschnitt 2 einige Ergebnisse der Wahrscheinlichkeitsrechnung kurz zusammengestellt, auf die in den späteren Ausführungen Bezug genommen wird. Dabei wird auf solche Gebiete eingegangen, die in den Lehrbüchern der Wahrscheinlichkeitsrechnung nicht oder nur sehr kurz behandelt werden, z. B. die Theorie der Extremwertverteilungen und verschiedene für die Lastbeschreibung wichtige Zufallsprozesse. Ergänzend dazu werden im Anhang II für wenige Typen von Wahrscheinlichkeitsverteilungen recht umfassende Formelzusammenstellungen gegeben, um Anwendungsrechnungen zu erleichtern. Auf Probleme der Statistik wird nicht eingegangen. Dem Leser, der keine Übung auf diesem Gebiet der Mathematik hat, wird die ergänzende Beschäftigung mit einem Lehrbuch der Wahrscheinlichkeitsrechnung empfohlen.

Zuverlässigkeitstheoretische Berechnungen stellen auch höhere Anforderungen an die Eingangsdaten, die als Zufallsgrößen oder Zufallsfunktionen auftreten. Im letzten Abschnitt wird versucht, einige Informationen über Verteilungstypen und statistische Parameter für die wichtigsten Baumaterialien und Lasten zusammenzustellen. Dieser Abschnitt ist als Versuch zu werten, gewisse Anhaltspunkte über die Größenordnungen der Streuungen und über die Verteilungstypen zu geben. Er kann keinesfalls eigene Bemühungen zur Datenbeschaffung als Grundlage für zuverlässigkeitstheoretische Untersuchungen ersetzen.

Zur Erleichterung des Verständnisses der Theorie werden Anwendungsbeispiele gerechnet. Diese sind so ausgewählt, daß das mechanische Problem extrem einfach ist. Das Verständnis des stochastischen Modells soll nicht durch komplizierte mechanische Modelle belastet werden. Dadurch entsteht allerdings die Gefahr der Verharmlosung der in dieser Problematik enthaltenen und bei praktischen Anwendungen sicher hervortretenden Schwierigkeiten. Einige Beispiele werden mehrfach gerechnet, um einen Vergleich der verschiedenen Methoden zu ermöglichen.

Ich bedanke mich bei allen Fachkollegen, die mich durch Diskussionen und hilfreiche Hinweise unterstützten. Mein besonderer Dank gilt Herrn Dr.-Ing. *Karl Elbinger* vom Institut für Ingenieur- und Tiefbau der Bauakademie, der es freundlicherweise übernommen hatte, den Abschnitt 6.2.4. „Baugrund“ zu schreiben, Herrn Dr. sc. techn. *Wolfgang Graße* vom Forschungsinstitut des Metalleichtbaukombinats, Herrn Dr. sc. nat. *Hermann Friedrich* vom Institut für Mechanik der Akademie der Wissenschaften und Herrn Dipl.-Ing. *Hans-Jürgen Rädisch* vom Institut für Heizung, Lüftung und Grundlagen der Bautechnik der Bauakademie, die alle das Manuskript sorgfältig gelesen und mir viele wertvolle Hinweise für die Endfassung gegeben haben. Ich bedanke mich ferner bei Frau Dr.-Ing. *Doris Greiner-Mai,* die als Lektorin im Verlag für Bauwesen der hier behandelten Problematik sehr aufgeschlossen gegenübersteht und wesentlich zum schnellen Erscheinen des Buches beigetragen hat. Bei Frau *Hildegard Szengel* bedanke ich mich für die sorgfältige Abschrift des Manuskriptes.

Gerhard Spaethe

Vorwort zur zweiten Auflage

Die erste Auflage im Jahre 1987 war schon nach einem knappen Jahr vergriffen, wobei der Schwerpunkt des Absatzes auf das Gebiet der ehemaligen DDR beschränkt blieb. Das große Interesse, das dem Buch entgegengebracht wurde, ließ es gerechtfertigt erscheinen, jetzt eine zweite gründlich überarbeitete Auflage herauszubringen.

Die Gliederung wurde beibehalten, lediglich ein kurzer Abschnitt über Besonderheiten des Sicherheitsnachweises bestehender Baukonstruktionen wurde hinzugefügt.

Außer zahlreichen kleineren Verbesserungen sind folgende Buchteile wesentlich ergänzt oder verändert worden:

Die Darstellung der baupraktischen Sicherheitsmodelle nach der Methode der Grenzzustände war in der ersten Auflage auf die Verhältnisse in den osteuropäischen Ländern orientiert und wurde nun auf die Grundlagen des Eurocodes umgestellt. Das bedeutete sehr viele Änderungen im Detail, im Sprachgebrauch, in den Bezeichnungen, weniger in den Prinzipien. Der Abschnitt wurde völlig neu geschrieben und insbesondere die Ausführungen zur Lastkombination erweitert.

Es wurde eine etwas ausführlichere Darstellung der Zuverlässigkeitstheorie 2. Ordnung und eine Erläuterung durch ein Beispiel aufgenommen.

Der Abschnitt über die Monte-Carlo-Methode wurde überarbeitet und effektivere varianzmindernde Simulationsverfahren aufgenommen.

Die Tafeln des Anhanges II sind um verschiedene Verteilungstypen erweitert worden, auch um solche, die im Text nicht erläutert sind. Dadurch wird dieser Teil des Buches für Nachschlagezwecke geeigneter.

Es wurde versucht, den Umfang des Buches nicht zu erweitern und den notwendigen Platzbedarf für Erweiterungen durch Streichungen an anderer Stelle zu gewinnen. Beseitigt wurden einige Wiederholungen und einige Beispiele, insbesondere im Abschnitt über die Zuverlässigkeitstheorie 1. Ordnung.

Ich möchte mich bedanken bei Herrn Dr.-Ing. *Karl Elbinger,* der den Abschnitt Baugrund auf den neuesten Stand gebracht hat und Herrn Dipl.-Ing. *Sieghard Pohl,* der mir wichtige Hinweise für die Überarbeitung des Teils Fahrzeuglasten des Straßenverkehrs gegeben hat. Weiter gilt mein Dank Herrn Dipl.-Ing. *Hans-Jürgen Rädisch* für die Durchsicht des Manuskriptes und für viele Hinweise und Verbesserungsvorschläge. Frau Annemarie *Russkoff* danke ich für das sorgfältige Schreiben des Manuskriptes.

Ich bin dem Springer-Verlag Wien zu besonderem Dank verpflichtet, der es nach der politischen Wende, die auch zu grundlegenden Strukturveränderungen in der Verlagslandschaft der ostdeutschen Länder geführt hat, freundlicherweise übernommen hat, die zweite Auflage herauszubringen.

Zeuthen, im November 1991 Gerhard Spaethe

Inhaltsverzeichnis

1 Einführung

Bauwerke müssen ihre Zweckbestimmung während der vorgesehenen Nutzungsdauer erfüllen. Das heißt, mit hoher Wahrscheinlichkeit müssen sie allen äußeren Einwirkungen, denen sie während des Baus und der Nutzung ausgesetzt sein sein können, standhalten. So haben sie den mechanischen Beanspruchungen, aber auch chemischen, biologischen und klimatischen Einwirkungen ohne Verlust der Tragfähigkeit und ohne Einschränkung der Gebrauchstauglichkeit zu widerstehen.

Die Maßnahmen, die heute im Bauwesen zur Gewährleistung der Tragwerkssicherheit ergriffen werden, lassen sich in drei verschiedene Strategien einteilen, die zeitlich nacheinander wirken.

1. Schaffung eines ausreichenden Sicherheitsabstandes zwischen Beanspruchung und Beanspruchbarkeit
2. Maßnahmen zur Vermeidung menschlicher Fehlhandlungen
3. Maßnahmen zur Begrenzung des Schadensausmaßes.

Diese sollen im folgenden näher betrachtet werden.

1.1 Sicherheitsabstand zwischen Beanspruchung und Beanspruchbarkeit

Im Projekt müssen die Abmessungen der Konstruktion und die zu verwendeten Materialien so festgelegt werden, daß während der gesamten Nutzungsdauer des Tragwerkes mit sehr hoher Wahrscheinlichkeit die Beanspruchbarkeit R größer als die Beanspruchung S ist.

$$S \leqq R, \qquad Z = R - S \geqq 0. \tag{1.1}$$

Die Beanspruchung S ist fast immer eine Funktion der Zeit, und so lange diese das Niveau der Beanspruchbarkeit (des inneren Widerstandes) R nicht überschreitet, tritt ein Versagensfall nicht auf.

Die Differenz $R - S$ wird Sicherheitsabstand oder Sicherheitszone Z genannt. Im versagensfreien Zustand ist der Sicherheitsabstand positiv.

Die Erfüllung der Ungleichung (1.1) wäre trivial, hätte der Ingenieur nicht gleichzeitig die entgegengesetzt gerichtete Forderung nach hoher Wirtschaftlichkeit und geringem Materialeinsatz zu erfüllen. Fast immer läßt sich mit

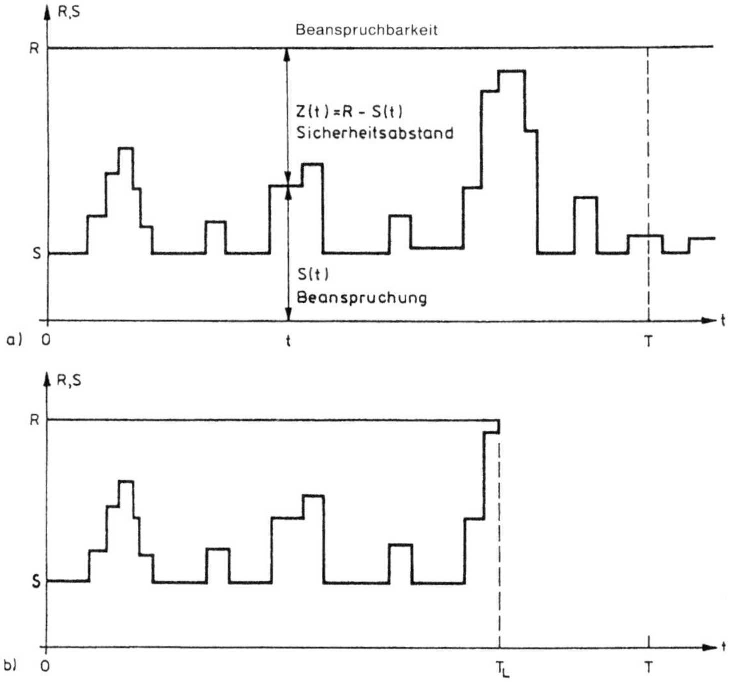

Abb. 1.1. Beispiel für die Realisierung des zeitlichen Verlaufs von Beanspruchung S und Beanspruchbarkeit R in einem Querschnitt;

a kein Versagen in der Nutzungsdauer T,

b Versagen zum Zeitpunkt $T_L < T$ infolge Überschreitens des Niveaus R durch die Beanspruchung S

größeren Querschnittswerten ein höheres Niveau der Beanspruchbarkeit und damit ein größerer Sicherheitsabstand erreichen. Umgekehrt sind durch Abbau von Sicherheitsreserven Materialeinsparungen erzielbar.

Das Bestreben, wirtschaftlich zu bauen, zwingt den konstruierenden Ingenieur, den Sicherheitsabstand so gering wie möglich zu halten.

Nun sind ihm aber weder R noch S genau bekannt, da beide Größen erst in der Zukunft existieren. Weder kennt der Ingenieur die während der künftigen Nutzungszeit auf das Bauwerk einwirkenden tatsächlichen Lasten noch die Eigenschaften des von ihm projektierten, noch gar nicht vorhandenen Bauwerkes.

Das heißt, der Ingenieur geht im Bemessungsprozeß ein gewisses Risiko ein; er muß Entscheidungen unter den Bedingungen der Ungewißheit treffen. Um dieses Risiko zu mindern, schafft er sich Hilfsmittel, die ihm eine ungefähre Auskunft über das zukünftige Tragverhalten geben sollen.

Wichtigstes Hilfsmittel ist die statische Berechnung. In ihr macht er Annahmen über die zu erwartenden Lasten und verfolgt den Verlauf der inneren Kräfte mit den theoretischen Modellen der technischen Mechanik, Festigkeitslehre, Elastizitätstheorie, Plastizitätstheorie usw. Er vergleicht die inneren Kräfte mit den Eigenschaften der vorgesehenen Baustoffe und trifft auf dieser Grundlage Entscheidungen.

Die statische Berechnung hat damit Prognosecharakter. Sie sagt etwas über das Verhalten eines Tragwerkes aus, das noch gar nicht existiert. Zwischen der theoretischen Modellvorstellung einer statischen Berechnung und der künftigen Realität während der Nutzungsdauer kann natürlich keine exakte Übereinstimmung bestehen. Die Abweichungen zwischen der theoretischen Vorhersage des Projektanten und der zukünftigen Realität des Bauwerksverhaltens lassen sich in zwei Gruppen einteilen:

1. systematische Abweichungen und
2. zufällige Abweichungen.

Systematische Abweichungen oder Modellungenauigkeiten entstehen durch Unzulänglichkeiten der Berechnungsverfahren. Jedes theoretische Modell muß eine Reihe von vereinfachten Annahmen enthalten. Die Theorie muß sich auf die wesentlichen Einflüsse konzentrieren und weniger wichtige Einflüsse vernachlässigen, um nicht durch zu große Kompliziertheit die Anwendung der Theorie überhaupt in Frage zu stellen. Jede Vernachlässigung bedeutet aber im Vergleich zur Realität einen gewissen Fehler. Eine Verminderung der systematischen Abweichungen im mechanischen Modell ist Aufgabe der klassischen Gebiete der Baumechanik. In den letzten Jahrzehnten haben sich unter dem Einfluß der raschen Entwicklung der Computertechnik mechanische Modelle von hoher Vollkommenheit entwickelt, so daß heute für viele Konstruktionen ausgefeilte Hilfmittel zur Verfügung stehen, um für vorgegebene Lasten den inneren Kräfteverlauf und die Tragfähigkeit mit recht hoher Genauigkeit zu ermitteln.

In den praktischen Berechnungen wird stets mit deterministischen Theorien und festen Größen oder Variablen gerechnet. Demgegenüber hat aber die Realität einen stochastischen Charakter.

Die Eigenschaften der Baumaterialien eines Tragwerkes streuen mehr oder weniger um ihren Mittelwert. In noch stärkerem Maße gilt das für die Baugrundeigenschaften. Auch die Geometrie des Tragwerkes und die Eigenschaften der Verbindungen sind vom Zufall beeinflußt. Die auf das Tragwerk einwirkenden äußeren Belastungen sind Zufallsfunktionen der Zeit. Derartige zufällige oder stochastische Abweichungen sind bis zu einem gewissen Grade unvermeidlich und auch vom Menschen nur in engen Grenzen beeinflußbar.

Die Berücksichtigung der zufälligen Erscheinungen erfolgt durch stochastische Modelle auf der Grundlage von Stichproben. Zuverlässige statistische Aussagen erfordern aber in der Regel einen sehr großen Stichprobenumfang, der in der Praxis oft nicht vorhanden ist. So entsteht durch den Mangel an statistischen Informationen eine weitere Quelle der Ungewißheit, mit der sich der Ingenieur auseinanderzusetzen hat.

Der Einfluß der zufälligen Streuungen auf die Sicherheit und Zuverlässigkeit eines Tragwerkes ist daher nur mit Methoden der mathematischen Statistik und Wahrscheinlichkeitsrechnung erfaßbar. Die wissenschaftliche Erforschung dieser Problematik ist Inhalt der Zuverlässigkeitstheorie der tragenden Konstruktionen.

Für die Praxis müssen die Zusammenhänge jedoch stark vereinfacht werden. In den Normen werden die zufälligen Einflüsse durch die sogenannten Sicherheitselemente – das sind die charakteristischen Werte und die Sicherheits- bzw. Teilsicherheitsbeiwerte – abgedeckt.

Mit der Einführung von Sicherheitsnachweisen mit wirklichkeitsnahen mechanischen Modellen und der Gewährleistung eines ausreichenden Sicherheitsabstandes $Z = R - S$ zur Berücksichtigung stochastischer Einflüsse wird in der Projektierungsphase ein Entwurf erzielt, bei dessen projektgemäßer, fehlerfreier Ausführung die Sicherheit gewährleistet ist.

1.2 Maßnahmen zur Vermeidung menschlicher Fehlhandlungen

Analysen eingetretener Schäden zeigen, daß die Mehrzahl der Versagensfälle durch Fehler der am Bau beteiligten Menschen verursacht wird [1.1 bis 1.6]. Fehlerhafte Handlungen der Menschen oder auch das Unterlassen notwendiger Handlungen sind der Grund für die meisten Versagensfälle.

Als eine mögliche Ursache kann der mangelnde Wissensstand des einzelnen auftreten. In einer Zeit der ständigen Erweiterung und Erneuerung der wissenschaftlich-technischen Kenntnisse und praktischen Erfahrungen wird es für den einzelnen immer schwieriger, sich dieses ständig wandelnde und sich erweiternde Wissen auch individuell anzueignen. Lehre, Weiterbildung und Training können hier ganz entscheidend im Sinne der Reduktion von Gefahren wirken.

Die zunehmende Erweiterung des gesellschaftlichen Wissens führt zu einer wachsenden Spezialisierung auf allen Fachgebieten. Immer häufiger arbeiten immer mehr Spezialisten an gemeinsamen Aufgaben, die immer komplizierter und unübersichtlicher werden. Damit gewinnen Information und Kommunikation zwischen den am Bau Beteiligten eine wachsende Bedeutung. Die Gefahr wird größer, daß gewisse Gesichtspunkte völlig unberücksichtigt bleiben, weil sich niemand dafür zuständig fühlt. Hier sind eine risikobewußte Leitungstätigkeit mit einer klaren und lückenlosen Aufteilung der Verantwortung und die Beseitigung von Mängeln im Informationsfluß von erstrangiger Bedeutung für die Bauwerkssicherheit.

Auch menschliche Fehlhandlungen infolge Sorglosigkeit, Nachlässigkeit oder Fahrlässigkeit stellen eine potentielle Gefahr dar. Die Erziehung zu einer hohen Arbeitsmoral mit einem entwickelten Qualitätsbewußtsein, das Wekken des Interesses an einer zuverlässigen Lösung des technischen Problems sind hier entscheidend.

Nur wenige menschliche Fehler sind unvermeidbar und unerkennbar. Wichtigste Hilfsmittel zum Auffinden von Fehlern und Irrtümern sind Kontrolle und Überwachung. Sie sind sozusagen die zweite Verteidigungslinie im Kampf gegen Versagen und Ausfälle, das Netz, in dem durchgeschlüpfte Fehler gefangen werden sollen. Kontrollen haben aber nicht nur die unmittelbare Aufgabe, ungünstige Abweichungen aufzufinden, sehr wichtig ist auch ihre mittelbare psychologische Wirkung auf die Qualität der Bauausführung.

In der Praxis werden die Kontrollen heute weitgehend den persönlichen Erfahrungen, Kenntnissen und Neigungen der Prüfingenieure überlassen. Systematische Anleitungen sind selten. Hier wird es in Zukunft darauf ankommen, effektive Kontrollstrategien zu entwickeln, die den Kontrollaufwand auf solche Probleme richten, die für die Sicherheit von entscheidender Bedeutung sind oder bei denen Fehlhandlungen besonders häufig auftreten.

Hier läßt sich auch aus Erfahrungen in anderen Bereichen der Technik lernen. Im Flugverkehr hat sich die Checkliste als Hilfsmittel für eine lückenlose Kontrolle bewährt. Viele Fehler werden aus reinem Mangel an Aufmerksamkeit der entscheidenden Personen zum maßgebenden Zeitpunkt gemacht. Die Checkliste ist nun eine geordnete Folge von Fragen, bei deren Durchgehen die Aufmerksamkeit des verantwortlichen Prüfers für einige Sekunden auf erfahrungsgemäß häufig eintretende Fehlerquellen gelenkt wird. Eine Checkliste ersetzt nicht die Fachkenntnisse, sie ist nur ein Zusatzspeicher für das Gedächtnis, der das benötigte Wissen bewußt macht, wenn es gebraucht wird. Eine Checkliste ist nicht für Laien bestimmt und braucht auch nicht allgemein verständlich zu sein. Der Prüfer muß die entsprechenden Kenntnisse, aber auch die Autorität besitzen, bei gefundenen Fehlern Maßnahmen zu ihrer Beseitigung durchzusetzen. Im Flugwesen ist es der Pilot selbst, der die Prüfung nach der Checkliste durchführt.

Menschliche Fehlhandlungen werden nicht durch die Sicherheitsabstände der Berechnungsvorschriften abgedeckt. Es gibt heute keine Berechnungsvorschrift, die einen Teilsicherheitsfaktor zur Berücksichtigung von Qualitätsmängeln durch menschliche Fehlhandlungen enthält.

1.3 Maßnahmen zur Begrenzung des Schadensausmaßes

Trotz dieser beiden Strategien zur Gewährleistung der Sicherheit können Versagensfälle nicht völlig ausgschlossen werden. Sei es, daß gewisse Fehler durch das Netz der Kontrollen hindurchschlüpfen, sei es, daß extreme Ereignisse zufällig zusammenfallen oder daß im Nutzungszeitraum extreme Überbelastungen auftreten. Solche Überbelastungen können durch vom Menschen oder die Natur verursachte Katastrophen entstehen, die im Sicherheitsnachweis gar nicht einbezogen sind und völlig unberücksichtigt bleiben. Man denke etwa an die Entstehung von Druckwellen durch Explosionen. Überbelastungen können aber auch durch menschliche Unkenntnis oder Fehlhandlungen im Nutzungsprozeß entstehen.

Kontrolle und Überwachung sind bei den meisten Bauwerken auf die Phasen der Projektierung und Bauausführung beschränkt. Nur bei exponierten Bauwerken, wie z. B. Eisenbahnbrücken, Staudämmen, Kernkraftwerken, erfolgen auch Kontrollen während der Phase der Nutzung. Die Mehrzahl der Bauwerke bleibt nach der Fertigstellung heute noch sich selbst überlassen, und oft ist der Nutzer gar nicht über die zulässigen Lasten informiert.

Trotz rechnerischem Sicherheitsnachweis und trotz Kontrollen während Projektierung und Bauausführung müssen wir davon ausgehen, daß Versagensfälle sich nicht völlig vermeiden lassen und auch tatsächlich eintreten.

Dann bleibt als dritte und letzte Sicherheitsstrategie nur die Möglichkeit, die Konstruktion so zu gestalten, daß im eintretenden Versagensfall die Folgen gemildert, daß insbesondere Todesfälle vermieden werden. Dazu ist die Konstruktion so zu gestalten, daß ein plötzlicher Totalzusammenbruch ohne Vorankündigung des Bruches vermieden wird und so eine rechtzeitige Evakuierung und die Einleitung von Verstärkungsmaßnahmen noch möglich sind.

Dazu gehört die Wahl statischer Systeme, die gewisse Redundanzen besitzen, die verhindern, daß es bei Ausfall eines Elements zu einem plötzlichen und totalen Versagen des Gesamtsystems kommt. Dazu gehört ferner die Verwendung von Baumaterialien und konstruktiven Lösungen, die ein großes Verformungsvermögen besitzen und auch noch im Versagenszustand hohe Formänderungsenergien aufnehmen können. Auch soll sich der Bruchzustand durch Rißbildung oder große Verformungen rechtzeitig auch für den Laien sichtbar ankündigen.

Solche Gedanken sind nicht neu, und solche Maßnahmen wurden vom Bauingenieur schon immer angestrebt. Es sind aber heute Tendenzen erkennbar, diese Prinzipien zu systematisieren und in eine wissenschaftlich ausgearbeitete Form zu bringen. Eine führende Rolle spielen hier die Forschungsarbeiten zur Erdbebensicherheit. So werden in dem CEB-FIP-Vorschlag [1.7] und dem Eurocode 8 [1.8] für den Entwurf seismisch beanspruchter Stahlbetonkonstruktionen die Bauwerke entsprechend ihrer Bedeutung für die Gesellschaft im Falle einer großen Erdbebenkatastrophe in drei Zähigkeitsklassen eingeteilt, für die unterschiedliche konstruktive Regeln und Bemessungsformeln zur Erzielung unterschiedlicher Niveaus der Verformungsfähigkeit im Bruchzustand festgelegt sind.

1.4 Die traditionelle, empirische Sicherheitsanalyse

Der Sicherheitsabstand zwischen Beanspruchung und Beanspruchbarkeit zur Berücksichtigung zufälliger und systematischer Abweichungen wird heute in der Projektierung durch folgende Maßnahmen erzeugt:

1. Durch das Rechnen mit charakteristischen Werten oder Nennwerten, die auf der sicheren Seite liegen. Bei stärker streuenden Lasten führt man Werte

in die Rechnung ein, die nur selten überschritten werden, und bei stärker streuenden Materialeigenschaften setzt man Werte an, die selten unterschritten werden.
2. Die Berechnungsalgorithmen werden mit Annahmen durchsetzt, die auf der sicheren Seite liegen. Bei zweifelhaften Berechnungssituationen wird oft die Annahme bevorzugt, die zu einer höheren Sicherheit bzw. zu einem größeren Querschnitt führt. Dadurch wird erreicht, daß die systematischen Abweichungen sich meist zur sicheren Seite hin erstrecken. Andererseits akkumulieren sich so häufig Sicherheitsreserven in nicht mehr überschaubarer Weise.
3. Der Sicherheitsabstand wird durch die Einführung eines globalen Sicherheitsbeiwertes oder von mehreren Teilsicherheitsbeiwerten vergrößert.
4. Es werden redundante Konstruktionen bevorzugt, die von Haus aus gewisse Sicherheitsreserven besitzen. So werden statisch unbestimmte Systeme und Materialien mit hoher Verformungsfähigkeit, die im Versagenszustand Kräfteumlagerungen gestatten, verwendet.

Die charakteristischen Werte, Nennwerte und Sicherheitsfaktoren werden in Normen festgelegt. Dadurch wird erreicht, daß ein Teil der vom Projektanten im Spannungsfeld zwischen Sicherheit und Wirtschaftlichkeit zu treffenden Entscheidungen vorweggenommen und vom Einzelindividuum auf gesellschaftliche Gremien verlagert wird. Das entlastet den Projektanten teilweise von seiner Verantwortung und gibt ihm einen gewissen juristischen Schutz.

Durch die Normung wird ferner eine Aufteilung der Verantwortlichkeit erzielt. Die Verantwortung zur Gewährleistung der Bauwerkssicherheit wird aufgespalten in die Verantwortung der Materialhersteller und Bauausführenden für die Einhaltung der Materialgüten, in die Verantwortung der Nutzer bzw. gesellschaftlicher Gremien für die Einhaltung oberer Grenzen der Belastungen, in die Verantwortung des Projektanten für Entwurf, Konstruktion und den einwandfreien Nachweis der Einhaltung der vorgeschriebenen Sicherheitsnachweise mit wirklichkeitsnahen mechanischen Modellen und in die Verantwortung von Norm-Gremien und Behörden für die Einhaltung eines von der Gesellschaft akzeptierten Sicherheitsniveaus durch die Festlegung von charakteristischen Werten, Nennwerten, Sicherheits- und Teilsicherheitsbeiwerten.

Worauf beruhen nun die in den Vorschriften niedergelegten Sicherheitsfestlegungen? Man kann für die Mehrzahl der Normen behaupten: Grundlage der Sicherheitsfestlegungen waren bisher die Erfahrungen mit früher ausgeführten Bauwerken. Die Sicherheitsfestlegungen beruhten zum größten Teil nicht auf einer Theorie oder einer Wissenschaft. So wurden z. B. Sicherheitsbeiwerte nicht berechnet, sondern sie wurden von Normgremien diskutiert und festgelegt und von Behörden bestätigt. Basis waren Erfahrung, Gefühl, eventuell der Vergleich mit ausländischen Vorschriften und den Empfehlungen internationaler Gremien.

Betrachten wir den Mechanismus der Erfahrungssammlung etwas genauer. Für diesen Mechanismus ist eine charakteristische Eigenschaft des Sicherheitsproblems von Bedeutung. Es macht sich nur nach einer Richtung, in Richtung zur unsicheren Seite hin bemerkbar. Diese Seite macht durch vermehrte Versagensfälle und kurze Lebensdauer auf sich aufmerksam. Die sichere Seite meldet sich nicht. Konstruktionen mit großen Sicherheitsreserven bewähren sich.

Auf Grund dieser Eigenschaft hat sich ein Mechanismus der Erfahrungssammlung herausgebildet, wie er in Abb. 1.2 dargestellt ist. Der Test auf Sicherheit erfolgt in der Phase der Nutzung des Tragwerkes. Wird hier eine Bewährung ohne Versagensfälle beobachtet, so entsteht nach relativ langer Zeit bei den verantwortlichen Fachleuten die Vermutung, daß größere Sicherheitsreserven vorhanden sein müssen. Auf Grund dieser Erfahrung werden dann die Sicherheitsabstände, z. B. durch eine Herabsetzung der Sicherheitsbeiwerte, vermindert.

Treten dagegen häufige oder spektakuläre Versagensfälle auf, die zu einer Beunruhigung der Fachleute oder gar der Bevölkerung führen, und läßt sich bei der Ermittlung der Schadensursachen eine Nichteinhaltung von Normen durch menschliche Fehlhandlungen weitgehend ausschließen, so werden sehr schnell die Sicherheitsabstände erhöht, z. B. durch Heraufsetzen von Sicherheitsbeiwerten. Dieser Rücksprung ist dann meistens etwas weiter als unbedingt notwendig und wird später in der weiteren Entwicklung korrigiert.

Das ist eine empirische Lernmethode, die auf keinem umfassenden Einblick in die kausalen Zusammenhänge beruht, sondern sich nur an den Wirkungen orientiert. Man bezeichnet diese Vorgehensweise auch als „Methode von Versuch und Irrtum" oder als „Trial-and-error-Methode".

Diese Herangehensweise läßt sich auch als eine empirische Optimierungsstrategie auffassen. Gesucht werden solche Sicherheitsabstände und

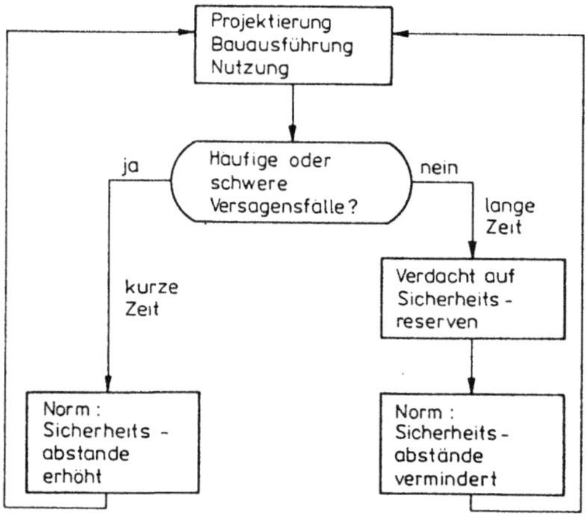

Abb. 1.2. Die Festlegung von Sicherheitselementen in Normen auf der Grundlage der Erfahrung

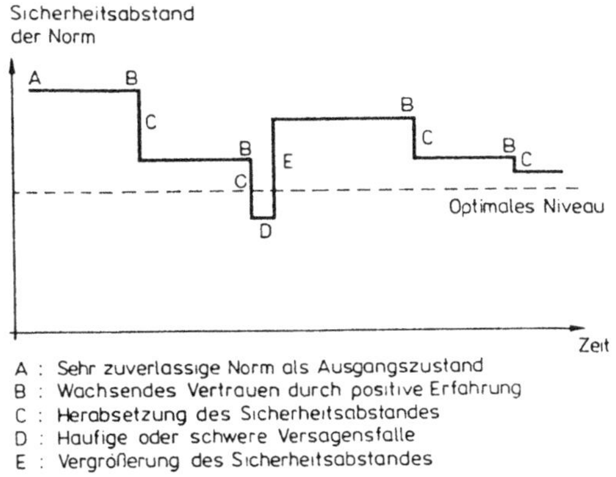

Abb. 1.3. Zeitliche Annäherung an ein optimales Zuverlässigkeitsniveau auf der Basis der Erfahrung

Festlegungen, die einen minimalen Materialverbrauch erfordern, aber unter der Bedingung, daß ein Sicherheitsniveau gewährleistet wird das von der Gesellschaft noch als zumutbar empfunden wird.

Was hierbei als „zumutbar" oder „unzumutbar", als „sicher" oder „unsicher" empfunden wird, ist weitgehend undefiniert und auch von Fall zu Fall verschieden. So ist z. B. bekannt, daß die Menschen freiwillig wesentlich höhere Risiken eingehen, als auferlegte Risiken zu akzeptieren.

Will man diese traditionelle, empirische Vorgehensweise bewerten, so ist zunächst festzustellen, daß sie sich in der Vergangenheit im Bauwesen bewährt hat. In einem langen Entwicklungsprozeß hat sich eine ungeheure Menge von Erfahrung akkumuliert, die ihren Niederschlag in den Sicherheitsfestlegungen der Normen für Konstruktion, Berechnung, Ausführung und Kontrolle gefunden hat.

In neuerer Zeit werden jedoch die Bestrebungen, sich mit wissenschaftlichen Methoden dem Sicherheitsproblem in der Technik zu widmen, intensiver. Die Ursachen dafür sind vielfältig; wir wollen versuchen, hier einige herauszustellen.

Mit der raschen Entwicklung der Technik entstehen neue Sicherheitsprobleme, bei denen der Erfahrungsmechanismus versagt. Es sind dies solche Probleme, bei denen die Folgen im Versagensfall sehr hoch sind, aber andererseits die Wahrscheinlichkeit für den Eintritt eines Schadensfalls außerordentlich gering ist. Als Beispiel sei der Kernkraftwerksbau genannt. Negative Erfahrungen sind selten, und es ist ja gerade das Ziel, diese Erfahrungen nicht zu machen. Aber es steht auch hier die Aufgabe der Gewährleistung der Sicherheit mit begrenzten materiellen Mitteln.

Erfahrung erfordert Zeit. Früher hatte man diese Zeit, aber mit der Beschleunigung des technischen Fortschritts wächst die Gefahr, daß durch Fehleinschätzungen hohe Verluste entstehen.

Auch nähert man sich mit dem Erfahrungsmechanismus nicht nur langsam, sondern auch unvollkommen dem Optimum. Manche Sicherheitsreserven bleiben unentdeckt. Strengere Forderungen nach Materialökonomie werden uns in Zukunft zwingen, auch diese Reserven mit wissenschaftlichen Methoden freizulegen.

Es entstehen zunehmend Disproportionen beim rechnerischen Sicherheitsnachweis. Wir haben auf der einen Seite mit Technischer Mechanik und Festigkeitslehre, mit Statik und Dynamik gut ausgearbeitete Wissenschaftsgebiete, mit denen der Kräfteverlauf in den Tragwerken unter vorgegebenen Lasten mit hoher Genauigkeit theoretisch verfolgt werden kann. Diese Möglichkeiten sind durch die Computerentwicklung der letzten Jahrzehnte wesentlich erweitert worden. Von diesen Möglichkeiten wird in der Praxis auch ausgiebig Gebrauch gemacht, und es werden umfangreiche statische Berechnungen aufgestellt. Diese Fortschritte erscheinen jedoch zweifelhaft, wenn man bedenkt, daß am Anfang der Rechnungen Lastannahmen und am Ende der Rechnungen Sicherheitsbeiwerte stehen, die Erfahrungswerte darstellen.

Mit der Einführung von Normen mit einer großen Zahl von Teilsicherheitsbeiwerten wird zwar einerseits eine hohe Flexibilität der Norm erreicht, aber andererseits wird die optimale Festlegung der Teilsicherheitsbeiwerte zu einem Problem, das mit dem Erfahrungsmechanismus allein nicht oder nur sehr unvollkommen lösbar ist. Wissenschaftliche Methoden zur Bestimmung von Sicherheitselementen in Normen sind deshalb als Entscheidungshilfen dringend erforderlich.

1.5 Die moderne theoretische Sicherheitsanalyse – Überblick und Einteilung der Methoden

Die Erkenntnis der Mängel des traditionellen empirischen Vorgehens ist nicht neu. Die Kritik beginnt in den zwanziger Jahren mit *M. Mayer* [1.9], der als erster vorschlägt, die Sicherheitsproblematik mit den Mitteln der mathematischen Statistik und Wahrscheinlichkeitsrechnung zu behandeln.

Seither ist viel Forschungsarbeit zur Problematik der Schaffung eines wissenschaftlich begründeten Sicherheitsabstandes zwischen Beanspruchung und Beanspruchbarkeit geleistet worden. Allerdings sind die Vorgehens- und Betrachtungsweisen dabei sehr unterschiedlich. Sie reichen von ausgesprochen pragmatischen, praxisorientierten Vorgehensweisen, die sich am traditionellen Konzept des Sicherheitsbeiwertes orientieren und versuchen, dieses zu verbessern und anpassungsfähiger zu gestalten, bis zu sehr theoretischen Arbeiten, die anstreben, die mechanischen Modelle möglichst vollkommen und exakt mit wahrscheinlichkeitstheoretischen Methoden zu durchdringen.

Es ist nützlich, die verschiedenen Betrachtungsweisen nach der Art der getroffenen Näherungen und der Definition der Sicherheitsmaße in unterschiedliche Niveaus einzuordnen [1.10, 1.11, 1.12]. Diese Niveaus werden meist wie folgt charakterisiert:

Niveau 1: Berechnungsmethode mit Teilsicherheitsbeiwerten – Semiprobabilistische Methode

Der Sicherheitsnachweis $S < R$ erfolgt auf deterministische Weise, einzeln für jeden Grenzzustand. Ein ausreichender Sicherheitsabstand wird durch ein System von Teilsicherheitsbeiwerten, die den verschiedenen streuenden Einflüssen zugeordnet sind und sich auf charakteristische Werte beziehen, erreicht. Die charakteristischen Werte werden als Fraktilwerte definiert. In der Praxis hat sich für dieses Vorgehen die Bezeichnung „Methode der Grenzzustände“ oder „Verfahren nach Grenzzuständen“ (Limit state design) eingebürgert.

Niveau 2: Momentenmethode und Zuverlässigkeitstheorie 1. Ordnung

Der Sicherheitsnachweis wird mit Näherungsverfahren der Zuverlässigkeitstheorie geführt, welche einen ausgewählten Punkt der Gleichung eines Grenzzustandes im Raum der Basisvariablen berücksichtigen und gewisse Vereinfachungen der Gleichung des Grenzzustandes und eventuell auch der Verteilungsfunktionen annehmen. Bei der Momentenmethode werden die Basisvariablen durch 2 Zahlen, den Mittelwert und die Standardabweichung, charakterisiert. Sicherheitsmaß ist der Sicherheitsindex oder eine äquivalente operative Versagenswahrscheinlichkeit.

Niveau 3: Zuverlässigkeitstheorie, Probabilistische Methode

Der Sicherheitsnachweis erfolgt mit wahrscheinlichkeitstheoretischen Methoden für das Gesamtsystem oder seine Elemente unter voller Berücksichtigung der Verteilungsfunktionen der Basisvariablen und der genauen Grenzzustandsgleichungen. Sicherheitsmaß ist die operative Versagenswahrscheinlichkeit.

Niveau 4: Zuverlässigkeitstheoretische Optimierungsverfahren

Die Bemessung des Tragwerkes erfolgt unter Einbeziehung ökonomischer Daten so, daß der Mittelwert der Summe aller Kosten für die Nutzungsdauer unter Einbeziehung der potentiellen Versagenskosten minimal wird. Andere Optimierungsstrategien wollen den Nutzen aus der Existenz des Bauwerkes maximieren [1.13]. Entscheidungsgrundlage zur Festlegung der Sicherheit ist hier die gewählte Zielfunktion.

Im folgenden werden im Abschnitt 3 die Methoden von Niveau 2 bis 4 und im Abschnitt 4 die baupraktischen Sicherheitsmodelle vom Niveau 1 dargestellt. Im 5. Abschnitt werden Fragen der Anwendung der höheren Niveaus auf Normen vom Niveau 1 behandelt. Mit der Einführung europäischer Normen wird die baupraktische Berechnung für die Mehrzahl der Bauwerke auf dem Niveau 1, also mit Teilsicherheitsbeiwerten erfolgen. Praktische Berechnungen auf höheren zuverlässigkeitstheoretischen Niveaus werden auf Sonderfälle beschränkt bleiben. So werden für Bauwerke mit hohem Risikopotential voraussichtlich Methoden vom Niveau 2 verstärkt eingesetzt werden. Auch bei der Analyse von Schadensfällen und beim Sicherheitsnachweis für vorhandene Bauwerke können diese Methoden sehr nützlich sein. Ferner werden Methoden vom Niveau 2 für die Bestimmung der Sicherheitselemente in den Normen vom Niveau 1 verstärkt eingesetzt werden, um diese auf eine rationale Grundlage zu stellen. Die Niveaus 3 und 4 werden vorrangig als Hilfsmittel in der Forschung dienen.

2 Mathematische Modellierung der zufälligen Eigenschaften der Bauwerke und ihrer Beanspruchungen

2.1 Grundsätzliches

Viele Erscheinungen und Vorgänge in der Technik unterliegen dem Zufall, das heißt, es ist nicht mit Gewißheit vorherzusagen, welchen Ausgang ein Vorgang annimmt oder welcher Wert einer zufälligen Größe sich einstellt. Es lassen sich bestenfalls Wahrscheinlichkeitsaussagen treffen.

In der Wahrscheinlichkeitsrechnung werden Erscheinungen mit zufälligem Charakter durch zufällige Ereignisse, Zufallsgrößen oder stochastische Prozesse beschrieben.

Ein zufälliges Ereignis A ist ein Ereignis, das in Abhängigkeit vom Zufall eintritt oder nicht eintritt. Ein Ereignis, das für die Zuverlässigkeitstheorie der tragenden Konstruktionen von zentraler Bedeutung ist, ist die Überschreitung eines Grenzzustandes während der Nutzungsdauer. Die Berechnung der Wahrscheinlichkeit für dieses Ereignis ist eine wichtige Aufgabe der Zuverlässigkeitstheorie.

Eine Zufallsgröße X ist eine Größe, die in Abhängigkeit vom Zufall verschiedene Werte annehmen kann. Die Eigenschaften der Baumaterialien und Böden, die Extremwerte (Größtwerte oder Kleinstwerte) der Lasten während bestimmter Zeiträume und die geometrischen Abmessungen eines tragenden Querschnitts sind Beispiele für Zufallsgrößen. Aber auch die Modellungenauigkeiten infolge Fehler in der Theorie lassen sich durch geeignet definierte Zufallsgrößen beschreiben. Kann die Zufallsgröße in bestimmten Bereichen jeden Wert annehmen, so wird sie stetig genannt. Zufallsgrößen, die nur endlich viele diskrete Werte annehmen können, heißen diskrete Zufallsgrößen. Als Beispiel für eine diskrete Zufallsgröße sei die zufällige Anzahl der Belastungen während eines gegebenen Zeitraumes genannt.

Viele Lasten ändern ihre Intensität zufällig in Abhängigkeit von Zeit und Ort. Solche Erscheinungen lassen sich als stochastische Prozesse mathematisch modellieren.

Im Hinblick auf die Antwort des mechanischen Systems lassen sich die Lasten in zwei Gruppen einteilen.

Liegen die zeitlichen Änderungen der Lasten in der Größenordnung von Eigenfrequenzen und ist somit die Erregung von Schwingungen zu erwarten, so spricht man von dynamischen Lasten oder von Lasten mit Änderungen im Mikrozeitbereich. Diese Lasten und die Antwort der Systeme auf diese Lasten lassen sich durch kontinuierliche stochastische Prozesse beschreiben (Abb. 2.8).

Liegen die zeitlichen Laständerungen weit außerhalb des Bereiches der Eigenfrequenzen des Tragwerkes, so sprechen wir von statischen Lasten oder Lasten mit Änderungen im Makrozeitbereich. Solche Laständerungen liegen in der Größenordnung von Stunden, Tagen, Jahren oder Jahrzehnten. Beispiele sind Lasten aus Schnee, Möbeln, Lagergütern oder Erddruck.

Solche Lastprozesse werden häufig durch eine Folge von rechteckförmigen Pulsen mit zufälliger Lastintensität und Zeitintervallen von konstanter Dauer (Abb. 2.7) angenähert.

Flexiblere stochastische Modelle, mit denen außer den zufälligen Lastintensitäten auch zufällige Zeitpunkte der Lasteintragung und zufällige Lastdauern simuliert werden können, bilden die Pulsprozesse (Abb. 2.9). Zeigen die Lasten sowohl Änderungen im Mikro- als auch im Makrozeitbereich, so lassen sich diese durch Überlagerung eines kontinuierlichen Prozesses auf einen Pulsprozeß darstellen, und es entstehen Prozesse, wie sie in Abb. 2.14 angedeutet sind. Diese werden hier als „unterbrochene kontinuierliche Prozesse“ bezeichnet. Beispiele für solche Lasten sind Erdbeben, Wind und Wellenschlag.

Für sehr viele Probleme ist vom zeitlichen Verlauf der Lasten nur der Extremwert innerhalb der Nutzungsdauer von Interesse. Dann lassen sich die Lasten vereinfacht durch Zufallsgrößen mit Extremwertverteilung darstellen.

Im folgenden werden wichtige Beziehungen für das Rechnen mit solchen zufälligen Größen anwendungsbereit zusammengestellt. Dabei werden kaum Ableitungen oder Beweise gebracht, sondern es wird das Schwergewicht auf die Zusammenstellung der Ergebnisse für die Anwendung gelegt. Etwas ausführlicher wird auf solche Probleme eingegangen, die für die Zuverlässigkeitstheorie der tragenden Konstruktionen von Bedeutung sind und in der wahrscheinlichkeitstheoretischen Literatur nicht oder nur sehr kurz behandelt sind.

Hinsichtlich tiefergehender Einblicke wird auf wahrscheinlichkeitstheoretische Spezialliteratur verwiesen: Smirnow, Dunin-Barkowski [2.1], Storm [2.2], Fisz [2.3], Heinrich, Hennig [2.4], Köchel [2.5], Sweschnikow [2.6], Gumbel [2.7].

2.2 Zufällige Ereignisse

Es wird ein Ereignis A betrachtet, das als Ergebnis eines Versuches in Abhängigkeit vom Zufall eintreten kann oder auch nicht. Führt man n Versuche durch und tritt dabei $h_n(A)$-mal das Ereignis A ein, so bezeichnet man

$h_n(A)$ als absolute Häufigkeit,

$w_n(A) = \frac{h_n(A)}{n}$ als relative Häufigkeit,

$P(A) = \lim_{n \to \infty} \frac{h_n(A)}{n}$ als Wahrscheinlichkeit.

Wächst n unbegrenzt, so strebt die relative Häufigkeit gegen die Wahrscheinlichkeit. Beide Größen können nur Werte zwischen Null und Eins annehmen.

Zu jedem Ereignis A läßt sich ein komplementäres Ereignis $\bar{A}$ angeben, das darin besteht, daß das Ereignis A nicht eintritt. $\bar{A}$ wird als Negation von A bezeichnet. Es gilt

$$P(A) + P(\bar{A}) = 1 . \tag{2.1}$$

Betrachtet man zwei Ereignisse A und B, so lassen sich Ereignisverknüpfungen definieren, die wiederum Ereignisse sind.

Die Vereinigung, auch Disjunktion, Alternative oder logische Summe genannt, $A \cup B$ ist das Ereignis, welches eintritt, wenn A **oder** B eintritt.

Der Durchschnitt, auch Konjunktion oder logisches Produkt genannt, $A \cap B$ ist das Ereignis, welches eintritt, wenn A **und** B gleichzeitig eintreten.

Für die Komplemente der Ereignisverknüpfungen gelten die sogenannten Morganschen Regeln

$$\begin{aligned} \overline{A \cup B} &= \bar{A} \cap \bar{B} \\ \overline{A \cap B} &= \bar{A} \cup \bar{B} . \end{aligned} \tag{2.2}$$

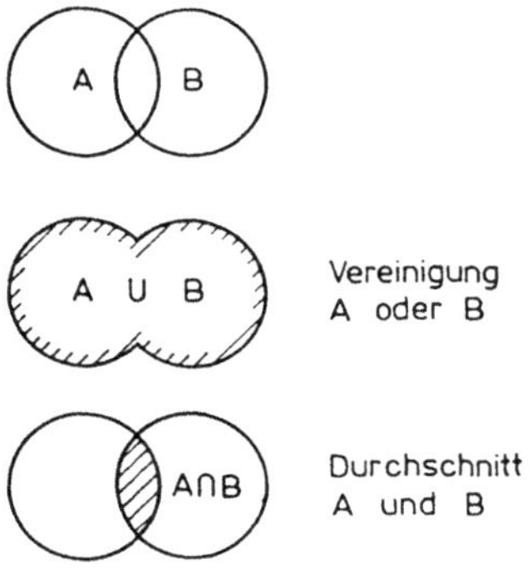

Abb. 2.1. Vereinigung und Durchschnitt zweier Ereignisse im Venn-Diagramm

Als bedingte Wahrscheinlichkeit $P(A \mid B)$ für das Eintreten von A unter der Bedingung, daß B eingetreten ist, wird

$$P(A \mid B) = \lim_{n_B \to \infty} \frac{h_{n_B}(A)}{n_B} \tag{2.3}$$

bezeichnet. Darin ist n_B die Zahl der Versuche, bei denen B eingetreten ist, und $h_{n_B}(A)$ die Zahl der Versuche, bei denen außer B auch das Ereignis A eintritt.

Zwei Ereignisse schließen einander aus, wenn ihr Durchschnitt leer ist

$$A \cap B = \emptyset \qquad \emptyset \text{ unmögliches Ereignis.}$$

Für einander ausschließende Ereignisse gilt

$$P(A|B) = 0\,.$$

Die Ereignisse A und B sind unabhängig voneinander, wenn z. B. das Eintreten des Ereignisses A unabhängig davon ist, ob B eintritt oder nicht. Dann gilt

$$P(A \mid B) = P(A)\,.$$

Den Ereignisverknüpfungen entsprechen Rechenregeln für die zugehörigen Wahrscheinlichkeiten:

$$\begin{aligned} &P(A \cap B) = P(A \mid B) \cdot P(B) \\ &P(A \cup B) = P(A) + P(B) - P(A \cap B) \qquad P(A \cup \bar{B}) = P(\bar{B}) + P(A \cap B) \\ &P(A \cap B) = P(A) + P(B) - P(A \cup B) \qquad P(A \cap \bar{B}) = P(A) - P(A \cap B)\,. \end{aligned} \tag{2.4}$$

Für unabhängige Ereignisse gilt

$$\begin{aligned} &\mathrm{P}(\mathrm{A} \cap B) = P(A) \cdot P(B) \\ &P(A \cup B) = 1 - \big(1 - P(A)\big) \cdot \big(1 - P(B)\big) = P(A) + P(B) - P(A) \cdot P(B) \end{aligned} \tag{2.5}$$

und für sich gegenseitig ausschließende Ereignisse

$$\begin{aligned} &P(A \cap B) = 0 \\ &P(A \cup B) = P(A) + P(B)\,. \end{aligned} \tag{2.6}$$

Diese Rechenregeln lassen sich auf eine abzählbare Anzahl von Ereignissen $A_1, A_2, \ldots, A_k$, $k = 2, 3, 4 \ldots$ erweitern.

Es gilt allgemein:

$$\begin{aligned} P(A_1 \cap A_2 \cap \cdots \cap A_k) = {} & P(A_1) \cdot P(A_2 \mid A_1) \cdot P(A_3 \mid A_1 \cap A_2) \\ & \times \cdots P(A_k \mid A_1 \cap A_2 \cap \cdots \cap A_{k-1}) \end{aligned} \tag{2.7}$$

$$P(A_1 \cup A_2 \cup \cdots \cup A_k) = \sum_{i=1}^{k} P(A_i) - \sum_{i=1}^{k-1} \sum_{j=i+1}^{k} P(A_i \cap A_j)$$
$$+ \sum_{i=1}^{k-2} \sum_{j=i+1}^{k-1} \sum_{l=j+1}^{k} P(A_i \cap A_j \cap A_l)$$
$$- + \cdots - (-1)^k P(A_1 \cap A_2 \cap \cdots \cap A_k), \tag{2.8}$$

für in ihrer Gesamtheit unabhängige Ereignisse:

$$P(A_1 \cap A_2 \cap \cdots \cap A_k) = \prod_{i=1}^{k} P(A_i) \tag{2.9}$$

$$P(A_1 \cup A_2 \cup \cdots \cup A_k) = 1 - \prod_{i=1}^{k} (1 - P(A_i)) \tag{2.10}$$

und für sich gegenseitig ausschließende Ereignisse:

$$P(A_1 \cap A_2 \cap \cdots \cap A_k) = 0 \tag{2.11}$$

$$P(A_1 \cup A_2 \cup \cdots \cup A_k) = \sum_{i=1}^{k} P(A_i). \tag{2.12}$$

2.3 Zufallsgrößen

2.3.1 Eindimensionale Zufallsgrößen

2.3.1.1 Verteilungsfunktion und Verteilungsdichte

Eine reelle Variable X, die je nach dem Ausgang eines Versuchs, also in Abhängigkeit vom Zufall, verschiedene Werte annehmen kann, heißt Zufallsgröße. Als Verteilungsfunktion $F_x(x)$ der Zufallsgröße X bezeichnet man die Funktion

$$F_X(x) = P(X \leqq x). \tag{2.13}$$

Der Wert der Verteilungsfunktion an der Stelle x ist gleich der Wahrscheinlichkeit dafür, daß die Zufallsgröße X einen Wert annimmt, der kleiner oder gleich x ist. Durch die Verteilungsfunktion $F_X(x)$ ist die Zufallsgröße X vollständig charakterisiert. Bei vielen Problemen ist es zweckmäßig, mit der komplementären Verteilungsfunktion

$$G_X(x) = 1 - F_X(x) \tag{2.14}$$

zu rechnen.

Mit der Verteilungsfunktion kann die Wahrscheinlichkeit dafür angegeben werden, daß X in ein Intervall $(x_1, x_2]$ fällt:

$$P(x_1 < X \leqq x_2) = F_X(x_2) - F_X(x_1). \tag{2.15}$$

Verteilungsfunktionen haben folgende Eigenschaften:

$$\lim_{x \to \infty} F_X(x) = 1$$

$$\lim_{x \to -\infty} F_X(x) = 0 \tag{2.16}$$

$$F_X(x_1) \leqq F_X(x_2) \quad \text{für} \quad x_1 < x_2. \tag{2.17}$$

Für die Anwendungen sind diskrete, stetige und aus beiden gemischte Zufallsgrößen von Bedeutung. In Abb. 2.2 sind Beispiele für den Verlauf von Verteilungsfunktionen dargestellt.

Eine Zufallsgröße X heißt diskret, wenn sie nur endlich oder abzählbar unendlich viele Werte annehmen kann. Sie ist charakterisiert durch die Werte $x_1, x_2, \ldots$ die sie annehmen kann, und die Wahrscheinlichkeiten $p_i = P(X = x_i)$, mit denen sie diese Werte annimmt. Für diskrete Zufallsgrößen gilt

$$\sum_i p_i = 1 \tag{2.18}$$

$$F_X(x) = \sum_{x_i \leqq x} p_i. \tag{2.19}$$

Die letzte Summe ist über alle i zu nehmen, für die $x_i \leqq x$ gilt. Die Verteilungsfunktion ist also eine Treppenfunktion mit den Sprunghöhen p_i an den Stellen x_i (Abb. 2.2a).

Eine Zufallsgröße X heißt stetig, wenn sie bei einem Versuch jeden Zahlenwert aus einem oder mehreren vorgegebenen Intervallen der Zahlenachse annehmen kann. Für stetige Zufallsgrößen gilt:

$$f_X(x) = \frac{\mathrm{d}F_X(x)}{\mathrm{d}x} \tag{2.20}$$

$$F_X(x) = \int_{-\infty}^{x} f_X(u)\,\mathrm{d}u \tag{2.21}$$

$$\int_{-\infty}^{+\infty} f_X(x)\,\mathrm{d}x = 1 \tag{2.22}$$

$$P(x_1 < X \leqq x_2) = \int_{x_1}^{x_2} f_X(x)\,\mathrm{d}x \tag{2.23}$$

$$P(X = x_1) = 0 \tag{2.24}$$

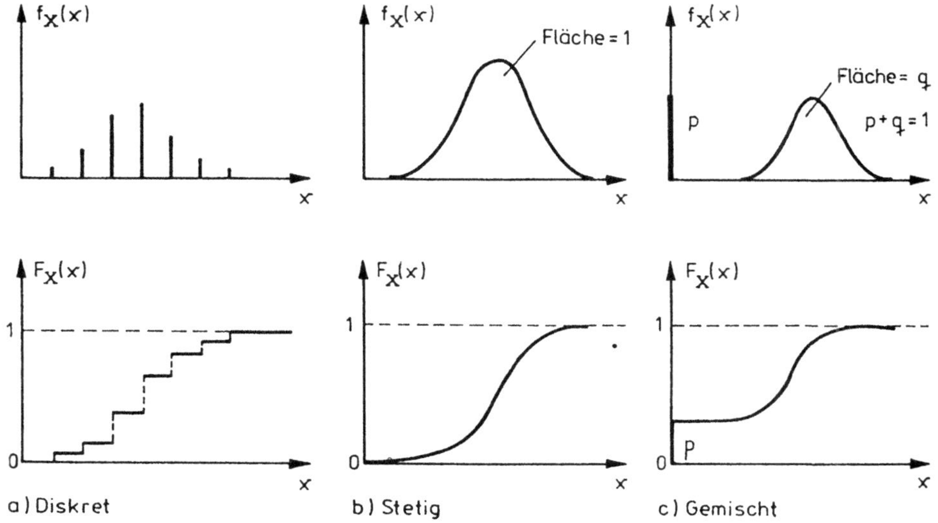

Abb. 2.2. Beispiele für verschiedene Arten von Wahrscheinlichkeitsdichten $f(x)$ und -funktionen $F(x)$

$f_X(x)$ heißt Verteilungsdichte und ist die Ableitung der Verteilungsfunktion. Die Fläche unter der Verteilungsdichte ist gleich 1. Die Wahrscheinlichkeit dafür, daß X in das Intervall $(x_1, x_2]$ fällt, ist der Wert des Integrals von $f_X(x)$ über dieses Intervall (Abb. 2.3). Die Wahrscheinlichkeit dafür, daß eine stetige Zufallsgröße einen speziellen Wert $X = x_1$ annimmt, ist Null.

In Abb. 2.3 sind als Beispiel Verteilungsdichte und Verteilungsfunktion einer stetigen, normalverteilten Zufallsgröße und einer klassierten Stichprobe in verschiedenen grafischen Darstellungsformen gezeigt, zunächst im gewöhnlichen linearen Maßstab, darunter im Wahrscheinlichkeitsnetz der Normalverteilung. Diese Form entsteht, wenn auf der Ordinate die Werte der inversen Verteilungsfunktion der standardisierten Normalverteilung $\Phi^{-1}(F)$ aufgetragen werden (siehe Anhang Tabelle II.4). In einem solchen Maßstab erscheinen die Verteilungsfunktionen aller normalverteilten Zufallsgrößen als Geraden. Diese Form dient vor allem einer einfachen, anschaulichen Prüfung einer Stichprobe auf Normalverteiltheit.

Bei Ermüdungsproblemen ist eine Darstellung der Verteilungen von Beanspruchungsdifferenzen oder Beanspruchungsspitzen als sogenannte Kollektive vom Umfang n im logarithmischen Maßstab zweckmäßig. Abb. 2.3 zeigt unten die Prinzipien dieser Darstellungsform. Oftmals wird auch in x-Richtung ein logarithmischer Maßstab gewählt.

Als Fraktilwert x_q (bzw. q-Fraktil) wird der Wert x bezeichnet, der mit

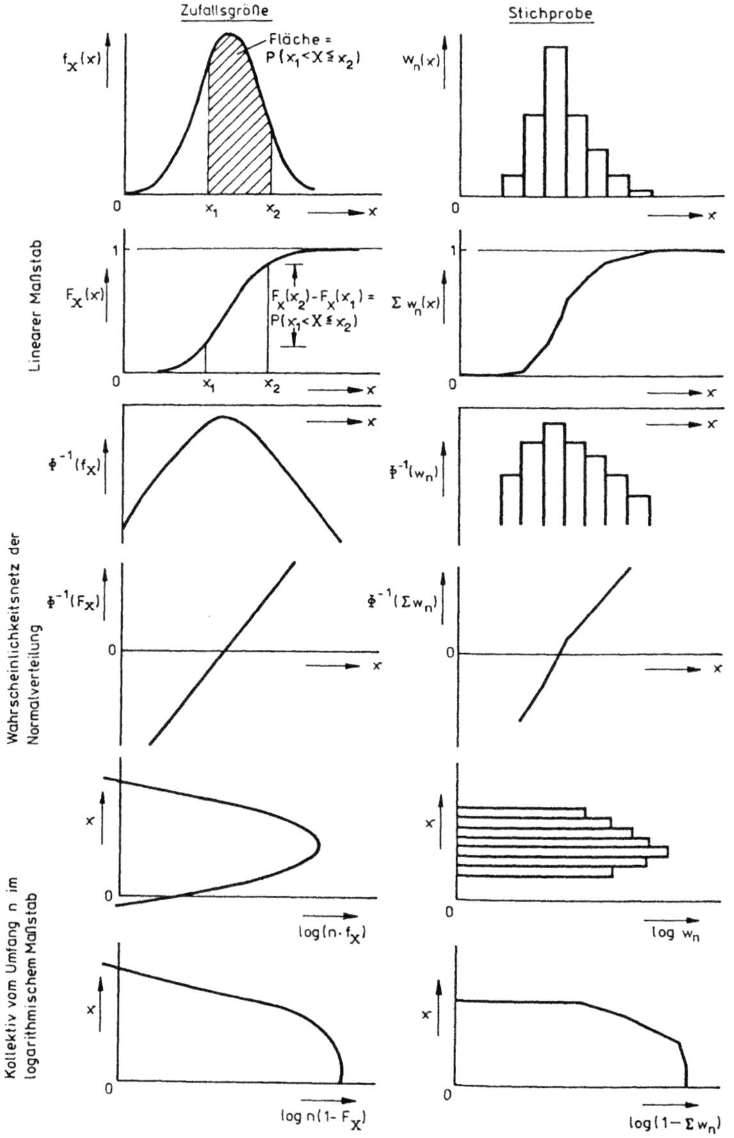

Abb. 2.3. Verschiedene Darstellungsformen von stetigen Zufallsgrößen und Stichproben

Wahrscheinlichkeit q unterschritten und mit Wahrscheinlichkeit $1 - q$ überschritten wird. Für stetige Zufallsgrößen gilt

$$P(X \leqq x_q) = F_X(x_q) = q \quad \text{oder} \quad x_q = F_X^{-1}(q) \tag{2.25}$$

mit der inversen Verteilungsfunktion F_X^{-1}. Das 0,5-Fraktil wird auch Median genannt.

Der Modalwert $\hat{x}$ ist der Wert, bei dem die Verteilungsdichte ihren Maximalwert erreicht.

2.3.1.2 Momente

Bei vielen Anwendungen sind die Verteilungsfunktionen nicht in allen Einzelheiten bekannt, oder die Beschreibung durch die Verteilungsfunktion ist für den speziellen Zweck zu aufwendig. Dann kann eine vereinfachte Charakterisierung einer Zufallsgröße durch ihre Momente erfolgen.

Als i-tes Moment der Zufallsgröße X wird bezeichnet

$$m_i = \sum_k x_k^i p_k, \quad \text{wenn } X \text{ diskret ist}$$

$$m_i = \int_{-\infty}^{+\infty} x^i f_X(x)\,\mathrm{d}x, \quad \text{wenn } X \text{ stetig ist.} \tag{2.26}$$

Das i-te zentrale Moment der Zufallsgröße X ist definiert durch

$$\mu_i = \sum_k (x_k - m_1)^i\, p_k, \quad \text{wenn } X \text{ diskret ist}$$

$$\mu_i = \int_{-\infty}^{+\infty} (x - m_1)^i f_X(x)\,\mathrm{d}x, \quad \text{wenn } X \text{ stetig ist.} \tag{2.27}$$

Zwischen Momenten m_i und zentralen Momenten μ_i bestehen die folgenden Beziehungen

$$\mu_1 = 0$$

$$\mu_2 = m_2 - m_1^2$$

$$\mu_3 = m_3 - 3m_1m_2 + 2m_1^3$$

$$\mu_4 = m_4 - 4m_1m_3 + 6m_1^2m_2 - 2m_1^4$$

$$\mu_5 = m_5 - 5m_1m_4 + 10m_1^2m_3 - 10m_1^3m_2 + 4m_1^5. \tag{2.28}$$

Einige Momente bzw. aus ihnen abgeleitete Größen haben besondere Bedeutung und deshalb auch spezielle Bezeichnungen.

Der Mittelwert m_X oder Erwartungswert $E[X]$ der Zufallsgröße X ist gleich dem 1. Moment m_1.

Die Varianz oder Dispersion Var $[X]$ ist gleich dem zweiten zentralen Moment

$$\mathrm{Var}\,[X] = \mu_2, \tag{2.29}$$

und die Standardabweichung ist die Wurzel daraus

$$\sigma_X = \sqrt{\mu_2}. \tag{2.30}$$

Beide Größen sind Maße für die Streuung der Zufallsgröße.

Der Variationskoeffizient v_X

$$v_X = \frac{\sigma_X}{m_X} \tag{2.31}$$

ist ein relatives, auf den Mittelwert bezogenes, dimensionsloses Streuungsmaß.

Die Schiefe

$$\gamma_X = \frac{\mu_3}{\sqrt{\mu_2^3}} = \frac{\mu_3}{\sigma_X^3} \tag{2.32}$$

ist ein Maß für die Unsymmetrie der Verteilung. Bei symmetrischen Verteilungen ist die Schiefe Null.

Der Exzeß

$$\varepsilon_X = \frac{\mu_4}{\mu_2^2} - 3 = \frac{\mu_4}{\sigma_X^4} - 3 \tag{2.33}$$

ist ein Maß für die Form des Gipfels der Verteilung. Für die Normalverteilung ist $\varepsilon_X = 0$. Für $\varepsilon_X > 0$ ist der Gipfel spitzer, für $\varepsilon_X < 0$ ist er flacher als bei der Normalverteilung.

Das Verständnis für diese Begriffe wird etwas erleichtert, wenn man sich einige Analogien zu bekannten Größen aus der Mechanik vor Augen hält. So sind die Momente der Wahrscheinlichkeitsverteilungen äquivalent den Flächenmomenten der Fläche unter der Verteilungsdichte. Die zentralen Momente sind die auf den Schwerpunkt bezogenen Flächenmomente. Der Erwartungswert oder Mittelwert ist der Schwerpunkt, die Varianz das Trägheitsmoment und die Standardabweichung der Trägheitsradius dieser Fläche. Der zweiten Gleichung (2.28) entspricht in der Mechanik der Steinersche Satz.

2.3.1.3 Einige praktisch wichtige Verteilungen

Im folgenden werden einige stetige Wahrscheinlichkeitsverteilungen dargestellt, die für die Zuverlässigkeitstheorie der tragenden Konstruktionen von besonderer Bedeutung sind. Für diese wird im Anhang II zur Erleichterung der Anwendung eine ausführliche Formelzusammenstellung gegeben.

Normalverteilung

Die Normalverteilung ist von zentraler Bedeutung, da sich die meisten Probleme dann besonders einfach lösen lassen, wenn die Basisvariablen normalverteilt sind und die Gleichung des Grenzzustandes eine lineare

Funktion dieser Basisvariablen ist. Die für diesen Sonderfall existierenden Lösungen bilden häufig die Grundlage für die Entwicklung von Näherungslösungen für allgemeine Probleme.

Aber nicht nur das einfache Rechnen bei linearen Funktionen ist der Grund für die große Bedeutung der Normalverteilung. Es ist auch die Tatsache, daß in der Natur und in der Technik häufig Größen beobachtet werden, die der Normalverteilung entsprechen oder ihr sehr ähnlich sind. Die Erklärung für diese Erscheinung gibt der zentrale Grenzwertsatz der Wahrscheinlichkeitsrechnung, der – anschaulich ausgedrückt – folgendes aussagt: Kann eine Zufallsgröße als Summe einer großen Anzahl voneinander unabhängiger Summanden aufgefaßt werden, von denen jeder zur Summe nur einen unbedeutenden Beitrag liefert, so ist diese Zufallsgröße annähernd normalverteilt.

Die Normalverteilung mit Mittelwert m_X und Standardabweichung σ_X besitzt die Verteilungsdichte:

$$f_X(x) = \frac{1}{\sigma_X \sqrt{2\pi}} \exp\left(-\frac{1}{2}\left(\frac{x - m_X}{\sigma_X}\right)^2\right).$$

Verteilungsfunktion:

$$F_X(x) = \frac{1}{\sigma_X \sqrt{2\pi}} \int_{-\infty}^{x} \exp\left(-\frac{1}{2}\left(\frac{u - m_X}{\sigma_X}\right)^2\right) du. \tag{2.34}$$

Die Verteilungsdichte hat die Form der bekannten Glockenkurve. Sie ist symmetrisch. Der Abstand zwischen Wendepunkt und Mittelwert ist gleich σ_X.

Führt man die standardisierte Zufallsgröße

$$Y = \frac{X - m_X}{\sigma_X}$$

mit Erwartungswert $m_Y = 0$ und Standardabweichung $\sigma_Y = 1$ ein, so wird die Verteilungsdichte mit $\varphi(y)$ bezeichnet

$$\varphi(y) = \frac{1}{\sqrt{2\pi}} \exp\left(-\frac{y^2}{2}\right) \tag{2.35}$$

und die Verteilungsfunktion mit

$$\Phi(y) = \frac{1}{\sqrt{2\pi}} \int_{-\infty}^{y} \exp\left(-\frac{u^2}{2}\right) du. \tag{2.36}$$

Unter Verwendung dieser Funktionen kann man Gl. (2.34) auch schreiben

$$f_X(x) = \frac{1}{\sigma_X}\,\varphi\left(\frac{x - m_X}{\sigma_X}\right)$$

$$F_X(x) = \Phi\left(\frac{x - m_X}{\sigma_X}\right). \tag{2.37}$$

In vielen Lehrbüchern der Wahrscheinlichkeitsrechnung findet man Tabellen der Funktionen φ und Φ, z. B. in [2.1, 2.3]. Für die Funktion Φ und für die inverse Funktion Φ^{-1} sind aber auch recht genaue Näherungsformeln bekannt [2.9], die sich auf Computern und programmierbaren Taschenrechnern leicht realisieren lassen, so daß heute das Arbeiten mit Tabellen kaum noch erforderlich ist. Zwei recht genaue und gebräuchliche Näherungsbeziehungen sind im Anhang in den Tabellen II.3 und II.4 angegeben.

In der Literatur und in Programmsammlungen findet man manchmal auch anders definierte Funktionen zur Darstellung der Normalverteilung, bezeichnet mit Φ_0, erf oder erfc, was bei Anwendungen zu Verwechslungen führen kann. In Tabelle II.2 sind deshalb die Definitionen dieser Funktionen und die Umrechnungsformeln zusammengestellt. Im folgenden wird ausschließlich die Funktion Φ zur Darstellung der Verteilungsfunktion der Normalverteilung verwendet.

Für die Anwendungen ist folgende Eigenschaft der Normalverteilung besonders wichtig: Linearkombinationen normalverteilter Zufallsgrößen

$$Z = \sum_i c_i X_i$$

sind auch normalverteilt mit Mittelwert

$$m_Z = \sum_i c_i m_{X_i} \tag{2.38}$$

und Standardabweichung

$$\sigma_Z = \sqrt{\sum_i (c_i \sigma_{X_i})^2}. \tag{2.39}$$

Die Verteilungsfunktion der Zufallsgröße Z ist dann

$$F_Z(z) = \Phi\left(\frac{z - m_Z}{\sigma_Z}\right).$$

Die Normalverteilung wird häufig als mathematisches Modell für Basisvariable verwendet. Nachteilig wirkt sich manchmal die Tatsache aus, daß die Verteilungsdichte sich beiderseitig bis ins Unendliche erstreckt. In den Anwendungen findet man häufig Größen, die niemals negative Werte annehmen können, wie z. B. Festigkeitswerte, Raumgewichte. Werden solche Größen durch Normalverteilungen dargestellt, so entsteht ein Fehler, der mit dem Variationskoeffizienten anwächst. Bei großen Variationskoeffizienten wird es oftmals zweckmäßig sein, ein theoretisches Modell zu wählen, das einen unteren Endpunkt besitzt, der mit Wahrscheinlichkeit 1 nicht unterschritten wird. Ein solches Modell bietet z. B. die logarithmische Normalverteilung.

Logarithmische Normalverteilung

Ist die Zufallsgröße U normalverteilt mit Erwartungswert m_U und Standardabweichung σ_U, dann ist die Zufallsgröße

$$X = \exp(U) \tag{2.40}$$

logarithmisch normalverteilt. Durch Einsetzen in Gl. (2.37) erhalten wir die Verteilungsfunktion von X

$$F_X(x) = \Phi\left(\frac{\ln x - m_U}{\sigma_U}\right) \tag{2.41}$$

und durch Differentiation die Verteilungsdichte

$$f_X(x) = \frac{1}{\sigma_U x}\,\varphi\left(\frac{\ln x - m_U}{\sigma_U}\right). \tag{2.42}$$

Eine logarithmisch normalverteilte Zufallsgröße kann mit Wahrscheinlichkeit 1 niemals negative Werte annehmen und hat einen unteren Endpunkt bei $x = 0$. Sie besitzt stets eine positive Schiefe.

Aus dem zentralen Grenzwertsatz folgt, daß eine Zufallsgröße X dann logarithmisch normalverteilt ist, wenn sie als Produkt einer sehr großen Zahl von unabhängigen Zufallsgrößen X_i aufgefaßt werden kann.

Für kleine Variationskoeffizienten nähert sich die logarithmische Normalverteilung an die Normalverteilung an, und es gilt die Näherung

$$\sigma_U \approx v_X, \qquad m_U \approx \ln m_X. \tag{2.43}$$

Man kann eine Verallgemeinerung der logarithmischen Normalverteilung erreichen, indem man diese auf der x-Achse parallel verschiebt, so daß der untere Endpunkt nicht bei $x = 0$ liegt, sondern einen Wert $x = x_0$ annimmt. Für diese Verteilung lauten die Verteilungsfunktion

$$F_X(x) = \Phi\left(\frac{\ln(x - x_0) - m_U}{\sigma_U}\right) \tag{2.44}$$

und die Verteilungsdichte

$$f_X(x) = \frac{1}{\sigma_U(x - x_0)} \varphi\left(\frac{\ln(x - x_0) - m_U}{\sigma_U}\right). \tag{2.45}$$

In dieser verallgemeinerten Form besitzt die logarithmische Normalverteilung drei freie Parameter und ist damit sehr anpassungsfähig an beobachtete Stichproben. Sie wird häufig zur Darstellung von Festigkeits- oder anderen Materialeigenschaften verwendet.

Eine ausführliche Formelzusammenstellung findet man in Tabelle II.6.

Extremwertverteilungen

Für die Zuverlässigkeit der tragenden Konstruktionen haben Größtwerte und Kleinstwerte von Folgen von Zufallsgrößen eine fundamentale Bedeutung. So ist zum Beispiel für Festigkeits- und Stabilitätsprobleme der Größtwert der Last während der Nutzungsdauer eine entscheidende Größe. Aber auch die Kleinstwerte der Bauteilwiderstände sind von Interesse.

Die Berechnung der Wahrscheinlichkeitsverteilungen solcher Extremwerte erfolgt mit der Theorie der Extremverteilungen, deren wichtigste Beziehungen im folgenden zusammengestellt werden. Ausführliche Darstellungen und Ableitungen findet man bei Gumbel [2.7] oder Vorliček [2.10].

Wir betrachten folgende Aufgabe: Gegeben ist eine Zufallsgröße X mit Verteilungsfunktion F_X und Verteilungsdichte f_X. Aus der Grundgesamtheit von X wird eine unabhängige Folge von Realisierungen vom Umfang n entnommen. Dann sind der Größtwert

$$U_n = \max\{X_1, X_2, \ldots, X_n\}$$

und der Kleinstwert

$$V_n = \min\{X_1, X_2, \ldots, X_n\}$$

auch Zufallsgrößen. Wir suchen die Verteilungen dieser Extremwerte, wenn die Verteilung von X bekannt ist.

Die Verteilungsfunktion $F_U(x)$ der Größtwerte ist gleich der Wahrscheinlichkeit, daß alle Größen X_i kleiner als x sind.

$$F_U(x) = P(U_n \leqq x) = P(X_1 \leqq x \cap X_2 \leqq x \cap \cdots \cap X_n \leqq x).$$

Wenn die X_i voneinander unabhängig sind, folgt aus Gl. (2.9)

$$F_U(x) = \prod_{i=1}^{n} P(X_i \leqq x) = [F_X(x)]^n. \tag{2.46}$$

Analoge Überlegungen für die Kleinstwerte führen auf

$$F_V(x) = 1 - [1 - F_X(x)]^n. \qquad (2.47)$$

Die Dichtefunktionen folgen durch Differentiation.

Größtwerte:

$$f_U(x) = n[F_X(x)]^{n-1} f_X(x). \qquad (2.48)$$

Kleinstwerte:

$$f_V(x) = n[1 - F_X(x)]^{n-1} f_X(x). \qquad (2.49)$$

Symmetrische Ausgangsverteilungen haben unsymmetrische Extremwertverteilungen. Zwischen den Extremwertverteilungen der Größtwerte und der Kleinstwerte gelten jedoch bei symmetrischen Ausgangsverteilungen mit Mittelwert m_X die folgenden Symmetriebedingungen:

$$F_V(x) = 1 - F_U(2m_X - x)$$

$$f_V(x) = f_U(2m_X - x)$$

$$\frac{\mathrm{d}f_V(x)}{\mathrm{d}x} = -\frac{\mathrm{d}f_U(2m_X - x)}{\mathrm{d}x}. \qquad (2.50)$$

Die Verteilungsdichte der Kleinstwerte ergibt sich aus der Verteilungsdichte der Größtwerte durch Spiegelung um den Erwartungswert der Ausgangsverteilung und umgekehrt.

Erstreckt sich ein Ast der Ausgangsverteilung asymptotisch bis ins Unendliche, dann wandert die Extremwertverteilung mit wachsendem n auch unbegrenzt. Ist die Ausgangsverteilung begrenzt, so wird die Extremwertverteilung gegen diesen Endwert gestaucht. Dann nähert sich mit wachsendem n der Mittelwert der Extremwertverteilung dem Endwert der Ausgangsverteilung, und die Standardabweichung wird immer kleiner. Abbildung 2.4 erläutert diese Eigenschaft am Beispiel einer logarithmischen Normalverteilung mit einem unbegrenzten Ast nach oben und einem bei $x = 0$ begrenzten Ast nach unten.

Asymptotische Extremwertverteilungen. In der Theorie der Extremwertverteilungen [2.7, 2.10] wird die Frage untersucht, gegen welche Verteilungen die Extremwertverteilungen für große n streben. Solche Verteilungen werden asymptotische Extremwertverteilungen genannt. Ihre Kenntnis erlaubt es, für statistische Ergebnisse, die Extremwerte genügend großer Stichproben darstellen, den Verteilungstyp allein aus theoretischen Überlegungen zu bestimmen.

Es ist offensichtlich, daß die Form dieser asymptotischen Extremwertverteilungen nicht vom mittleren Bereich der Ausgangsverteilungen abhängt,

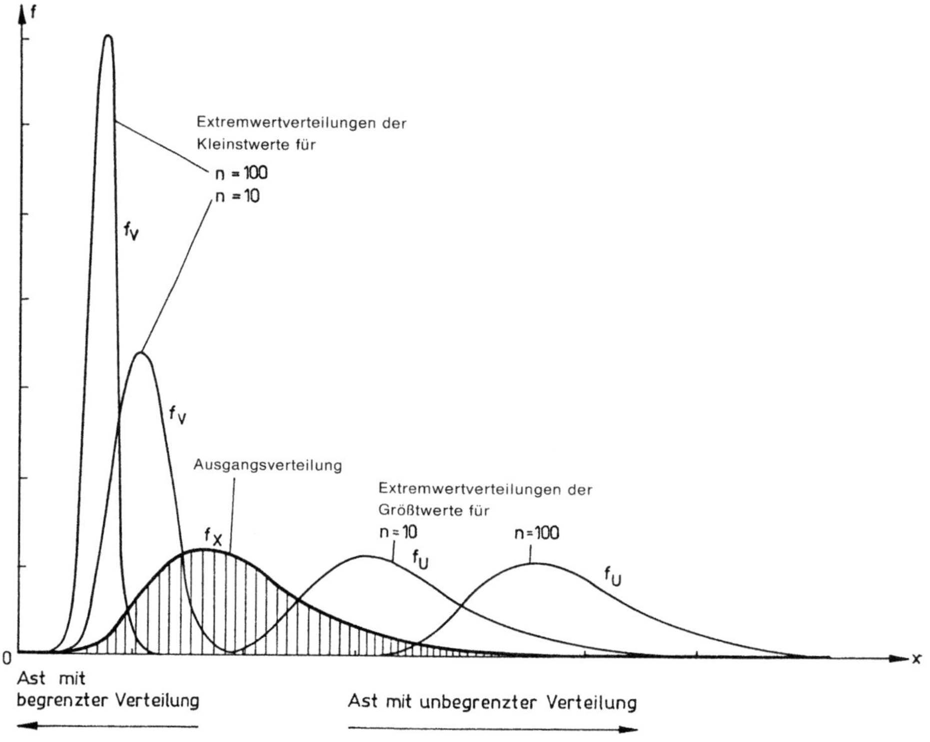

Abb. 2.4. Extremwertverteilungen einer logarithmischen Normalverteilung als Beispiel für das Verhalten bei begrenzten (links) und unbegrenzten (rechts) Verteilungsdichten

sondern vielmehr von der Art, wie die Endbereiche der Verteilungsfunktionen gegen Null bzw. Eins konvergieren. Es läßt sich zeigen [2.7], daß in Abhängigkeit von der Form der Endbereiche der Ausgangsverteilungen drei Typen von asymptotischen Extremwertverteilungen existieren.

Typ I. Die Verteilungen sind in beiden Richtungen unbegrenzt und lauten für die Größtwerte:

$$F_U(x) = \exp\left(-\exp\left(-a(x-u)\right)\right) \tag{2.51}$$

und für die Kleinstwerte:

$$F_V(x) = 1 - \exp\left(-\exp\left(a(x-u)\right)\right). \tag{2.52}$$

Dieser Typ wird auch Gumbel-Verteilung oder doppelte Exponentialverteilung genannt. Er besitzt zwei freie Parameter a und u, die man leicht an Mittelwert und Standardabweichung anpassen kann. Schiefe und Exzeß sind konstante Größen, $\gamma_X = 1{,}139\,5$, $\varepsilon_X = 2{,}4$. Es existieren alle höheren Momente.

Ausgangsverteilungen, die gegen den Typ I konvergieren, gehören zum sogenannten Exponentialtyp; das sind solche Verteilungen, die mindestens so schnell wie die Exponentialverteilung gegen Null bzw. Eins konvergieren. Dazu gehören z. B. Normalverteilung und die Exponentialverteilung.

Extremverteilungen vom Typ I werden in der Zuverlässigkeitstheorie der tragenden Konstruktionen häufig zur Darstellung der größten Belastung in längeren Zeitintervallen verwendet.

Typ II. Die Verteilungen sind in Richtung der interessierenden Extremwerte unbegrenzt, jedoch in der anderen Richtung im Punkt x_0 begrenzt.

Größtwerte:

$$F_U(x) = \exp\left(-\lambda(x - x_0)^{-k}\right) \qquad x_0 \leqq x < \infty \qquad k, \lambda > 0 \tag{2.53}$$

Kleinstwerte:

$$F_V(x) = 1 - \exp\left(-\lambda(x_0 - x)^{-k}\right) \qquad -\infty < x \leqq x_0 \qquad k, \lambda > 0. \tag{2.54}$$

Dieser Typ wird auch Frêchet-Verteilung genannt. Er besitzt in dieser allgemeinen Form drei freie Parameter x_0, λ und k. Allerdings existiert von dieser Verteilung nur eine begrenzte Anzahl Momente, deren Ordnung kleiner ist als k. Diese Verteilung ist sehr schief. Ihre Schiefe ist für die Größtwerte stets größer als $\gamma = +1{,}14$ und für die Kleinstwerte stets kleiner als $\gamma = -1{,}14$. Diese Eigenschaft bedeutet eine wesentliche Einschränkung des Anwendungsbereiches.

Ausgangsverteilungen, die gegen den Typ II konvergieren, gehören zum sogenannten Cauchy-Typ mit einem polynomisch abfallenden Ast, mit einer schwächeren Konvergenz der Verteilungsdichte gegen Null als die Exponentialverteilung.

In den Anwendungen wird der Typ II häufig zur Darstellung von Windlasten verwendet.

Typ III. Die Verteilungen sind in Richtung der interessierenden Extremwerte am Punkt x_0 begrenzt, in der entgegengesetzten Richtung unbegrenzt.

Größtwerte:

$$F_U(x) = \exp\left(-\lambda(x_0 - x)^{k}\right) \qquad -\infty < x \leqq x_0 \qquad \lambda, k > 0 \tag{2.55}$$

Kleinstwerte:

$$F_V(x) = 1 - \exp\left(-\lambda(x - x_0)^{k}\right) \qquad x_0 \leqq x < \infty \qquad \lambda, k > 0. \tag{2.56}$$

Tabelle 2.1. Reduzierte Extremwertverteilungen

Typ	Transformation	Verteilungsfunktion der Größtwerte	Verteilungsfunktion der Kleinstwerte
I	$y = a(x - u)$	$\exp(-\exp(-y))$	$1 - \exp(-\exp y)$
II	$y = \lambda^{-1/k}(x - x_0)$	$\exp(-y^{-k})$	$1 - \exp(-(-y)^{-k})$
III	$y = \lambda^{1/k}(x - x_0)$	$\exp(-(-y)^k)$	$1 - \exp(-y^k)$

Tabelle 2.2 Extremwertverteilungen von Extremwertverteilungen

Typ	F_U^n Größtwerte	$1 - (1 - F_V)^n$ Kleinstwerte
I	$\exp(-\exp(-y + \ln n))$	$1 - \exp(-\exp(y + \ln n))$
II	$\exp(-ny^{-k})$	$1 - \exp(-n(-y)^{-k})$
III	$\exp(-n(-y)^k)$	$1 - \exp(-ny^k)$

Die Verteilung für die Kleinstwerte wird auch Weibullverteilung genannt. Verteilungen vom Typ III besitzen in ihrer allgemeinen Form drei freie Parameter x_0, λ, k. Es existieren alle Momente.

Zum Typ III konvergieren Ausgangsverteilungen, die in Richtung der Extremwerte einen Grenzwert x_0 besitzen und sich in der Umgebung dieses Wertes durch einen Potenzansatz darstellen lassen.

Dieser Typ wird unter anderem zur Darstellung von Lasten mit oberen Grenzen und zur Modellierung von Festigkeitseigenschaften und der Lebensdauer von ermüdungsbeanspruchten Bauteilen verwendet.

Alle drei Typen lassen sich durch einfache Transformationen in reduzierte Formen überführen. Ihre Verteilungsfunktionen haben den in Tabelle 2.1 zusammengestellten einfachen Aufbau.

Von praktischem Interesse ist auch die Frage, wie Extremwertverteilungen aussehen, wenn die Ausgangsverteilungen asymptotische Extremwertverteilungen der drei Typen sind.

Beschränkt man sich auf die Betrachtung der beiden wichtigen Fälle „Größtwerte aus Größtwertverteilungen" und „Kleinstwerte aus Kleinstwertverteilungen", so läßt sich leicht zeigen, daß die Extremwertverteilungen von gleichem Typ sind wie die Ausgangsverteilungen. Wendet man die Gl. (2.46) bzw. (2.47) auf die Verteilungen der Tabelle 2.1 an, so findet man die in Tabelle 2.2 zusammengestellten Verteilungen.

Das heißt, die Extremwertverteilungen entstehen beim Typ I durch eine Verschiebung auf der y-Achse um den Betrag $\ln n$ und bei den beiden anderen Typen durch eine Verzerrung der y-Achse um den Faktor $n^{-1/k}$ beim Typ II und um den Faktor $n^{1/k}$ beim Typ III.

Bei allen drei Typen wächst bei den Größtwerten mit wachsendem Stichprobenumfang auch der Mittelwert. Die Standardabweichung ändert

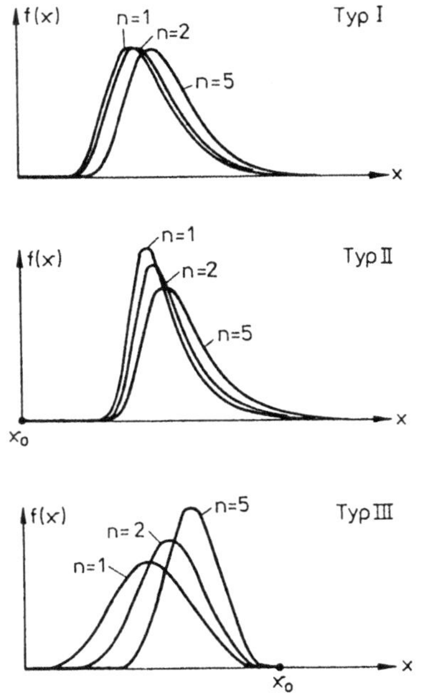

Abb. 2.5. Extremwertverteilung der Größtwerte Verhalten der 3 Typen von asymptotischen Extremwertverteilungen bei wachsendem n

beim Typ I ihre Größe nicht, beim Typ II wird sie größer und beim Typ III kleiner. Die Verteilungsdichte wird beim Typ I parallel verschoben, beim Typ II sozusagen vom Endwert x_0 weg „gedehnt" und beim Typ III gegen den Endwert x_0 „gestaucht". Dieses Verhalten wird in Abb. 2.5 an einem Beispiel für die Größtwerte demonstriert.

Im Anhang II sind für die drei Typen der asymptotischen Extremwertverteilungen sowohl für Größtwerte wie auch für Kleinstwerte wichtige Beziehungen übersichtlich zusammengestellt. Für die darin auftretende Gammafunktion sind Näherungsformeln angegeben, die leicht programmierbar sind.

Im Anhang II sind auch für weitere Verteilungen, die hier nicht im einzelnen besprochen werden, Formeln zusammengestellt.

Mischverteilungen

Häufig treten Situationen auf, in denen sich eine Zufallsgröße als Mischung aus zwei oder mehreren zufälligen Komponenten erweist. Zwei Beispiele sollen das erläutern.

Wenn auf einer Baustelle Beton aus verschiedenen Transportbetonwerken verarbeitet wird und der Beton verschiedener Hersteller verschiedene Verteilungen besitzt, so ist die Wahrscheinlichkeitsverteilung für die Gesamtheit des eingebauten Betons eine Mischverteilung.

Die Achslasten von Straßenfahrzeugen entstammen verschiedenen Fahrzeugtypen, z. B. Personenwagen, Lastkraftwagen, Sattelzügen. Jeder Typ hat eine spezielle Verteilung. Die Wahrscheinlichkeitsverteilung für die Gesamtheit aller Achslasten, die für die Bemessung der Straßendecke maßgebend ist, entsteht dann durch Mischung der Verteilungen für die verschiedenen Fahrzeugtypen im Verhältnis der Wahrscheinlichkeit des Auftretens im Fahrzeugstrom.

Es ist nicht zu erwarten, daß eine Stichprobe einer solchen Größe sich an irgendeine Verteilung mit einfacher Standardform anpassen läßt. Mischverteilungen sind sehr vielgestaltig, sie können mehrgipflig sein. Es ist deshalb bei statistischen Untersuchungen unbedingt zu empfehlen, die Statistik für die einzelnen Komponenten getrennt durchzuführen.

Es seien X_i, $i = 1, 2, \ldots, m$ stetige Zufallsgrößen mit Verteilungsfunktionen F_i und Verteilungsdichten f_i, die mit Wahrscheinlichkeit P_i in eine Mischung U eingehen. Dann gelten für die Verteilungsfunktion F_U und die Verteilungsdichte f_U der Mischung

$$F_U(x) = \sum_{i=1}^{m} P_i F_i(x)$$

$$f_U(x) = \sum_{i=1}^{m} P_i f_i(x). \tag{2.57}$$

Aus der Definitionsgleichung (2.26) der Momente folgt für ein Moment beliebiger Ordnung von U, also auch für den Mittelwert

$$m_U = \sum_{i=1}^{m} P_i m_{X_i}. \tag{2.58}$$

Der Mittelwert ist also einfach das gewichtete Mittel der Mittelwerte der einzelnen Komponenten.

Für die zentralen Momente und die aus ihnen abgeleiteten Parameter gelten allerdings nicht mehr so einfache Beziehungen. Diese können unter Verwendung von Gl. (2.58) aus den Beziehungen (2.28) berechnet werden.

Für die stochastische Modellierung von zeitlich veränderlichen Lasten hat eine spezielle Mischverteilung Bedeutung, die hier als Beispiel gesondert betrachtet werden soll.

Für viele zeitlich veränderliche Lasten ist charakteristisch, daß sie nicht ständig wirken, sondern daß Pausen im Lastprozeß auftreten, in denen die Lastordinaten Null sind oder unterhalb einer Schwelle liegen, die von technischem Interesse ist. Wirkt eine Last mit Verteilungsfunktion $F_{\hat{X}}(x)$ zu einem beliebigen Zeitpunkt nur mit Wahrscheinlicheit q, und treten mit Wahrscheinlichkeit $p = 1 - q$ Pausen im zeitlichen Verlauf auf, in denen die Last sozusagen „inaktiv" ist, dann läßt sich die Verteilung der Momentanwerte der Last für einen beliebigen Zeitpunkt als Mischverteilung zwischen der stetigen Verteilung $F_{\hat{X}}$ der Lastordinaten und einer diskreten Wahrscheinlichkeit p im Nullpunkt darstellen.

Verteilungsfunktion:

$$F_X(x) = \begin{cases} qF_{\hat{X}}(x) & x < 0 \\ p + qF_{\hat{X}}(x) & x > 0 \end{cases} \qquad p + q = 1. \tag{2.59}$$

Verteilungsdichte:

$$f_X(x) = \begin{cases} qf_{\hat{X}}(x) & x \neq 0 \\ \infty & x = 0. \end{cases} \tag{2.60}$$

Der Verlauf einer solchen Funktion ist in Abb. 2.2c dargestellt.

Fraktilwert oder inverse Verteilungsfunktion:

$$x = \begin{cases} F_{\hat{X}}^{-1}(F_X/q) & 0 \leqq F_X < qF_{\hat{X}}(0) \\ 0 & qF_{\hat{X}}(0) \leqq F_X \leqq p + qF_{\hat{X}}(0) \\ F_{\hat{X}}^{-1}\left(\dfrac{F_X - p}{q}\right) & p + qF_{\hat{X}}(0) < F_X \leqq 1. \end{cases} \tag{2.61}$$

2.3.1.4 Verteilungen, deren Parameter Zufallsgrößen sind

Wir betrachten eine Zufallsgröße X, deren Verteilungsfunktion $F_X(x)$ von einem Parameter ϑ abhängt. Bei Anwendungen tritt häufig die Fragestellung auf, wie die Verteilung aussieht, wenn ϑ keine Konstante, sondern selbst eine stetige Zufallsgröße Θ mit Verteilungsdichte $f_\Theta(\vartheta)$ ist, wenn also zum Beispiel Mittelwert oder Standardabweichung selbst zufällig sind. Kennzeichnen wir die Verteilung dieser gesuchten Zufallsgröße mit einem Strich, so gilt

$$F'_X(x) = \int_{-\infty}^{+\infty} F_X(x, \vartheta)\, f_\Theta(\vartheta)\, \mathrm{d}\vartheta$$

$$f'_X(x) = \int_{-\infty}^{+\infty} f_X(x, \vartheta)\, f_\Theta(\vartheta)\, \mathrm{d}\vartheta \tag{2.62}$$

und für die Momente beliebiger Ordnung, also auch für den Mittelwert

$$m'_X = \int_{-\infty}^{+\infty} m_X(\vartheta)\, f_\Theta(\vartheta)\, \mathrm{d}\vartheta. \tag{2.63}$$

Ist Θ eine diskrete Zufallsgröße, so liegt ein Sonderfall einer Mischverteilung vor. Zufällige Parameter Θ haben ihre Ursache häufig in begrenzten Kenntnissen, die entweder aus Stichproben geringen Umfanges oder aus ingenieurmäßigen Schätzungen auf der Grundlage subjektiver Erfahrungen von Experten stammen. Letztere sind natürlich mit Ungewißheiten behaftet, und mit Gl. (2.62) lassen sich auch solche Informationen in Berechnungen einbeziehen.

In solchen Fällen erhebt sich aber die Frage, wie neu hinzukommende statistische Informationen, zum Beispiel durch eine zusätzlich durchgeführte Stichprobe, berücksichtigt werden können. Eine Möglichkeit dazu bietet das Bayessche Theorem, das für stetige Zufallsgrößen und einen zufälligen Parameter Θ

$$f'_\Theta(\vartheta) = \frac{h(z \mid \vartheta)\, f_\Theta(\vartheta)}{\int\limits_{-\infty}^{+\infty} h(z \mid \vartheta)\, f_\Theta(\vartheta)\, \mathrm{d}\vartheta} \tag{2.64}$$

lautet. Darin ist $f_\Theta(\vartheta)$ die Dichte der Verteilung von Θ, die vor der Durchführung eines Versuchs bekannt war. Sie wird Prioriverteilung genannt. $f'_\Theta(\vartheta)$ ist die Dichte von Θ, die sich nach der Berücksichtigung einer neuen Stichprobe ergibt. Sie wird Posterioriverteilung genannt. Das Stichprobenergebnis ist hier mit z bezeichnet und $h(z \mid \vartheta)$ ist die Wahrscheinlichkeit, das Stichprobenergebnis z zu beobachten, wenn $\Theta = \vartheta$ ist. Besteht z aus n Ergebnissen

$X_1 = x_1, X_2 = x_2, \ldots, X_n = X_n,$ dann ist

$$\begin{aligned} h(z \mid \vartheta) &= P(X_1 = x_1 \cap X_2 = x_2 \cap \cdots \cap X_n = x_n \mid \Theta = \vartheta) \\ &= P(X_1 = x_1 \mid \vartheta) \cdot \ldots \cdot P(X_n = x_n \mid \vartheta) \\ &= f_X(x_1 \mid \vartheta) \cdot \ldots \cdot f_X(x_2 \mid \vartheta) = \prod_{i=1}^{n} f_X(x_i \mid \vartheta) \end{aligned} \tag{2.65}$$

Dieses Produkt der Verteilungsdichten heißt in der Statistik Likelihoodfunktion. Der Nenner in Gl. (2.64) hat den Charakter eines konstanten Normierungsfaktors. Wird zur Abkürzung $N = 1/\int h(z \mid \vartheta)\, f_\Theta(\vartheta)\, \mathrm{d}\vartheta$ gesetzt, so lautet die Posterioriverteilung von Θ

$$f'_\Theta(\vartheta) = N \prod_{i=1}^{n} f_X(x_i \mid \vartheta) \cdot f_\Theta(\vartheta) \tag{2.66}$$

Die Posterioriverteilung ist damit eine echte Erweiterung der Kenntnisse, die die Informationen in der Prioriverteilung vor der Durchführung eines Versuchs mit den Informationen, die in der Stichprobe eines Versuchsergebnisses enthalten sind, kombiniert.

Eine ausführliche Darstellung der Bayesschen Statistik findet man in [2.11, 2.12].

2.3.1.5 Transformierte Verteilungen

Aus den bekannten Verteilungstypen lassen sich durch geeignete Transformationen neue Verteilungen gewinnen. Ist $F_X(x)$ die Verteilungsfunktion einer Zufallsgröße X, und ist eine zweite Zufallsgröße U mit X durch die Funktion

$U = \psi(X)$

verknüpft, so lautet die Verteilungsfunktion von U

$$F_U(x) = F_X(\psi^{-1}(x)), \tag{2.67}$$

wenn $\psi(x)$ eine monoton steigende Funktion ist, und

$$F_U(x) = 1 - F_X(\psi^{-1}(x)), \tag{2.68}$$

wenn $\psi(x)$ monoton fällt.

Darin ist ψ^{-1} die inverse Funktion von ψ. Für die Verteilungsdichte gilt in beiden Fällen

$$f_U(x) = \left|\frac{\mathrm{d}\psi^{-1}(x)}{\mathrm{d}x}\right| f_X(\psi^{-1}(x)). \tag{2.69}$$

Viele gebräuchliche Verteilungstypen lassen sich aus anderen Verteilungen durch geeignete Transformationen herleiten. Als Beispiel sei hier der Übergang von der Normalverteilung zur logarithmischen Normalverteilung durch die Funktion $U = \mathrm{e}^X$ erwähnt. Aber auch alle Typen von Extremwertverteilungen sind durch die in Tabelle 2.1 zusammmengestellten Transformationen ineinander überführbar.

Wegen der Bedeutung geben wir ausführlich die Beziehungen für die Lineartransformation

$$U = bX + x_0$$

an.

$$\begin{aligned} F_U(x) &= F_X\left(\frac{x - x_0}{b}\right) \qquad & m_U &= bm_X + x_0 \\ & & \sigma_U &= b\sigma_X \\ f_U(x) &= \frac{1}{b} f_X\left(\frac{x - x_0}{b}\right) & \gamma_U &= \gamma_X \\ & & \varepsilon_U &= \varepsilon_X . \end{aligned} \tag{2.70}$$

Als Sonderfall mit $b = 1$ ist hier die einfache Verschiebung der Verteilung auf der x-Achse um den konstanten Betrag x_0 enthalten. Durch solche einfache Transformation läßt sich die Anzahl der freien Parameter erhöhen, so daß die Verteilung dadurch eine höhere Anpassungsfähigkeit an statistische Daten erhält. In den Formelzusammenstellungen des Anhangs II sind deshalb die Verteilungen auch in allgemeiner, verschobener Form angegeben.

2.3.2 *Mehrdimensionale Zufallsgrößen*

Sind zur Charakterisierung der zufälligen Eigenschaften einer Erscheinung mehrere Größen bedeutungsvoll, so läßt sich diese durch eine mehrdimensionale Zufallsgröße, auch Zufallsvektor genannt, darstellen.

$$\boldsymbol{X} = (X_1, X_2, \ldots, X_m)^T .$$

So sind z. B. für die Belastung durch Schnee sowohl die Schneehöhe als auch das Raumgewicht des Schnees wesentlich. Beide Größen sind zwar zufällig, aber nicht unabhängig voneinander, insofern als größere Schneehöhen durch Verdichtung zu größeren Raumgewichten führen.

Die Verteilungsfunktion einer m-dimensionalen Zufallsgröße ist definiert durch

$$F_{\boldsymbol{X}}(\boldsymbol{x}) = F_{\boldsymbol{X}}(x_1, x_2, \ldots, x_m) = P\big((X_1 \leqq x_1) \cap (X_2 \leqq x_2) \cap \cdots \cap (X_m \leqq x_m)\big). \tag{2.71}$$

Sind alle Variablen $X_1, \ldots, X_m$ stetig, so wird

$$f_{\boldsymbol{X}}(\boldsymbol{x}) = f_{\boldsymbol{X}}(x_1, x_2, \ldots, x_m) = \frac{\partial^m}{\partial x_1 \partial x_2 \cdots \partial x_m} F_{\boldsymbol{X}}(x_1, x_2, \ldots, x_m) \tag{2.72}$$

als m-dimensionale Verteilungsdichte des Zufallsvektors $\boldsymbol{X}$ bezeichnet. Ist die Verteilungsdichte bekannt, so folgt die Verteilungsfunktion durch Integration aus

$$F_{\boldsymbol{X}}(\boldsymbol{x}) = \int_{-\infty}^{x_m} \cdots \int_{-\infty}^{x_1} f_{\boldsymbol{X}}(s_1, s_2, \ldots, s_m)\, \mathrm{d}s_1\, \mathrm{d}s_2 \cdots \mathrm{d}s_m. \tag{2.73}$$

Die Verteilungsfunktion und -dichte einer einzelnen Komponente X_1 erhält man durch Integration der übrigen Komponenten von $-\infty$ bis $+\infty$

$$F_{X_1}(x_1) = P(X_1 \leqq x_1) = \int_{-\infty}^{+\infty} \cdots \int_{-\infty}^{+\infty} \int_{-\infty}^{x_1} f_{\boldsymbol{X}}(s_1, s_2, \ldots, s_m)\, \mathrm{d}s_1\, \mathrm{d}s_2 \cdots \mathrm{d}s_m \tag{2.74}$$

$$f_{X_1}(x_1) = \frac{\partial}{\partial x_1} F_{X_1}(x_1) = \int_{-\infty}^{+\infty} \cdots \int_{-\infty}^{+\infty} f_{\boldsymbol{X}}(x_1, s_2, \ldots, s_m)\, \mathrm{d}s_2 \cdots \mathrm{d}s_m. \tag{2.75}$$

Diese Verteilung wird Randverteilung genannt.

So wie in Gl. (2.3) eine bedingte Wahrscheinlichkeit eingeführt wurde, läßt sich auch eine bedingte Verteilungsfunktion definieren. Für einen zweidimensionalen Zufallsvektor gilt z. B.

$$F_{X_1|X_2}(x_1 \mid x_2) = P(X_1 \leqq x_1 \mid X_2 = x_2) = \frac{\int_{-\infty}^{x_1} f_{\boldsymbol{X}}(s_1, x_2)\, \mathrm{d}s_1}{\int_{-\infty}^{+\infty} f_{\boldsymbol{X}}(s_1, x_2)\, \mathrm{d}s_1}. \tag{2.76}$$

Das ist die Wahrscheinlichkeit dafür, daß X_1 gleich oder kleiner ist als x_1 unter der Bedingung, daß die Zufallsgröße X_2 den Wert x_2 angenommen hat.

$$f_{X_1|X_2} = \frac{\partial F_{X_1|X_2}(x_1 \mid x_2)}{\partial x_1} = \frac{f_{\boldsymbol{X}}(x_1, x_2)}{\int_{-\infty}^{+\infty} f_{\boldsymbol{X}}(s_1, x_2)\, \mathrm{d}s_1}. \tag{2.77}$$

Zwei Zufallsgrößen heißen unabhängig, wenn gilt

$$f_{X_1|X_2}(x_1 \mid x_2) = f_{X_1}(x_1). \tag{2.78}$$

Mit Gl. (2.77) folgt daraus

$$f_{\mathbf{X}}(x_1, x_2) = f_{X_1}(x_1) f_{X_2}(x_2). \tag{2.79}$$

Entsprechend gilt für den m-dimensionalen Fall

$$f_{\mathbf{X}}(x_1, x_2, \ldots, x_m) = f_{X_1}(x_1) \cdot \cdots \cdot f_{X_m}(x_m). \tag{2.80}$$

Die Verteilungsdichte eines Zufallsvektors mit gegenseitig unabhängigen Komponenten ist gleich dem Produkt der Verteilungsdichten der einzelnen Komponenten.

Sind X_1 und X_2 zwei Zufallsgrößen, so wird ein gemischtes zweites zentrales Moment

$$\begin{aligned} \operatorname{Cov}[X_1, X_2] &= E[(X_1 - E[X_1])(X_2 - E[X_2])] \\ &= \int_{-\infty}^{+\infty} \int_{-\infty}^{+\infty} (x_1 - E[X_1])(x_2 - E[X_2]) f_{X_1,X_2}(x_1, x_2)\, dx_1\, dx_2 \end{aligned} \tag{2.81}$$

eingeführt. Es wird Kovarianz von X_1 und X_2 genannt. Das Verhältnis

$$\varrho_{X_1,X_2} = \frac{\operatorname{Cov}[X_1, X_2]}{\sigma_{X_1} \cdot \sigma_{X_2}} \tag{2.82}$$

heißt Korrelationskoeffizient. Es kann nur Werte im Intervall $-1 \leqq \varrho_{X_1,X_2} \leqq +1$ annehmen. ϱ ist ein Maß für die lineare Abhängigkeit zweier Zufallsgrößen. Bei großen Korrelationskoeffizienten neigen die Realisierungen von X_1 und X_2 dazu, beide gleichzeitig große Werte relativ zum Mittelwert anzunehmen. Bei negativem ϱ werden häufig kleine Werte X_1 mit großen Werten X_2 zusammen auftreten und umgekehrt. Abbildung 2.6 erläutert die Bedeutung von ϱ am Beispiel einer Stichprobe.

Zwei Zufallsgrößen heißen unkorreliert, wenn $\varrho_{X_1,X_2} = 0$ ist. Zwei unabhängige Zufallsgrößen sind stets unkorreliert, unkorrelierte Zufallsgrößen aber nicht immer unabhängig.

Beachtet man, daß gilt

$$\operatorname{Cov}[X_1, X_1] = \operatorname{Var}[X_1], \tag{2.83}$$

dann lassen sich die stochastischen Abhängigkeiten zwischen den Komponenten eines m-dimensionalen Zufallsvektors durch die sogenannte

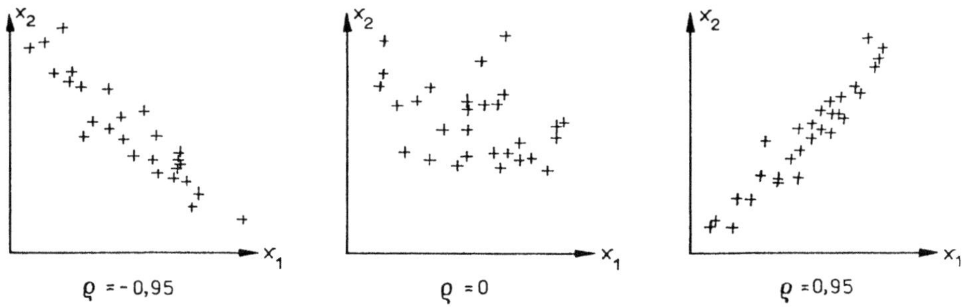

Abb. 2.6. Erläuterung der Bedeutung des Korrelationskoeffizienten ϱ an einer Stichprobe aus einer zweidimensionalen, normalverteilten Zufallsgröße

Kovarianzmatrix $\boldsymbol{C}_X$ charakterisieren.

$$\boldsymbol{C}_X = \begin{pmatrix} \mathrm{Var}\,[X_1] & \mathrm{Cov}\,[X_1, X_2] & \cdots & \mathrm{Cov}\,[X_1, X_m] \\ \mathrm{Cov}\,[X_2, X_1] & \mathrm{Var}\,[X_2] & & \mathrm{Cov}\,[X_2, X_m] \\ \vdots & & & \vdots \\ \mathrm{Cov}\,[X_m, X_1] & \mathrm{Cov}\,[X_m, X_2] & \cdots & \mathrm{Var}\,[X_m] \end{pmatrix}. \tag{2.84}$$

Besondere Bedeutung hat die m-dimensionale Normalverteilung. Ihre Verteilungsdichte lautet in allgemeiner Form

$$f_{\boldsymbol{X}}(\boldsymbol{x}) = \frac{1}{(2\pi)^{m/2}\,|\boldsymbol{C}_X|^{1/2}} \exp\left[-\frac{1}{2}\sum_{i,j=1}^{m}(x_i - m_i)\,c_{ij}^{(-1)}(x_j - m_j)\right]. \tag{2.85}$$

Darin ist $|\boldsymbol{C}_X|$ die Determinante der Kovarianzmatrix (2.84), und die $c_{ij}^{(-1)}$ sind die Elemente der inversen Matrix $\boldsymbol{C}_X^{-1}$.

Bei normalverteilten Zufallsgrößen sind die Linien bzw. Flächen gleicher Verteilungsdichte Ellipsen oder Ellipsoide. Sind die Zufallsgrößen unabhängig voneinander, so liegen die Hauptachsen dieser Ellipsoide parallel zu den Koordinatenachsen.

Für die Anwendung besonders wichtig ist die zweidimensionale standardisierte Normalverteilung mit der Verteilungsdichte φ_2 und der Verteilungsfunktion Φ_2

$$\varphi_2(x_1, x_2; \varrho) = \frac{1}{2\pi\sqrt{1-\varrho^2}} \exp\left(-\frac{x_1^2 - 2\varrho x_1 x_2 + x_2^2}{2(1-\varrho^2)}\right),$$

$$\Phi_2(x_1, x_2; \varrho) = \int_{-\infty}^{x_2}\int_{-\infty}^{x_1} \varphi_2(u_1, u_2; \varrho)\,du_1\,du_2. \tag{2.86}$$

Verfahren zur numerischen Integration dieser zweidimensionalen Normalverteilungsfunktion findet man bei Johnson und Kotz [2.13], Curnow und

Dunett [2.14] und Owen [2.15]. Diese führen das Doppelintegral auf ein einfaches zurück, das sich numerisch problemlos berechnen läßt. Die numerische Integration ist vermeidbar, wenn man Schranken für $\Phi_2(x_1, x_2; \varrho)$ verwendet, die von Ditlevsen in [2.16, 2.17] angegeben wurden.

In Tabelle II.5 sind für die Anwendung Formeln für die standardisierte zweidimensionale Normalverteilung zusammengestellt.

Auch für die Berechnung der m-dimensionalen standardisierten Normalverteilungsfunktion Φ_m sind im letzten Jahrzehnt effektive Näherungsalgorithmen entwickelt worden, die auf der Zuverlässigkeitstheorie 1. Ordnung basieren [2.18, 2.19, 2.20].

2.3.3 Folgen unabhängiger Zufallsgrößen

Manche zeitlich veränderlichen Lasten werden vereinfacht durch eine Folge von rechteckigen Lastpulsen konstanter Zeitdauer d mit zufälligen Lasthöhen dargestellt. Die Lasthöhe wird dabei so gewählt, daß der Rechteckpuls den tatsächlichen Lastverlauf umhüllt. Sind die Zeitintervalle d genügend lang, so daß die Korrelationsfunktion des Lastprozesses abgeklungen ist, kann man voraussetzen, daß die Folge der Lastwerte stochastisch unabhängig ist.

Die zufälligen Eigenschaften des Lastprozesses werden bei diesem einfachen Modell durch nur eine Zufallsgröße, die Lasthöhe, dargestellt. Diese habe die Verteilungsfunktion F_X.

Die Verteilung des Größtwertes $F_{\max X}$ der Belastung für einen längeren Zeitraum, z. B. die vorgesehene Nutzungsdauer

$$T = n \cdot d \qquad n \text{ ganzzahlig,} \tag{2.87}$$

berechnet sich nach Gl. (2.46) zu

$$F_{\max X} = [F_X]^n \qquad f_{\max X} = n[F_X]^{n-1} f_X \,. \tag{2.88}$$

Bei solchen Folgen von Belastungszuständen ist die Frage von Interesse, in welchen zeitlichen Abständen ein bestimmter Niveauwert r von dieser Last überschritten wird. Dabei wird die Zeit durch die Anzahl j der Zeitintervalle d gemessen. Die Zahl j zwischen zwei Überschreitungen des Niveaus r wird als Wiederholungsperiode, Rückkehrperiode oder Wiederkehrperiode T_R bezeichnet. Abbildung 2.7 zeigt Realisierungen t_R der Zufallsgröße T_R.

T_R ist eine diskrete Zufallsgröße, die mit gewissen Wahrscheinlichkeiten die Werte $j = 1, 2, 3, \ldots$ annehmen kann. Die Wahrscheinlichkeit, daß die Wiederholungsperiode $T_R = j$ ist, ist gleich der Wahrscheinlichkeit, daß in der Folge der x-Werte diese $j - 1$mal hintereinander kleiner als r sind und dann einmal größer als r. Da die Folge unabhängig ist, gilt der Multiplikationssatz Gl. (2.9) für die Wahrscheinlichkeiten.

$$P(T_R = j) = [P(X \leqq r)]^{j-1} \cdot P(X > r) = [F_X(r)]^{j-1}\left(1 - F_X(r)\right). \tag{2.89}$$

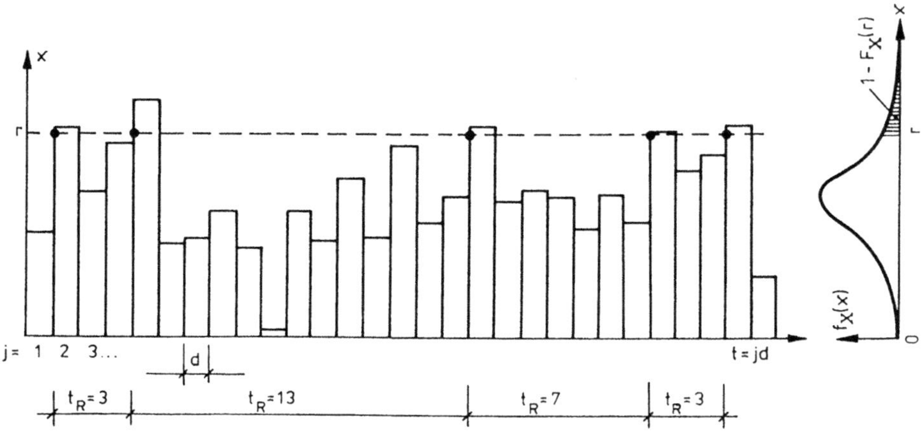

Abb. 2.7. Erläuterung des Begriffs der Wiederholungsperiode einer Realisierung einer zufälligen Folge unabhängiger Belastungszustände für das Lastniveau r

Das ist aber die Verteilungsdichte der Wiederholungsperiode f_{T_R} für das Niveau r. Man überzeugt sich leicht davon, daß diese Dichte mit wachsendem j monoton fällt.

Die Verteilungsfunktion $F_{T_R}(j)$ ergibt sich durch Summation der Dichte von $i = 1$ bis $i = j$.

$$P(T_R \leqq j) = F_{T_R}(j) = \sum_{i=j}^{j} P(T_R = i) = (1 - F_X(r)) \sum_{i=1}^{j} [F_X(r)]^{i-1}$$

$$= (1 - F_X(r)) \frac{1 - [F_X(r)]^j}{1 - F_X(r)} = 1 - [F_X(r)]^j. \tag{2.90}$$

Der Mittelwert m_{T_R} der Wiederholungsperiode folgt aus Gl. (2.26a), wenn zur Abkürzung F statt $F_X(r)$ gesetzt wird,

$$m_{T_R} = \sum_{j=1}^{\infty} jP(T_R = j) = (1 - F) \sum_{j=1}^{\infty} jF^{j-1}$$

$$= (1 - F)(1 + 2F^1 + 3F^2 + \cdots + jF^{j-1} + \cdots)$$

$$= (1 - F) \frac{\partial}{\partial F}(1 + F + F^2 + \cdots) = (1 - F) \frac{\partial}{\partial F}\left(\frac{1}{1 - F}\right) = \frac{1}{1 - F} \tag{2.91}$$

oder umgekehrt

$$F_X(r) = 1 - \frac{1}{m_{T_R}}. \tag{2.92}$$

Mittlere Wiederholungsperiode und Verteilungsfunktion der Lasthöhe lassen sich also stets einfach durcheinander ausdrücken. Es sei jedoch darauf hingewiesen, daß in der Literatur bei der Bezeichnung „mittlere Wiederholungsperiode" häufig das Adjektiv „mittlere" weggelassen wird. Das kann leicht zu Mißverständnissen führen, denn es verleitet zu der Auffassung, daß zwischen zwei Überschreitungsereignissen die Zeit m_{T_R} verstreichen müsse.

In der Ingenieurpraxis hat sich heute der Begriff der mittleren Wiederholungsperiode schon eingebürgert. Man spricht vom 100-Jahres-Ereignis, 100-Jahres-Erdbeben usw. Aber diese Begriffe werden oftmals nicht wahrscheinlichkeitstheoretisch, sondern deterministisch interpretiert. Es ist falsch anzunehmen, daß ein 100-Jahres-Ereignis auch tatsächlich alle 100 Jahre eintritt. Es tritt im Mittel alle 100 Jahre ein. Man darf diesem Begriff keine prognostische Bedeutung im deterministischen Sinne beimessen.

Die Wahrscheinlichkeit, daß ein Ereignis mit der mittleren Wiederholungsperiode von m_{T_R} Jahren im Zeitraum von j Jahren eintritt, beträgt nach den Gl. (2.90) und (2.92)

$$F_{T_R}(j) = 1 - F_X^j = 1 - \left(1 - \frac{1}{m_{T_R}}\right)^j. \tag{2.93}$$

Ein 100-Jahres-Ereignis tritt damit im Zeitraum von 100 Jahren mit Wahrscheinlichkeit $1 - \left(1 - \frac{1}{100}\right)^{100} = 0{,}634$ und im Zeitraum nach 100 Jahren mit Wahrscheinlichkeit 0,366 ein.

Man sollte sich auch vor Augen halten, daß die Wahrscheinlichkeit für das Überschreiten des Niveauwertes r in jedem Zeitintervall gleich ist, nämlich

$$P(X > x) = 1 - F_X(r) = \frac{1}{m_{T_R}},$$

und zwar unabhängig davon, ob in früheren Zeitintervallen Überschreitungen stattfanden oder nicht.

Beispiel 1. Langjährige meteorologische Untersuchungen ergaben, daß die jährliche maximale Schneelast, gemessen auf dem Boden, für den mittleren und östlichen Bereich der Länder Mecklenburg-Vorpommern und Brandenburg genügend genau einer Extremwertverteilung vom Typ I mit Mittelwert $m = 0{,}30\ \text{kN/m}^2$ und Standardabweichung $\sigma = 0{,}29\ \text{kN/m}^2$ entspricht.

a) Wie groß ist die Wahrscheinlichkeit, daß die Schneelast die Last von $0{,}75\ \text{kN/m}^2$ innerhalb eines Winters überschreitet?

Dazu müssen zunächst die beiden Parameter a und u der Verteilung aus m und σ bestimmt werden. Nach Tabelle II.7 für die Verteilung Typ I gilt

$$a = \frac{1{,}282\,55}{\sigma} = 4{,}423,$$

$$u = m - 0{,}577\,22/a = 0{,}30 - 0{,}577\,22/4{,}423 = 0{,}169\,5.$$

Die Verteilungsfunktion für $x = 0{,}75$ kN/m^2 lautet dann

$$F(x) = \exp\big(-\exp(-a(x-u))\big)$$

$$F(0{,}75) = \exp\big(-\exp(-4{,}423(0{,}75 - 0{,}1695))\big) = 0{,}9261\,.$$

Die Wahrscheinlichkeit, daß die Last von 0,75 kN/m^2 in einem Winter überschritten wird, beträgt

$$1 - F(0{,}75) = 1 - 0{,}9261 = 0{,}0739\,.$$

b) Wie groß ist die mittlere Wiederholungsperiode für diese Last?

Nach Gl. (2.91) ergibt sich

$$m_{T_R} = \frac{1}{1 - F(0{,}75)} = \frac{1}{1 - 0{,}9261} = 13{,}5 \text{ Jahre}\,.$$

c) Wie groß ist die Wahrscheinlichkeit, daß die größte Schneelast in einem Zeitraum von 50 Jahren den Wert $x = 1{,}125$ kN/m^2 überschreitet?

Dazu muß zunächst die Extremwertverteilung für den Zeitraum von 50 Jahren bestimmt werden. Nach Gl. (2.88) ist

$$F_{\max}(x) = [F(x)]^n = \exp\big(-n \cdot \exp(-a(x-u))\big)$$
$$= \exp\big(-\exp(-a(x-u) + \ln n)\big),$$

$$F_{\max}(1{,}125) = \exp\big(-\exp(-4{,}423(1{,}125 - 0{,}1695) + \ln 50)\big)$$
$$= 0{,}482\,.$$

Überschreitungswahrscheinlichkeit

$$P = 1 - 0{,}482 = 0{,}518\,.$$

d) Wie groß ist die Schneelast, die einer mittleren Wiederholungsperiode von 50 Jahren entspricht?

Aus Gl. (2.92) folgt die zu $m_{T_R} = 50$ gehörige Verteilungsfunktion

$$F(r) = 1 - \frac{1}{50} = 0{,}98\,.$$

Die Auflösung von

$$F(r) = \exp\big(-\exp(-a(r-u))\big)$$

nach r ergibt

$$r = u - \frac{1}{a}\ln(-\ln F) = 0{,}1695 - \frac{1}{4{,}423}\ln(-\ln 0{,}98) = 1{,}05 \text{ kN/m}^2\,.$$

2.4 Stochastische Prozesse

2.4.1 *Einführung*

Ein stochastischer Prozeß $X(t)$ – auch Zufallsfunktion oder Zufallsprozeß genannt – ist eine Funktion, deren Wert für jedes Argument t eine Zufallsgröße ist. Sie läßt sich deshalb auch als eine Menge von Zufallsgrößen $\{X(t), t \in T\}$ auffassen.

Das Argument t wird als nicht stochastisch aufgefaßt.

Beispiele von Zufallsfunktionen sind die auf die Tragwerke einwirkenden Lasten, die sich in Abhängigkeit von der Zeit zufällig ändern.

Als Ergebnis eines Experimentes oder einer Beobachtung erhält man eine Realisierung des stochastischen Prozesses. Eine solche Realisierung ist eine gewöhnliche Funktion. Neue Experimente oder Beobachtungen ergeben andere Realisierungen, d. h. andere Funktionen. Aber der wahrscheinlichkeitstheoretische Inhalt verschiedener Realisierungen desselben stochastischen Prozesses ist der gleiche. In den Abb. 2.8 bis 2.15 sind Realisierungen verschiedener Typen von stochastischen Prozessen als Beispiel gezeigt, die für die Lastbeschreibung bedeutungsvoll sind.

2.4.2 *Verteilungsfunktion und Verteilungsdichte*

Stochastische Prozesse lassen sich ähnlich beschreiben wie Zufallsvektoren.

Für jeden festen Wert t ist ein stochastischer Prozeß durch seine Verteilungsfunktion

$$F_X(x, t) = P(X \leqq x)$$

vollständig beschrieben. Für zwei Zeitpunkte t_1 und t_2 und $X_1 = X(t_1)$, $X_2 = X(t_2)$ wird der Prozeß durch die zweidimensionale Verteilungsfunktion

$$F_{\mathbf{X}}(x_1, x_2; t_1, t_2) = P(X_1 \leqq x_1 \cap X_2 \leqq x_2)$$

bezüglich dieser beiden Zeitpunkte beschrieben.

Liegen die Zeitpunkte t_1 und t_2 nicht allzuweit auseinander, wird eine gewisse Korrelation zwischen X_1 und X_2 vorhanden sein. In Erweiterung dieser Gedankengänge kann man offensichtlich einen stochastischen Prozeß als gegeben ansehen, wenn für beliebige Werte $t_1, t_2, \ldots, t_n$ die mehrdimensionale Verteilungsfunktion

$$F_{\mathbf{X}}(x_1, x_2, \ldots, x_n; t_1, t_2, \ldots, t_n) = P\big((X_1 \leqq x_1) \cap (X_2 \leqq x_2) \cap \cdots \cap (X_n \leqq x_n)\big) \tag{2.94}$$

bekannt ist. Existieren die entsprechenden Ableitungen, so ist

$$f_{\mathbf{X}}(x_1, x_2, \ldots, x_n; t_1, t_2, \ldots, t_n) = \frac{\partial^n}{\partial x_1\, \partial x_2 \cdots \partial x_n} F_{\mathbf{X}}(x_1, x_2, \ldots, x_n; t_1, t_2, \ldots, t_n) \tag{2.95}$$

die n-dimensionale Verteilungsdichte des Prozesses $X(t)$.

Die umfassende Charakterisierung eines stochastischen Prozesses durch die Gesamtheit seiner Verteilungsfunktionen oder -dichten ist sehr aufwendig. Bei praktischen Anwendungen beschränkt man sich deshalb häufig darauf, statt der mehrdimensionalen Verteilungsgesetze bestimmte, für die Anwendung wichtige numerische Parameter zu betrachten.

Ein stochastischer Prozeß heißt stationär, wenn Verteilungsdichte und Verteilungsfunktion unabhängig von der Lage des Zeitursprungs sind. Dann gilt

$$f_{\mathbf{X}}(x_1, x_2, \ldots, x_n; t_1, t_2, \ldots, t_n) = f_{\mathbf{X}}(x_1, x_2, \ldots, x_n; t_1 + t_0, t_2 + t_0, \ldots, t_n + t_0). \tag{2.96}$$

Die eindimensionale Verteilungsdichte der Ordinaten eines stationären Prozesses hängt damit nicht vom Zeitpunkt ab

$$f_X(x_1, t_1) = f_X(x_1). \tag{2.97}$$

2.4.3 *Momente eines stochastischen Prozesses*

Wie bei Zufallsgrößen werden auch hier die Momente definiert, die jetzt aber Funktionen von t sind. Von besonderer Bedeutung sind die Funktion des Erwartungswertes oder Mittelwertfunktion

$$\mathrm{E}[X(t)] = m_X(t) = \int_{-\infty}^{+\infty} x f_X(x; t)\,\mathrm{d}x \tag{2.98}$$

und die Varianzfunktion

$$\mathrm{Var}[X(t)] = \sigma_X^2(t) = \int_{-\infty}^{+\infty} (x - m_X(t))^2 f_X(x; t)\,\mathrm{d}x. \tag{2.99}$$

Da diese Größen nur von t und nicht von X abhängen, sind sie keine stochastischen, sondern gewöhnliche Funktionen.

Für zwei Zeitpunkte t_1 und t_2 wird die Kovarianzfunktion als zentrales zweites Moment definiert

$$\begin{aligned} R_{X,X}(t_1, t_2) &= \mathrm{Cov}[X(t_1), X(t_2)] = \mathrm{E}[(X(t_1) - m_X(t_1))\,(X(t_2) - m_X(t_2))] \\ &= \iint_{-\infty}^{+\infty} (x_1 - m_X(t_1))\,(x_2 - m_X(t_2))\,f_X(x_1, x_2; t_1, t_2)\,\mathrm{d}x_1\,\mathrm{d}x_2. \end{aligned} \tag{2.100}$$

Die mittels der Standardabweichung normierte Kovarianzfunktion heißt in Analogie zu Gl. (2.82) Korrelationsfunktion

$$\varrho_{X,X}(t_1, t_2) = \frac{R_{X,X}(t_1, t_2)}{\sigma_X(t_1)\ \sigma_X(t_2)}. \tag{2.101}$$

Die letzten beiden Funktionen sind symmetrische Funktionen ihrer Argumente

$$R_{X,X}(t_1, t_2) = R_{X,X}(t_2, t_1),$$
$$\varrho_{X,X}(t_1, t_2) = \varrho_{X,X}(t_2, t_1). \tag{2.102}$$

Bei einem stationären stochastischen Prozeß sind Mittelwertfunktion und Varianzfunktion konstant, und Kovarianz- und Korrelationsfunktion sind nur von der Zeitdifferenz $\tau = t_2 - t_1$ abhängig. Dann sind $R_{X,X}$ und $\varrho_{X,X}$ gerade Funktionen

$$R_{X,X}(-\tau) = R_{X,X}(\tau),$$
$$\varrho_{X,X}(-\tau) = \varrho_{X,X}(\tau) \tag{2.103}$$

und die Kovarianzfunktion ist nie größer als die Varianz

$$R_{X,X}(\tau) \leqq R_{X,X}(0) = \text{Var}\,[X] = \sigma_X^2, \tag{2.104}$$

$$\varrho_{X,X}(\tau) \leqq \varrho_{X,X}(0) = 1. \tag{2.105}$$

Bei bestimmten Anwendungen, insbesondere bei der Untersuchung stochastischer Schwingungen, wird an Stelle der Kovarianzfunktion die Spektraldichte $S_{X,X}$ verwendet. Sie ist die Fouriertransformierte der Kovarianzfunktion und mit ihr für reelle, stationäre Prozesse durch die Beziehungen

$$S_{X,X}(\omega) = \frac{1}{\pi} \int_0^\infty R_{X,X}(\tau) \cos \omega\tau \, d\tau,$$

$$R_{X,X}(\tau) = 2 \int_0^\infty S_{X,X}(\omega) \cos \omega\tau \, d\tau \tag{2.106}$$

verknüpft. Die Spektraldichte ist nicht negativ und für reelle Prozesse eine gerade Funktion.

2.4.4 Das Problem der Niveaukreuzung

Für die Berechnung von Versagenswahrscheinlichkeiten ist offensichtlich die Frage von Bedeutung, ob – und wenn ja, wie oft – ein stochastischer Prozeß ein bestimmtes Niveau r erreicht oder überschreitet. Abb. 2.8 zeigt als Beispiel

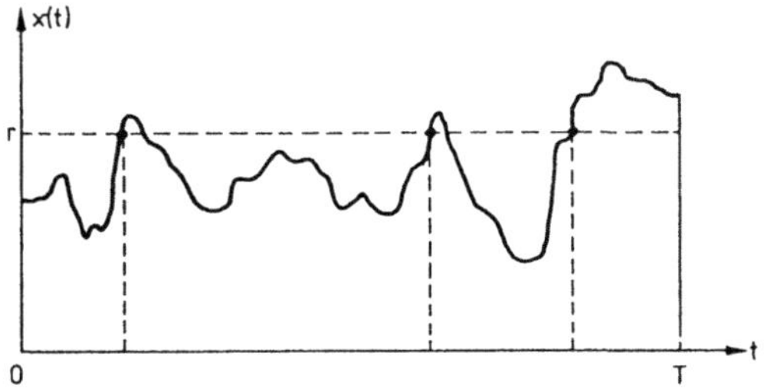

Abb. 2.8. Realisierung eines kontinuierlichen stochastischen Prozesses mit drei positiven und zwei negativen Kreuzungen des Niveaus r in der Zeit T

die Realisierung eines Prozesses $X(t)$, welcher in der Zeit $0 \leqq t \leqq T$ dreimal das Niveau r von unten nach oben (positive Niveaukreuzung) und zweimal von oben nach unten (negative Niveaukreuzung) kreuzt.

Die Niveaukreuzungsrate $\nu^+(r)$ des Prozesses $X(t)$ ist definiert als die mittlere Anzahl der positiven Kreuzungen des Niveaus r durch $X(t)$ während der Zeiteinheit. Sie wird auch Niveauüberschreitungsrate genannt. Offensichtlich tritt eine positive Niveaukreuzung dann auf, wenn zu einem Zeitpunkt t

$$X(t) < r \quad \text{und} \quad X(t + \Delta t) > r \quad \text{gilt.}$$

Die mittlere Anzahl der Niveaukreuzungen während der Zeiteinheit errechnet sich dann aus dem Grenzübergang

$$\nu^+(r) = \lim_{\Delta t \to 0} \frac{1}{\Delta t} P\big(X(t) < r \cap X(t + \Delta t) > r\big). \tag{2.107}$$

Für differenzierbare Prozesse gilt

$$X(t + \Delta t) = X(t) + \dot{X}(t)\, \Delta t$$

mit

$$\dot{X}(t) = \frac{\mathrm{d}X(t)}{\mathrm{d}t}, \tag{2.108}$$

und man kann für (2.107) auch schreiben

$$\nu^+(r) = \lim_{\Delta t \to 0} \frac{1}{\Delta t} P\big(r - \dot{X}(t)\, \Delta t < X(t) < r, 0 < \dot{X}(t) < \infty\big). \tag{2.109}$$

Zur Berechnung der hier auftretenden Wahrscheinlichkeit wird die zweidimensionale Verteilungsdichte $f_{X,\dot{X}}$ des Zufallsprozesses und seiner Ableitung nach der Zeit zum gleichen Zeitpunkt t eingeführt. Wenn $\nu^+(r)$ nicht von der Zeit abhängt, folgt aus (2.109)

$$\nu^+(r) = \lim_{\Delta t \to 0} \frac{1}{\Delta t} \int\limits_{r - \dot{x}\Delta t}^{r} \int\limits_{0}^{\infty} f_{X,\dot{X}}(x_1, x_2)\, \mathrm{d}x_2\, \mathrm{d}x_1 .$$

Integration über x_1 und Grenzübergang ergeben unter Berücksichtigung des Mittelwertsatzes der Differentialrechnung die klassische Formel von Rice

$$v^+(r) = \int_0^\infty x_2 f_{X,\dot{X}}(r, x_2)\, \mathrm{d}x_2 . \tag{2.110}$$

Die mittlere Anzahl der positiven Niveaukreuzungen in dem Bezugszeitraum T erhält man durch Integration über die Zeit. Im allgemeinen gilt

$$\mathrm{E}[N^+] = \int_0^T v^+(r, t)\, \mathrm{d}t ,$$

und im stationären Fall mit zeitlich konstantem v^+

$$\mathrm{E}[N^+] = v^+(r)\, T . \tag{2.111}$$

Für die Zuverlässigkeitsanalyse von Tragwerken sind besonders hohe Niveaus r, die selten vom Prozeß $X(t)$ überschritten werden, von Interesse. Für solche Fälle läßt sich eine einfache Näherungsbeziehung zwischen Niveaukreuzungsrate und Extremwertverteilung für den Zeitraum T angeben.

Für hohe Niveaus ist eine Niveaukreuzung ein „seltenes Ereignis". In der Wahrscheinlichkeitsrechnung wird gezeigt, daß die Zahl N des Eintretens seltener zufälliger Ereignisse in einem gegebenen Zeitintervall einer Poissonschen Verteilung gehorcht [2.1, 2.3]. Die Wahrscheinlichkeit, daß genau m seltene Ereignisse eintreten, beträgt danach

$$P(N^+(r) = m) = \frac{\lambda^m}{m!} \exp(-\lambda), \tag{2.112}$$

und die mittlere Anzahl ist

$$\mathrm{E}[N^+(r)] = \lambda .$$

Dann folgt aus Gl. (2.111)

$$\lambda = v^+(r)\, T$$

und

$$P(N^+(r) = m) = \frac{(v^+(r)\, T)^m}{m!} \exp(-v^+(r)\, T) . \tag{2.113}$$

Die Verteilungsfunktion $F_{\max X}(r)$ der Extremwertverteilung der Größtwerte eines Prozesses $X(t)$ ist gleich der Wahrscheinlichkeit, daß der Extremwert innerhalb des Bezugszeitraumes kleiner als r ist, also die Anzahl $N^+(r)$ gleich Null ist.

$$F_{\max X}(r) = P(\max X(t) < r) = P(N^+(r) = 0) .$$

Mit $m = 0$ folgt aus Gl. (2.113)

$$F_{\max X}(r) \approx \exp\left(-\nu^+(r)\, T\right) \approx 1 - \nu^+(r)\, T \tag{2.114}$$

bzw.

$$\nu^+(r) \approx -\frac{1}{T} \ln F_{\max X}(r) \approx \frac{1}{T}\left(1 - F_{\max X}(r)\right). \tag{2.115}$$

Das sind einfache und oftmals nützliche Näherungsbeziehungen zwischen Niveaukreuzungsrate und Extremwertverteilung. Dabei ist aber zu beachten, daß sie für hohe Niveaus gelten, für mittlere Niveaus gilt die Voraussetzung der Poissonverteilung Gl. (2.112) nicht mehr.

Im folgenden werden einige Typen von Zufallsprozessen, die für die Lastbeschreibung wichtig sind, dargestellt und dafür die Niveaukreuzungsraten angegeben. Diese werden im Abschnitt 3.2.2.3 für die Lösung des Problems der Lastkombination benötigt.

2.4.5 Kontinuierliche, differenzierbare stochastische Prozesse

Realisierungen differenzierbarer stochastischer Prozesse haben zu jedem Zeitpunkt einen Funktionswert und eine Ableitung nach der Zeit (Abb. 2.8).

Für die Berechnung der Niveaukreuzungsrate $\nu^+(r)$ nach der Riceschen Formel (2.110) ist die Ableitung $\dot{X}(t)$ des Prozesses von Bedeutung. Wir stellen deshalb hier einige Beziehungen für Parameter und Dichte von $\dot{X}(t)$ zusammen.

Die Verteilungsgesetze der Ordinaten der Ableitung eines stochastischen Prozesses sind nur in wenigen Spezialfällen zu bestimmen, während über einige Parameter einfache, allgemeine Aussagen möglich sind

$$m_{\dot{X}}(t) = \frac{\mathrm{d}m_X(t)}{\mathrm{d}t}. \tag{2.116}$$

Der Erwartungswert der Ableitung eines stochastischen Prozesses ist gleich der Ableitung des Erwartungswertes dieses Prozesses. Dann gilt für stationäre Prozesse $m_{\dot{X}} = 0$.

Für die Kovarianzfunktion gilt im allgemeinen

$$R_{\dot{X},\dot{X}}(t_1, t_2) = \frac{\partial^2 R_{X,X}(t_1, t_2)}{\partial t_1\, \partial t_2} \tag{2.117}$$

und bei stationären Prozessen

$$R_{\dot{X},\dot{X}}(\tau) = -\frac{\mathrm{d}^2 R_{X,X}(\tau)}{\mathrm{d}\tau^2} \tag{2.118}$$

$$\sigma_{\dot{X}} = \sqrt{R_{\dot{X},\dot{X}}(0)} = \sqrt{-\frac{\mathrm{d}^2 R_{X,X}(\tau)}{\mathrm{d}\tau^2}}\Bigg|_{\tau=0}. \tag{2.119}$$

Folglich ist die Ableitung eines stationären Prozesses auch stationär.

Für differenzierbare, stationäre Prozesse sind die Ordinaten des Zufallsprozesses $X(t)$ und der Ableitung $\dot{X}(t)$ zum gleichen Zeitpunkt nichtkorrelierte

Zufallsgrößen

$R_{X,\dot{X}}(0) = 0\,.$

Das bedeutet, daß der stationäre Prozeß im Mittel ebensosehr wächst wie fällt.

Von besonderer praktischer Bedeutung sind die normalverteilten stochastischen Prozesse, die auch Gaußprozesse genannt werden. Sie haben die angenehme Eigenschaft, daß Linearkombinationen aus mehreren Gaußprozessen wieder Gaußprozesse ergeben.

Die Verteilungsdichte für die Zeiten $t_1, t_2, \ldots, t_n$ ist analog Gl. (2.85)

$$f_X(x_1, \ldots, x_n; t_1, \ldots, t_n)$$
$$= \frac{1}{(2\pi)^{n/2}\,|\boldsymbol{C}|^{1/2}} \exp\left\{-\frac{1}{2}\sum_{i,j=1}^{n}(x_i - m_X(t_i))\,c_{ij}^{(-1)}(x_j - m_X(t_j))\right\} \tag{2.121}$$

mit der Matrix $\boldsymbol{C}$ der Autokovarianzen

$$\boldsymbol{C} = \begin{pmatrix} R_{X,X}(t_1, t_1) & R_{X,X}(t_1, t_2) & \ldots & R_{X,X}(t_1, t_n) \\ \vdots & & & \vdots \\ R_{X,X}(t_n, t_1) & R_{X,X}(t_n, t_2) & \ldots & R_{X,X}(t_n, t_n) \end{pmatrix}$$

$c_{ij}^{(-1)}$ ist Element der inversen Matrix $\boldsymbol{C}^{-1}$.

Durch die Kovarianzfunktion $R_{X,X}(t_1, t_2)$ und die Mittelwertfunktion ist ein Gaußprozeß vollständig bestimmt.

Die Ableitung $\dot{X}(t)$ eines Gaußprozesses ist auch ein Gaußprozeß. Für stationäre Gaußprozesse sind $X(t)$ und $\dot{X}(t)$ nicht nur unkorreliert, sondern auch unabhängig

$$f_{X,\dot{X}}(x, \dot{x}) = f_X(x)\,f_{\dot{X}}(\dot{x})\,, \tag{2.122}$$

und es gilt

$$\begin{aligned} f_X(x) &= \frac{1}{\sqrt{2\pi}\,\sigma_X} \exp\left(-\frac{1}{2}\left(\frac{x - m_X}{\sigma_X}\right)^2\right) = \frac{1}{\sigma_X}\,\varphi\left(\frac{x - m_X}{\sigma_X}\right) \\ f_{\dot{X}}(x) &= \frac{1}{\sqrt{2\pi}\,\sigma_{\dot{X}}} \exp\left(-\frac{1}{2}\left(\frac{\dot{x}}{\sigma_{\dot{X}}}\right)^2\right) = \frac{1}{\sigma_{\dot{X}}}\,\varphi\left(\frac{\dot{x}}{\sigma_{\dot{X}}}\right) \end{aligned} \tag{2.123}$$

mit $\sigma_{\dot{X}}$ nach Gl. (2.119). Herleitung und weitere Erläuterungen hierzu siehe in [2.6, 2.4, 2.21].

Die letzten Gleichungen in Gl. (2.111) eingesetzt, ergibt nach kurzer Rechnung die Niveaukreuzungsrate für den Gaußprozeß

$$\nu^+(r) = \frac{1}{2\pi}\frac{\sigma_{\dot{X}}}{\sigma_X} \exp\left(-\frac{1}{2}\left(\frac{r - m_X}{\sigma_X}\right)^2\right),$$

oder mit der Dichtefunktion φ Gl. (2.35)

$$v^+(r) = \frac{1}{\sqrt{2\pi}} \frac{\sigma_{\dot{X}}}{\sigma_X} \varphi \left(\frac{r - m_X}{\sigma_X} \right). \tag{2.124}$$

Betrachtet man das mittlere Niveau $r = m_X$, so folgt

$$v^+(m_X) = \frac{1}{2\pi} \frac{\sigma_{\dot{X}}}{\sigma_X},$$

die mittlere Anzahl der positiven Niveaukreuzungen des mittleren Niveaus m_X je Zeiteinheit. Diese Größe hat den Charakter einer „mittleren Frequenz" des stochastischen Prozesses. Bezeichnen wir diese mit f_m, so lassen sich die Gl. (2.124) auch in die Formen

$$v^+(r) = f_m \exp \left(-\frac{1}{2} \left(\frac{r - m_X}{\sigma_X} \right)^2 \right)$$

bzw.

$$v^+(r) = \sqrt{2\pi}\, f_m \varphi \left(\frac{r - m_X}{\sigma_X} \right) \tag{2.125}$$

bringen.

2.4.6 *Erneuerungsprozesse*

Viele Lasten im Makrozeitbereich verlaufen zeitlich nicht kontinuierlich, sondern es werden zu diskreten Zeitpunkten bestimmte Belastungszustände mehr oder weniger plötzlich eingetragen.

Solche diskreten Belastungszeitpunkte, an denen „neue" Lasten eingeleitet werden, lassen sich durch die sogenannten Erneuerungsprozesse, auch Punktprozesse oder Zählprozesse genannt, mathematisch modellieren. Abbildung 2.9 b zeigt eine mögliche Realisierung eines solchen Erneuerungsprozesses. Die Lasten werden zu diskreten Zeiten $t_0, t_1, t_2, \ldots$ eingeleitet, und die Zeitdifferenzen zwischen zwei Erneuerungszeitpunkten

$$D_n = t_{n+1} - t_n$$

sind positive, unabhängige und identisch verteilte Zufallsgrößen.

Für die Folge der Erneuerungszeitpunkte gilt

$$\begin{aligned} t_0 &= 0 \\ t_1 &= D_0 \\ t_2 &= D_0 + D_1 \\ &\vdots \\ t_n &= D_0 + D_1 + \cdots + D_{n-1}. \end{aligned}$$

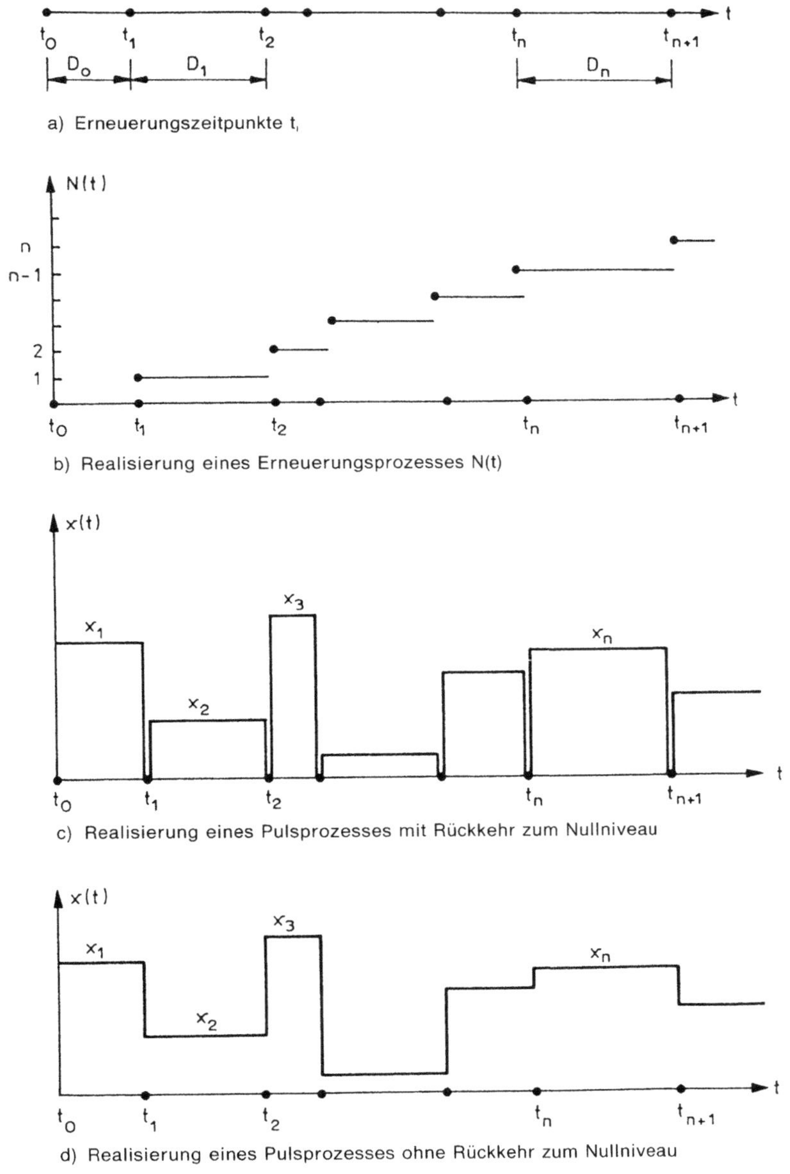

a) Erneuerungszeitpunkte t_i

b) Realisierung eines Erneuerungsprozesses N(t)

c) Realisierung eines Pulsprozesses mit Rückkehr zum Nullniveau

d) Realisierung eines Pulsprozesses ohne Rückkehr zum Nullniveau

Abb. 2.9. Erneuerungsprozeß und zweiparametriger Pulsprozeß mit Rechteckform

Der Erneuerungsprozeß beschreibt nun die Anzahl N der bis zum Zeitpunkt t eingetretenen Lasterneuerungen

$$N(t) = \max\{n, t_n \leqq t\}. \tag{2.126}$$

$N(t)$ ist ein diskreter Zufallsprozeß, der nur ganzzahlige, positive Werte annimmt.

Einfachster und zur Lastbeschreibung heute fast ausschließlich verwendeter Erneuerungsprozeß ist der Poissonprozeß, für den die Anzahl $N(t)$ der Erneuerungszeitpunkte t_n bis zur Zeit t Poisson-verteilt ist

$$P(N(t) = n) = \frac{(\lambda t)^n}{n!} \exp(-\lambda t), \qquad n = 0, 1, 2, \ldots \tag{2.127}$$

und die Zeiten D_n zwischen zwei Erneuerungen exponentialverteilt sind

$$F_D(t) = P(D \leqq t) = 1 - \exp(-\lambda t).$$

λ ist die Anzahl der Erneuerungen je Zeiteinheit. Sie wird auch Erneuerungsrate oder Intensität des Erneuerungsprozesses genannt.

Weitere Details siehe in [2.1, 2.5].

2.4.7 *Pulsprozesse*

2.4.7.1 *Zweiparametrige Pulsprozesse*

Viele Lasten ändern ihre Höhe nur zu diskreten Zeiten und bleiben zwischen diesen Zeiten mehr oder weniger konstant. Dazu gehören Lasten aus Einrichtungen, Möbeln oder Lagergütern.

Solche Belastungen lassen sich mathematisch sehr wirklichkeitsnah modellieren, wenn man den Zeitintervallen D_n eines Erneuerungsprozesses $N(t)$ zufällige, in den D_n konstante Lastintensitäten X_n zuordnet. X_n, $n = 1, 2, \ldots$ sind identisch verteilte, unabhängige Zufallsgrößen. Die Abb. 2.9c und d zeigen Realisierungen solcher Pulsprozesse.

Sie werden zweiparametrige Pulsprozesse, Zweiparameterprozesse, Rechteckwellenprozesse oder Poissonsche Pulsprozesse genannt. „Zweiparametrig" deshalb, weil ihre zufälligen Eigenschaften durch zwei zufällige Größen, die Lastintensität X_n und die zufälligen Lasteintragungszeiten t_n, charakterisiert sind, im Gegensatz zu zufälligen Folgen mit Lasteintragungszeiten in konstanten Abständen nach Abschnitt 2.3.3.

In Abb. 2.9 ist angedeutet, daß sich zwei Typen solcher Prozesse unterscheiden lassen, Prozesse, die zu den Erneuerungszeitpunkten stets wieder auf das Niveau Null zurückkehren (Abb. 2.9c), und solche, die das nicht tun (Abb. 2.9d). Möbellasten im Wohnungsbau gehören z. B. zum ersten Typ und Lasten in Lagergebäuden zum zweiten Typ.

Viele Lasten wirken nicht ständig. Sie haben Pausen, in denen die Lasthöhe gleich Null ist oder unterhalb eines technisch relevanten Niveaus liegt. Solche Pausen sind für das Problem der Lastkombination von Bedeutung. Sie lassen sich bei den Pulsprozessen sehr einfach in das Lastmodell einbauen, indem man für die Wahrscheinlichkeitsverteilung der Lastintensität eine Mischverteilung mit diskreter Wahrscheinlichkeit im Nullpunkt nach den Gln. (2.59) bis (2.61) einführt. Dann hat das Zeitintervall D_n mit Wahrscheinlicheit p die Last Null und mit Wahrscheinlichkeit $q = 1 - p$ die zufällige Lastintensität $X_n = \hat{X}_n$. Abbildung 2.10 zeigt einen möglichen Verlauf eines solchen Prozesses.

Solche Lastprozesse besitzen dann aber „fiktive“ Erneuerungspunkte, an denen keine Lasten (oder Lasten der Größe Null) eingeleitet werden. Diese Punkte sind natürlich nicht beobachtbar und damit auch nicht die zugehörige Erneuerungsrate.

Bezeichnet man mit m_E den Mittelwert der Zeitintervalle zwischen realen, beobachtbaren Erneuerungspunkten und ist der ebenfalls beobachtbare Mittelwert der exponentialverteilten Lastdauern m_D, dann beträgt die Erneuerungsrate des Gesamtprozesses

$$\lambda = \frac{1}{m_D}, \tag{2.129}$$

und die Wahrscheinlichkeit, daß der Prozeß aktiv ist, wird

$$q = \frac{m_D}{m_E}. \tag{2.130}$$

Eine weitere Verallgemeinerung dieser Prozesse ist möglich, indem man von der Rechteckform abgeht. Man kann grundsätzlich jede deterministische Form wählen, die sich an die Daten anpassen läßt. Dreiecke, Hausformen und Parabeln verschiedener Art sind untersucht worden [2.22, 2.23].

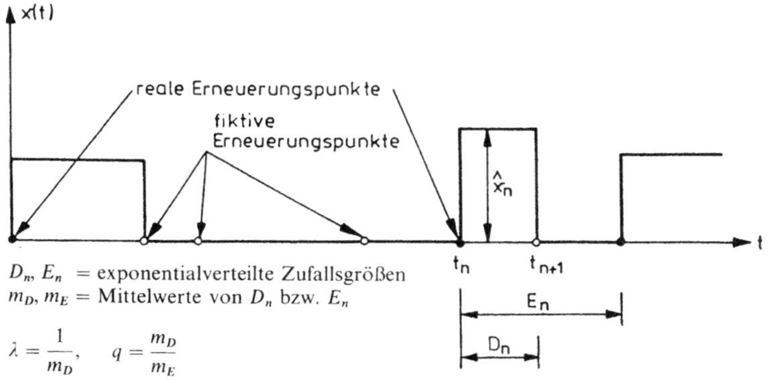

Abb. 2.10. Realisierung eines Pulsprozesses mit Pausen

Mathematisch läßt sich ein solcher Prozeß beschreiben durch

$$X(t) = \sum_{n=0}^{N(t)} \hat{X}_n w(t, t_n). \tag{2.131}$$

Darin ist $N(t)$ ein Erneuerungsprozeß und $\{\hat{X}_n\}$ die Folge der Spitzenwerte, eine Folge unabhängiger, identisch verteilter Zufallsgrößen. Durch die Funktion w wird die Pulsform definiert. So gilt z. B. für stationäre Rechteckprozesse nach Abb. 2.9c mit der Abkürzung

$$c = \frac{t - t_n}{t_{n+1} - t_n}$$

$$w = \begin{cases} 1 & 0 \leqq c < 1 \\ 0 & \text{sonst}, \end{cases} \tag{2.132}$$

und für gleichseitige Dreiecke nach Abb. 2.11b

$$w = \begin{cases} 2c & 0 < c < \dfrac{1}{2} \\ 2(1 - c) & \dfrac{1}{2} \leqq c < 1. \end{cases} \tag{2.133}$$

Für das später im Abschnitt 3.2.2.3 behandelte Problem der Lastkombination von mehreren Prozessen sind zwei Verteilungsdichten von Bedeutung. Die eine ist die Verteilungsdichte der Spitzenwerte der realen Pulse. Sie wird mit $f_{\hat{X}}$ bezeichnet. Die andere ist die Verteilung der Momentanwerte f_X zu einem beliebigen Zeitpunkt t.

Für Prozesse mit Rechteckpulsen ohne Pausen stimmen beide Verteilungen natürlich überein. Für andere Pulsformen läßt sich f_X aus $f_{\hat{X}}$ ableiten. Für Prozesse mit Rechteck-Pulsen und Pausen gilt

$$f_X(x) = p\delta(x) + qf_{\hat{X}}(x) = \begin{cases} qf_{\hat{X}}(x) & x \neq 0 \\ \infty & x = 0, \end{cases}$$

$$F_X(x) = \begin{cases} p + qF_{\hat{X}}(x) & x \geqq 0 \\ qF_{\hat{X}}(x) & x < 0 \end{cases} \quad p + q = 1. \tag{2.134}$$

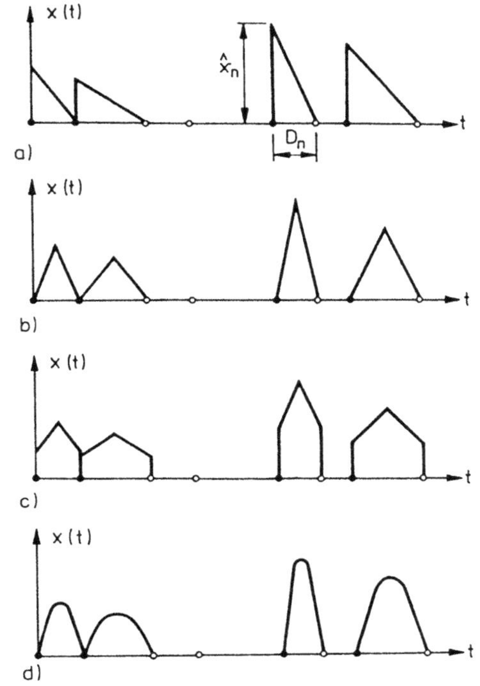

Abb. 2.11. Pulsprozesse mit verschiedenen deterministischen Pulsformen

Darin ist $\delta(x)$ die Diracsche Funktion. Für Dreieckspulse ergibt sich

$$f_X(x) = \begin{cases} p\delta(x) + q \displaystyle\int_{s=x}^{\infty} \frac{1}{s} f_{\hat{X}}(s)\,\mathrm{d}s & x \geqq 0 \\ -q \displaystyle\int_{s=-\infty}^{x} \frac{1}{s} f_{\hat{X}}(s)\,\mathrm{d}s & x < 0 . \end{cases} \tag{2.135}$$

Für weitere Pulsformen findet man Angaben bei Madsen [2.22].

Bestimmen wir jetzt die Niveaukreuzungsrate der zweiparametrigen Pulsprozesse für ein konstantes positives Niveau r nach Gl. (2.107).

Für Prozesse mit rechteckförmigen Pulsformen sind die in Gl. (2.107) auftretenden Wahrscheinlichkeiten

$$P\big(X(t) \leqq r\big) = F_X(r)$$

$$P\big(X(t) + \Delta t > r\big) = 1 - F_X(r) .$$

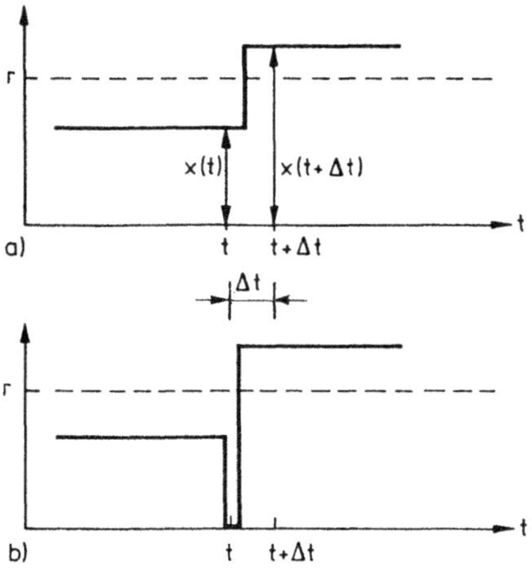

Abb. 2.12. Zur Bestimmung der Niveaukreuzungsrate bei rechteckigen Pulsprozessen

Im Zeitraum Δt kann eine positive Niveaukreuzung nur dann eintreten, wenn erstens in Δt eine Lasterneuerung auftritt — die Wahrscheinlichkeit dafür ist $\lambda \cdot \Delta t$ — und wenn zweitens das neue Lastniveau höher als r ist. Dann folgt aus Gl. (2.107) für Prozesse nach Abb. 2.12a, wenn aufeinanderfolgende Lastintensitäten voneinander unabhängig sind,

$$\nu^+ = \lambda \cdot F_X(r)\,(1 - F_X(r)) \tag{2.136}$$

und für Prozesse nach Abb. 2.12b, die bei jeder Lasterneuerung auf Null zurückgehen,

$$\nu^+ = \lambda(1 - F_X(r)). \tag{2.137}$$

Ist eine Autokorrelation zwischen aufeinanderfolgenden Lastintensitäten vorhanden, so wandelt man Gl. (2.107) mit Hilfe von Gl. (2.4) um in

$$\nu^+ = \lim_{\Delta t \to 0} \frac{1}{\Delta t}\,[P(X(t) < r) - P(X(t) < r \cap X(t + \Delta t) < r)]$$

und daraus folgt

$$\nu^+ = \lambda[F_X(r) - F_{X,X}(r, r)]. \tag{2.138}$$

Darin ist $F_{X,X}$ die zweidimensionale Verteilung aufeinanderfolgender Lastintensitäten. Sind diese zum Beispiel normalverteilt mit Mittelwert m_X, Standardabweichung σ_X und Korrelationskoeffizient ϱ, so ist

$$\nu^+ = \lambda\left[\Phi\left(\frac{r - m_X}{\sigma_X}\right) - \Phi_2\left(\frac{r - m_X}{\sigma_X}, \frac{r - m_X}{\sigma_X}; \varrho\right)\right] \tag{2.139}$$

mit der zweidimensionalen standardisierten Normalverteilung Φ_2 nach Gl. (2.86) und Tabelle II.5. Auf Prozesse, die bei jeder Laständerung auf das Nullniveau zurückgehen (Abb. 2.12b) wirkt sich eine Autokorrelation natürlich nicht aus und Gl. (2.137) gilt auch für korrelierte Prozesse.

Haben die Prozesse Pausen, so ergibt sich die Beziehung zur Ermittlung der Niveaukreuzungsrate durch Einsetzen von Gl. (2.134) in Gl. (2.136) oder (2.137) zu

$$\nu^+ = \lambda q\big(1 - F_{\hat{X}}(x)\big)\,\big(p + qF_{\hat{X}}(x)\big) \tag{2.140}$$

bei Prozessen ohne Rückkehr zum Nullniveau und

$$\nu^+ = \lambda q\big(1 - F_{\hat{X}}(x)\big) \tag{2.141}$$

bei Prozessen mit Rückkehr zum Nullniveau in den Zeitpunkten der Lasterneuerung.

Die Gln. (2.137) und (2.141) gelten auch für Prozesse mit anderen Pulsformen (Dreiecke, Parabeln, Hausformen usw.), wenn alle Lasterneuerungen stets vom Niveau Null beginnen.

2.4.7.2 Dreiparametrige Pulsprozesse

Eine weitere Verallgemeinerung dieser Prozesse ist möglich, wenn man zusätzlich die Lastdauer D_n als dritte zufällige Größe einführt.

Es entstehen so dreiparametrige Pulsprozesse mit zufälligem Zeitpunkt der Lasteintragung, zufälliger Lastintensität $\hat{X}_n$ und zufälliger Lastdauer D_n. Die Erneuerungszeitpunkte gehorchen wieder einem Poissonprozeß mit Parameter λ, so daß die Zeiten zwischen den Lasteintragungen exponentialverteilt sind. Die Folge der $\{\hat{X}_n\}$ besteht aus identisch verteilten Zufallsgrößen. Die Lastdauern sind exponentialverteilt mit Verteilungsparameter ν. Solche Prozesse werden auch gefilterte Poissonprozesse genannt. Hier gilt $\lambda = 1/m_E$ und $\nu = 1/m_D$.

Läßt man die Lastdauern D_n gegen Null gehen, dann entstehen die sogenannten Spikeprozesse, die sich zur Modellierung von plötzlich eintretenden kurzzeitigen Ereignissen eignen (Abb. 2.13b).

Diese Prozesse lassen sich mathematisch beschreiben durch

$$X(t) = \sum_{n=0}^{N(t)} \hat{X}_n \cdot w(t, t_n, D_n)\,. \tag{2.142}$$

Darin sind $N(t)$ ein Erneuerungsprozeß, $\{\hat{X}_n\}$ die Folge der Spitzenwerte, $\{D_n\}$ die Folge der Lastdauern und w eine Funktion zur Definition der Pulsform. Wird als Abkürzung

$$c = \frac{t - t_n}{d_n} \tag{2.143}$$

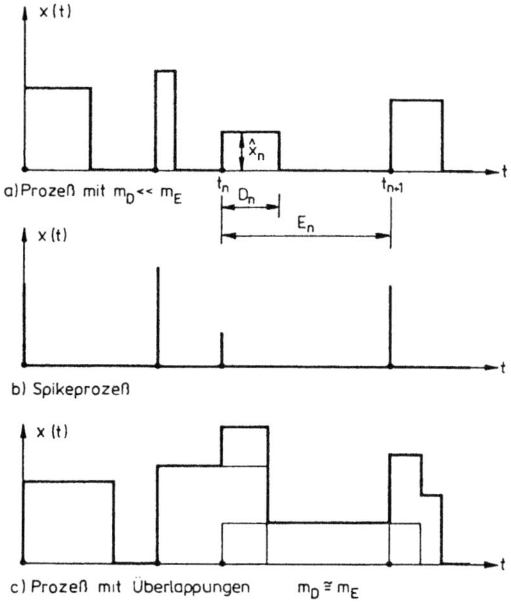

Abb. 2.13. Realisierungen von dreiparametrigen Pulsprozessen

eingeführt, so gilt z. B. für stationäre Rechteckprozesse (Abb. 2.13a und c)

$$w = \begin{cases} 1 & 0 < c < 1 \\ 0 & \text{sonst} \end{cases} \tag{2.144}$$

und für Spikeprozesse (Abb. 2.13b)

$$w = \begin{cases} 1 & c = 0 \\ 0 & c \neq 0 \end{cases} \tag{2.145}$$

Für Dreiparameterprozesse, bei denen die mittlere Lastdauer m_D wesentlich kleiner ist als die Zeitdauer zwischen Lasterneuerungen

$$m_D \ll m_E, \qquad v \gg \lambda \tag{2.146}$$

gilt analog Gl. (2.137)

$$v^+(r) = \lambda(1 - F_{\hat{X}}(r)) \qquad \text{für } r \geqq 0. \tag{2.147}$$

Da die Pausen im Lastprozeß hier nicht durch fiktive Lasten mit der Intensität Null dargestellt werden, ist jetzt stets $q = 1$ und $p = 0$. λ ist die Erneuerungsrate der realen Lasten, und daher nicht mit λ der Zweiparameterprozesse identisch.

Kann die Gültigkeit von Gl. (2.146) nicht mehr vorausgesetzt werden und ist der Mittelwert m_D der Belastungsdauer in der Größenordnung des Mittelwertes m_E der Zeitintervalle, dann treten mit größerer Wahrscheinlichkeit Überlappungen der Einzelpulse (Abb. 2.13c) auf. In diesem Fall wird die Ermittlung der Niveaukreuzungsrate recht kompliziert. Angaben hierzu findet man u. a. bei Breitung und Rackwitz [2.24, 2.25].

2.4.7.3 Unterbrochene kontinuierliche Prozesse

Die bisher behandelten Pulsprozesse hatten eine deterministische Pulsform. Wenn für ein Problem außer der Laständerung im Makrozeitbereich auch die Veränderlichkeit im Mikrozeitbereich Bedeutung besitzt, dann läßt sich eine weitere Verallgemeinerung des Lastmodells dadurch erreichen, daß auf die einzelnen Pulse eines Dreiparameterprozesses ein kontinuierlicher Prozeß superponiert wird. Damit wird auch die Pulsform stochastisch. Solche Prozesse sollen nach Wen und Pearce [2.26] als „unterbrochene kontinuierliche Prozesse" bezeichnet werden. Der Prozeß für die zeitlichen Änderungen im Mikrozeitbereich wird durch die üblichen Größen wie Mittelwert, Korrelationsfunktion oder Spektraldichte charakterisiert. Die Größen werden aber nun abhängig gemacht von den zufälligen Größen eines Pulsprozesses als Modell der Makrozeitänderungen.

Wir betrachten im folgenden die Kombination eines dreiparametrigen Poissonschen Pulsprozesses $U(t)$ mit Rechteckimpulsen $\lambda \ll \nu$ mit einem stationären Gaußprozeß $V(t)$ und bestimmen dafür eine Näherungsbeziehung

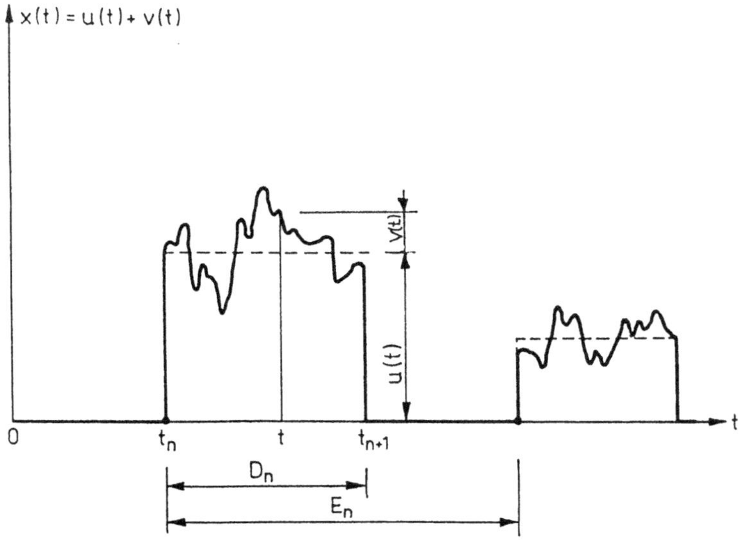

Abb. 2.14. Realisierung eines unterbrochenen kontinuierlichen Prozesses

für die Niveaukreuzungsrate $\nu^+(r)$

$$X(t) = U(t) + V(t).$$

Die Extremwertverteilung der Lastintensität für die Zeitdauer eines Pulses beträgt nach den Gln. (2.114) und (2.124) näherungsweise

$$F_{\max_D V}(r) \approx \exp\left(-\nu_V^+(r)\cdot m_D\right) = \exp\left(-\frac{\sigma_{\dot V}}{2\pi\sigma_V}\, m_D \exp\left(-\frac{1}{2}\left(\frac{r-m_V}{\sigma_V}\right)^2\right)\right).$$

Nun sind die Parameter m_V, σ_V, $\sigma_{\dot V}$ des Gaußprozesses Funktionen der Zufallsgröße U mit Dichte $f_U(u)$, und damit folgt unter Berücksichtigung von Gl. (2.62)

$$F_{\max_D V}(r) = \int_0^\infty \exp\left(-\frac{\sigma_{\dot V}}{2\pi\sigma_V}\, m_D \exp\left(-\frac{1}{2}\left(\frac{r-m_V}{\sigma_V}\right)^2\right)\right) f_U(u)\, du.$$

Für einen größeren Zeitraum mit mehreren solchen Pulsen mit Erneuerungsrate λ beträgt nach Gl. (2.147) die Niveaukreuzungsrate

$$\begin{aligned} \nu^+(r) &= \lambda\left(1 - F_{\max_D V}(r)\right) \\ &= \lambda\left(1 - \int_0^\infty \exp\left(-\frac{\sigma_{\dot V}}{2\pi\sigma_V}\, m_D \exp\left(-\frac{1}{2}\left(\frac{r-m_V}{\sigma_V}\right)^2\right)\right) f_U(u)\, du\right) \end{aligned} \qquad (2.148)$$

für $r \geqq 0$.

Unterbrochene kontinuierliche Prozesse eignen sich ausgezeichnet für die Darstellung von Erdbeben oder Windbeanspruchung. Bei der Windbeanspruchung z. B. würde mit der Größe $U = m_V$ die zufällige Stärke eines Sturmes, durch λ die Häufigkeit des Auftretens eines Sturmes, durch D seine zufällige Dauer und mit σ_V und $\sigma_{\dot V}$ der turbulente Anteil, der die Tragwerke zu Schwingungen anregt, darstellbar sein.

3 Zuverlässigkeitstheorie tragender Baukonstruktionen

3.1 Grundlagen und Begriffe

3.1.1 *Versagenswahrscheinlichkeit und Überlebenswahrscheinlichkeit*

Die Behandlung der Sicherheitsproblematik mit wahrscheinlichkeitstheoretischen Mitteln führt zwangsläufig dazu, die Sicherheit durch eine Wahrscheinlichkeit zu messen. Dabei geht man von der Vorstellung aus, daß sich ein Tragwerk oder ein Tragwerkselement nur in einem von zwei Zuständen befinden kann:

V = Versagen
$\bar{V}$ = Nicht-Versagen.

Beiden Zuständen können Wahrscheinlichkeiten zugeordnet werden.

Die Versagenswahrscheinlichkeit oder Ausfallwahrscheinlichkeit $P_f = P(V)$ ist die Wahrscheinlichkeit, daß während eines Bezugszeitraumes T ein Grenzzustand überschritten und damit der Versagenszustand V erreicht wird.

Die Überlebens- oder Bestandswahrscheinlichkeit $P_s = P(\bar{V})$ ist die Wahrscheinlichkeit, daß während T ein Grenzzustand nicht überschritten wird.

P_f und P_s beziehen sich also stets auf einen bestimmten Zeitraum. Als Bezugszeitraum wird häufig die Nutzungsdauer angesehen.

$\bar{V}$ ist das zu V komplementäre Ereignis, so daß nach Gl. (2.1) gilt

$$P_f + P_s = 1 . \tag{3.1}$$

Es ist im Bauwesen üblich, mit Versagenswahrscheinlichkeiten und nicht mit Überlebenswahrscheinlichkeiten zu rechnen. Das ist anschaulicher und hat numerische Vorteile.

3.1.2 *Zur Ermittlung der Versagenswahrscheinlichkeit*

Akzeptiert man die Versagenswahrscheinlichkeit als Sicherheitsmaß (oder besser Unsicherheitsmaß), so entsteht die Frage, wie man sie bestimmen soll. Man könnte daran denken, durch Schadensstatistiken Versagenshäufigkeiten als Schätzwerte der Versagenswahrscheinlichkeiten zu ermitteln, wie es bei kurzlebigen Massenerzeugnissen möglich ist.

Dieser Weg scheidet bei Bauwerken aus verschiedenen Gründen aus:

- Bauwerke sind hochzuverlässige Systeme, ihr Ausfall ist ein seltenes Ereignis, und die Versagenswahrscheinlichkeit ist damit sehr klein. Für eine statistische Abschätzung wäre ein Stichprobenumfang erforderlich, der viel zu groß ist und gar nicht zur Verfügung steht.
- Wir haben nur wenige gleichartige Bauwerke und Bauteile. Einzelkonstruktionen sind häufig, so daß keine einheitliche Grundgesamtheit für eine Statistik vorhanden ist. Aber auch für das Einzelbauwerk wird eine Sicherheitsaussage benötigt.
- Die Nutzungsdauer der Bauwerke ist sehr lang. Selbst wenn man über Schadensstatistiken brauchbare Aussagen gewinnen könnte, lägen die Ergebnisse erst zu einer Zeit vor, in der sie höchstens noch historisch interessant sind.

Schadensstatistiken besitzen eine große Bedeutung für die Sammlung praktischer Erfahrungen über das Verhalten der Konstruktionen unter realen Bedingungen. Aber daraus Versagenswahrscheinlichkeiten herzuleiten, wird kaum möglich sein.

Nun werden aber die Eigenschaften auch des extremsten Einzelbauwerks durch zufällige Größen bestimmt, die Massencharakter haben und statistisch erfaßbar sind. Dazu gehören die Baumaterialien, die als Massengüter produziert und geprüft werden, dazu gehören die äußeren Lasten, die sich oftmals wiederholen und beobachtet und gemessen werden können, dazu gehören ferner die geometrischen Imperfektionen, die Baugrundeigenschaften und die Eigenschaften der Verbindungen.

Diese Größen werden in der Zuverlässigkeitstheorie der tragenden Konstruktionen als Basisvariable $X_1, X_2, \ldots, X_m$ bezeichnet. Sie lassen sich auf Grund statistischer Untersuchungen als Zufallsgrößen oder stochastische Prozesse mathematisch darstellen.

Wendet man auf die mechanischen Gesetze die Regeln der Wahrscheinlichkeitsrechnung an, so kann man aus den Basisvariablen die Wahrscheinlichkeiten für den Eintritt von Versagenszuständen theoretisch berechnen. Das ist eine Grundaufgabe der Zuverlässigkeitstheorie tragender Konstruktionen, die in den folgenden Abschnitten ausführlich behandelt wird.

Dieser theoretische Weg ist gangbar, wenn

- ausreichende statistische Informationen über die Basisvariablen X_i bekannt sind
- die mechanischen Gesetze über den Zusammenhang zwischen äußeren Einwirkungen und innerem Widerstand des Tragwerkes mathematisch formuliert vorliegen
- wenn der Grenzzustand, auf den sich die Versagenswahrscheinlichkeit bezieht, definiert ist und
- wenn die Gesetze zum Rechnen mit Zufallsgrößen und stochastischen Prozessen soweit vereinfacht aufbereitet sind, daß sie mit einem vertretbaren Aufwand auf das mechanische Problem anwendbar sind.

3.1.3 Die operative Versagenswahrscheinlichkeit

Der theoretische Weg bedeutet aber andererseits, daß man so nur einen Anteil an der Gesamtversagenswahrscheinlichkeit erhält, nämlich nur den Anteil, der durch die rechnerisch berücksichtigten Basisvariablen verursacht ist. So sind natürlich mögliche Anteile aus menschlichen Fehlhandlungen in diesem theoretischen Wert nicht enthalten.

Wenn man Fehlerfreiheit des mechanischen Modells voraussetzen kann, dann wird die Versagenshäufigkeit größer sein als die theoretische Versagenswahrscheinlichkeit. Manchmal sind die mechanischen Modelle mit Annahmen durchsetzt, die auf der sicheren Seite liegen. Dann können solche Aussagen natürlich nicht mehr gemacht werden.

Aber noch ein anderer Aspekt ist hier wesentlich. Die theoretisch berechnete Versagenswahrscheinlichkeit ist recht empfindlich gegenüber Änderungen im stochastischen Modell. Durch statistische Untersuchungen lassen sich zwar recht zuverlässig der mittlere Bereich der Verteilungsdichte sowie Mittelwert und Standardabweichung abschätzen, aber das Verhalten der Dichte in den äußeren Bereichen, den „Schwänzen", läßt sich statistisch nicht begründen. Hier ist man auf Annahmen angewiesen, die das Ergebnis – besonders bei den sehr kleinen Wahrscheinlichkeiten, die hier immer auftreten – leider stark beeinflussen.

Man hat deshalb den Begriff der „operativen Versagenswahrscheinlichkeit" eingeführt. Das ist eine theoretische Wahrscheinlichkeit, die dem Ingenieur als Vergleichsgröße und Entscheidungshilfe zu Quantifizierung von Aussagen über die Sicherheit und Zuverlässigkeit dienen kann. Sie ist eine bedingte Wahrscheinlichkeit, die nur unter einem Komplex von Voraussetzungen – z. B. über die Verteilungstypen der Basisvariablen – gilt. Sie ist also an das theoretische Modell gebunden und von diesem nicht ohne weiteres zu trennen. Man sollte operative Versagenswahrscheinlichkeiten nur dann miteinander vergleichen, wenn sie aus Modellen mit vergleichbaren Annahmen entstanden sind. Da die folgenden theoretischen Untersuchungen sich ausschließlich auf die operativen Versagenswahrscheinlichkeiten beziehen, wird aus Gründen der kürzeren Ausdrucksweise zukünftig das Adjektiv weggelassen. Wenn in den folgenden Abschnitten von Versagenswahrscheinlichkeit gesprochen wird, so ist dieser theoretisch berechenbare Anteil gemeint.

Eine andere Reaktion auf die Erkenntnis der Unmöglichkeit, einen exakten Wert der Versagenswahrscheinlichkeit zu bestimmen, besteht in der Einführung eines sogenannten Sicherheitsindexes β als baupraktisches, aber doch statistisch und wahrscheinlichkeitstheoretisch begründetes Maß für die Bauwerkssicherheit. Auf diese Entwicklung wird im Abschnitt 3.2.2.1 eingegangen.

Die Unvollkommenheit der operativen Versagenswahrscheinlichkeit erscheint allerdings unwesentlich, wenn man diese nicht als objektives Maß für die Gesamtsicherheit, sondern als Hilfsmittel des Ingenieurs für Entscheidungen über Konstruktionsabmessungen und zu wählende Baustoffgüten oder über die Festlegung von Sicherheitsabständen in Berechnungsvorschriften auffaßt. Die operative Versagenswahrscheinlichkeit umfaßt zwar nur einen Teilaspekt der Sicherheitsproblematik, aber es ist gerade der Teilaspekt, der für Bemessung und Konstruktion entscheidend ist. Da die schwer bestimmbare Wahrscheinlichkeit für den Eintritt von menschlichen Fehlhandlungen von den Konstruktionsabmessungen unabhängig ist, hat sie auf die Festlegung ökonomisch optimaler Abmessungen auch kaum einen Einfluß [3.8].

Obwohl die Wahrscheinlichkeit für den Eintritt eines Versagensfalles durch menschliche Fehler in der Regel größer ist als die theoretische, operative Versagenswahrscheinlichkeit, hat sie einen vernachlässigbaren Einfluß auf den Entwurf.

3.1.4 Die Zeitabhängigkeit der Versagenswahrscheinlichkeit

Die Versagenswahrscheinlichkeit ist eine Funktion der Zeit t. Das ist ganz offensichtlich, wenn man an die Zeitabhängigkeit der Belastungen und Materialeigenschaften denkt. Je größer der Zeitraum ist, auf den sich die Versagenswahrscheinlichkeit bezieht, desto mehr Möglichkeiten des Versagens gibt es und desto größer wird auch die Wahrscheinlichkeit, daß ein Versagenszustand erreicht wird. P_f ist damit eine mit der Zeit monoton steigende Funktion

$$P_f(t_1) \leqq P_f(t_2) \quad \text{für} \quad t_1 < t_2 . \tag{3.2}$$

Setzt man voraus, daß sich das Tragwerk zum Zeitpunkt des Nutzungsbeginns, $t = 0$, im Zustand des Nicht-Versagens befindet, so gelten die beiden Grenzwerte

$$P_f(0) = 0, \qquad \lim_{t \to \infty} P_f(t) = 1 .$$

Die komplementäre Funktion

$$L(t) = P_s(t) = 1 - P_f(t)$$

wird Zuverlässigkeitsfunktion genannt und gibt die Wahrscheinlichkeit an, daß das Tragwerk die Zeit t überlebt. $L(t)$ ist monoton fallend.

Die Zeit wird entweder in Einheiten der Zeit (z. B. Jahren) oder durch die Anzahl von Belastungszyklen gemessen. Die zweite Möglichkeit findet man häufig bei Ermüdungsvorgängen.

Das bedeutet, daß die Zuverlässigkeitstheorie stets die Zeitabhängigkeit der Versagenswahrscheinlichkeit berücksichtigen muß. Überall, wo die klassische Statik heute den Zeiteinfluß vernachlässigt, muß dieser bei einer zuverlässigkeitstheoretischen Untersuchung zwangsläufig mit erfaßt werden.

Selbst bei der häufig getroffenen vereinfachten Annahme zeitunabhängiger Materialeigenschaften kommt das Zeitproblem über die zeitlich veränderlichen Lasten in die Zuverlässigkeitsuntersuchung hinein. Lediglich in dem rein theoretischen Sonderfall, daß sich sowohl die äußere Belastung als auch der innere Widerstand mit der Zeit nicht ändern, ist der Zeiteinfluß vernachlässigbar.

Reale Baukonstruktionen haben natürlich niemals zeitunabhängige Materialeigenschaften. Alle Baumaterialien sind Prozessen der Alterung, Ermüdung, Nacherhärtung, Korrosion oder des Kriechens unterworfen, die die Tragfähigkeit zeitlich verändern, meist herabsetzen. Diese Erscheinungen beeinflussen die Versagenswahrscheinlichkeit natürlich wesentlich.

Will man nun die Versagenswahrscheinlichkeit als Sicherheitsmaß verwenden, so ist dazu eine Funktion, die alle Werte von 0 bis 1 durchläuft, nur dann geeignet, wenn zusätzlich eine Festlegung eines Bezugszeitraumes erfolgt. Jeder Versagenswahrscheinlichkeit muß also eine Zeitangabe zugeordnet sein. Versagenswahrscheinlichkeiten sind nur dann miteinander vergleichbar, wenn sie sich auf den gleichen Zeitraum beziehen.

Als natürlicher Zeitraum bietet sich die vorgesehene Nutzungsdauer des Tragwerkes an.

Es gibt aber auch Gesichtspunkte, die für andere Festlegungen sprechen. So sind die Nutzungsdauern für Bauwerke unterschiedlicher Art sehr verschieden. Sehr schwierig ist es auch, eine Nutzungsdauer in unserer heutigen schnellebigen Zeit überhaupt vorherzusagen. Hier wäre bestenfalls auch nur eine Wahrscheinlichkeitsaussage möglich.

Auch die Tatsache, daß die statistischen Informationen zum Teil recht lückenhaft sind und sich ihre Ermittlung auf im Vergleich zur Nutzungsdauer kurze Zeiträume bezieht, spricht für einen relativ kurzen Zeitraum als Bezugsbasis für die Versagenswahrscheinlichkeit. Die Berechnung der Versagenswahrscheinlichkeit für Zeiträume in der Größenordnung der Nutzungsdauer erfordert gewisse Extrapolationen, die mathematisch möglich sind, aber zwangsläufig doch Fehler mit sich bringen.

Es gibt deshalb Vorschläge, als Bezugszeitraum für die Versagenswahrscheinlichkeit den festen Zeitraum von einem Jahr zu wählen [3.9], [4.5].

Diese Festlegung ist aber andererseits bei allen Problemen, bei denen zeitabhängige Veränderungen auf der Widerstandsseite für die Sicherheit entscheidend sind, ungünstig. Alterungs- und Ermüdungsvorgänge führen zu einer Häufung der Versagensfälle gegen Ende der Nutzungsdauer, und so kann die Betrachtung nur des ersten Jahres leicht zu Fehleinschätzungen verleiten.

Auch bei zuverlässigkeitstheoretischen Optimierungsverfahren ist es nur sinnvoll, die gesamte Nutzungsdauer der Untersuchung zugrunde zu legen.

Man sieht, daß es nicht möglich ist, eine allgemeingültige Festlegung zu treffen, sondern daß die Wahl des Bezugszeitraumes vom speziellen Problem abhängt.

3.1.5 *Lebensdauer und Nutzungsdauer*

Unter Lebensdauer T_L verstehen wir die Zeit vom Beginn der Nutzung des Tragwerkes bis zum Eintritt eines Versagensfalles. Die Lebensdauer ist eine Zufallsgröße und besitzt eine Verteilungsdichte und Verteilungsfunktion.

Versagt z. B. ein Tragwerk nach 20 Jahren, so sagt man: $t_L = 20$ Jahre ist eine Realisierung der Zufallsgröße T_L. T_L als Zufallsgröße ist also nicht die Lebensdauer eines bestimmten, real existierenden Tragwerkes. An einem bestimmten Tragwerk wird immer nur eine Realisierung t_L der Zufallsgröße T_L beobachtet.

Die Verteilungsfunktion der Lebensdauer $F_{T_L}(t)$ ist gleich der Wahrscheinlichkeit, daß die Lebensdauer T_L kleiner oder gleich t ist. Das ist aber gerade die Wahrscheinlichkeit, daß bis zum Zeitpunkt t ein Versagen eingetreten ist

$$F_{T_L}(t) = P(T_L \leqq t) = P_f(t). \tag{3.3}$$

Die Versagenswahrscheinlichkeit ist also gleich der Verteilungsfunktion der Lebensdauer. Der in Abb. 3.1 dargestellte zeitliche Verlauf der Versagenswahrscheinlichkeit läßt sich also auch als Verteilungsfunktion der Lebensdauer auffassen. Die Verteilungsdichte ergibt sich durch Differentiation

$$f_{T_L}(t) = \frac{\mathrm{d}F_{T_L}(t)}{\mathrm{d}t} = \frac{\mathrm{d}P_f(t)}{\mathrm{d}t}. \tag{3.4}$$

Die mittlere Lebensdauer folgt aus:

$$E[T_L] = m_{T_L} = \int_0^{t_e} t f_{T_L}(t)\,\mathrm{d}t = \int_0^{t_e} t\,\mathrm{d}F_{T_L}(t).$$

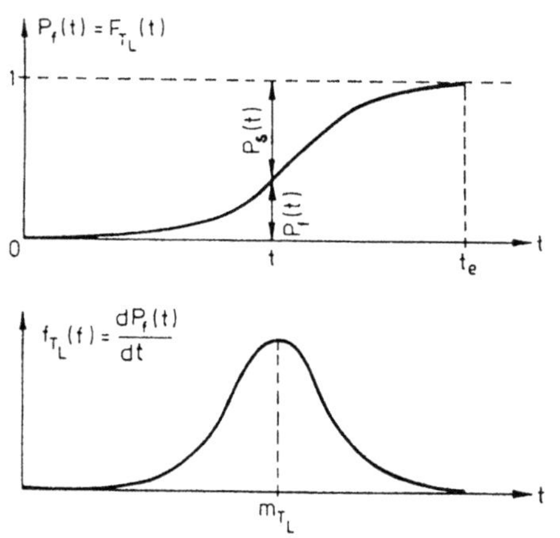

Abb. 3.1. Zeitabhängigkeit der Versagenswahrscheinlichkeit

Darin ist t_e der Zeitpunkt, bei dem die Versagenswahrscheinlichkeit gleich 1 ist, das Tragwerk also mit Gewißheit versagt. Im Grenzfall kann t_e gegen Unendlich gehen. Partielle Integration liefert

$$m_{T_L} = [tF_{T_L}(t)]_0^{t_e} - \int_0^{t_e} F_{T_L}(t)\,\mathrm{d}t = t_e - \int_0^{t_e} F_{T_L}(t)\,\mathrm{d}t$$

$$= \int_0^{t_e} [1 - F_{T_L}(t)]\,\mathrm{d}t = \int_0^{t_e} [1 - P_f(t)]\,\mathrm{d}t. \tag{3.5}$$

Die mittlere Lebensdauer läßt sich damit geometrisch als die Fläche oberhalb der Kurve $P_f(t)$ in Abb. 3.1 deuten.

Auf ähnlichem Wege kann man für die Varianz der Lebensdauer ableiten

$$\mathrm{Var}\,[T_L] = \sigma_{T_L}^2 = 2 \int_0^{t_e} t[1 - P_f(t)]\,\mathrm{d}t - m_{T_L}^2. \tag{3.6}$$

Man sieht, daß Versagenswahrscheinlichkeit und Lebensdauer voneinander abhängen. Das heißt, daß sich Zuverlässigkeitsaussagen sowohl mit dem Begriff „Versagenswahrscheinlichkeit“ als auch dem Begriff „Lebensdauer“ formulieren lassen. So ist zum Beispiel die Aussage:

„Für den Zeitraum von 50 Jahren beträgt die Versagenswahrscheinlichkeit 10^{-3}“

identisch mit der Aussage:

„Das 0,001-Fraktil der Lebensdauer beträgt 50 Jahre.“

Unter der Nutzungsdauer T verstehen wir den Zeitraum der vorgesehenen, zukünftigen Nutzung des Tragwerkes, für den Sicherheit und Zuverlässigkeit zu gewährleisten sind. Die Nutzungsdauer ist eine Planungsgröße, die in der Regel einen konstanten Wert besitzt.

Die Sicherheitsforderung, daß die Lebensdauer größer als die Nutzungsdauer ist, kann sich, da die Lebensdauer eine stark streuende Zufallsgröße ist, nur auf einen ihrer Fraktilwerte beziehen. Es ist offensichtlich, daß für die Nutzungsdauer nur ein kleiner Fraktilwert der Lebensdauer in Frage kommt.

Durch einfache Umformung von Gl. (3.3) folgt, daß die Sicherheitsforderung nach Einhaltung einer zulässigen Versagenswahrscheinlichkeit für die Nutzungsdauer

$$P_f(T) \leqq \mathrm{zul}\,P_f$$

identisch ist mit der Forderung, daß der zu zul P_f gehörende Fraktilwert der Lebensdauer q_{T_L} gleich oder größer ist als die Nutzungsdauer

$$q_{T_L} \geqq T$$

mit

$$q_{T_L} = F_{T_L}^{-1}(\mathrm{zul}\,P_f). \tag{3.7}$$

Darin ist $F_{T_L}^{-1}$ die inverse Funktion der Verteilungsfunktion der Lebensdauer.

Man erkennt, daß es möglich ist, die Zuverlässigkeitstheorie sowohl mit dem Begriff „Versagenswahrscheinlichkeit" als auch mit dem Begriff „Lebensdauer" aufzubauen. Die zweite Variante hat gewisse Vorteile bei relativ kurzlebigen Massenerzeugnissen. Hier ist die Lebensdauer der einzelnen Elemente auch einer direkten statistischen Auswertung zugänglich. Im Bauwesen mit seinen sehr langlebigen Erzeugnissen, wo das Versagen der einzelnen Elemente theoretisch aus der Wechselwirkung zwischen Beanspruchung und Widerstand zu ermitteln ist, ist die 1. Variante vorteilhaft und hat sich durchgesetzt.

3.1.6 Ausfallrate

Die Ausfallrate $h_t(t)$ ist ein zeitlich lokales Charakteristikum der Zuverlässigkeit. Sie beantwortet die Frage nach der Versagenswahrscheinlichkeit in einem Zeitintervall $(t, t + \Delta t]$ für Tragwerke, die bereits das Alter t erreicht haben. $h_t(t)\,\Delta t$ wird definiert als die Wahrscheinlichkeit, daß ein bis zum Zeitpunkt t nicht ausgefallenes Tragwerk im darauffolgenden Zeitintervall $(t, t + \Delta t]$ versagt.

$$h_t \Delta t = P(T_L \leqq t + \Delta t \mid T_L > t).$$

Hier die Gl. (2.4) eingeführt, ergibt

$$h_t \Delta t = \frac{P((T_L \leqq t + \Delta t) \cap (T_L > t))}{P(T_L > t)} = \frac{P(t < T_L \leqq t + \Delta t)}{P(T_L > t)} = \frac{f_{T_L}(t)\,\Delta t}{1 - F_{T_L}(t)}$$

$$h_t = \frac{f_{T_L}(t)}{1 - F_{T_L}(t)}. \tag{3.8}$$

Mit den Gl. (3.3) und (3.4) kann man dafür auch schreiben

$$h_t = \frac{1}{1 - P_f(t)} \frac{\mathrm{d}P_f(t)}{\mathrm{d}t}. \tag{3.9}$$

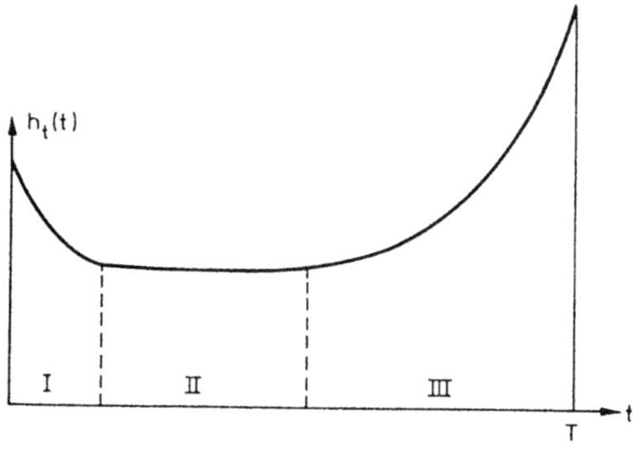

Abb. 3.2. Charakteristischer Verlauf der Ausfallrate

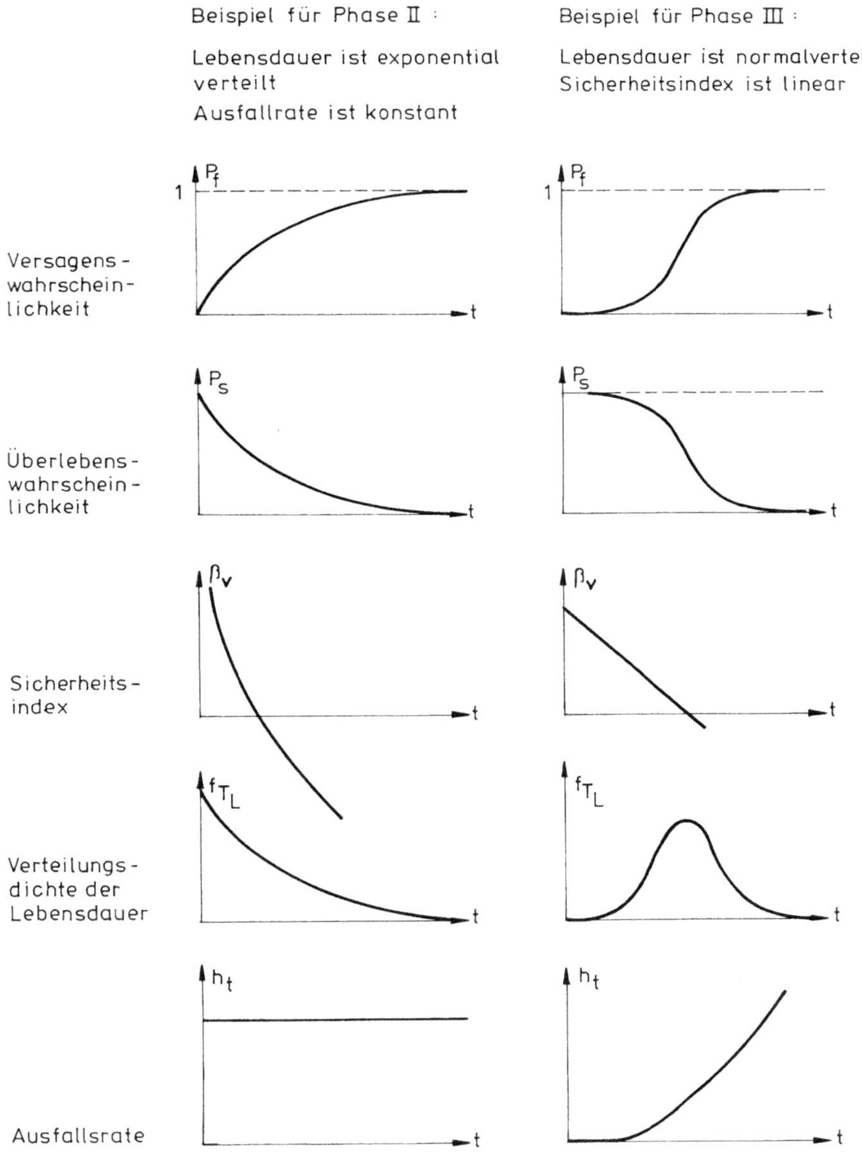

Abb. 3.3. Zwei Beispiele für den zeitlichen Verlauf von Zuverlässigkeitskenngrößen

Die Ausfallrate ist also keine Wahrscheinlichkeit, auch keine Verteilungsdichte. Sie hat die Dimension 1/Zeiteinheit.

Ausfallraten realer technischer Systeme zeigen fast immer den charakteristischen Verlauf der sogenannten „Badewannenkurve“, wie er in Abb. 3.2

angedeutet ist. Zu Beginn der Lebensdauer, in der Phase I, treten vermehrt Frühausfälle auf. Bei Baukonstruktionen werden diese meist durch mangelnde Qualität der Bauausführung und ungenügende Baustoffeigenschaften verursacht. Werden zu Nutzungsbeginn die Lasten eingetragen, so können sich solche Qualitätsmängel schon bald durch Versagensfälle bemerkbar machen. Es folgt eine Phase II mit relativ konstanter Ausfallrate. Hier werden die Versagensfälle meist durch zufällige extreme Überbelastungen verursacht. In der letzten Phase III steigt die Ausfallrate wieder an durch die zeitabhängige Abnahme der Beanspruchbarkeit der Konstruktion infolge Ermüdungs-, Alterungs- oder Korrosionsprozessen.

Versagenswahrscheinlichkeit P_f, Überlebenswahrscheinlichkeit P_s, Verteilungsdichte f_{T_L} der Lebensdauer und Ausfallrate h_t sind Funktionen, die den zeitabhängigen Verlauf der Zuverlässigkeit vollständig charakterisieren. Sie können ineinander überführt werden. Die dazu erforderlichen Formeln lassen sich aus den Gln. (3.3), (3.4), (3.8) und (3.9) einfach ableiten. Die Ergebnisse sind in Tabelle 3.1 übersichtlich zusammengestellt. Der Vollständigkeit halber ist auch der später in Abschn. 3.2.2.1 eingeführte verallgemeinerte Sicherheitsindex β_v mit aufgenommen. In Abb. 3.3 sind in zwei Beispielen charakteristische Verläufe der fünf Zuverlässigkeitskenngrößen gezeigt.

Tabelle 3.1. Beziehungen zwischen Zuverlässigkeitskenngrößen

	P_f	P_s	β_v	f_{T_L}	h_t
$P_f =$	P_f	$1 - P_s$	$\Phi(-\beta_v)$	$\int_0^t f_{T_L}(\tau)\,\mathrm{d}\tau$	$1 - \exp\left(-\int_0^t h_t(\tau)\,\mathrm{d}\tau\right)$
$P_s =$	$1 - P_f$	P_s	$\Phi(\beta_v)$	$\int_t^\infty f_{T_L}(\tau)\,\mathrm{d}\tau$	$\exp\left(-\int_0^t h_t(\tau)\,\mathrm{d}\tau\right)$
$\beta_v =$	$-\Phi^{-1}(P_f)$	$\Phi^{-1}(P_s)$	β_v	$\Phi^{-1}\left(\int_t^\infty f_{T_L}(\tau)\,\mathrm{d}\tau\right)$	$\Phi^{-1}\left(\exp\left(-\int_0^t h_t(\tau)\,\mathrm{d}\tau\right)\right)$
$f_{T_L} =$	$\frac{\mathrm{d}P_f}{\mathrm{d}t}$	$-\frac{\mathrm{d}P_s}{\mathrm{d}t}$	$-\varphi(\beta_v)\frac{\mathrm{d}\beta_v}{\mathrm{d}t}$	f_{T_L}	$h_t(t)\exp\left(-\int_0^t h_t(\tau)\,\mathrm{d}\tau\right)$
$h_t =$	$\frac{1}{1-P_f}\cdot\frac{\mathrm{d}P_f}{\mathrm{d}t}$	$-\frac{\mathrm{d}}{\mathrm{d}t}(\ln P_s)$	$-\frac{\varphi(\beta_v)}{\Phi(\beta_v)}\cdot\frac{\mathrm{d}\beta_v}{\mathrm{d}t}$	$\frac{f_{T_L}}{\int_t^\infty f_{T_L}(\tau)\,\mathrm{d}\tau}$	h_t

3.1.7 Der Grenzzustand als Funktion der Basisvariablen

Ein Grenzzustand ist ein Zustand, bei dessen Überschreiten das Tragwerk aufhört, den gestellten Anforderungen zu entsprechen.

Man teilt die Grenzzustände nach dem Grad der Einschränkung der Gebrauchstauglichkeit und der Höhe möglicher Versagensfolgen in zwei Gruppen ein [4.2, 4.3, 4.5]. Zur ersten Gruppe gehören die Grenzzustände, bei deren Überschreiten der Verlust der Tragfähigkeit eintritt. Nach [4.5] gehören zu den Grenzzuständen der Tragfähigkeit

- Verlust des globalen Gleichgewichts (z. B. kinematische Kette, Gleiten, Umkippen)
- Stabilitätsversagen
- Bruch oder bruchnaher Zustand von Teilen der baulichen Anlage (z. B. Querschnittsversagen)
- Verlust von Funktionen, der mit erheblicher Gefahr (z. B. Gasdichtigkeit von Kernkraftwerksbauten, Dichtigkeit von Behältern mit chemischen Schadstoffen) verbunden ist
- Ermüdung, Alterung.

Bei Überschreiten dieser Grenzzustände besteht oft Gefahr für Leben und Gesundheit der Menschen, und es sind größere materielle Schäden zu erwarten.

Zur zweiten Gruppe gehören die Grenzzustände, bei deren Überschreiten die Gebrauchstauglichkeit eingeschränkt wird, wie

- unzulässige Verformungen und Rißbildungen
- nicht tolerierbare Erschütterungen und Schwingungen.

Bei Überschreiten dieser Grenzzustände besteht keine Gefahr für Leben und Gesundheit, und die materiellen Schäden sind geringer.

Der Grenzzustand kann sich auf die Gesamtkonstruktion beziehen, z. B. Zusammenbruch oder übermäßige bleibende Verformungen, er kann sich aber auch auf einzelne Elemente oder einzelne Querschnitte beziehen, z. B. Überschreiten der Fließgrenze in einem Querschnitt, und er kann sich auf die Gründung beziehen, z. B. übermäßige Setzungen oder Setzungsdifferenzen.

In der Regel kann ein Tragwerk nach mehreren Grenzzuständen versagen.

Da Grenzzustände nur selten stark ausgeprägt sind, ist für eine quantitative Erfassung eine Definition erforderlich. Sie können definiert werden durch Grenzen für Dehnungen, Spannungen, Verschiebungen, Verschiebungsdifferenzen, Verdrehungen, Rißweiten, Schwingungsamplituden und andere Größen. Die Frage der Definition der Grenzzustände wird hier nicht behandelt, sondern es wird vorausgesetzt, daß eindeutige Definitionen vorliegen.

Für eine quantitative Untersuchung ist weiter Voraussetzung, daß ein mechanisches Modell existiert, das den Grenzzustand mathematisch durch eine Gleichung oder einen Algorithmus in Abhängigkeit von Größen beschreibt, die einer direkten Messung oder Beobachtung zugänglich sind.

Diese Größen werden in der Zuverlässigkeitstheorie der tragenden Konstruktionen Basisvariable X_i genannt. Meist sind die Basisvariablen Zufallsgrößen, manchmal auch stochastische Prozesse, für die statistische Informationen beschaffbar sind. Zu ihnen gehören die Lasten, die Eigenschaften der Materialien und Böden und die geometrischen Imperfektionen.

Aber auch Modellungenauigkeiten in den mechanischen Gleichungen lassen sich durch zusätzlich eingeführte Basisvariable berücksichtigen.

Die Gesamtheit der für die Zuverlässigkeit eines Tragwerkes wesentlichen Basisvariablen wird zum Zufallsvektor

$$\boldsymbol{X} = \begin{pmatrix} X_1 \\ \vdots \\ X_m \end{pmatrix} \tag{3.10}$$

zusammengefaßt.

Für die weiteren Betrachtungen ist es vorteilhaft, bei Problemen mit m Basisvariablen diese in einem m-dimensionalen Raum mit den Koordinaten $x_1, x_2, \ldots, x_m$ zu untersuchen. Jeder Punkt

$$\boldsymbol{x} = \begin{pmatrix} x_1 \\ \vdots \\ x_m \end{pmatrix} \tag{3.11}$$

in diesem Raum ist dann eine Realisierung des Zufallsvektors $\boldsymbol{X}$. Wir bezeichnen die Gleichung eines Grenzzustandes allgemein mit

$$g(\boldsymbol{x}) = g(x_1, x_2, \ldots, x_m) = 0. \tag{3.12}$$

g wird so definiert, daß

$$g(x_1, x_2, \ldots, x_m) < 0 \tag{3.13}$$

das Versagen des Tragwerkes nach dem betrachteten Grenzzustand und

$$g(x_1, x_2, \ldots, x_m) \geqq 0 \tag{3.14}$$

das Nicht-Versagen bedeuten. Eine solche Formulierung ist ohne Einschränkung der Allgemeingültigkeit immer möglich.

Grenzzustandsgleichung (3.12) erscheint im Raum der Basisvariablen als eine Hyperfläche, die den Gesamtraum in zwei Teile aufteilt, und zwar in den „Unsicheren Bereich“ oder „Versagensbereich“

$$V = \{\boldsymbol{x} \mid g(\boldsymbol{x}) < 0\}, \tag{3.15}$$

in dem $g(\boldsymbol{x}) < 0$ für alle Vektoren $\boldsymbol{x}$ ist, und in den „Sicheren Bereich“ oder „Überlebensbereich“

$$S = \{\boldsymbol{x} \mid g(\boldsymbol{x}) \geqq 0\}, \tag{3.16}$$

in dem die Grenzzustandsgleichung Null oder positiv ist.

Abb. 3.4 erläutert den Sachverhalt für den zweidimensionalen Fall, wo die Grenzzustandsgleichung eine ebene Kurve ist.

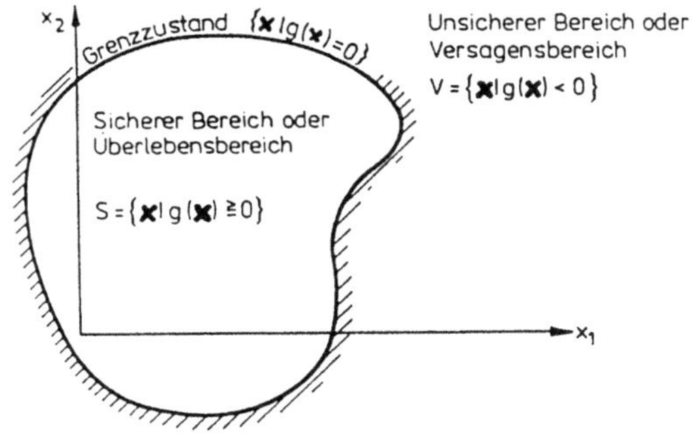

Abb. 3.4. Zur Definition des Grenzzustandes im Raum der Basisvariablen

Nicht einheitlich sind die Auffassungen darüber, ob der Grenzzustand dem sicheren Bereich oder dem unsicheren Bereich zuzuordnen ist, d. h., in welcher Gleichung (3.13) oder (3.14) das Gleichheitszeichen stehen soll. Die Mehrzahl der theoretisch orientierten Autoren ordnen es anders an als hier. Wir schließen uns hier den praxisorientierten Auffassungen des Eurocodes [4.2] und der ISO [4.3] an, die den Grenzzustand zum sicheren Bereich rechnen. Das hat den Vorteil, daß die deterministischen Bemessungsgleichungen der Normen Gleichungen und nicht Ungleichungen sind. Wahrscheinlichkeitstheoretisch sind die Unterschiede in den Auffassungen ohne Bedeutung, da für stetiges $g(\boldsymbol{x})$ natürlich $P(g(\boldsymbol{x}) = 0) = 0$ ist. In der geometrischen Analogie ist also der Grenzzustand die Oberfläche des sicheren Bereiches.

Wir wollen im Hinblick auf den Aufbau von g keine einschränkenden Annahmen machen. Es sei lediglich vorausgesetzt, daß g mindestens einmal nach allen x_i differenzierbar ist. Das ist eine Voraussetzung, die für die meisten Lösungsmethoden notwendig, aber auch fast immer erfüllbar ist.

Oftmals ist es möglich, in der Grenzzustandsgleichung $g = 0$ den resultierenden Widerstand r und die resultierende Beanspruchung s voneinander zu trennen und sie auf die Form

$$g(x) = r - s = 0 \tag{3.17}$$

zu bringen, mit

$$r = g_R(x_{R_1}, x_{R_2}, \ldots)$$
$$s = g_S(x_{S_1}, x_{S_2}, \ldots). \tag{3.18}$$

Darin sind die x_{R_i} die Basisvariablen, die allein auf den Widerstand r wirken, und die x_{S_i} sind die Größen, die nur die Beanspruchung s beeinflussen.

Sind die Basisvariablen Zufallsgrößen oder Zufallsprozesse, so sind auch R und S als Funktionen der X_i Zufallsgrößen bzw. Zufallsprozesse

$$R = g_R(X_{R_1}, X_{R_2}, \ldots)$$
$$S = g_S(X_{S_1}, X_{S_2}, \ldots). \tag{3.19}$$

Die Zuordnung einer Basisvariablen X_i zur Widerstandsseite oder Lastseite ist im allgemeinen Fall nicht eindeutig, sondern hängt vom Vektor $\boldsymbol{x}$ ab. X_i ist im Punkt $\boldsymbol{x}$ eine Widerstandsgröße, wenn

$\left.\frac{\partial g(\boldsymbol{x})}{x_i}\right|_{\boldsymbol{x}} > 0$ ist, und eine Belastungsgröße, wenn

$\left.\frac{\partial g(\boldsymbol{x})}{x_i}\right|_{\boldsymbol{x}} < 0$ ist. Bei Gleichheit ist die Größe X_i indifferent [3.10].

So ist zum Beispiel die Materialfestigkeit immer eine Widerstandsgröße. Aber die Eigenlast einer Erdhinterfüllung einer Winkelstützmauer kann abhängig von den speziellen Bedingungen einmal Widerstand ein anderes Mal Last sein.

Die Differenz

$$Z = R - S \tag{3.20}$$

heißt Sicherheitsabstand (siehe Abb. 1.1). Nimmt Z den Wert Null an, so ist der Grenzzustand gerade erreicht, für $Z < 0$ tritt Versagen ein, und bei $Z > 0$ nicht.

In Verallgemeinerungen von Gl. (3.20) bezeichnet man auch für den allgemeinen Fall Gl. (3.12) die Zufallsgröße

$$Z = g(\boldsymbol{X}) = g(X_1, X_2, \ldots, X_m) \tag{3.21}$$

als Sicherheitsabstand.

Es sollen im folgenden sowohl die allgemeine Form Gl. (3.12) als auch der wichtige Sonderfall Gl. (3.17) betrachtet und die Wahrscheinlichkeit für das Überschreiten dieser Grenzzustände berechnet werden.

Im Hinblick auf spätere Überlegungen sei noch erwähnt, daß ein Grenzzustand durch verschiedene äquivalente Grenzzustandsgleichungen beschrieben werden kann. Das sei am Beispiel

$$r - s = 0$$

erläutert. Dieser Grenzzustand läßt sich in der rs-Ebene als Gerade unter 45° darstellen. Man erkennt leicht, daß sich diese Gerade auch durch

$$\frac{r}{s} - 1 = 0 \qquad \text{oder} \qquad \ln r - \ln s = 0$$

und durch weitere, unendlich viele mathematische Formen beschreiben läßt.

3.2 Die Berechnung der Versagenswahrscheinlichkeit

3.2.1 Übersicht

Bevor die Berechnungsmöglichkeiten im einzelnen dargestellt werden, soll zunächst ein Überblick über die in den folgenden Abschnitten behandelten Probleme gegeben werden.

Bei einer großen Klasse von Grenzzuständen tritt Versagen ein, wenn die Beanspruchung erstmalig das Niveau des inneren Widerstandes der Konstruktion überschreitet. Beispiele sind die Grenzzustände des Stabilitätsverlustes, des Bruches oder die Bildung kinematischer Ketten durch Plastifizierungen. In einem solchen Fall ist die Berechnung der Versagenswahrscheinlichkeit dann besonders einfach, wenn erstens die Basisvariablen auf der Widerstandsseite zeitlich unveränderlich sind und wenn zweitens im Bezugszeitraum nur ein einziger Belastungspuls einer veränderlichen Last wirkt. Dabei können Lasthöhe und Widerstandsgrößen zufällig sein. Dieses Problem bildet eine gewisse Grundaufgabe, die die Voraussetzung für die Lösung komplizierter Fragestellungen bildet. Es wird deshalb im Abschnitt 3.2.2.1 sehr ausführlich behandelt, und es werden verschiedene Lösungsmethoden dargestellt. Schwerpunkt bildet hier das Näherungsverfahren der Zuverlässigkeitstheorie 1. Ordnung, das als relativ einfaches, universelles Hilfsmittel für die Anwendung besonders geeignet erscheint.

Reale Konstruktionen werden aber durch Nutzlasten beansprucht, die mehrfach wirken und zeitlichen Änderungen unterliegen. Mit Hilfe der Theorie der Extremwertverteilungen läßt sich dieses Problem auf die zeitunabhängige Grundaufgabe zurückführen, wenn erstens nur eine einzige zeitabhängige Last wirkt und wenn zweitens die zufälligen Größen auf der Widerstandsseite sich zeitlich nicht ändern. Es ist dann ausreichend, von der zeitlich veränderlichen Last nur den größten Spitzenwert, der während des Bezugszeitraumes auftritt, zu betrachten. Im Abschnitt 3.2.2.2 werden die damit in Zusammenhang stehenden Fragen betrachtet.

Schwieriger werden die Probleme, wenn mehrere Basisvariable zeitabhängig sind. Wirken zwei oder mehr zeitlich veränderliche Lasten, so liegt ein Problem der Lastkombination vor. Aber auch der innere Widerstand kann zeitlichen Veränderungen unterliegen. Im Abschnitt 3.2.2.3 werden einige solcher Probleme behandelt. Dabei liegt der Schwerpunkt auf der linearen Lastkombination voneinander unabhängiger Lastprozesse. Dafür werden einige einfache Näherungsverfahren angegeben.

Aber Versagen kann nicht nur durch das einmalige Überschreiten von kritischen Niveaus durch die Beanspruchung erfolgen. Bei häufigen Lastwiederholungen treten Erscheinungen der Materialermüdung auf, und es kann zu einem zufälligen Zeitpunkt ein plötzlicher Ermüdungsbruch eintreten. Da hier die Problematik etwas anders liegt als bei rein statischer

Beanspruchung, werden im Abschnitt 3.2.2.3 einige Grundlagen für die Ermittlung der Versagenswahrscheinlichkeit bei Ermüdungsbeanspruchung auf der Basis der Miner-Hypothese gezeigt, und es wird dargestellt, wie das Problem auf die Grundaufgabe zurückgeführt und näherungsweise mit der Zuverlässigkeitstheorie 1. Ordnung gelöst werden kann.

In der Regel kann ein statisches System nicht nur nach einem einzigen, sondern nach verschiedenen Grenzzuständen versagen (z. B. Biegebruch, Schubbruch, Stabilitätsverlust, Grundbruch) und das in verschiedenen Tragwerkselementen oder Querschnitten. Im allgemeinen gilt ein Tragwerk als im Versagenszustand befindlich, wenn irgendeiner der möglichen Grenzzustände in irgendeinem der Tragwerkselemente überschritten wird. Die Zuverlässigkeitstheorie stellt nun Verfahren bereit, um die Wahrscheinlichkeit für das Versagen nach irgendeinem von verschiedenen Grenzzuständen als Sicherheitsmaß zu ermitteln. Diese System-Versagenswahrscheinlichkeit ist natürlich größer als die größte der Versagenswahrscheinlichkeiten für die einzelnen Grenzzustände. Bei mechanischen Systemen sind die Sicherheitsabstände der verschiedenen Grenzzustände korreliert, was das Problem – verglichen mit vielen Zuverlässigkeitsproblemen in der Elektronik oder im Maschinenbau – wesentlich komplizierter macht. Man kann deshalb in der Regel auch nur obere und untere Schranken für die System-Versagenswahrscheinlichkeit angeben. Im Abschnitt 3.2.3 wird eine Einführung in diese Problematik gegeben.

3.2.2 *Versagen nach einem Grenzzustand*

3.2.2.1 *Alle Basisvariablen sind Zufallsgrößen*

Der Fall liegt vor, wenn alle zufälligen Größen auf der Last- und Widerstandsseite sich zeitlich nicht ändern oder wenn eine zeitlich veränderliche Last nur aus einem einzigen Lastpuls im Bezugszeitraum besteht. Dann enthält der Vektor $\boldsymbol{X}$ der Basisvariablen nur Zufallsgrößen.

Es wird zunächst davon ausgegangen, daß vollständige Kenntnisse der Wahrscheinlichkeitsverteilungen von $\boldsymbol{X}$ vorliegen.

Strenge Lösung

Im m-dimensionalen Raum der Basisvariablen, der im Abschnitt 3.1.7 eingeführt wurde, ist jedem Punkt $\boldsymbol{x}$ eine Verteilungsdichte $f_{\boldsymbol{X}}(x_1, x_2, \dots, x_m) = f_{\boldsymbol{X}}(\boldsymbol{x})$ zugeordnet. Dieser Originalraum, oder auch x-Raum genannt, ist nun durch die Gleichung des Grenzzustandes geteilt in den sicheren Bereich $S = \{\boldsymbol{x} \mid g(\boldsymbol{x}) \geqq 0\}$ und in den unsicheren Bereich $V = \{\boldsymbol{x} \mid g(\boldsymbol{x}) < 0\}$. Dann ist nach den Regeln der Wahrscheinlichkeitsrechnung die Versagenswahrscheinlichkeit $P_f = P(g(\boldsymbol{x}) < 0)$ gleich dem Integral der Verteilungsdichte $f_{\boldsymbol{X}}$ über den

Versagensbereich

$$P_f = \underbrace{\int \cdots \int}_{m}_{\{\boldsymbol{x} \mid g(\boldsymbol{x}) < 0\}} f_{\mathbf{X}}(x_1, x_2, \ldots, x_m)\, \mathrm{d}x_1\, \mathrm{d}x_2 \cdot \cdots \cdot \mathrm{d}x_m. \tag{3.22}$$

Analog gilt für die Überlebenswahrscheinlichkeit

$$P_s = \underbrace{\int \cdots \int}_{m}_{\{\boldsymbol{x} \mid g(\boldsymbol{x}) \geqq 0\}} f_{\mathbf{X}}(x_1, x_2, \ldots, x_m)\, \mathrm{d}x_1\, \mathrm{d}x_2 \cdot \cdots \cdot \mathrm{d}x_m \tag{3.23}$$

oder in Vektorschreibweise

$$P_f = \int_V f_{\mathbf{X}}(\boldsymbol{x})\, \mathrm{d}\boldsymbol{x}$$

$$P_s = \int_S f_{\mathbf{X}}(\boldsymbol{x})\, d\boldsymbol{x} \tag{3.24}$$

mit

$$\mathrm{d}\boldsymbol{x} = \mathrm{d}x_1 \cdot \mathrm{d}x_2 \cdot \cdots \cdot \mathrm{d}x_m.$$

Wegen

$$\int_{-\infty}^{+\infty} f_{\mathbf{X}}(\boldsymbol{x})\, \mathrm{d}\boldsymbol{x} = 1$$

ist natürlich die Summe aus Versagens- und Überlebenswahrscheinlichkeit immer gleich 1. Bedeutung hat der Sonderfall, daß die X_j voneinander stochastisch unabhängig sind. Dann gilt

$$f_{\mathbf{X}}(x_1, x_2, \ldots, x_m) = f_{X_1}(x_1) \cdot f_{X_2}(x_2) \cdot \cdots \cdot f_{X_m}(x_m),$$

und es ist

$$P_f = \int_V \cdots \int \prod_{i=1}^{m} f_{X_i}(x_i)\, \mathrm{d}x_i$$

$$P_s = \int_S \cdots \int \prod_{i=1}^{m} f_{X_i}(x_i)\, \mathrm{d}x_i. \tag{3.25}$$

Besitzen einzelne Zufallsgrößen diskrete Verteilungen, dann werden die zugehörigen Integrale zu Summen.

Die Berechnung der Versagenswahrscheinlichkeit ist damit auf eine Integration über einem m-dimensionalen Raum zurückgeführt. So ist das Problem zwar mathematisch formal gelöst, aber die numerische Lösung stößt im allgemeinen auf erhebliche Schwierigkeiten. Die Verteilungsdichten haben meist eine solche Form, daß geschlossene Integrationen auf Sonderfälle beschränkt bleiben.

Die numerische Integration ist bei einer geringen Zahl von Basisvariablen einfach.

Beispiel 2. Ein Kragträger nach Abb. 3.5 ist mit einer Einzellast belastet. Diese Last $S = X_2$ sei nach einer Extremwertverteilung der Größtwerte vom Typ I verteilt. Die Fließgrenze des Stahls $\sigma_F = X_1$ gehorche einer verallgemeinerten (verschobenen) logarithmischen Normalverteilung mit absolutem Minimalwert x_0. Die Streuungen aller anderen Größen, insbesondere des Widerstandsmomentes und der Kraglänge l, seien vernachlässigbar klein.

Parameter der Verteilungen:

i	$m_{X_i} = E[X_i]$	$\sigma_{X_i} = (\mathrm{Var}\,[X_i])^{1/2}$	x_{0i}	Typ
1	265000	25000	160000	LNV
2	18	2	–	EX I

Dimensionen: kN, m

$W_{\mathrm{el}} = 2{,}14 \cdot 10^{-4}\ \mathrm{m}^3$

$W_{\mathrm{pl}} = 2{,}50 \cdot 10^{-4}\ \mathrm{m}^3$

$l = 2\ \mathrm{m}$

Die Eigenlast des Trägers wird vernachlässigt.

Wie groß ist unter diesen Annahmen die Wahrscheinlichkeit, daß im Einspannquerschnitt das Fließen in der Randfaser beginnt, und wie groß ist die Wahrscheinlichkeit, daß dort eine Vollplastifizierung eintritt?

Die Aufgabe wird durch numerische Integration gelöst.

Fließen tritt ein, wenn $X_2 \cdot l > W \cdot X_1$ gilt.

Dann lautet die Gleichung des Grenzzustandes:

$$g(x) = Wx_1 - lx_2 = 0.$$

Wir berechnen zunächst die Parameter der beiden Verteilungen. Mit den im Anhang Tabelle II.6 zusammengestellten Beziehungen ergibt sich für die

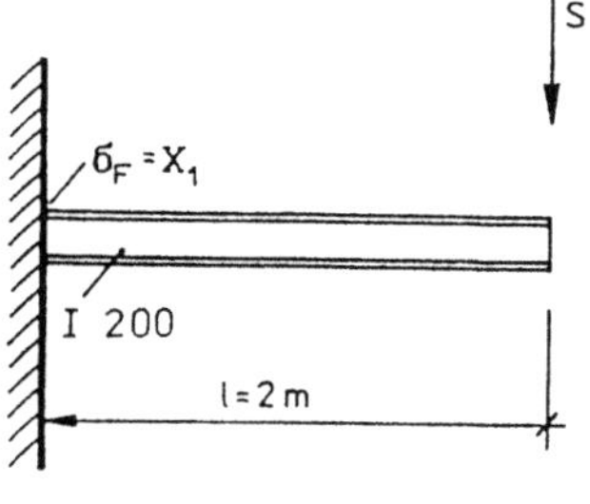

Abb. 3.5. System des Beispiels 2

logarithmische Normalverteilung

$$\sigma_u = \sqrt{\ln\left(1 + \left(\frac{\sigma_{X_1}}{m_{X_1} - x_{01}}\right)^2\right)} = 0{,}2348$$

$$m_u = \ln(m_{X_1} - x_{01}) - \frac{\sigma_u^2}{2} = 11{,}534$$

und für die Extremwertverteilung (Anhang Tabelle II.7)

$$a = 1{,}28255/\sigma_{X_2} = 0{,}6413$$

$$u = m_{X_2} - 0{,}57722/a = 17{,}100.$$

Die Versagenswahrscheinlichkeit ist das Integral der Verteilungsdichte über den unsicheren Bereich und ergibt sich nach Gl. (3.25)

$$P_f = \iint\limits_{\{\boldsymbol{x}|g(\boldsymbol{x})<0\}} f_{X_1}(x_1)\, f_{X_2}(x_2)\, \mathrm{d}x_1\, \mathrm{d}x_2$$

$$= \int\limits_{-\infty}^{+\infty} \int\limits_{-\infty}^{lx_2/W} f_{X_1}(x_1)\, f_{X_2}(x_2)\, \mathrm{d}x_1\, \mathrm{d}x_2 = \int\limits_{-\infty}^{+\infty} F_{X_1}\left(\frac{l}{W}\, x_2\right) f_{X_2}(x_2)\, \mathrm{d}x_2 .$$

Mit der Verteilungsfunktion der logarithmischen Normalverteilung (Anhang II.6)

$$F_{X_1}\left(\frac{l}{W}\, x_2\right) = \Phi\left(\frac{1}{\sigma_u}\left(\ln\left(\frac{l}{W}\, x_2 - x_{01}\right) - m_u\right)\right)$$

und der Verteilungsdichte der Extremwertverteilung I (Anhang II.7)

$$f_{X_2}(x_2) = a \exp\big(-a(x_2 - u) - \exp\big(-a(x_2 - u)\big)\big)$$

kann eine numerische Integration nach der Simpsonschen Regel erfolgen.

x_2	$F_{x_1}\left(\frac{l}{W_{el}}\, x_2\right) f_{x_2}(x_2)$
20	$5{,}791 \cdot 10^{-10}$
22	$7{,}904 \cdot 10^{-6}$
24	$1{,}850 \cdot 10^{-4}$
26	$3{,}999 \cdot 10^{-4}$
28	$2{,}906 \cdot 10^{-4}$
30	$1{,}241 \cdot 10^{-4}$
32	$4{,}113 \cdot 10^{-5}$
34	$1{,}219 \cdot 10^{-5}$
36	$3{,}458 \cdot 10^{-6}$

$$P_f \approx \frac{2}{3}\, 3{,}213 \cdot 10^{-3} = 2{,}142 \cdot 10^{-3}.$$

Der exakte Wert, den man mit verfeinerter und erweiterter Intervallteilung erhält, lautet

$$P_f = 2{,}131 \cdot 10^{-3}.$$

Die analoge Rechnung für den Zustand der Vollplastifizierung mit $W = W_{pl}$ ergibt

$$P_f = 1{,}398 \cdot 10^{-4}.$$

Die theoretisch sehr einfache numerische Integration ist auf Probleme mit wenigen Basisvariablen beschränkt. Der Rechenaufwand steigt etwa mit der Potenz der Anzahl m der X_i, so daß für m größer als 5 oder 6 diese Methode auch für große Rechenanlagen nicht mehr in Frage kommt. Die numerische Integration kann deshalb nicht als universell anwendbares Verfahren zur Bestimmung von Versagenswahrscheinlichkeiten angesehen werden.

Ein großer Teil der Bemühungen der Zuverlässigkeitstheorie der tragenden Konstruktionen ist deshalb darauf gerichtet, diese Grundaufgabe mit einfachen, aber genügend genauen Näherungsverfahren zu lösen.

Bevor wir diese Näherungsverfahren näher betrachten, sollen zunächst einige wichtige Sonderfälle behandelt werden, die sich geschlossen integrieren lassen.

Der Vektor der Basisvariablen hat nur eine Komponente

Wenn im mechanischen Modell nur eine Zufallsgröße X auftritt, dann besteht der Raum der Basisvariablen aus der x-Achse. Er wird durch die Grenzzustandsgleichung $g(x) = 0$ wieder in die beiden Bereiche aufgeteilt, und die Versagenswahrscheinlichkeit

$$P_f = \int_{\{\boldsymbol{x} | g(\boldsymbol{x}) < 0\}} f_X(x)\, \mathrm{d}x$$

ist die Fläche unter der Verteilungsdichte für den Bereich, in dem $g(x)$ negativ ist. In Abb. 3.6 ist diese Vorgehensweise anschaulich dargestellt.

Bezeichnet man mit g^{-1} die inverse Funktion von g und ist $g(x)$ eine monoton wachsende Funktion, so wird

$$P_f = \int_{x < g^{-1}(0)} f_X(x)\, \mathrm{d}x = \int_{-\infty}^{g^{-1}(0)} f_X(x)\, \mathrm{d}x = F_X\big(g^{-1}(0)\big). \tag{3.26}$$

Darin ist F_X die Verteilungsfunktion von X. $g(x)$ ist dann monoton wachsend, wenn X eine Größe darstellt, die den inneren Widerstand der Konstruktion erhöht. Das sind zum Beispiel Festigkeitswerte oder Querschnittswerte. Ist dagegen X eine äußere Last, dann ist $g(x)$ monoton fallend, und wir erhalten

$$P_f = \int_{x > g^{-1}(0)} f_X(x)\, \mathrm{d}x = \int_{g^{-1}(0)}^{\infty} f_X(x)\, \mathrm{d}x = 1 - F_X\big(g^{-1}(0)\big). \tag{3.27}$$

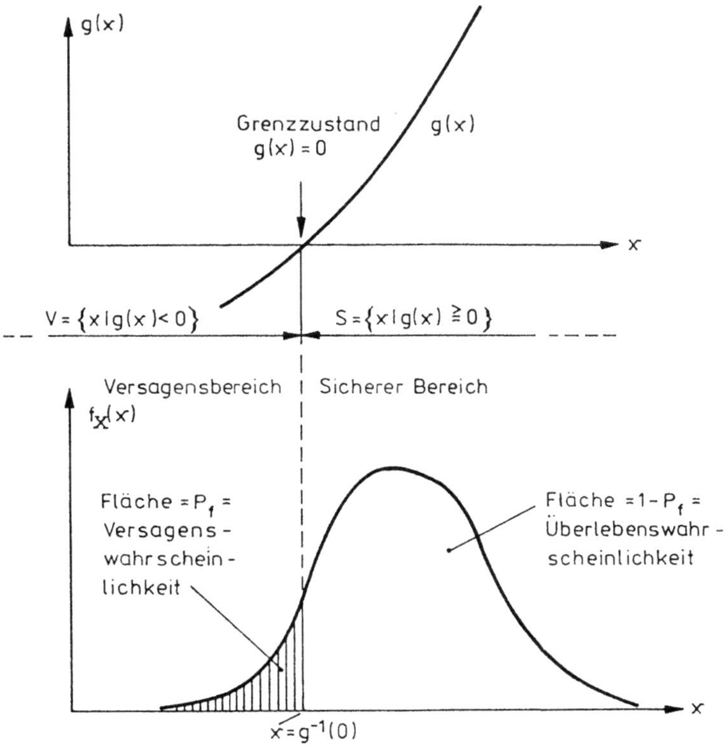

Abb. 3.6. Zur Berechnung der Versagenswahrscheinlichkeit im eindimensionalen Fall

Die Basisvariablen sind unabhängig, normalverteilt; die Gleichung des Grenzzustandes ist linear

Sind alle Zufallsgrößen normalverteilt und ist die Gleichung des Grenzzustandes in den X_i linear, dann läßt sich die Berechnung der Versagenswahrscheinlichkeit in geschlossener Form durchführen. Wir wollen die dazu erforderlichen Beziehungen hier ausführlich ableiten, da diese Lösung die Grundlage von Näherungsverfahren für allgemeinere Probleme bildet.

Die m-dimensionale Verteilungsdichte lautet für normalverteilte, unabhängige Zufallsgrößen

$$f_X(x_1, x_2, \ldots, x_m) = f_{X_1}(x_1) \cdot f_{X_2}(x_2) \cdot \cdots \cdot f_{X_m}(x_m)$$

$$= \frac{1}{(2\pi)^{m/2} \prod_{i=1}^{m} \sigma_{X_i}} \exp\left(-\frac{1}{2} \sum_{i=1}^{m} \left(\frac{x_i - m_{X_i}}{\sigma_{X_i}} \right)^2 \right). \tag{3.28}$$

Darin sind

$m_{X_i} = E[X_i]$ = Erwartungswert der Zufallsgröße X_i

$\sigma_{X_i} = (\text{Var}\,[X_i])^{1/2}$ = Standardabweichung der Zufallsgröße X_i.

Die Grenzzustandsgleichung $g(x)$ sei linear und habe die Form

$$g(x) = c_0 + c_1 x_1 + c_2 x_2 + \cdots = c_0 + \sum_{i=1}^{m} c_i x_i . \tag{3.29}$$

Darin sind die c_i nichtzufällige Konstanten, die von der Struktur des statischen Systems abhängen. Die weiteren Untersuchungen werden wesentlich vereinfacht, wenn sie nicht im Originalraum der Basisvariablen, sondern in einem Raum der standardisierten Basisvariablen durchgeführt werden. Dieser Raum wird standardisierter Raum oder y-Raum genannt. Dazu werden neue Unbekannte

$$Y_i = \frac{X_i - m_{X_i}}{\sigma_{X_i}} \tag{3.30}$$

eingeführt, die alle den Mittelwert 0 und die Standardabweichung 1 haben. Die Verteilungsdichte der standardisierten Größen

$$f_Y(y_1, y_2, \ldots, y_m) = \frac{1}{(2\pi)^{m/2}} \exp\left(-\frac{1}{2} \sum_{i=1}^{m} y_i^2\right) \tag{3.31}$$

ist dann im y-Raum zum Koordinatensprung kugelsymmetrisch. Die Hyperflächen gleicher Verteilungsdichten sind m-dimensionale Kugeln mit dem Mittelpunkt im Koordinatenursprung.

Mit den Gln. (3.30) und (3.29) läßt sich die Grenzzustandsfunktion in den standardisierten Raum transformieren. Sie wird $h(y)$ genannt.

$$h(\boldsymbol{y}) = c_0 + \sum_{i=1}^{m} c_i m_{X_i} + \sum_{i=1}^{m} c_i \sigma_{X_i} y_i = 0 . \tag{3.32}$$

Die Grenzzustandsgleichung ist also auch im standardisierten Raum linear, sie bildet eine m-dimensionale Hyperebene. Es ist zweckmäßig, diese lineare Beziehung in die Hessesche Normalform zu überführen [2.8].

Das ergibt

$$h(\boldsymbol{y}) = \beta - \sum_{i=1}^{m} \alpha_i y_i = 0 \tag{3.33}$$

mit

$$\alpha_i = \frac{-c_i \sigma_{X_i}}{\sqrt{\sum_{i=1}^{m} (c_i \sigma_{X_i})^2}} \qquad i = 1, 2, \ldots, m \tag{3.34}$$

und

$$\beta = \frac{c_0 + \sum_{i=1}^{m} c_i m_{X_i}}{\sqrt{\sum_{i=1}^{m} (c_i \sigma_{X_i})^2}}. \tag{3.35}$$

β ist eine wichtige Größe in der Zuverlässigkeitstheorie der tragenden Konstruktionen und wird „Sicherheitsindex" genannt. Der absolute Betrag von β ist der kürzeste Abstand zwischen dem Koordinatenursprung $y = 0$ und der Grenzzustandsfunktion $h(y) = 0$ im standardisierten Raum. Dieser kürzeste Abstand wird im folgenden mit δ bezeichnet

$$\delta = |\beta|. \tag{3.36}$$

β ist positiv, wenn der Koordinatenursprung des y-Raumes im sicheren Bereich liegt $(h(0) > 0)$, und β ist negativ, wenn der Ursprung im unsicheren Bereich liegt $(h(0) < 0)$.

Die α_i werden „Wichtungsfaktoren" oder „Sensibilitätsfaktoren" genannt. Sie sind geometrisch die Richtungskosinus des Lotes vom Koordinatenursprung auf $h(y)$. In Abb. 3.7 sind die Verteilungsdichten und die Grenzzustandsgleichung für ein Beispiel mit zwei Zufallsgrößen im Originalraum und im standardisierten Raum dargestellt und die geometrische Bedeutung von β und α_i gezeigt.

Die Berechnung der Versagenswahrscheinlichkeit erfolgt jetzt nach Gl. (3.25) durch Integration der Verteilungsdichte über den Versagensbereich, aber im standardisierten Raum

$$P_f = \frac{1}{(2\pi)^{m/2}} \int_{\{y|h(y)<0\}} \cdots \int \prod_{i=1}^{m} \exp\left(-\frac{y_i^2}{2}\right) \mathrm{d}y_i .$$

Auf Grund der Kugelsymmetrie der Verteilungsdichte ist der Integrand gegenüber beliebigen Drehungen des Koordinatensystems invariant. Es wird jetzt ein neues Koordinatensystem $u_1, u_2, \ldots, u_m$ so gewählt, daß die Versagensbedingung eine besonders einfache Form annimmt. Die u_1-Achse wird in Richtung β gelegt (Abb. 3.7). Dann ist der Versagensbereich durch die einfache Gleichung

$$\beta - u_1 < 0$$

definiert, und es wird

$$P_f = \frac{1}{(2\pi)^{m/2}} \int_{-\infty}^{+\infty} \underset{m-1}{\cdots} \int_{-\infty}^{+\infty} \int_{u_1=\beta}^{\infty} \prod_{i=1}^{m} \exp\left(-\frac{u_i^2}{2}\right) \mathrm{d}u_i .$$

Beachtet man, daß

$$\frac{1}{\sqrt{2\pi}} \int_{-\infty}^{+\infty} \exp\left(-\frac{u^2}{2}\right) \mathrm{d}u = 1$$

$$\frac{1}{\sqrt{2\pi}} \int_{\beta}^{\infty} \exp\left(-\frac{u^2}{2}\right) \mathrm{d}u = 1 - \Phi(\beta) = \Phi(-\beta)$$

gilt, so erhält man für die Versagenswahrscheinlichkeit

$$P_f = \Phi(-\beta) \tag{3.37}$$

und für die Überlebenswahrscheinlichkeit

$$P_s = 1 - \Phi(-\beta) = \Phi(\beta) \tag{3.38}$$

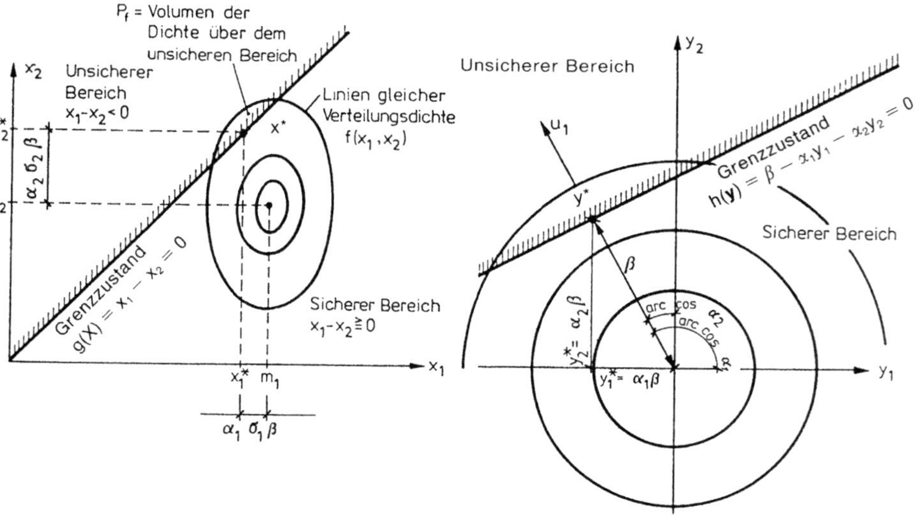

Abb. 3.7. Verteilungsdichten und Gleichung des Grenzzustandes im Originalraum (x-Raum) und im Raum der standardisierten Zufallsgrößen (y-Raum) im zweidimensionalen Fall

mit Φ nach Gl. (2.36). Der Sicherheitsindex β steht hier in einer direkten Beziehung zur operativen Versagenswahrscheinlichkeit.

Die numerische Berechnung der Versagenswahrscheinlichkeit ist für diesen Fall denkbar einfach. Man bestimmt β aus der einfachen Beziehung (3.35) und erhält die Versagenswahrscheinlichkeit nach Gl. (3.37) aus Tafeln der Verteilungsfunktion der Normalverteilung oder Näherungsformeln (Tabelle II.3).

Zur Orientierung sind in Tabelle 3.2 für einige markante Werte Sicherheitsindizes und zugehörige Versagenswahrscheinlichkeiten gegenübergestellt.

Tabelle 3.2. Beziehung zwischen Sicherheitsindex und Versagenswahrscheinlichkeit

β	$P_f = \Phi(-\beta)$	P_f	$\beta = -\Phi^{-1}(P_f)$
0	0,5	0,5	0
1	$1{,}587 \cdot 10^{-1}$	10^{-1}	1,282
2	$2{,}275 \cdot 10^{-2}$	10^{-2}	2,327
3	$1{,}350 \cdot 10^{-3}$	10^{-3}	3,091
4	$3{,}169 \cdot 10^{-5}$	10^{-4}	3,719
5	$2{,}871 \cdot 10^{-7}$	10^{-5}	4,265
6	$9{,}901 \cdot 10^{-10}$	10^{-6}	4,753
7	$1{,}288 \cdot 10^{-12}$	10^{-7}	5,199
8	$6{,}285 \cdot 10^{-16}$	10^{-8}	5,612
9	$1{,}145 \cdot 10^{-19}$	10^{-9}	5,997
10	$7{,}770 \cdot 10^{-24}$	10^{-10}	6,361

Betrachten wir nun die physikalische und geometrische Bedeutung der abgeleiteten Größen an Hand von Abb. 3.7 etwas genauer. Jedem Punkt des standardisierten Raumes ist nach Gl. (3.30) eine Verteilungsdichte zugeordnet. Die Gleichung des Grenzzustandes $h(\boldsymbol{y}) = 0$ durchschneidet diesen Raum, und so hat auch jeder Punkt auf $h(\boldsymbol{y}) = 0$ eine Verteilungsdichte. Auf Grund der Symmetrieeigenschaften der standardisierten Normalverteilung hat diese Dichte im Fußpunkt $\boldsymbol{y}^*$ des Lotes vom Koordinatenursprung auf der Grenzzustandsgleichung ihr Maximum

$$\max_{\{\boldsymbol{y} \mid h(\boldsymbol{y}) \leq 0\}} f_{\boldsymbol{Y}}(y) = f_{\boldsymbol{Y}}(\boldsymbol{y}^*). \tag{3.39}$$

In $\boldsymbol{y}^*$ hat die Verteilungsdichte des unsicheren Bereiches und des Grenzzustandes ihr Maximum. Das bedeutet aber, daß bei Eintritt eines Versagensfalles die Überschreitung des Grenzzustandes in der Umgebung von $\boldsymbol{y}^*$ am wahrscheinlichsten ist. $\boldsymbol{y}^*$ ist der „wahrscheinlichste Versagenspunkt". Er hat die Koordinaten

$$y_i^* = \alpha_i \beta \qquad i = 1, 2, \ldots, m. \tag{3.40}$$

Von praktischem Interesse ist die Lage dieses Punktes im Originalraum der X_i. Aus den Gln. (3.40) und (3.30) folgt

$$x_i^* = m_{X_i} + \alpha_i \sigma_{X_i} \beta . \tag{3.41}$$

Wenn die X_i normalverteilt sind, dann hat auch die Verteilungsdichte $f_X(\boldsymbol{x})$ des unsicheren Bereiches und des Grenzzustandes ihr Maximum in $\boldsymbol{x}^*$, und es gilt analog

$$\max_{\{\boldsymbol{x} \mid g(\boldsymbol{x}) \leq 0\}} f_{\mathbf{X}}(x) = f_{\mathbf{X}}(x^*). \tag{3.42}$$

Bei nicht normalverteilten Basisvariablen gilt Gl. (3.42) näherungsweise. Wie später im Abschnitt 5 noch gezeigt wird, ist dieser wahrscheinlichste Versagenspunkt ein sehr günstiger Punkt für die Festlegung der Bemessungswerte einer deterministischen Norm mit dem Sicherheitsniveau $P_f = \Phi(-\beta)$. Der Punkt $\boldsymbol{y}^*$ bzw. $\boldsymbol{x}^*$ wird deshalb auch Bemessungspunkt genannt und hat große Bedeutung in der Normentheorie.

Jede Koordinate des Bemessungspunktes wird nach Gl. (3.41) durch insgesamt vier Größen $m_{X_i}, \sigma_{X_i}, \alpha_i$ und β festgelegt. Erwartungswert $m_{X_i} = E[X_i]$ und Standardabweichung σ_{X_i} sind durch die Wahrscheinlichkeitsverteilung von X_i festgelegt. Der Sicherheitsindex berücksichtigt den Einfluß des Sicherheitsniveaus P_f auf die Lage des Bemessungspunktes, und der Wichtungsfaktor α_i ist ein Maß für den relativen Anteil der Streuung von X_i an der Gesamtstreuung des Sicherheitsabstandes.

α_i gibt an, welches „Gewicht“ der Größe X_i am Gesamtproblem zukommt. α_i kann Werte im Intervall zwischen -1 und $+1$ annehmen. Hat α_i einen Wert nahe an -1 oder $+1$, so bedeutet das, daß die Streuung von X_i einen ganz entscheidenden Einfluß auf das behandelte Zuverlässigkeitsproblem ausübt. Liegt α_i andererseits in der Nähe von Null, so hat die Streuung von X_i für das Problem praktisch keine Bedeutung. Die Wichtungsfaktoren geben damit dem Ingenieur Hinweise, auf welche Basisvariablen zweckmäßigerweise statistische Untersuchungen konzentriert werden sollten. Diese angenehme Eigenschaft haben die α_i aber nur im hier betrachteten Fall der unabhängigen Basisvariablen.

Geometrisch sind die Wichtungsfaktoren die Richtungskosinus des Lotes vom Ursprung auf die Grenzzustandsgleichung, und damit gilt für sie die Beziehung

$$\sum_{i=1}^{m} \alpha_i^2 = 1 . \tag{3.43}$$

Das Vorzeichen von α_i legt fest, ob der Bemessungspunkt im oberen oder im unteren Bereich der Verteilung liegt. Die Vorzeichen von α_i werden in der Literatur nicht einheitlich definiert. Hier werden sie so eingeführt, daß die α_i für Größen auf der Lastseite positiv und für Größen auf der Widerstandsseite negativ sind.

Im Hinblick auf spätere Betrachtungen wird die Matrizenschreibweise eingeführt. Werden die Vektoren und Matrizen

$$\boldsymbol{c} = \begin{pmatrix} c_1 \\ c_2 \\ \vdots \\ c_m \end{pmatrix}, \quad E[\boldsymbol{X}] = \begin{pmatrix} E[X_1] \\ E[X_2] \\ \vdots \\ E[X_m] \end{pmatrix} = \begin{pmatrix} m_{X_1} \\ m_{X_2} \\ \vdots \\ m_{X_m} \end{pmatrix}, \quad \boldsymbol{x} = \begin{pmatrix} x_1 \\ x_2 \\ \vdots \\ x_m \end{pmatrix}, \quad \boldsymbol{y} = \begin{pmatrix} y_1 \\ y_2 \\ \vdots \\ y_m \end{pmatrix}$$

$$\boldsymbol{\alpha} = \begin{pmatrix} \alpha_1 \\ \alpha_2 \\ \vdots \\ \alpha_m \end{pmatrix}, \quad \boldsymbol{C}_X = \begin{pmatrix} \text{Var}\,[X_1] \ldots 0 \\ \vdots \quad \ddots \quad \vdots \\ 0 \ldots \text{Var}\,[X_m] \end{pmatrix} = \begin{pmatrix} \sigma_{X_1}^2 \ldots 0 \\ \vdots \quad \ddots \quad \vdots \\ 0 \ldots \sigma_{X_m}^2 \end{pmatrix} \tag{3.44}$$

definiert, so lassen sich die erzielten Ergebnisse auch folgendermaßen zusammenfassen:

$$g(\boldsymbol{x}) = c_0 + \boldsymbol{c}^T \boldsymbol{x}$$

$$h(\boldsymbol{y}) = c_0 + \boldsymbol{c}^T E[\boldsymbol{X}] + \boldsymbol{c}^T \boldsymbol{C}_X^{1/2} \boldsymbol{y}$$

$$\boldsymbol{\alpha} = \frac{-\boldsymbol{C}_X^{1/2}\boldsymbol{c}}{\sqrt{\boldsymbol{c}^T \boldsymbol{C}_X \boldsymbol{c}}}, \qquad \beta = \frac{c_0 + \boldsymbol{c}^T E[\boldsymbol{X}]}{\sqrt{\boldsymbol{c}^T \boldsymbol{C}_X \boldsymbol{c}}}$$

$$\boldsymbol{y}^* = \boldsymbol{\alpha}\beta, \qquad \boldsymbol{x}^* = E[\boldsymbol{X}] + \boldsymbol{C}_X^{1/2}\boldsymbol{\alpha}\beta = E[\boldsymbol{X}] - \frac{\boldsymbol{C}_X \boldsymbol{c}}{\sqrt{\boldsymbol{c}^T \boldsymbol{C}_X \boldsymbol{c}}}\beta. \tag{3.45}$$

Beispiel 3. Wir berechnen nochmals den Kragträger des Beispiels 2, jetzt aber unter der Annahme, daß beide Zufallsgrößen normalverteilt sind mit denselben Erwartungswerten und Standardabweichungen. Da die Gleichung des Grenzzustandes $g(x) = Wx_1 - lx_2 = 0$ in x_i linear ist, gelten die Gln. (3.34) und (3.35) mit $c_1 = W$ und $c_2 = -l$. Wir erhalten

$$\beta = \frac{W_{el} m_{X_1} - l m_{X_2}}{\sqrt{(W_{el}\sigma_{X_1})^2 + (l\sigma_{X_2})^2}} = \frac{2{,}14 \cdot 10^{-4} \cdot 26{,}5 \cdot 10^4 - 2 \cdot 18}{\sqrt{(2{,}14 \cdot 10^{-4} \cdot 2{,}5 \cdot 10^4)^2 + (2 \cdot 2)^2}} = 3{,}100$$

$$\alpha_1 = \frac{-W_{el} \cdot \sigma_{X_1}}{\sqrt{(W_{el}\sigma_{X_1})^2 + (l\sigma_{X_2})^2}} = -0{,}8009$$

$$\alpha_2 = \frac{l\sigma_{X_2}}{\sqrt{(W_{el}\sigma_{X_1})^2 + (l\sigma_{X_2})^2}} = +0{,}5988.$$

Die operative Versagenswahrscheinlichkeit folgt aus

$$P_f = \Phi(-\beta) = \Phi(-3{,}100) = 9{,}676 \cdot 10^{-4}.$$

Lage des Bemessungspunktes im standardisierten Raum:

$y_1^* = -0{,}8009 \cdot 3{,}100 = -2{,}483$

$y_2^* = +0{,}5988 \cdot 3{,}100 = 1{,}856.$

Lage des Bemessungspunktes im Originalraum:

$x_1^* = 26{,}5 \cdot 10^4 - 0{,}8009 \cdot 2{,}5 \cdot 10^4 \cdot 3{,}100 = 20{,}29 \cdot 10^4 \text{ kN/m}^2$

$x_2^* = 18 + 0{,}5988 \cdot 2 \cdot 3{,}100 = 21{,}71 \text{ kN}.$

Die analoge Rechnung mit dem plastischen Widerstandsmoment W_{pl} ergibt für den Grenzzustand der Vollplastifizierung:

$\beta = 4{,}076, \qquad P_f = 2{,}292 \cdot 10^{-5}$

$\alpha_1 = -0{,}8423, \quad y_1^* = -3{,}433, \quad x_1^* = 17{,}92 \cdot 10^4 \text{ kN/m}^2$

$\alpha_2 = +0{,}5391, \quad y_2^* = 2{,}197, \quad x_2^* = 22{,}39 \text{ kN}.$

Als Rechenkontrolle kann dienen $\sum_i \alpha_1^2 = 1$ und $\sqrt{\sum_i y_i^{*2}} = \beta$. Eine Bemessung mit den Koordinaten des Bemessungspunktes muß wieder das entsprechende Widerstandsmoment ergeben $W = l x_2^*/x_1^*$.

Die für die Beispiele 2 und 3 errechneten Versagenswahrscheinlichkeiten zeigen erhebliche Unterschiede und betonen die große Bedeutung, die der Verteilungstyp für die operative Versagenswahrscheinlichkeit hat.

Die Basisvariablen sind stochastisch abhängig, normalverteilt; die Gleichung des Grenzzustandes ist linear

Bisher war vorausgesetzt worden, daß alle X_i voneinander unabhängig sind. Sind nun aber stochastische Abhängigkeiten zwischen den X_i gegeben, d. h., ist die Kovarianzmatrix Gl. (2.84) keine Diagonalmatrix, so muß für die Transformation aus dem Originalraum mit der Verteilungsdichte

$$f_X(x) = \frac{1}{(2\pi)^{m/2}\,|\boldsymbol{C}_X|^{1/2}} \exp\left(-\frac{1}{2}\,(\boldsymbol{x} - E[\boldsymbol{X}])^T\, \boldsymbol{C}_X^{-1}(\boldsymbol{x} - E[\boldsymbol{X}])\right) \tag{3.46}$$

in den standardisierten Raum mit

$$f_Y(y) = \frac{1}{(2\pi)^{m/2}} \exp\left(-\frac{1}{2}\,\boldsymbol{y}^T\boldsymbol{y}\right) \tag{3.47}$$

zunächst eine Koordinatendrehung auf Hauptachsen durchgeführt werden. Dazu wird durch eine lineare Transformation die Kovarianzmatrix auf Diagonalform gebracht.

Wir betrachten den normalverteilten Zufallsvektor $\boldsymbol{X} = (X_1, X_2, \ldots, X_m)^T$ mit Erwartungswert $E[\boldsymbol{X}] = (E[X_1], E[X_2], \ldots, E[X_m])^T$ und Kovarianzmatrix

$$\boldsymbol{C}_X = \begin{pmatrix} \mathrm{Var}\,[X_1] & \mathrm{Cov}\,[X_1, X_2] & \ldots & \mathrm{Cov}\,[X_1, X_m] \\ \vdots & & & \vdots \\ \mathrm{Cov}\,[X_m, X_1] & \mathrm{Cov}\,[X_m, X_2] & \ldots & \mathrm{Var}\,[X_m] \end{pmatrix} \tag{3.48}$$

$\mathrm{Var}\,[X_i] = \sigma^2_{X_i}, \qquad \mathrm{Cov}\,[X_i, X_j] = \sigma_{X_i}\sigma_{X_j}\rho_{ij}$

und führen neue Zufallsgrößen

$\boldsymbol{U} = (U_1, U_2, \ldots, U_m)^T$

ein, die so konstruiert werden, daß ihre Kovarianzmatrix

$$\boldsymbol{C}_U = \begin{pmatrix} \mathrm{Var}\,[U_1] \ldots 0 \\ \vdots \quad \ddots \quad \vdots \\ 0 \ldots \mathrm{Var}\,[U_m] \end{pmatrix}$$

Diagonalform besitzt.

Das läßt sich nach den Regeln der linearen Algebra durch eine Transformation

$$\boldsymbol{u} = \boldsymbol{A}^T\boldsymbol{x} \quad \text{bzw.} \quad \boldsymbol{x} = \boldsymbol{A}\boldsymbol{u} \tag{3.49}$$

erreichen, wenn $\boldsymbol{A}$ eine orthogonale Matrix ist, deren Spaltenvektoren gleich den normierten Eigenvektoren von $\boldsymbol{C}_X$ sind. Die Zufallsgrößen $\boldsymbol{U}$ sind dann normalverteilt mit Erwartungswert

$$E[\boldsymbol{U}] = \boldsymbol{A}^T E[\boldsymbol{X}] \tag{3.50}$$

und Kovarianzmatrix

$$\boldsymbol{C}_U = \boldsymbol{A}^T \boldsymbol{C}_X \boldsymbol{A}. \tag{3.51}$$

Die Diagonalelemente von $\boldsymbol{C}_U$ sind gleich den Eigenwerten der Kovarianzmatrix $\boldsymbol{C}_X$. Wegen der Orthogonalität von $\boldsymbol{A}$ gilt $\boldsymbol{A}^{-1} = \boldsymbol{A}^T$.

Wie im vorhergehenden Abschnitt werden die U_i jetzt in standardisierte Zufallsgrößen

$$\boldsymbol{y} = \boldsymbol{C}_U^{-1/2}(\boldsymbol{u} - E[\boldsymbol{U}]) \tag{3.52}$$

überführt. Hier Gln. (3.49) und (3.50) eingeführt, ergibt

$$\boldsymbol{y} = \boldsymbol{C}_U^{-1/2}\boldsymbol{A}^T(\boldsymbol{x} - E[\boldsymbol{X}]) \tag{3.53}$$

oder umgekehrt

$$\boldsymbol{x} = E[\boldsymbol{X}] + \boldsymbol{A}\boldsymbol{C}_U^{1/2}\boldsymbol{y}. \tag{3.54}$$

Damit sind die Transformationsgleichungen vom Originalraum in den standardisierten Raum bekannt. Für die $\boldsymbol{Y}$ gilt $E[\boldsymbol{Y}] = 0$, $\boldsymbol{C}_y = \boldsymbol{I}$ mit $\boldsymbol{I}$ = Einheitsmatrix. Zur Bestimmung des kürzesten Abstandes β zur Grenzzustandsgleichung im y-Raum wird Gl. (3.54) in die Grenzzustandsgleichung

$$g(\boldsymbol{x}) = c_0 + \boldsymbol{c}^T\boldsymbol{x} = 0 \tag{3.55}$$

eingesetzt:

$$h(\boldsymbol{y}) = c_0 + \boldsymbol{c}^T E[\boldsymbol{X}] + \boldsymbol{c}^T\boldsymbol{A}\boldsymbol{C}_U^{1/2}\boldsymbol{y} = 0. \tag{3.56}$$

Diese Gleichung wieder auf die Hessesche Normalform

$$h(\boldsymbol{y}) = \beta - \boldsymbol{\alpha}^T\boldsymbol{y} = 0$$

gebracht, ergibt die Koeffizienten

$$\beta = \frac{c_0 + \boldsymbol{c}^T E[\boldsymbol{X}]}{\sqrt{\boldsymbol{c}^T\boldsymbol{A}\boldsymbol{C}_U^{1/2}\boldsymbol{C}_U^{1/2}\boldsymbol{A}^T\boldsymbol{c}}} = \frac{c_0 + \boldsymbol{c}^T E[\boldsymbol{X}]}{\sqrt{\boldsymbol{c}^T\boldsymbol{C}_X\boldsymbol{c}}} \tag{3.57}$$

$$\boldsymbol{\alpha}^T = -\frac{\boldsymbol{c}^T\boldsymbol{A}\boldsymbol{C}_U^{1/2}}{\sqrt{\boldsymbol{c}^T\boldsymbol{C}_X\boldsymbol{c}}}. \tag{3.58}$$

Die Versagenswahrscheinlichkeit berechnet sich dann nach Gl. (3.37) zu: $P_f = \Phi(-\beta)$.

Für viele Anwendungen ist die Lage des Bemessungspunktes im x-Raum von Interesse. $\boldsymbol{y}^* = \boldsymbol{\alpha}\beta$ in Gl. (3.54) eingeführt, ergibt nach einigen Umrechnungen unter Berücksichtigung von Gl. (3.51)

$$\boldsymbol{x}^* = E[\boldsymbol{X}] - \frac{\boldsymbol{C}_X\boldsymbol{c}}{\sqrt{\boldsymbol{c}^T\boldsymbol{C}_X\boldsymbol{c}}}\,\beta. \tag{3.59}$$

Aus den Gln. (3.57) und (3.59) erkennt man das erfreuliche Ergebnis, daß für die Berechnung der wichtigen Größen Sicherheitsindex, Versagenswahrscheinlichkeit und Koordinaten des Bemessungspunktes die meist doch etwas aufwendige Ermittlung der Eigenwerte und Eigenvektoren gar nicht erforderlich ist. Für β und $\boldsymbol{x}^*$ erhält man sogar die gleichen Ergebnisse wie im Fall unabhängiger X_i [Gl. (3.45)], nur ist jetzt die Kovarianzmatrix $\boldsymbol{C}_X$ keine Diagonalmatrix mehr.

Wenn man allerdings die Lage des Bemessungspunktes im standardisierten Raum braucht, kommt man um die Berechnung von $\boldsymbol{C}_U$ und $\boldsymbol{A}$ nicht herum

$$y^* = -\frac{C_U^{1/2} A^T c}{\sqrt{c^T C_X c}}\,\beta. \tag{3.60}$$

Beispiel 4. Ein frei aufliegender Balken von 10 m Spannweite ist durch Achslasten von Fahrzeugen nach Abb. 3.8 belastet. Die Lasten $X_1, \ldots, X_4$ sind normalverteilt mit folgenden Parametern

i	$E[X_i]$ kN	σ_i kN
1	40	12
2	100	35
3	100	35
4	40	12

Die Achslasten verschiedener Fahrzeuge sind stochastisch unabhängig, die Achslasten innerhalb eines Fahrzeuges sind korreliert. Die Matrix der Korrelationskoeffizienten lautet:

$$R = \begin{pmatrix} 1 & 0 & 0 & 0 \\ 0 & 1 & 0{,}9 & 0{,}6 \\ 0 & 0{,}9 & 1 & 0{,}6 \\ 0 & 0{,}6 & 0{,}6 & 1 \end{pmatrix}.$$

Die Laststellungen sind nicht zufällig.

Wie groß ist die Wahrscheinlichkeit, daß das Biegemoment in Balkenmitte für die Laststellung nach Abb. 3.8 bei einer einmaligen Belastung das Normmoment von $M_k = 1\,230$ kN m überschreitet?

$$P(M_k < M) = P(M_k - M < 0)$$

$$M = \sum_i c_i X_i .$$

Darin sind die c_i die Ordinaten der Einflußlinie für das Biegemoment in Balkenmitte. Das mit Gl. (3.55)

$$P\big(g(x) < 0\big) = P(c_0 + c^T x < 0)$$

verglichen, zeigt, daß für diesen Anwendungsfall gilt

$$c_0 = M_k = 1\,230 \qquad c = \begin{pmatrix} -0{,}575 \\ -1{,}825 \\ -2{,}5 \\ -0{,}5 \end{pmatrix}.$$

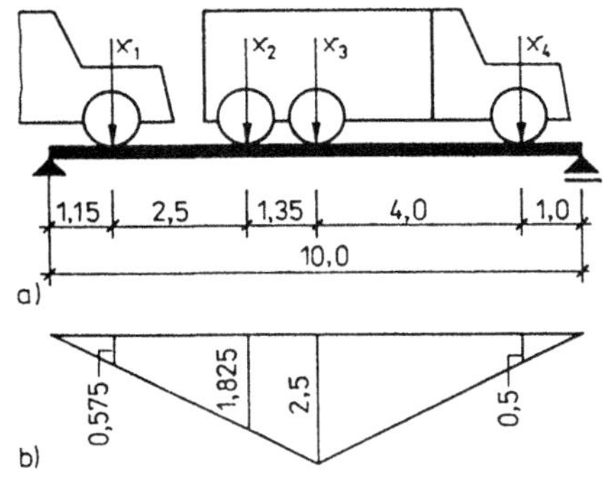

Abb. 3.8. Balken unter Fahrzeugen mit zufälligen Achslasten;
a ungünstige Laststellung,
b Einflußlinie für das Biegemoment in Balkenmitte

Die Kovarianzmatrix $\boldsymbol{C}_X$ folgt aus Cov $[X_i, X_j] = \sigma_{X_i}\sigma_{X_j}\varrho_{X_i,X_j}$

$$\boldsymbol{C}_X = \begin{pmatrix} 144 & 0 & 0 & 0 \\ 0 & 1\,225 & 1\,102{,}5 & 252 \\ 0 & 1\,102{,}5 & 1\,225 & 252 \\ 0 & 252 & 252 & 144 \end{pmatrix}.$$

Mit den Regeln der Matrizenrechnung folgt

$$\boldsymbol{c}^T\boldsymbol{C}_X\boldsymbol{c} = 22\,970{,}2$$

$$c_0 + \boldsymbol{c}^T E[\boldsymbol{X}] = 1\,230 - 475{,}5 = 754{,}5\,.$$

Sicherheitsindex:

$$\beta = \frac{754{,}5}{\sqrt{22\,970{,}2}} = 4{,}978\,.$$

Wahrscheinlichkeit für das Überschreiten des Normmomentes:

$$P(M_k < M) = \Phi(-4{,}978) = 3{,}217 \cdot 10^{-7}\,.$$

Die Koordinaten des Bemessungspunktes $\boldsymbol{x}^*$ folgen aus Gl. (3.59) zu

$$\boldsymbol{x}^* = \begin{pmatrix} 40 \\ 100 \\ 100 \\ 40 \end{pmatrix} - \frac{1}{\sqrt{22\,970{,}2}} \begin{pmatrix} -82{,}8 \\ -5\,117{,}9 \\ -5\,200{,}6 \\ -1\,161{,}9 \end{pmatrix} \cdot 4{,}978 = \begin{pmatrix} 42{,}72 \\ 268{,}10 \\ 270{,}81 \\ 78{,}16 \end{pmatrix}.$$

Als Rechenkontrolle kann die Bedingung dienen, daß $\boldsymbol{x}^*$ die Grenzzustandsgleichung $c_0 + \boldsymbol{c}^T\boldsymbol{x}^* = 0$ erfüllt.

Damit ist der Teil der Aufgabe, der im allgemeinen von Interesse ist, gelöst. Wir zeigen der Vollständigkeit halber noch den Rechengang für die Bestimmung von $\boldsymbol{y}^*$.

Das charakteristische Polynom der Matrix $\boldsymbol{C}_X$

$$(144 - \lambda)(\lambda^3 - 2594\lambda^2 + 510\,910{,}75\lambda - 25\,498\,620) = 0$$

hat die Nullstellen $\lambda_1 = 144$; $\lambda_2 = 122{,}5$; $\lambda_3 = 2384{,}1951$ und $\lambda_4 = 87{,}3050$, die die Elemente der Diagonalmatrix $\boldsymbol{C}_U$ darstellen.

Die zugehörigen normierten Eigenvektoren bilden die Spalten der Transformationsmatrix $\boldsymbol{A}$.

$$\boldsymbol{A}^T = \begin{pmatrix} 1 & 0 & 0 & 0 \\ 0 & 0{,}707\,107 & -0{,}707\,107 & 0 \\ 0 & 0{,}698\,325 & 0{,}698\,325 & 0{,}157\,110 \\ 0 & -0{,}111\,093 & -0{,}111\,093 & 0{,}987\,581 \end{pmatrix}$$

$$\boldsymbol{C}_U^{1/2}\boldsymbol{A}^T\boldsymbol{c} = \begin{pmatrix} -6{,}9 \\ +5{,}2827 \\ -151{,}3093 \\ -0{,}1244 \end{pmatrix}$$

$$\boldsymbol{y}^* = -\frac{\boldsymbol{C}_U^{1/2}\boldsymbol{A}^T\boldsymbol{c}}{\sqrt{22\,970{,}2}} \cdot 4{,}978 = \begin{pmatrix} 0{,}2266 \\ -0{,}1735 \\ 4{,}9698 \\ 0{,}0041 \end{pmatrix}.$$

Zur Kontrolle kann die Bedingung $\boldsymbol{y}^{*T}\boldsymbol{y}^* = \beta^2$ dienen.

Bemerkenswert ist der Vergleich mit dem Sicherheitsindex, den man bei Annahme vollständiger Unabhängigkeit der Achslasten erhält. Dann sind alle Glieder von $\boldsymbol{C}_X$ außerhalb der Diagonalen Null, und es ergibt sich

$$\beta = \frac{754{,}5}{\sqrt{11\,819{,}9}} = 6{,}940\,.$$

Setzt man im anderen Grenzfall vollständige Abhängigkeit der Achslasten innerhalb der Fahrzeuge voraus ($\varrho_{2,3} = \varrho_{2,4} = \varrho_{3,4} = 1$), so erhält man

$$\beta = \frac{754{,}5}{\sqrt{24\,814{,}7}} = 4{,}790\,.$$

Das Beispiel zeigt den großen Einfluß der Korrelation zwischen den Lasten. Die Vernachlässigung einer vorhandenen Korrelation kann zu einer erheblichen Fehleinschätzung der Sicherheit führen.

Das *R*-*S*-Modell

Die Sicherheit einer Konstruktion unter statischen Lasten wird durch das Verhältnis zwischen der Größe der Beanspruchung S und der Größe der Beanspruchbarkeit R bestimmt. Ein Versagen tritt ein, wenn $R < S$ ist. Sind die Verteilungen von

$R = X_1$ = Beanspruchbarkeit (Widerstand)

$S = X_2$ = Beanspruchung (Last)

bekannt, dann erhält man ein Zuverlässigkeitsproblem, das nicht nur recht einfach zu behandeln ist, sondern an dem auch allgemeine Gesetzmäßigkeiten anschaulich dargestellt werden können. Wegen der großen praktischen Bedeutung sollen hier auf der Grundlage der bisherigen Untersuchungen dieser Spezialfall kurz gesondert betrachtet und die für die Berechnung der Versagenswahrscheinlichkeit erforderlichen Beziehungen zusammengestellt werden.

R und S können entsprechend Gl. (3.19) selbst Funktionen weiterer Zufallsgrößen sein.

Aus Gl. (3.22) folgt mit der Gleichung des Grenzzustandes

$$g(\boldsymbol{x}) = x_1 - x_2 = r - s = 0 \tag{3.61}$$

entweder

$$P_f = \int_{-\infty}^{+\infty} \int_{-\infty}^{s} f(r, s)\, \mathrm{d}r\, \mathrm{d}s, \tag{3.62}$$

wenn man zuerst nach r integriert, oder

$$P_f = \int_{-\infty}^{+\infty} \int_{r}^{+\infty} f(r, s)\, \mathrm{d}s\, \mathrm{d}r, \tag{3.63}$$

wenn man zuerst nach s integriert.

Meist sind Beanspruchung und Beanspruchbarkeit voneinander stochastisch unabhängig. Dann läßt sich eine Integration sofort durchführen

$$P_f = \int_{-\infty}^{+\infty} F_R(s)\, f_s(s)\, \mathrm{d}s \tag{3.64}$$

oder

$$P_f = \int_{-\infty}^{+\infty} (1 - F_s(r))\, f_R(r)\, \mathrm{d}r. \tag{3.65}$$

Strenge Lösungen dieser Integrale sind auf wenige Sonderfälle mit speziellen Verteilungstypen beschränkt. Für andere Verteilungen bereiten jedoch Lösungen durch numerische Integration keinerlei Schwierigkeiten.

Strenge Lösungen existieren, wenn R und S beide normalverteilt sind oder wenn R und S beide logarithmisch normalverteilt sind.

Der erste Fall ist ein einfacher Sonderfall von Gl. (3.35), aus der sofort die Lösung folgt:

$$\beta = \frac{m_R - m_S}{\sqrt{\sigma_R^2 + \sigma_S^2}}, \qquad P_f = \Phi(-\beta)$$

$$\alpha_R = \frac{-\sigma_R}{\sqrt{\sigma_R^2 + \sigma_S^2}}, \qquad \alpha_S = \frac{\sigma_S}{\sqrt{\sigma_R^2 + \sigma_S^2}}. \tag{3.66}$$

Koordinaten des Bemessungspunktes im Originalraum

$$r^* = m_R - \frac{\sigma_R^2}{\sqrt{\sigma_R^2 + \sigma_S^2}}\,\beta$$

$$s^* = m_S + \frac{\sigma_S^2}{\sqrt{\sigma_R^2 + \sigma_S^2}}\,\beta. \tag{3.67}$$

Führt man hier den auf die Mittelwerte bezogenen zentralen Sicherheitsfaktor

$$\bar{\gamma} = \frac{m_R}{m_S} \tag{3.68}$$

ein, so kann man den Sicherheitsindex auch auf die Form

$$\beta = \frac{\bar{\gamma} - 1}{\sqrt{\bar{\gamma}^2 v_R^2 + v_S^2}} \tag{3.69}$$

bringen mit

$v_R = \sigma_R / m_R =$ Variationskoeffizient der Beanspruchbarkeit

$v_S = \sigma_S / m_S =$ Variationskoeffizient der Beanspruchung.

Sind R und S normalverteilt, aber korreliert mit Korrelationskoeffizienten ϱ, so folgt mit

$$\boldsymbol{c} = \begin{pmatrix} +1 \\ -1 \end{pmatrix}, \qquad \boldsymbol{m}_X = \begin{pmatrix} m_R \\ m_S \end{pmatrix}, \qquad \boldsymbol{C}_X = \begin{pmatrix} \sigma_R^2 & \varrho\sigma_R\sigma_S \\ \varrho\sigma_R\sigma_S & \sigma_S^2 \end{pmatrix} \tag{3.70}$$

nach Gl. (3.57)

$$\beta = \frac{\boldsymbol{c}^T \boldsymbol{m}_X}{\sqrt{\boldsymbol{c}^T \boldsymbol{C}_X \boldsymbol{c}}} = \frac{m_R - m_S}{\sqrt{\sigma_R^2 - 2\varrho\sigma_R\sigma_S + \sigma_S^2}}.$$

Oder, wenn man wieder den zentralen Sicherheitsfaktor einführt,

$$\beta = \frac{\bar{\gamma} - 1}{\sqrt{\bar{\gamma}^2 v_R^2 - 2\bar{\gamma}\varrho v_R v_S + v_S^2}}. \tag{3.71}$$

Man erkennt, daß mit wachsender Korrelation zwischen R und S der Sicherheitsindex steigt und damit die Versagenswahrscheinlichkeit fällt.

Koordinaten des Bemessungspunktes nach Gl. (3.59)

$$r^* = m_R - \frac{\sigma_R^2 - \varrho\sigma_R\sigma_S}{\sqrt{\sigma_R^2 - 2\varrho\sigma_R\sigma_S + \sigma_S^2}}\,\beta$$

$$s^* = m_S + \frac{\sigma_S^2 - \varrho\sigma_R\sigma_S}{\sqrt{\sigma_R^2 - 2\varrho\sigma_R\sigma_S + \sigma_S^2}}\,\beta. \tag{3.72}$$

Sind R und S unabhängig und logarithmisch normalverteilt, so bringt man die Gleichung des Grenzzustandes (3.61) zweckmäßigerweise auf die Form

$$\frac{r}{s} = 1$$

und logarithmiert

$$\ln r - \ln s = 0. \tag{3.73}$$

Die Zufallsgrößen

$$U_R = \ln R \quad U_S = \ln S \tag{3.74}$$

sind dann normalverteilt mit den Parametern (siehe Tafel II.6)

$$m_{U_R} = \ln m_R - \frac{1}{2}\ln(1 + v_R^2)$$

$$\sigma_{U_R} = \sqrt{\ln(1 + v_R^2)} \tag{3.75}$$

m_{U_S}, σ_{U_S} analog.

Damit ist das Problem auf den normalverteilten Fall zurückgeführt, und wir können Gl. (3.66) anwenden

$$\beta = \frac{m_{U_R} - m_{U_S}}{\sqrt{\sigma_{U_R}^2 + \sigma_{U_S}^2}}.$$

Führt man hier Gl. (3.75) und (3.68) ein, so kann man die Beziehung für den Sicherheitsindex auf die Form

$$\beta = \frac{\ln m_R - \ln m_S + \frac{1}{2}\ln(1 + v_S^2) - \frac{1}{2}\ln(1 + v_R^2)}{\sqrt{\ln(1 + v_R^2) + \ln(1 + v_S^2)}}$$

oder

$$\beta = \frac{\ln \bar{\gamma} - \dfrac{1}{2} \ln \left((1 + v_R^2)/(1 + v_S^2)\right)}{\sqrt{\ln \left((1 + v_R^2)\,(1 + v_S^2)\right)}} \tag{3.76}$$

bringen. Die Koordinaten des Bemessungspunktes lauten:

$$r^* = \exp\left(\ln \frac{m_R}{\sqrt{1 + v_R^2}} - \frac{\ln(1 + v_R^2)}{\sqrt{\ln(1 + v_R^2) + \ln(1 + v_S^2)}}\,\beta\right)$$
$$s^* = \exp\left(\ln \frac{m_S}{\sqrt{1 + v_S^2}} + \frac{\ln(1 + v_S^2)}{\sqrt{\ln(1 + v_R^2) + \ln(1 + v_S^2)}}\,\beta\right). \tag{3.77}$$

Damit stehen für diese Grundaufgaben einfache Formeln zur Berechnung des Sicherheitsindexes, der Versagenswahrscheinlichkeit und der Koordinaten des Bemessungspunktes zur Verfügung.

Momentenmethode

Allgemeines. Bisher wurde vorausgesetzt, daß die Verteilungsdichten und Verteilungsfunktionen aller Zufallsgrößen X_i vollständig bekannt sind.

Nun erfordert aber die zuverlässige Festlegung des Verteilungstyps und insbesondere des Verlaufs der „Schwänze" der Verteilungsdichte einen enorm großen Stichprobenumfang, der in der Regel bei baupraktischen Aufgaben nicht zur Verfügung steht. Der Stichprobenumfang wird wohl niemals so groß sein, daß zuverlässige Aussagen über den Verlauf der Schwänze auf statistischem Wege möglich sind.

Gleichzeitig zeigt sich aber, daß gerade diese Schwänze auf die sehr kleinen Wahrscheinlichkeiten, die als Versagenswahrscheinlichkeiten in Frage kommen, einen relativ großen Einfluß ausüben. Man kann das anschaulich an dem Vergleich der Ergebnisse der Beispiele 2 und 3 sehen. Beide Rechnungen unterscheiden sich nur im Verteilungstyp, aber die Versagenswahrscheinlichkeiten um mehr als den Faktor 2. Auch die Konstruktionsabmessungen, die aus einer zuverlässigkeitstheoretischen Bemessung resultieren, können erheblich vom Verteilungstyp abhängen.

Diese Erkenntnis hat nun Zweifel erzeugt, ob es überhaupt möglich ist, die Versagenswahrscheinlichkeit als Maß für die Sicherheit anzusehen und zuverlässig zu berechnen. Die Diskussion zu dieser Problematik hat in der Vergangenheit zur Herausbildung zweier grundsätzlich unterschiedlicher philosophischer Standpunkte und Hauptrichtungen in der Betrachtungsweise geführt.

Die erste, theoretische Richtung geht von der Annahme der vollständigen Kenntnis der Verteilungen der Basisvariablen aus und berechnet die Versagenswahrscheinlichkeit als Integral der Verteilungsdichte über den unsicheren Bereich. Die Versagenswahrscheinlichkeit wird als Maß für die Sicherheit aufgefaßt und auch als Vorhersage der relativen Häufigkeit einer großen Zahl unabhängiger Realisierungen von Tragwerken, allerdings unter der Bedingung, daß die Verteilungen der Basisvariablen auch den angenommenen Typen entsprechen. Diese Abhängigkeit von den Voraussetzungen hat zu dem im Abschnitt 3.1.3 diskutierten Begriff der „operativen" Versagenswahrscheinlichkeit geführt. Zur Wahl des Verteilungstyps werden nicht nur statistische Überlegungen herangezogen. Wenn z. B. eine Last der Größtwert eines längeren Zeitraumes ist, dann ist es vernünftig, für ihn eine Extremwertverteilung anzunehmen; wenn eine Zufallsgröße eine Summe vieler unabhängiger Einflüsse darstellt, so wird man eine Normalverteilung ansetzen, usw. Die Grundzüge dieser Betrachtungsweise sind im letzten Abschnitt dargestellt, weitere Näherungsverfahren werden unter der Bezeichnung „Zuverlässigkeitstheorie 1. Ordnung" später behandelt.

Die andere, pragmatisch orientierte Betrachtungsweise – als „Momentenmethode" bezeichnet – geht davon aus, daß es mit vernünftigem Aufwand nur möglich sein wird, die ersten beiden Momente, also Erwartungswerte, Varianzen und Kovarianzen, zu bestimmen, und sie sucht auf dieser Basis ein formales Entscheidungshilfsmittel, das die vorhandenen statistischen Informationen optimal nutzt. Das kann natürlich dann keine Versagenswahrscheinlichkeit mehr sein, sondern ein Sicherheitsmaß, das nur auf den ersten beiden Momenten beruht und unabhängig von den Verteilungstypen ist.

Aus den bisherigen Ableitungen erkennt man, daß sich dafür der Sicherheitsindex β anbietet. Die Gln. (3.35) und (3.57) zeigen, daß β tatsächlich nur von den Erwartungswerten $m_{xi} = \mathrm{E}[X_i]$, den Standardabweichungen $\sigma_{X_i} = (\mathrm{Var}\,[X_i])^{1/2}$ und bei abhängigen Basisvariablen den Kovarianzen $\mathrm{Cov}\,[X_i, X_j]$ abhängt. Diese Ergebnisse gelten aber nur für lineare Grenzzustandsgleichungen. Für eine allgemeine Anwendung als pragmatisches Sicherheitsmaß muß der Sicherheitsindex verallgemeinert werden. Nun hat es hier in den vergangenen Jahrzehnten eine Entwicklung gegeben, die zu verschiedenen Vorschlägen für eine Verallgemeinerung geführt hat. Diese werden in den folgenden Abschnitten dargestellt und diskutiert.

Es sei noch vermerkt, daß die wissenschaftliche Entwicklung der letzten Jahrzehnte zu einer gewissen Annäherung der beiden Schulen im Hinblick auf die mathematischen Hilfsmittel und Berechnungsmethoden geführt hat. So sind heute die Berechnungsmethoden beider Richtungen sehr ähnlich, auch wenn die philosophische Interpretation der Berechnungsergebnisse weiter unterschiedlich bleibt.

Sicherheitsindex nach Cornell. Bei der Momentenmethode werden aus den ersten beiden Momenten gegebener Zufallsgrößen X_i die Momente des Sicherheitsabstandes

$$Z = g(X_1, X_2, \ldots, X_m) \tag{3.78}$$

berechnet. Aus der Definition Gl. (3.15) von g geht hervor, daß Versagen vorliegt, wenn Z negativ ist. So gibt das Vorzeichen von Z an, ob der Grenzzustand überschritten ist oder nicht.

Betrachten wir zunächst wieder den einfachen Fall des Sicherheitsabstandes, der eine lineare Funktion der Basisvariablen ist

$$Z = c_0 + \sum_{i=1}^{m} c_i X_i . \tag{3.79}$$

Gegeben seien die Erwartungswerte

$$\mathrm{E}[\mathrm{X}_i] = \mathrm{m}_{X_i},$$

die Varianzen

$$\mathrm{Var}\,[X_i] = \sigma_{X_i}^2$$

und die Kovarianzen

$$\mathrm{Cov}\,[X_i, X_j] = \sigma_{X_i}\sigma_{X_j}\varrho_{X_i,X_j} .$$

Nach den Gesetzen der Wahrscheinlichkeitsrechnung berechnen sich die Momente der Funktionen von Zufallsgrößen aus

$$\mathrm{E}[\mathrm{Z}] = \mathrm{m}_Z = \int_{-\infty}^{+\infty}\cdots\int g(x_1, x_2, \ldots, x_m)\, f_{\mathbf{X}}(x_1, x_2, \ldots, x_m) \prod_i \mathrm{d}x_i$$

$$\begin{aligned}\mathrm{Var}\,[\mathrm{Z}] = \sigma_Z^2 = \int_{-\infty}^{+\infty}\cdots\int \big(g(x_1, x_2, \ldots, x_m) \\ - \mathrm{E}[g(X_1, \ldots, X_m)]\big)^2 f_{\mathbf{X}}(x_1, \ldots, x_m) \prod_i \mathrm{d}x_i .\end{aligned} \tag{3.80}$$

Setzt man hier Gl. (3.79) ein und beachtet, daß gilt

$$\begin{aligned}
&\int_{-\infty}^{+\infty}\cdots\int f_{\mathbf{X}}(x_1, \ldots, x_m) \prod_{i=1}^{m} \mathrm{d}x_i = 1 \\
&\int_{-\infty}^{+\infty}\cdots\int x_j f_{\mathbf{X}}(x_1, \ldots, x_m) \prod_{i=1}^{m} \mathrm{d}x_i = \mathrm{E}[X_j] = m_{X_j} \\
&\int_{-\infty}^{+\infty}\cdots\int (x_j - m_{X_j})^2 f_{\mathbf{X}}(x_1, \ldots, x_m) \prod_i \mathrm{d}x_i = \mathrm{Var}\,[X_j] = \sigma_{X_j}^2 \\
&\int_{-\infty}^{+\infty}\cdots\int (x_j - m_{X_j})\,(x_k - m_{X_k})\, f_{\mathbf{X}}(x_1, \ldots, x_m) \prod_i \mathrm{d}x_i = \mathrm{Cov}\,[X_j, X_k],
\end{aligned} \tag{3.81}$$

so erhält man

$$\mathrm{E}[Z] = c_0 + \sum_{i=1}^{m} c_i \mathrm{E}[X_i]$$

$$\mathrm{Var}\,[Z] = \sum_{i=1}^{m} c_i^2 \,\mathrm{Var}\,[X_i] + \sum_{\substack{i=1 \\ i \neq j}}^{m} \sum_{j=1}^{m} c_i c_j \,\mathrm{Cov}\,[X_i, X_j] \tag{3.82}$$

oder in Matrizenschreibweise

$$\mathrm{E}[Z] = m_Z = c_0 + \boldsymbol{c}^T \mathrm{E}[\boldsymbol{X}]$$

$$\mathrm{Var}\,[Z] = \sigma_Z^2 = \boldsymbol{c}^T \boldsymbol{C}_X \boldsymbol{c}. \tag{3.83}$$

In Tabelle II.17 des Anhanges sind weitere Formeln für das Rechnen mit den ersten beiden Momenten übersichtlich zusammengestellt.

Definiert man jetzt den Sicherheitsindex als Verhältnis von Erwartungswert zu Standardabweichung des Sicherheitsabstandes

$$\beta_C = \frac{m_Z}{\sigma_Z} = \frac{\mathrm{E}[Z]}{\sqrt{\mathrm{Var}\,[Z]}}, \tag{3.84}$$

so erhält man volle Übereinstimmung mit Gl. (3.57)

$$\beta_C = \frac{c_0 + \boldsymbol{c}^T \mathrm{E}[\boldsymbol{X}]}{\sqrt{\boldsymbol{c}^T \boldsymbol{C}_X \boldsymbol{c}}}. \tag{3.85}$$

Ist die Grenzzustandsgleichung nichtlinear, so wird sie durch eine Taylorreihenentwicklung linearisiert. In den 50er und 60er Jahren wurde diese Reihenentwicklung im Erwartungswert vorgenommen.

$$g(x_1, \ldots, x_m) = g(m_{X_1}, \ldots, m_{X_m}) + \sum_{i=1}^{m} (x_i - m_{X_i}) \left. \frac{\partial g}{\partial x_i} \right|_{x=m}. \tag{3.86}$$

Setzt man dies in Gl. (3.78) ein, so erhält man auf analogem Wege

$$\mathrm{E}[Z] = g(m_{X_1}, m_{X_2}, \ldots, m_{X_m})$$

$$\mathrm{Var}\,[Z] = \sum_{i=1}^{m} \left(\frac{\partial g}{\partial x_i}\right)^2 \mathrm{Var}\,[X_i] + \sum_{\substack{i=1 \\ i \neq j}}^{m} \sum_{j=1}^{m} \frac{\partial g}{\partial x_i} \frac{\partial g}{\partial x_j} \,\mathrm{Cov}\,[X_i, X_j]. \tag{3.87}$$

Dabei sind alle Ableitungen an der Stelle des Erwartungswertes zu nehmen.

Führt man den Gradientenvektor

$$\nabla g(m) = \begin{pmatrix} \left.\dfrac{\partial g}{\partial x_1}\right|_{x=m} \\ \vdots \\ \left.\dfrac{\partial g}{\partial x_m}\right|_{x=m} \end{pmatrix} \tag{3.88}$$

der Differentialquotienten der Grenzzustandsgleichung an der Stelle des Erwartungswertes $\boldsymbol{m} = \mathrm{E}[\boldsymbol{X}]$ ein, so läßt sich der Sicherheitsindex auch in die Form

$$\beta_C = \frac{\mathrm{E}[Z]}{\sqrt{\mathrm{Var}\,[Z]}} = \frac{g(\boldsymbol{m})}{\sqrt{\nabla g^T(\boldsymbol{m})\, \boldsymbol{C}_X \nabla g(\boldsymbol{m})}} \tag{3.89}$$

bringen.

Diesen Sicherheitsindex kann man sich auch vorstellen als die Anzahl der Standardabweichungen σ_Z zwischen Null und dem Mittelwert m_Z. Abb. 3.9 erläutert diesen Zusammenhang. β_C ist der reziproke Wert des Variationskoeffizienten des Sicherheitsabstandes.

Die Entwicklung dieser Gedankengänge geht zurück auf Mayer [1.9], Basler [3.11], Blaut [3.12], Cornell [3.13, 3.14] und Benjamin, Cornell [2.12]. Der Sicherheitsindex nach Gl. (3.89) wird in der Literatur aber meist mit dem Namen Cornell verbunden, und so soll er auch hier zur Unterscheidung gegenüber späteren Entwicklungen als Sicherheitsindex β_C nach Cornell bezeichnet werden.

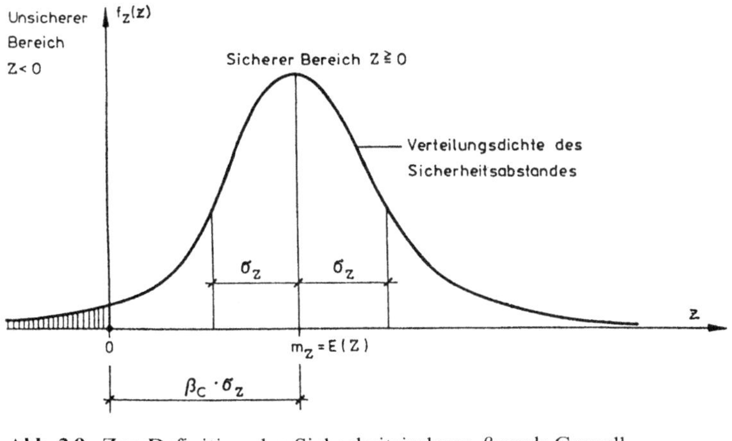

Abb. 3.9. Zur Definition des Sicherheitsindexes β nach Cornell

Die Berechnung des Cornellschen Sicherheitsindexes ist sehr einfach. Er besitzt aber verschiedene erhebliche Nachteile. Der wohl entscheidendste und einschneidendste ist seine Abhängigkeit von der speziellen mathematischen Formulierung der Grenzzustandsgleichung. Im Abschnitt 3.1.7 wurde schon erwähnt, daß jede Grenzzustandsgleichung sich in verschiedenen, völlig äquivalenten mathematischen Formen darstellen läßt. Man sollte von einem baupraktischen Sicherheitsmaß erwarten, daß es unabhängig von einfachen mathematischen Umordnungen von $g(\boldsymbol{x})$ ist, die die Lage des sicheren und des unsicheren Bereiches nicht verändern. Leider ist das hier nicht der Fall. β_C ist nicht invariant gegenüber äquivalenten Formulierungen des Grenzzustandsmodells.

Cornell schlug deshalb vor, den Sicherheitsindex prinzipiell auf die Definition $Z = R - S$ des Sicherheitsabstandes zu beziehen. Auf Grund gewisser Mängel dieser Formulierung empfahlen Rosenblueth und Esteva die Form

$$Z = \ln R - \ln S.$$

Es wurde auch versucht, die Verhältnisse durch Berücksichtigung weiterer Glieder in der Reihenentwicklung Gl. (3.86) zu verbessern [3.2, 3.16]. Der mathematische Aufwand wird dadurch wesentlich größer, die Widersprüche werden gemildert, aber nicht beseitigt.

Der Sicherheitsindex β_C wurde Ende der 60er, Anfang der 70er Jahre viel für Vergleichsuntersuchungen der Sicherheit von eng begrenzten Klassen von Tragwerkselementen im Zusammenhang mit der Bearbeitung von Normen eingesetzt.

Sicherheitsindex nach Hasofer und Lind. Die Ursache für die fehlende Invarianz des Sicherheitsindexes β_C nach Gl. (3.89) gegenüber äquivalenten Umformungen der Gleichung des Grenzzustandes liegt darin, daß der Punkt, in dem $g(\boldsymbol{x})$ in eine Taylorreihe entwickelt wird, nicht auf $g(\boldsymbol{x}) = 0$ liegt.

Führt man nun die Reihenentwicklung nicht im Erwartungswert, sondern in einem Punkt auf der Grenzzustandsgleichung durch, so verschwindet zwar das Invarianzproblem, aber es erhebt sich die Frage, welcher der unendlich vielen Punkte auf $g(\boldsymbol{x}) = 0$ dafür am geeignetsten ist.

Nach den Ergebnissen für normalverteilte Zufallsgrößen ist es naheliegend, dafür den Bemessungspunkt zu wählen und den Sicherheitsindex als kürzesten Abstand zwischen Koordinatenursprung und der Grenzzustandsgleichung im standardisierten Raum zu wählen. Dieser Sicherheitsindex wurde erstmals von Hasofer und Lind [3.17] vorgeschlagen.

Ist eine nichtlineare Grenzzustandsgleichung

$$g(\boldsymbol{x}) = 0 \tag{3.90}$$

gegeben, so wird zunächst eine Transformation auf standardisierte Größen Y_i mit Erwartungswert $m_{Y_i} = 0$ und Standardabweichung $\sigma_{Y_i} = 1$ vorgenommen. Sind die X_i unabhängig, so gilt

$$y_i = \frac{x_i - m_{X_i}}{\sigma_{X_i}}, \qquad x_i = m_{X_i} + \sigma_{X_i} y_i. \tag{3.91}$$

Das in Gl. (3.90) eingesetzt, liefert die Grenzzustandsgleichung im y-Raum

$$h(\boldsymbol{y}) = g(m_{X_1} + \sigma_{X_1} y_1, m_{X_2} + \sigma_{X_2} y_2, \ldots, m_{X_m} + \sigma_{X_m} y_m) = 0. \tag{3.92}$$

Der Sicherheitsindex nach Hasofer und Lind β_{HL} ist dann der kürzeste Abstand zwischen $\boldsymbol{y} = \boldsymbol{0}$ und der Gleichung $h(\boldsymbol{y}) = 0$

$$\beta_{HL} = \min \{(\boldsymbol{y}^T \boldsymbol{y})^{1/2} \mid h(\boldsymbol{y}) = 0\} \tag{3.93}$$

oder in Komponentenschreibweise

$$\beta_{HL} = \min \left\{ \sqrt{\sum_{i=1}^{m} y_i^2} \;\middle|\; h(y_1, y_2, \ldots, y_m) = 0 \right\}. \tag{3.94}$$

Damit ist die Bestimmung des Sicherheitsindexes auf eine Extremwertaufgabe mit Nebenbedingung zurückgeführt. Der Sicherheitsindex nach Hasofer und Lind ist der kürzeste Abstand zwischen dem Koordinatenursprung und der Gleichung des Grenzzustandes im Raum standardisierter Zufallsgrößen.

Bei dieser Darstellung von β_{HL} als kürzesten Abstand geht allerdings das Vorzeichen verloren, und Gl. (3.93) gilt nur für positive β_{HL}, also für Konstruktionen mit kleiner Versagenswahrscheinlichkeit.

Exakter und allgemeiner ist die Definition

$$\delta = \min \{(\boldsymbol{y}^T y)^{1/2} \mid h(\boldsymbol{y}) = 0\}$$

$$\beta_{HL} = \begin{cases} \delta & \text{wenn} \quad h(\boldsymbol{0}) > 0 \\ -\delta & \text{wenn} \quad h(\boldsymbol{0}) < 0. \end{cases} \tag{3.95}$$

β_{HL} ist positiv, wenn der Koordinatenursprung $\boldsymbol{y} = \boldsymbol{0}$ im sicheren Bereich liegt, und negativ, wenn er im unsicheren Bereich liegt.

Für die numerische Bestimmung von β_{HL} können alle Berechnungsverfahren und Programme für Extremwertaufgaben mit Nebenbedingung angewendet werden. Wir zeigen hier einen Lösungsalgorithmus, der sich eng an die Lösung Gln. (3.33) bis (3.35) für lineare $g(\boldsymbol{x})$ anlehnt. Weitere Lösungsverfahren werden kurz im Zusammenhang mit der Zuverlässigkeitstheorie 1. Ordnung, die auch Informationen über den Verteilungstyp berücksichtigt, betrachtet. Die Bestimmung von β_{HL} kann als Sonderfall der dort behandelten Aufgabe angesehen werden.

Wir entwickeln die Grenzzustandsgleichung $h(\boldsymbol{y}) = 0$ in eine Taylorreihe im Bemessungspunkt $\boldsymbol{y}^*$ und berücksichtigen nur die linearen Glieder. Die linearisierte Gleichung wird mit $l(\boldsymbol{y})$ bezeichnet

$$l(y_1, \ldots, y_m) = h(y_1^*, \ldots, y_m^*) + \sum_{i=1}^{m} (y_i - y_i^*) \left.\frac{\partial h}{\partial y_i}\right|_{\boldsymbol{y}=\boldsymbol{y}^*}. \tag{3.96}$$

Mit dem Gradientenvektor $\nabla h(y)$ im standardisierten Raum läßt sich Gl. (3.96) auch kürzer schreiben

$$l(\boldsymbol{y}) = h(\boldsymbol{y}^*) + (\boldsymbol{y} - \boldsymbol{y}^*)^T \nabla h(\boldsymbol{y}^*). \tag{3.97}$$

Diese lineare Gleichung, in die Hessesche Normalform überführt,

$$l(\boldsymbol{y}) = \delta - \boldsymbol{\alpha}^T \boldsymbol{y} = 0, \tag{3.98}$$

ergibt den Vektor der Wichtungsfaktoren

$$\boldsymbol{\alpha} = \frac{-\nabla h(\boldsymbol{y}^*)}{(\nabla h^T(\boldsymbol{y}^*) \cdot \nabla h(\boldsymbol{y}^*))^{1/2}} \tag{3.99}$$

und den kürzesten Abstand

$$\delta = \frac{h(\boldsymbol{y}^*) - \boldsymbol{y}^{*T} \cdot \nabla h(\boldsymbol{y}^*)}{(\nabla h^T(\boldsymbol{y}^*) \cdot \nabla h(\boldsymbol{y}^*))^{1/2}}. \tag{3.100}$$

Im Bemessungspunkt ist $h(\boldsymbol{y}^*) = 0$, so daß sich vereinfacht

$$\delta = \frac{-\boldsymbol{y}^{*T} \cdot \nabla h(\boldsymbol{y}^*)}{(\nabla h^T(\boldsymbol{y}^*) \cdot \nabla h(\boldsymbol{y}^*))^{1/2}}. \tag{3.101}$$

Gl. (3.100) hat jedoch Bedeutung für den im folgenden dargestellten Iterationszyklus, der auch Anfangsvektoren zuläßt, die nicht auf $h(\boldsymbol{y}) = 0$ liegen.

Die Ermittlung der Koordinaten des Bemessungspunktes $\boldsymbol{y}^*$ kann iterativ nach der Vorschrift

$$\boldsymbol{y}^{(k+1)} = \boldsymbol{\alpha}(\boldsymbol{y}^{(k)})\, \delta(\boldsymbol{y}^{(k)}) \tag{3.102}$$

erfolgen. Für einen geschätzten Punkt $\boldsymbol{y}^{(0)}$ werden nach den Gln. (3.99) und (3.100) Wichtungsfaktoren und Abstand δ ermittelt. Damit folgt dann aus Gl. (3.102) ein verbesserter Punkt $\boldsymbol{y}^{(1)}$ usw. Das Iterationsverfahren läßt sich wie folgt beschreiben:

1. Wähle einen Startpunkt $\boldsymbol{y}^{(0)}$. Wenn es nicht möglich ist, einen günstigeren Anfangswert von $\boldsymbol{y}^{(0)}$ zu schätzen, dann genügt in der Regel der Nullpunkt $\boldsymbol{y}^{(0)} = \boldsymbol{0}$ als Startwert.
2. Berechne den Wert der Grenzzustandsgleichung

   $$h(\boldsymbol{y}^{(0)}) = g(\boldsymbol{x}^{(0)}) \quad \text{mit} \quad x_i^{(0)} = m_{X_i} + \sigma_{X_i} y_i^{(0)}$$

und ihrer Ableitung im Punkt $\boldsymbol{y}^{(0)}$

$$\left.\frac{\partial h}{\partial y_i}\right|_{\boldsymbol{y}=\boldsymbol{y}^{(0)}} = \sigma_{X_i} \left.\frac{\partial g(x)}{\partial x_i}\right|_{\boldsymbol{x}=\boldsymbol{x}^{(0)}}. \tag{3.103}$$

3. Berechne einen verbesserten Vektor $\boldsymbol{y}^{(1)}$ aus

$$\boldsymbol{y}^{(1)} = \boldsymbol{\alpha}(\boldsymbol{y}^{(0)})\,\delta(\boldsymbol{y}^{(0)}) = \frac{\nabla h(\boldsymbol{y}^{(0)})}{\nabla h^T(\boldsymbol{y}^{(0)})\,\nabla h(\boldsymbol{y}^{(0)})}\left(\boldsymbol{y}^{(0)T}\nabla h(\boldsymbol{y}^{(0)}) - h(\boldsymbol{y}^{(0)})\right) \tag{3.104}$$

mit den Komponenten

$$y_i^{(1)} = \frac{\left.\dfrac{\partial h}{\partial y_i}\right|_{\boldsymbol{y}=\boldsymbol{y}^{(0)}}}{\sum\limits_{j=1}^{m}\left(\left.\dfrac{\partial h}{\partial y_i}\right|_{\boldsymbol{y}=\boldsymbol{y}^{(0)}}\right)^2}\left(\sum_{j=1}^{m} y_j^{(0)} \left.\frac{\partial h}{\partial y_j}\right|_{\boldsymbol{y}=\boldsymbol{y}^{(0)}} - h(\boldsymbol{y}^{(0)})\right) \qquad i = 1, 2, \ldots, m.$$

4. Wiederhole Schritt 2 und 3, bis Konvergenz erreicht und $\boldsymbol{y}^{(k+1)} \approx \boldsymbol{y}^{(k)}$ ist. Dann ist

$$\delta = (\boldsymbol{y}^T\boldsymbol{y})^{1/2} = \sqrt{\sum_{i=1}^{m} y_i^2}$$

$$\beta_{HL} = \begin{cases} +\delta & \text{wenn} \quad h(\mathbf{0}) > 0 \\ -\delta & \text{wenn} \quad h(\mathbf{0}) < 0. \end{cases}$$

Wird als Startvektor $\boldsymbol{y}^{(0)} = 0$ gewählt, dann wird $h(\mathbf{0})$ im ersten Iterationsschritt berechnet.

Das Verfahren konvergiert in Abhängigkeit von der Funktion $h(\boldsymbol{y})$ gegen den minimalen Abstand δ oder gegen ein lokales Minimum. Bei komplizierten Verhältnissen ist es deshalb empfehlenswert, die Iteration vergleichsweise von mehreren Anfangsvektoren $\boldsymbol{y}^{(0)}$ zu starten, um sich einen Überblick über die Lösungsmenge zu verschaffen und so das globale Minimum zu finden.

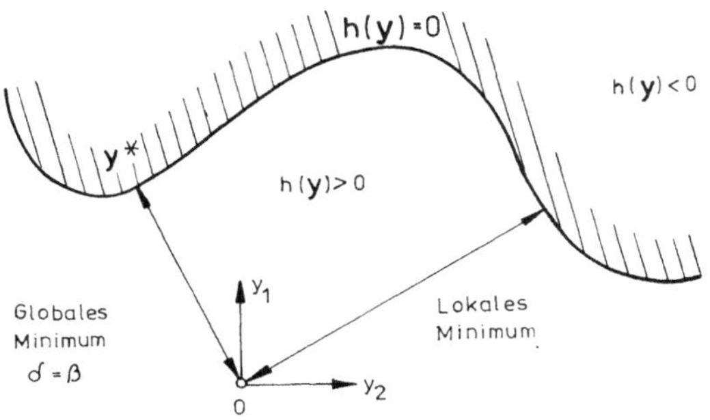

Abb. 3.10. Gleichung des Grenzzustandes mit mehreren Minima

Die Konvergenzgeschwindigkeit ist sehr unterschiedlich. Sie ist um so besser, je „glatter" die Funktion $h(\boldsymbol{y})$ ist. Ist im Grenzfall $h(\boldsymbol{y})$ linear, so liefert schon der 1. Iterationsschritt die Lösung. Bei stark gekrümmten $h(\boldsymbol{y})$ kann die Konvergenzgeschwindigkeit sehr gering sein. Manchmal treten „Pendelbewegungen" des Vektors $\boldsymbol{y}^{(k)}$ mit sehr schlechter Konvergenz auf. Dann läßt sich eine entscheidende Verbesserung durch den gelegentlichen oder generellen Übergang zu verringerter Schrittweite nach der Vorschrift

$$\boldsymbol{y}^{(k+1)} = k_S(\boldsymbol{y}^{(k)} + \boldsymbol{y}^{(k+1)})$$

erzielen. Darin ist k_S ein Wert zwischen 0,5 und 1,0, der nach Erfahrung gewählt wird.

Beispiel 5. Ein starrer Körper nach Abb. 3.11 liegt auf einer starren Unterlage und wird durch eine resultierende Horizontalkraft X_1 im Abstand X_2 belastet. Die vertikale Kraft V habe eine vernachlässigbar kleine Streuung. Die Parameter der beiden Zufallsgrößen lauten:

i	m_{X_i}	σ_{X_i}
1	6 kN	1,5 kN
2	1 m	0,2 m
	$d = 0{,}8$ m	$V = 30$ kN

X_1 und X_2 sind stochastisch unabhängig.

Wie groß ist der Sicherheitsindex β_{HL} nach Hasofer und Lind für das Umkippen des Körpers um die Vorderkante?

$$g(\boldsymbol{x}) = V\,\frac{d}{2} - x_1 x_2 = 0$$

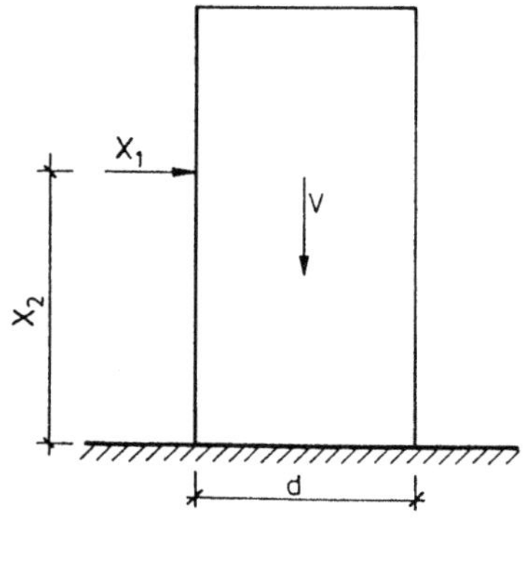

Abb. 3.11. System des Beispiels 5

$$h(\boldsymbol{y}) = V\frac{d}{2} - (m_{X_1} + \sigma_{X_1}y_1)(m_{X_2} + \sigma_{X_2}y_2) = 0$$

$$= 6 - 1{,}5y_1 - 1{,}2y_2 - 0{,}3y_1y_2 = 0$$

$$\frac{\partial h}{\partial y_1} = -1{,}5 - 0{,}3y_2$$

$$\frac{\partial h}{\partial y_2} = -1{,}2 - 0{,}3y_1\,.$$

Das in Gl. (3.104) eingesetzt, ergibt die Iterationsvorschrift

$$y_1^{(k+1)} = \frac{1{,}5 + 0{,}3y_2^{(k)}}{(1{,}5 + 0{,}3y_2^{(k)})^2 + (1{,}2 + 0{,}3y_1^{(k)})^2}\,(6 + 0{,}3y_1^{(k)}y_2^{(k)})$$

$$y_2^{(k+1)} = \frac{1{,}2 + 0{,}3y_1^{(k)}}{(1{,}5 + 0{,}3y_2^{(k)})^2 + (1{,}2 + 0{,}3y_1^{(k)})^2}\,(6 + 0{,}3y_1^{(k)}y_2^{(k)})\,.$$

Als Startvektor wird $\boldsymbol{y}^{(0)} = \boldsymbol{0}$ gewählt. Damit läuft die Iteration mit $k_S = 1$ wie folgt

k	$y_1^{(k)}$	$y_2^{(k)}$	$\delta^{(k)}$
0	0	0	0
1	2,439	1,951	3,123
2	1,917	1,776	2,613
3	1,960	1,711	2,602
4	1,946	1,728	2,602
5	1,950	1,723	2,602
6	1,949	1,724	2,602

Nach dem 3. Iterationsschritt ist der kürzeste Abstand δ auf 4 geltende Ziffern genau bestimmt. Da $h(\boldsymbol{0}) = 6 > 0$ ist, ist der gesuchte Sicherheitsindex $\beta_{HL} = +\delta = 2{,}602$.

Bemessungspunkt im Originalraum:

$$x_1^* = m_{X_1} + \sigma_{X_1}y_1^* = 6 + 1{,}5 \cdot 1{,}949 = 8{,}924$$

$$x_2^* = m_{X_2} + \sigma_{X_2}y_2^* = 1 + 0{,}2 \cdot 1{,}724 = 1{,}345\,.$$

Bei der Aufstellung von Computerprogrammen ist es für eine einfache Programmgestaltung von Vorteil, statt der Differentialquotienten Differenzquotienten zu verwenden

$$\frac{\partial h}{\partial y_i} \approx \frac{1}{2\Delta y}\big(h(y_i + \Delta y_i) - h(y_i - \Delta y_i)\big). \tag{3.106}$$

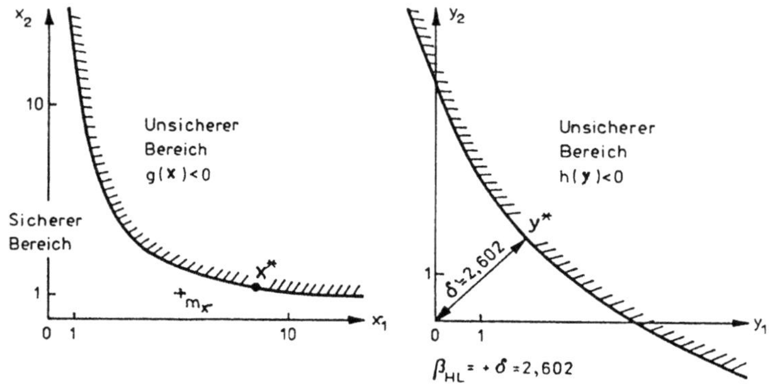

Abb. 3.12. Gleichung des Grenzzustandes im Originalraum und im standardisierten Raum

Die Rechenzeit hängt entscheidend davon ab, wie häufig die Funktion h aufgerufen wird. Man spart Rechenzeit ohne wesentliche Einbuße an Genauigkeit, wenn man einseitige Differenzenquotienten verwendet

$$\frac{\partial h}{\partial y_i} \approx \frac{1}{\Delta y}\left(h(y_i + \Delta y_i) - h(y_i)\right). \qquad (3.107)$$

Dadurch wird die Zahl der Aufrufe von h fast halbiert.

Es ist ein Vorteil der Iteration im standardisierten Raum, daß hier die Δy_i stets gleich angenommen werden können und nicht von der Größe der X_i abhängen. Bei vielen Anwendungsrechnungen hat die Intervallbreite von $\Delta y_i = 0{,}000\,1$ gute Genauigkeit ergeben.

Eine Iteration läßt sich aber auch im Originalraum durchführen. Das ist besonders empfehlenswert, wenn die X_i korreliert sind. Da die Y_i immer unkorreliert sind, gilt Gl. (3.95) auch jetzt unverändert. Setzt man dort Gl. (3.53) ein und beachtet Gl. (3.51), so erhält man

$$\delta = \min \left\{(\boldsymbol{x} - \boldsymbol{m}_X)^T\, \boldsymbol{C}_X(\boldsymbol{x} - \boldsymbol{m}_X) \,|\, g(\boldsymbol{x}) = 0\right\} \qquad (3.108)$$

$$\beta_{HL} = \begin{cases} +\delta & \text{wenn} \quad g(\boldsymbol{m}_X) > 0 \\ -\delta & \text{wenn} \quad g(\boldsymbol{m}_X) < 0, \end{cases}$$

die zu Gl. (3.95) analoge Extremwertaufgabe mit Nebenbedingung im Originalraum, die ebenfalls als Grundlage für die Berechnung von β_{HL} verwendet werden kann. Für die Berechnung von β_{HL} nach (3.108) können Programme zur Minimumsuche oder der folgende Iterationsalgorithmus verwendet werden.

Wir transformieren den oben angegebenen Iterationsalgorithmus vom standardisierten Raum in den Originalraum. Dabei ist zu beachten, daß für die

Vektoren der Differentialquotienten die Beziehung

$$\nabla h(\boldsymbol{y}) = \boldsymbol{C}_U^{1/2} \boldsymbol{A}^T \nabla g(\boldsymbol{x}) \tag{3.109}$$

gilt. Setzt man dies unter Beachtung von Gl. (3.51) in Gl. (3.100) ein, so folgt nach kurzer Rechnung

$$\delta = \frac{g(\boldsymbol{x}^*) - (\boldsymbol{x}^* - \boldsymbol{m}_X)^T \nabla g(\boldsymbol{x}^*)}{(\nabla g^T(\boldsymbol{x}^*)\, \boldsymbol{C}_X \nabla g(\boldsymbol{x}^*))^{1/2}}.$$

Oder, wenn man $g(\boldsymbol{x}^*) = 0$ berücksichtigt,

$$\delta = -\frac{(\boldsymbol{x}^* - \boldsymbol{m}_X)^T \nabla g(\boldsymbol{x}^*)}{(\nabla g^T(\boldsymbol{x}^*)\, \boldsymbol{C}_X \nabla g(\boldsymbol{x}^*))^{1/2}}. \tag{3.110}$$

Für die zu Gl. (3.104) analoge Gleichung erhält man

$$\boldsymbol{x}^{(k+1)} = \boldsymbol{m}_X - \frac{\boldsymbol{C}_X \nabla g(\boldsymbol{x}^{(k)})}{\nabla g^T(\boldsymbol{x}^{(k)})\, \boldsymbol{C}_X \nabla g(\boldsymbol{x}^{(k)})} \left(g(\boldsymbol{x}^{(k)}) - (\boldsymbol{x}^{(k)} - \boldsymbol{m}_X)^T \nabla g(\boldsymbol{x}^{(k)})\right), \tag{3.111}$$

mit der der Bemessungspunkt iterativ berechnet werden kann. Man bemerkt, daß in Gl. (3.110) und (3.111) die Matrizen $\boldsymbol{C}_U$ und $\boldsymbol{A}$ nicht auftreten, und bei einer Iteration im Originalraum die Eigenwerte und Eigenvektoren nicht berechnet werden müssen.

Bei einer Iteration im Originalraum ist der Vektor der Bemessungswerte einer Norm ein sehr günstiger Startvektor. Das heißt, man wähle Startwerte, die auf der Lastseite größer und auf der Widerstandsseite kleiner als die Erwartungswerte sind. Aber auch die Erwartungswerte selbst sind gut als Anfangswerte geeignet. Auch hier kann manchmal durch Einschaltung verminderter Schrittweiten

$$\boldsymbol{x}^{(k+1)} = k_S(\boldsymbol{x}^{(k)} + \boldsymbol{x}^{(k+1)}), \qquad 0{,}5 \leqq k_S \leqq 1 \tag{3.112}$$

eine Konvergenzverbesserung erzielt werden.

Der Sicherheitsindex nach Hasofer und Lind β_{HL} bedeutet einen erheblichen Fortschritt gegenüber β_C nach Gl. (3.89). Es wurden in den 70er Jahren zur theoretischen Grundlage zuverlässigkeitstheoretisch begründeter Normen in vielen Ländern.

Bei einer Verwendung von β_{HL} als Sicherheitsmaß muß man sich allerdings darüber im klaren sein, daß er das Problem des Vergleichs der Sicherheit von Bauelementen mit verschiedenen Grenzzuständen auch nicht in idealer Weise löst.

Um dies zu zeigen, vergleichen wir die Versagensbereiche von drei Elementen A, B und C mit den Grenzzustandsgleichungen $g_A(\boldsymbol{y}) = 0$, $g_B(\boldsymbol{y}) = 0$ und $g_C(\boldsymbol{y}) = 0$. Diese mögen einen Verlauf nach Abb. 3.13 haben. Der sichere Bereich $S_A = \{\boldsymbol{y} \mid g_A(\boldsymbol{y}) \geqq 0\}$ für das Bauelement A ist eine Teilmenge von S_B,

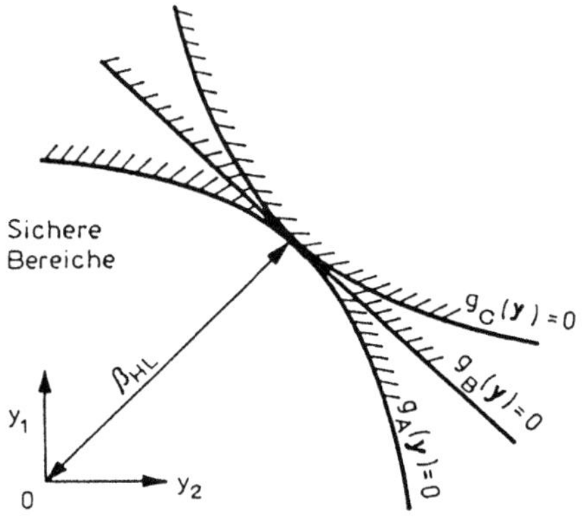

Abb. 3.13. Unterschiedliche sichere Bereiche $S_A \in S_B$, $S_B \in S_C$ mit gleichem Sicherheitsindex β_{HL}

und S_B wiederum eine Teilmenge von S_C. Der Sicherheitsindex β_{HL} ist aber für alle drei Bauelemente gleich

$$\beta_{HL}(A) = \beta_{HL}(B) = \beta_{HL}(C),$$

obwohl man sofort erkennt, daß C zuverlässiger als B und B zuverlässiger als A ist.

Verallgemeinerter Sicherheitsindex nach Ditlevsen. Zur Überwindung dieser Schwierigkeit hat Ditlevsen [3.18, 3.19] einen Satz kanonischer Regeln formuliert, die von einem befriedigenden Sicherheitsmaß eingehalten werden sollten, wenn nur die Formulierung des Grenzzustandes und Informationen über die ersten beiden Momente der Basisvariablen gegeben sind, also keine Verteilungsfunktionen bekannt sind. Aus den in [3.18] formulierten Regeln läßt sich folgern, daß nur der verallgemeinerte Sicherheitsindex

$$\beta_D = \Phi^{-1}\left(\int_S \cdots \int \prod_{i=1}^{m} \varphi(y_i)\,\mathrm{d}y_i\right) \tag{3.113}$$

die geforderte Vergleichbarkeit schafft. Darin ist $S = \{\boldsymbol{y} \mid g(\boldsymbol{y}) \geqq 0\}$ der sichere Bereich, φ ist die Verteilungsdichte der standardisierten Normalverteilung, Φ^{-1} ihre inverse Verteilungsfunktion und y_i standardisierte Größen nach Gl. (3.91) bzw. (3.53).

Es muß betont werden, daß der Sicherheitsindex β_D ausschließlich auf der Vorstellung basiert, daß nur Informationen über die ersten beiden Momente verfügbar sind, obwohl es äußerlich so erscheint, als sei mit φ eine Annahme über die Verteilungsfunktion gemacht. Die Benutzung der Verteilungsdichte der Normalverteilung dient hier ausschließlich als formales mathematisches Hilfsmittel zur Verallgemeinerung des Sicherheitsmaßes der Momentenmethode im Sinne der Einbeziehung der Krümmung der Grenzzustandsgleichung. Nach wie vor wird davon ausgegangen, daß keine Informationen über die wirkliche Verteilungsfunktion vorliegen.

Abschließend sei darauf hingewiesen, daß alle drei Definitionen des Sicherheitsindex β_C, β_{HL} und β_D identisch sind, wenn die Grenzzustandsgleichung $g(\boldsymbol{x}) = 0$ linear ist.

Zuverlässigkeitstheorie 1. Ordnung

Allgemeines. Es soll jetzt vorausgesetzt werden, daß Informationen über den Verteilungstyp der Basisvariablen vorhanden sind oder sinnvoll abgeschätzt werden können.

Ein wesentlicher Mangel der Momentenmethode liegt gerade darin, daß möglicherweise vorhandene Informationen über Verteilungstypen, die nicht unbedingt auf statistischem Wege, sondern auch durch andere theoretische Überlegungen gewonnen werden können, von dieser Methode nicht genutzt werden. Auch lassen sich zuverlässigkeitstheoretische Optimierungsrechnungen, wie sie später im Abschnitt 3.5.4 kurz beschrieben werden, nur mit Versagenswahrscheinlichkeiten und nicht mit Sicherheitsindizes durchführen.

Im folgenden werden Näherungsverfahren zur Abschätzung einer operativen Versagenswahrscheinlichkeit betrachtet. Zunächst wird der Fall unabhängiger X_i behandelt und dafür werden verschiedene Lösungsmöglichkeiten dargestellt.

Die Entwicklung der Zuverlässigkeitstheorie 1. Ordnung ist mit den Namen Lind, Rackwitz und Fießler verbunden [3.20, 3.21, 3.22, 3.23]. Sie wird heute meist mit der Abkürzung FORM = First Order Reliability Method bezeichnet.

Für normalverteilte Basisvariable und eine lineare Funktion des Grenzzustandes hatten wir eine sehr einfache Lösung erhalten, wobei der wesentliche Teil des Sicherheitsnachweises auf die Bestimmung des kürzesten Abstandes zwischen Koordinatenursprung und der Gleichung des Grenzzustandes im standardisierten Raum zurückgeführt wurde.

An diese Lösung lehnt sich nun die Zuverlässigkeitstheorie 1. Ordnung als eine Näherungslösung für den allgemeinen, nichtlinearen und nicht normalverteilten Fall an.

Dazu werden die Basisvariablen X_i in standardisiert normalverteilte Zufallsgrößen Y_i überführt. Bei der Transformation sollen die Wahrscheinlichkeiten einander entsprechender Punkte gleich sein, so daß für alle Basisvariablen und für alle Punkte gelten muß

$$F_{X_i}(x_i) = \Phi(y_i) \qquad i = 1, 2, \ldots, m. \tag{3.114}$$

Daraus folgen die Transformationsbeziehungen

$$x_i = F_{X_i}^{-1}(\Phi(y_i))$$

oder

$$y_i = \Phi^{-1}(F_{X_i}(x_i)) \qquad i = 1, 2, \ldots, m. \tag{3.115}$$

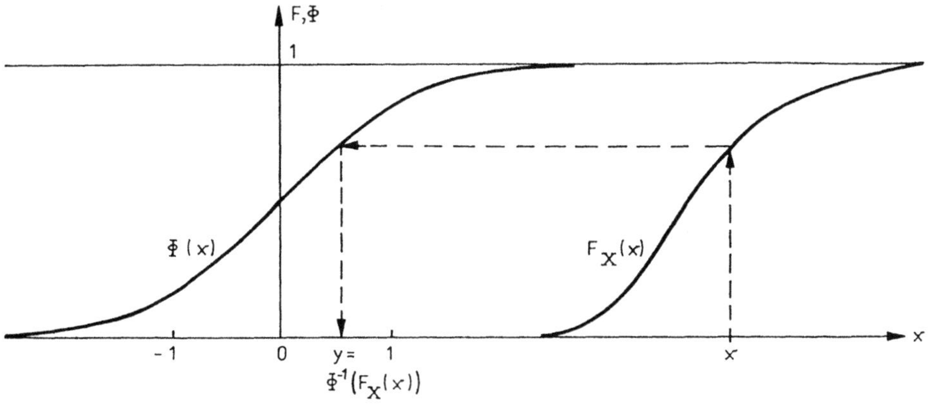

Abb. 3.14. Transformation $y = \Phi^{-1}(F(x))$

Darin ist F_{X_i} die Verteilungsfunktion der Basisvariablen X_i, $F_{X_i}^{-1}$ deren inverse Funktion und Φ^{-1} die inverse Funktion der standardisierten Normalverteilung. In Abb. 3.14 ist die Transformation Gl. (3.115) anschaulich dargestellt. Sie ist in der Regel eine nichtlineare Transformation, das heißt, wenn die Gleichung des Grenzzustandes $g(\boldsymbol{x}) = 0$ linear ist, so wird sie durch diese Transformation im standardisierten Raum nichtlinear. Nur wenn die X_i normalverteilt sind, geht Gl. (3.114) in den linearen Sonderfall Gl. (3.91) über.

Im standardisierten Raum sind alle Zufallsgrößen unabhängig, standardisiert und normalverteilt, $m_{Y_i} = 0$, $\sigma_{Y_i} = 1$. Die Transformationsgleichung (3.115) in die Funktion des Grenzzustandes

$$g(\boldsymbol{x}) = g(x_1, x_2, \ldots, x_m) = 0$$

eingesetzt, ergibt

$$g\left(F_{X_i}^{-1}(\Phi(y_1)), \ldots, F_{X_m}^{-1}(\Phi(y_m))\right) = 0,$$

oder abgekürzt geschrieben

$$h(\boldsymbol{y}) = h(y_1, y_2, \ldots, y_m) = 0. \qquad (3.116)$$

$h(\boldsymbol{y}) = 0$ ist eine Hyperfläche, die den m-dimensionalen standardisierten Raum in den sicheren und den unsicheren Bereich aufteilt. Die Versagenswahrscheinlichkeit ist das Integral der m-dimensionalen Verteilungsdichte über den unsicheren Bereich.

Die Näherung der Zuverlässigkeitstheorie 1. Ordnung besteht nun darin, daß man die Grenzzustandsfunktion $h(\boldsymbol{y})$ durch die Tangentialhyperebene im Bemessungspunkt $\boldsymbol{y}^*$, also dem Punkt auf $h(\boldsymbol{y}) = 0$, der dem Koordinatenursprung am nächsten liegt und der somit im y-Raum die größte Verteilungsdichte hat, ersetzt.

Die Integration über den Versagensbereich $\{\boldsymbol{y} \mid h(\boldsymbol{y}) < 0\}$ wird ersetzt durch die Integration über den Halbraum $\{\boldsymbol{y} \mid l(\boldsymbol{y}) < 0\}$ mit

$$l(\boldsymbol{y}) = h(\boldsymbol{y}^*) + (\boldsymbol{y} - \boldsymbol{y}^*)^T \nabla h(\boldsymbol{y}^*). \tag{3.117}$$

Darin ist $\nabla h(\boldsymbol{y}^*)$ wieder der Vektor der Differentialquotienten der Funktion $h(\boldsymbol{y})$ im Punkt $\boldsymbol{y}^*$. Gl. (3.117) in Komponentenschreibweise:

$$l(\boldsymbol{y}) = h(y_1^*, y_2^*, \ldots, y_m^*) + \sum_{i=1}^{m} (y_i - y_i^*) \left. \frac{\partial h}{\partial y_i} \right|_{\boldsymbol{y} = \boldsymbol{y}^*}. \tag{3.118}$$

Dabei ist vorausgesetzt, daß die Grenzzustandsgleichung h in der Umgebung des Bemessungspunktes $\boldsymbol{y}^*$ stetig und mindestens einmal differenzierbar ist.

Diese Gleichung der Tangentialhyperebene $l(\boldsymbol{y}) = 0$ erhält man durch Entwicklung von $h(\boldsymbol{y})$ in eine Taylorreihe und alleinige Berücksichtigung der linearen Glieder. Die Umwandlung in die Form $l(\boldsymbol{y}) = \delta - \boldsymbol{\alpha}^T \boldsymbol{y} = 0$ ergibt in Analogie zu den Gln. (3.99) und (3.101)

$$\begin{aligned} \boldsymbol{\alpha} &= \frac{-\nabla h(\boldsymbol{y}^*)}{(\nabla h^T(\boldsymbol{y}^*)\, \nabla h(\boldsymbol{y}^*))^{1/2}} \\ \delta &= \frac{h(\boldsymbol{y}^*) - \boldsymbol{y}^{*T} \nabla h(\boldsymbol{y}^*)}{(\nabla h^T(\boldsymbol{y}^*)\, \nabla h(\boldsymbol{y}^*))^{1/2}}. \end{aligned} \tag{3.119}$$

Beachtet man die Beziehung $\boldsymbol{y}^* = \boldsymbol{\alpha}\delta$, so kann man nach kurzer Umformung für den kürzesten Abstand δ auch schreiben

$$\delta = (\boldsymbol{y}^{*T} \boldsymbol{y}^*)^{1/2} = \sqrt{\sum_{i=1}^{m} y_i^{*2}}. \tag{3.120}$$

Seine Berechnung kann dann auch durch die Lösung der Extremwertaufgabe mit Nebenbedingung

$$\delta = \min \{(\boldsymbol{y}^T \boldsymbol{y})^{1/2} \mid h(\boldsymbol{y}) = 0\}$$

oder in Komponentenschreibweise

$$\delta = \min \left\{ \sqrt{\sum_{i=1}^{m} y_i^2} \,\middle|\, h(y_1, y_2, \ldots, y_m) = 0 \right\} \tag{3.121}$$

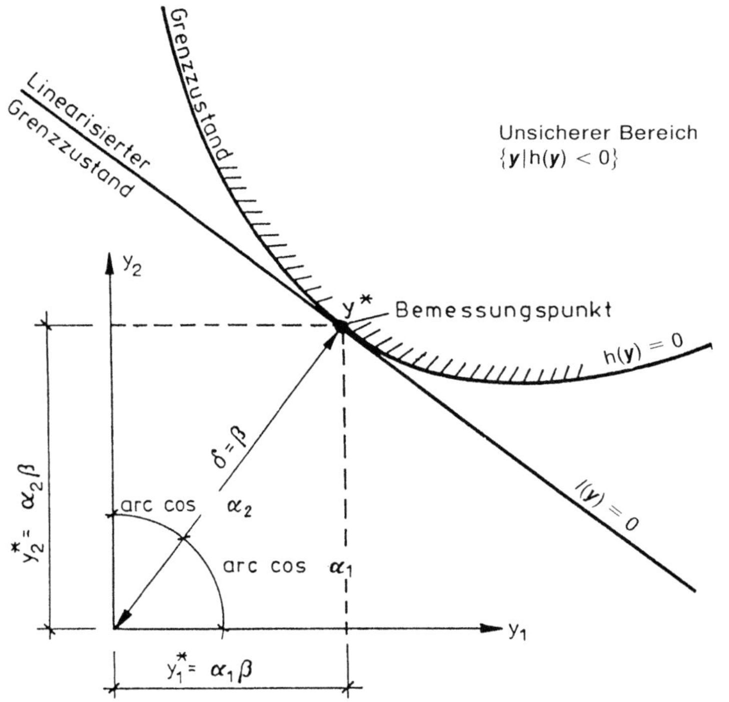

Abb. 3.15. Linearisierung der Grenzzustandsfunktion im Bemessungspunkt

erfolgen. In dieser Formulierung ist δ natürlich stets positiv, und man erhält so den absoluten Betrag des Sicherheitsindexes. Für β gilt wieder

$$\beta = \begin{cases} +\delta & h(\mathbf{0}) > 0 \\ -\delta & h(\mathbf{0}) < 0 . \end{cases}$$

Im Gegensatz zur Momentenmethode können jetzt Näherungswerte für die Versagenswahrscheinlichkeit angegeben werden. Für den Halbraum $l(\boldsymbol{y}) < 0$ mit linearisiertem Grenzzustand gilt Gl. (3.37)

$$P_f = \Phi(-\beta).$$

Für den Originalversagensbereich $h(\boldsymbol{y}) < 0$ bzw. $g(\boldsymbol{x}) < 0$ gilt diese Beziehung näherungsweise

$$P_f \approx \Phi(-\beta). \tag{3.122}$$

Diese Näherung ist meist sehr gut, da einerseits die Verteilungsdichte der standardisierten Normalverteilung mit wachsendem Abstand vom Koordinatenursprung rapide abnimmt und andererseits die bei praktischen Problemen auftretenden Grenzzustandsgleichungen meistens doch genügend glatt sind. Sie ist um so besser, je kleiner P_f ist.

Die Zuverlässigkeitstheorie 1. Ordnung führt also die für die Bestimmung der operativen Versagenswahrscheinlichkeit notwendige mehrdimensionale Integration über den Versagensbereich auf eine Optimierungsaufgabe mit Nebenbedingungen zurück. Diese Aufgabe ist insbesondere bei sehr vielen Basisvariablen einfacher zu lösen.

In den folgenden Abschnitten werden verschiedene numerische Verfahren zur Bestimmung des Sicherheitsindexes β und des Bemessungspunktes dargestellt.

Zunächst soll aber noch die Frage betrachtet werden, ob weitergehende Aussagen über die Beziehung zwischen Sicherheitsindex und Versagenswahrscheinlichkeit gemacht werden können.

Ist der unsichere Bereich im standardisierten Raum

$$V = \{\boldsymbol{y} \mid h(\boldsymbol{y}) < 0\}$$

in der Umgebung des Bemessungspunktes konvex, so ist $\Phi(-\beta)$ eine obere Schranke für P_f, und ist der sichere Bereich $S = \{\boldsymbol{y} \mid h(\boldsymbol{y}) \geqq 0\}$ konvex, so ist $\Phi(-\beta)$ eine untere Schranke. Diese offensichtliche Aussage ist in Abb. 3.16 für den zweidimensionalen Fall anschaulich dargestellt.

Im zweiten Fall läßt sich aber auch eine untere Schranke angeben. Dazu wird die Gleichung des Grenzzustandes $h(\boldsymbol{y}) = 0$ durch eine m-dimensionale Kugel mit Radius β angenähert. Dadurch wird zweifellos der Versagensbereich überschätzt. Die Berechnung des Wahrscheinlichkeitsinhalts einer solchen m-dimensionalen Kugel mit dem Mittelpunkt im Koordinatenursprung und Radius β ergibt die Verteilungsfunktion $F_{\chi^2,m}(\beta^2)$ der χ^2-Verteilung vom Freiheitsgrad m an der Stelle β^2. m ist hier wieder die Anzahl der Zufallsgrößen. Den Beweis für diese Aussage findet man unter anderem in [2.1], Tafeln der χ^2-Verteilung in [2.3].

Damit lassen sich zusammenfassend folgende Schranken angeben:

Konvexer unsicherer Bereich

$$0 < P_f < \Phi(-\beta) \tag{3.123}$$

Konvexer sicherer Bereich

$$\Phi(-\beta) < P_f < 1 - F_{\chi^2,m}(\beta^2). \tag{3.124}$$

Häufig ist aber keiner der beiden Bereiche konvex; dann lassen sich solche Schranken nicht mehr angeben. Auch ist es bei mehrdimensionalen Problemen, wie sie bei der Lösung praktischer Fragestellungen vorkommen, sehr aufwendig, die Konvexität nachzuweisen. Andererseits ist oftmals die Gleichung $h(\boldsymbol{y}) = 0$ genügend flach, so daß Gl. (3.122) für praktische Belange als Näherung ausreicht. Verbesserungen können durch die Zuverlässigkeitstheorie 2. Ordnung oder durch die Monte Carlo Methode erzielt werden.

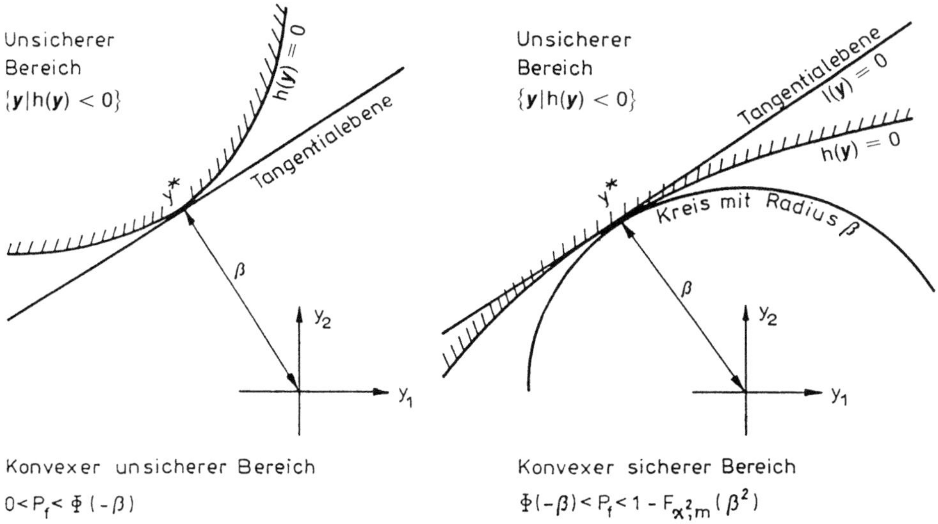

Abb. 3.16. Darstellung der Schranken der Versagenswahrscheinlichkeit im zweidimensionalen Fall ($m = 2$)

Iterationsverfahren zur Bestimmung des Bemessungspunktes. Gl. (3.121) zur Bestimmung des Sicherheitsindexes β und der Koordinaten des Bemessungspunktes stellt mathematisch eine Extremwertaufgabe mit Nebenbedingungen dar. Gesucht ist das Minimum der Funktion $\left(\sum_{i=1}^{m} y_i^2\right)^{1/2}$ unter der Bedingung, daß die y_i der transformierten Grenzzustandsfunktion $h(y_1, \ldots, y_m) = 0$ gehorchen.

Die Lage des Minimums ändert sich nicht, aber das Problem wird vereinfacht, wenn man das Minimum von δ^2 sucht, also die Aufgabe

$$\delta^2 = \min \left\{ \sum_{i=1}^{m} y_i^2 \,\middle|\, h(y_1, y_2, \ldots) = 0 \right\}$$

oder

$$\delta^2 = \min \left\{ \sum_{i=1}^{m} y_i^2 \,\middle|\, g\left(F_{X_1}^{-1}(\Phi(y_1)),\ F_{X_2}^{-1}(\Phi(y_2)), \ldots\right) = 0 \right\} \tag{3.125}$$

betrachtet. Diese läßt sich natürlich auch im Originalraum formulieren. Unter Beachtung von Gl. (3.115) kann man schreiben

$$\delta^2 = \min \left\{ \sum_{i=1}^{m} \left(\Phi^{-1}(F_{X_i}(x_i))\right)^2 \,\middle|\, g(x_1, x_2, \ldots, x_m) = 0 \right\}. \tag{3.126}$$

In der ersten Variante hat die Zielfunktion eine einfache Struktur und die Nebenbedingung ist kompliziert, und in der zweiten Variante ist es umgekehrt. Wir betrachten im folgenden nur die erste Form.

Für die Lösung dieser Aufgabe können nun alle von der Mathematik dafür entwickelten numerischen Verfahren verwendet werden. Die klassische Methode nach Lagrange verwandelt die bedingte Extremwertaufgabe in eine unbedingte durch Einführung der Lagrangefunktion [2.8, 3.24].

Für unser Problem lautet diese

$$L = \sum_{i=1}^{m} y_i^2 + \lambda h(y_1, \ldots, y_m) \tag{3.127}$$

mit dem Lagrangeschen Multiplikator λ.

Ein notwendiges Kriterium für die Existenz eines relativen Extremums lautet

$$\begin{aligned} \frac{\partial L}{\partial y_i} &= 0 \\ && i = 1, 2, \ldots, m. \\ \frac{\partial L}{\partial \lambda} &= 0 \end{aligned}$$

Das liefert ein Gleichungssystem aus $m + 1$ Gleichungen

$$\begin{aligned} 2y_i + \lambda \frac{\partial h}{\partial y_i} &= 0 \\ && i = 1, 2, \ldots, m. \\ h(y_1, \ldots, y_m) &= 0 \end{aligned}$$

Es ist zweckmäßig, hier λ zu eliminieren. Aus der m-ten Gleichung folgt

$$\lambda = -\frac{2y_m}{\partial h/\partial y_m}$$

und damit ein System von m nichtlinearen Gleichungen $\psi_i = 0$ der Form

$$\psi_i = y_i - y_m \frac{\partial h/\partial y_i}{\partial h/\partial y_m} = 0 \qquad i = 1, 2, \ldots, m-1.$$

$$\psi_m = h(y_1, \ldots, y_m) = 0 \tag{3.128}$$

Dieses nichtlineare Gleichungssystem kann man entweder näherungsweise nach dem Newtonverfahren lösen oder durch Einführung einer Hilfsfunktion

$$\Psi(y_1, \ldots, y_m) = \sum_{i=1}^{m} \psi_i^2 = h^2(y_1, \ldots, y_m) + \sum_{i=1}^{m-1} \left(y_i - y_m \frac{\partial h/\partial y_i}{\partial h/\partial y_m} \right)^2 \tag{3.129}$$

in eine unbedingte Optimierungsaufgabe verwandeln. Offensichtlich entspricht jeder Punkt des Nullminimums einer Lösung des Gleichungssystems (3.128).

Aus diesen Überlegungen sieht man, daß die Grundaufgabe der mehrdimensionalen Integration zur Bestimmung von Versagenswahrscheinlichkeit und Sicherheitsindex überführt werden kann in eine Extremwertaufgabe mit Nebenbedingung oder in eine unbedingte Extremwertaufgabe oder in ein nichtlineares Gleichungssystem. Entsprechend vielfältig sind die mathematischen Lösungsmöglichkeiten. In [3.25] sind fünf computerorientierte Optimierungsalgorithmen zur Lösung der Aufgabe (3.121) dargestellt und an Beispielen miteinander im Hinblick auf Konvergenz und Rechenzeit verglichen. Auch auf die sich heute vehement entwickelnde kommerzielle Software sei hingewiesen [3.26].

Aus der Vielzahl der Lösungsmöglichkeiten soll hier ein spezieller Algorithmus ausführlich dargestellt werden, der im Zusammenhang mit dem betrachteten Zuverlässigkeitsproblem entwickelt wurde und mit „Rackwitz-Fießler-Algorithmus" oder mit „Normal-Tail-Approximation" bezeichnet wird. Er ist sicherlich die heute am weitesten verbreitete Lösungsmethode und zeichnet sich durch Anschaulichkeit aus [3.22, 3.23, 3.27].

Hier wird die Transformation in den standardisierten Raum vorgenommen, indem nicht normalverteilte Zufallsgrößen durch Normalverteilungen so angenähert werden, daß beide Verteilungen in der Umgebung des Bemessungspunktes $\boldsymbol{x}^*$ möglichst gut übereinstimmen.

Eine gute Annäherung wird offensichtlich dann erreicht, wenn in $\boldsymbol{x}^*$ sowohl die Verteilungsdichten als auch die Verteilungsfunktionen übereinstimmen, wenn also gilt

$$\begin{aligned} f_{X_i}(x_i^*) &= \frac{1}{\sigma_{X_i}^*}\,\varphi\left(\frac{x_i^* - m_{X_i}^*}{\sigma_{X_i}^*}\right) \\ F_{X_i}(x_i^*) &= \Phi\left(\frac{x_i^* - m_{X_i}^*}{\sigma_{X_i}^*}\right). \end{aligned} \tag{3.130}$$

Darin sind $m_{X_i}^*$ und $\sigma_{X_i}^*$ Mittelwert und Standardabweichung der Näherungs-Normalverteilung. Die Auflösung nach diesen Größen ergibt

$$\begin{aligned} \sigma_{X_i}^* &= \frac{1}{f_{X_i}(x_i^*)}\,\varphi\left(\Phi^{-1}(F_{X_i}(x_i^*))\right) \\ m_{X_i}^* &= x_i^* - \sigma_{X_i}^*\Phi^{-1}\left(F_{X_i}(x_i^*)\right). \end{aligned} \tag{3.131}$$

Die Größen sind also von der Lage des Punktes $\boldsymbol{x}^*$ abhängig. In Abb. 3.17 ist eine solche Annäherung für ein Beispiel gezeigt. Man erkennt, daß diese Näherung im Bereich des rechten Schwanzes schon recht gut ist, obwohl der hier gewählte Punkt $\boldsymbol{x}^*$ relativ mittig liegt. Für kleine Versagenswahrscheinlichkeiten liegt $\boldsymbol{x}^*$ im Bereich der Schwänze, und es wird dort meist eine ziemlich gute Annäherung erzielt.

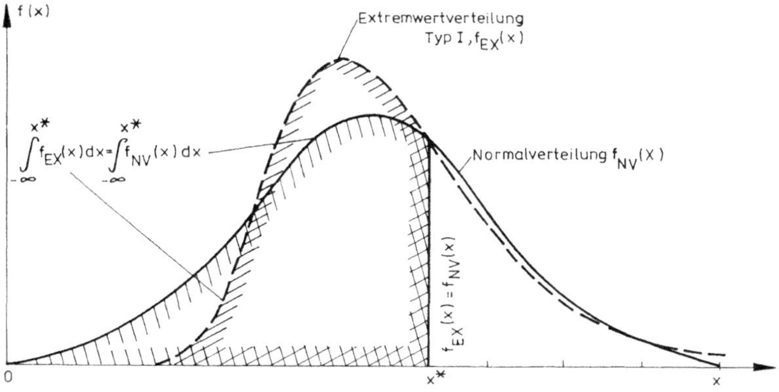

Abb. 3.17. Annäherung einer Extremwertverteilung durch eine Normalverteilung so, daß im Punkt x^* Verteilungsdichten und -funktionen übereinstimmen

Damit kann man folgendes Iterationsverfahren angeben:

1. Wähle einen Startvektor $\boldsymbol{x}^{(k)}$ im x-Raum und setze $k = 0$. Geeignet als Startvektor ist der Erwartungswert oder besser der Vektor der Bemessungswerte der Normen.
2. Nähere alle nicht normalverteilten Zufallsgrößen durch Normalverteilungen so an, daß Verteilungsdichte und Verteilungsfunktion im Punkt $\boldsymbol{x}^{(k)}$ übereinstimmen. Die annähernde Normalverteilung hat die Standardabweichung

$$\sigma_{X_i}^{*(k)} = \frac{1}{f_{X_i}(x_i^{(k)})}\, \varphi\left(\Phi^{-1}(F_{X_i}(x_i^{(k)}))\right)$$

und den Mittelwert

$$m_{X_i}^{*(k)} = x_i^{(k)} - \sigma_{X_i}^{*(k)} \Phi^{-1}(F_{X_i}(x_i^{(k)})) \qquad i = 1, 2, \ldots, m.$$

3. Berechne den zu $\boldsymbol{x}^{(k)}$ gehörendenVektor $\boldsymbol{y}^{(k)}$

$$y_i^{(k)} = \frac{x_i^{(k)} - m_{X_i}^{*(k)}}{\sigma_{X_i}^{*(k)}} \qquad i = 1, 2, \ldots, m.$$

4. Berechne den Wert der Grenzzustandsgleichung und ihrer Ableitungen im Punkt $\boldsymbol{y}^{(k)}$

$$h(\boldsymbol{y}^{(k)}) = g(\boldsymbol{x}^{(k)})$$

$$\left.\frac{\partial h}{\partial y_i}\right|_{\boldsymbol{y}=\boldsymbol{y}^{(k)}} = \left.\frac{\partial g}{\partial x_i}\right|_{\boldsymbol{x}=\boldsymbol{x}^{(k)}} \cdot \frac{\partial x_i}{\partial y_i} = \left.\frac{\partial g}{\partial x_i}\right|_{\boldsymbol{x}=\boldsymbol{x}^{(k)}} \cdot \sigma_i^{*(k)}.$$

5. Bestimme die Koeffizienten der Tangentialhyperebene an $h(\boldsymbol{y}) = 0$ im Punkt $\boldsymbol{y}^{(k)}$

$$\alpha_i^{(k)} = \frac{-\left.\dfrac{\partial h}{\partial y_i}\right|_{\boldsymbol{y}=\boldsymbol{y}^{(k)}}}{\left(\sum\limits_{j=1}^{m}\left(\left.\dfrac{\partial h}{\partial y_j}\right|_{\boldsymbol{y}=\boldsymbol{y}^{(k)}}\right)^2\right)^{1/2}} \qquad i = 1, 2, \ldots, m.$$

$$\delta^{(k)} = \frac{h(\boldsymbol{y}^{(k)}) - \sum\limits_{j=1}^{m} y_j^{(k)} \left.\dfrac{\partial h}{\partial y_j}\right|_{\boldsymbol{y}=\boldsymbol{y}^{(k)}}}{\left(\sum\limits_{j=1}^{m}\left(\left.\dfrac{\partial h}{\partial y_j}\right|_{\boldsymbol{y}=\boldsymbol{y}^{(k)}}\right)^2\right)^{1/2}}$$

6. Ein verbesserter Näherungsvektor für den Bemessungspunkt im x-Raum ist dann

$$x_i^{(k+1)} = m_{X_i}^{*(k)} + \alpha_i^{(k)} \cdot \sigma_{X_i}^{*(k)} \cdot \delta^{(k)} \qquad i = 1, 2, \ldots, m.$$

   Er ist neuer Startpunkt für den nächsten Iterationsschritt.
7. Wenn $x_i^{(k+1)} \approx x_i^{(k)}$ für $i = 1, 2, \ldots, m$ ist, dann ist die Lösung gefunden, und es ist $\beta = \delta$ für $h(0) > 0$. Sonst setze $k = k + 1$ und gehe zu Schritt 2.

Die Folge $\boldsymbol{x}^{(0)}, \boldsymbol{x}^{(1)}, \ldots, \boldsymbol{x}^{(k)}, \ldots$ konvergiert für Probleme mit Verteilungen, die von der Normalverteilung nicht allzu stark abweichen, und mit genügend „glatten" Grenzzustandsgleichungen gegen den Bemessungspunkt $\boldsymbol{x}^*$. Konvergenzverbesserung ist nach Gl. (3.112) möglich.

Beispiel 6. Zum Vergleich wird nochmals Beispiel 2 gerechnet. Als Startvektor im Originalraum wird der Erwartungswert verwendet

$$\boldsymbol{x}^{(0)} = \begin{pmatrix} 265\,000 \\ 18 \end{pmatrix}.$$

$$F_{X_1}(x_1^{(0)}) = \Phi\left(\frac{\ln(265\,000 - 160\,000) - 11{,}534}{0{,}2348}\right) = \Phi(0{,}1180) = 0{,}5470$$

$$f_{X_1}(x_1^{(0)}) = \frac{1}{(265\,000 - 160\,000)\,0{,}2348}\,\varphi(0{,}1180) = 1{,}607 \cdot 10^{-5}$$

(siehe Tabelle II.6)

$$\begin{aligned} F_{X_2}(x_2^{(0)}) &= \exp\left(-\exp\left(-a(x_2^{(0)} - u)\right)\right) \\ &= \exp\left(-\exp\left(-0{,}6413(18 - 17{,}1)\right)\right) = 0{,}5704 \end{aligned}$$

$$f_{X_2}(x_2^{(0)}) = a\exp\left(-a(x_2^{(0)} - u) - \exp\left(-a(x_2^{(0)} - u)\right)\right) = 0{,}2054$$

(siehe Tabelle II.7)

$$\sigma_{X_1}^{*(0)} = \frac{1}{1{,}607 \cdot 10^{-5}} \varphi(\Phi^{-1}(0{,}5470)) = 24656$$

$$m_{X_1}^{*(0)} = 265000 - 24656 \cdot \Phi^{-1}(0{,}5470) = 262105$$

$$\sigma_{X_2}^{*(0)} = \frac{1}{0{,}2054} \varphi(\Phi^{-1}(0{,}5704)) = 1{,}9124$$

$$m_{X_2}^{*(0)} = 18 - 1{,}9124 \cdot \Phi^{-1}(0{,}5704) = 17{,}662$$

$$y_1^{(0)} = (265000 - 262105)/24656 = 0{,}1174$$

$$y_2^{(0)} = (18 - 17{,}662)/1{,}9124 = 0{,}1767$$

$$h(\boldsymbol{y}^{(0)}) = g(\boldsymbol{x}^{(0)}) = W_{el} \cdot x_1^{(0)} - l \cdot x_2^{(0)} = 20{,}710$$

$$\left.\frac{\partial h}{\partial y_1}\right|_{\boldsymbol{y}^{(0)}} = \left.\frac{\partial g}{\partial x_1}\right|_{\boldsymbol{x}^{(0)}} \cdot \sigma_{X_1}^{*(0)} = W_{el} \cdot \sigma_{X_1}^{*(0)} = 2{,}14 \cdot 10^{-4} \cdot 24656 = 5{,}2764$$

$$\left.\frac{\partial h}{\partial y_2}\right|_{\boldsymbol{y}^{(0)}} = \left.\frac{\partial g}{\partial x_2}\right|_{\boldsymbol{x}^{(0)}} \cdot \sigma_{X_2}^{*(0)} = -l \cdot \sigma_{X_2}^{*(0)} = -3{,}8248$$

$$\alpha_1^{(0)} = \frac{-5{,}2764}{\sqrt{5{,}2764^2 + 3{,}8248^2}} = -0{,}8097$$

$$\alpha_2^{(0)} = \frac{3{,}8248}{\sqrt{5{,}2764^2 + 3{,}8248^2}} = 0{,}5869$$

$$\delta^{(0)} = \frac{20{,}710 - 0{,}1178 \cdot 5{,}2764 - 0{,}1767 \cdot 3{,}8248}{\sqrt{5{,}2764^2 + 3{,}8248^2}} = 3{,}187$$

$$x_1^{(1)} = 262105 - 0{,}8097 \cdot 3{,}187 \cdot 24656 = 198479$$

$$x_2^{(1)} = 17{,}662 + 0{,}5869 \cdot 3{,}187 \cdot 1{,}9124 = 21{,}239.$$

Damit ist der erste Iterationsschritt abgeschlossen. Die weitere Rechnung ergibt folgende Werte.

k	$m_{x_1}^{*(k)}$	$m_{x_2}^{*(k)}$	$\sigma_{x_1}^{*(k)}$	$\sigma_{x_2}^{*(k)}$	$x_1^{(k)}$	$x_2^{(k)}$	$\delta^{(k)}$
0	$26{,}21 \cdot 10^4$	17,66	$2{,}466 \cdot 10^4$	1,912	$26{,}50 \cdot 10^4$	18,00	3,187
1	$23{,}61 \cdot 10^4$	16,59	$0{,}9044 \cdot 10^4$	3,119	$19{,}85 \cdot 10^4$	21,24	2,656
2	$26{,}50 \cdot 10^4$	14,39	$1{,}618 \cdot 10^4$	4,246	$22{,}89 \cdot 10^4$	24,50	2,836
3	$25{,}92 \cdot 10^4$	13,58	$1{,}848 \cdot 10^4$	4,573	$23{,}87 \cdot 10^4$	25,54	2,842
4	$25{,}91 \cdot 10^4$	13,61	$1{,}840 \cdot 10^4$	4,562	$23{,}84 \cdot 10^4$	25,51	2,842

Da $h(\mathbf{0}) = 20{,}752$ und somit positiv ist, gilt $\beta = +\delta = 2{,}842$. Nach Gl. (3.122) erhält man einen Näherungswert der Wahrscheinlichkeit für den Fließbeginn der Randfaser im Einspannquerschnitt zu

$$P_f = \Phi(-2{,}842) = 2{,}242 \cdot 10^{-3}$$

in recht guter Übereinstimmung mit dem exakten Wert von $P_f = 2{,}131 \cdot 10^{-3}$, berechnet durch numerische Integration im Beispiel 2.

Berücksichtigung der Krümmung der Gleichung des Grenzzustandes im Bemessungspunkt – Zuverlässigkeitstheorie 2. Ordnung (SORM). Die Abschätzung der Versagenswahrscheinlichkeit nach Gl. (3.122), die auf der Linearisierung der Funktion des Grenzzustandes im Bemessungspunkt beruht, ist für die Mehrheit der Ingenieurprobleme völlig ausreichend. Lediglich wenn $g(\boldsymbol{x}) = 0$ sehr stark gekrümmt ist oder wenn die Verteilungen der Basisvariablen wesentlich von der Normalverteilung abweichen und nicht mehr die Form einer Glockenkurve haben oder auch, wenn bei hohen Zuverlässigkeitsniveaus sehr genaue Aussagen gefordert werden, kann es zweckmäßig sein, Näherungen höherer Ordnung anzuwenden. Auch für eine Beurteilung der Genauigkeit der Näherungen 1. Ordnung insbesondere bei unübersichtlichen vieldimensionalen Problemen, ist die Zuverlässigkeitstheorie 2. Ordnung notwendig. Sie wird in der Literatur häufig mit der Abkürzung SORM bezeichnet. SORM = Second Order Reliability Method. In natürlicher Erweiterung der Gedankengänge der Zuverlässigkeitstheorie 1. Ordnung wird dann die Grenzzustandsgleichung nicht mehr nur durch die linearen Glieder in der Taylorreihenentwicklung (3.118) angenähert, sondern es wird auch die Krümmung durch die quadratischen Glieder mit erfaßt.

$$h(\boldsymbol{y}) = h(\boldsymbol{y}^*) + (\boldsymbol{y} - \boldsymbol{y}^*)^T \cdot \nabla h(\boldsymbol{y}^*) + \frac{1}{2}(\boldsymbol{y} - \boldsymbol{y}^*)^T \cdot \boldsymbol{B}_y \cdot (\boldsymbol{y} - \mathrm{y}^*) = 0. \qquad (3.132)$$

Darin ist $\boldsymbol{B}_y$ die Matrix der zweiten und gemischten Ableitungen von $h(\boldsymbol{y})$ im standardisierten Raum an der Stelle des Bemessungspunktes.

Verfahren zur Berechnung der Versagenswahrscheinlichkeit für unsichere Bereiche, die durch Flächen 2. Ordnung begrenzt sind, wurden von Fießler, Neuman, Rackwitz [3.31, 3.32] entwickelt. Untersucht wurde die Verwendung von Paraboloiden, von nicht zentrischen Kugeln, von Rotationshyperboloiden und Rotationsellipsoiden.

Eine recht einfache asymptotische Näherung, die für große Werte β ausgezeichnete Ergebnisse liefert, hat Breitung [3.33, 3.34] gefunden

$$P_f = \Phi(-\beta) \prod_{i=1}^{m-1} (1 - \beta\varkappa_i)^{-1/2}. \qquad (3.133)$$

Darin sind $\varkappa_i$; $i = 1, 2, \ldots, m - 1$ die Hauptkrümmungen von h im Punkt y^*. Bei Anwendung dieser Beziehung ist das schwierigste Problem die Bestimmung der Hauptkrümmungen $\varkappa_i$ der Grenzzustandsgleichung im Bemessungspunkt im standardisierten Raum.

Dazu wird eine spezielle lineare Koordinatentransformation vorgenommen. Das Koordinatensystem wird um den Ursprung so gedreht, daß die Achse u_1 des neuen Systems $(u_1, u_2, \ldots, u_m)$ durch den Bemessungspunkt geht. Die Drehung wird durch eine orthogonale Matrix $\boldsymbol{D}$ erreicht.

$$\boldsymbol{y} = \boldsymbol{D} \cdot \boldsymbol{u}, \qquad \boldsymbol{u} = \boldsymbol{D}^T \boldsymbol{y} \tag{3.134}$$

$\boldsymbol{D}$ läßt sich durch das Schmidtsche Orthogonalisierungsverfahren aus den Wichtungsfaktoren bestimmen.

$$\boldsymbol{D} = (\boldsymbol{d}_1, \boldsymbol{d}_2, \ldots, \boldsymbol{d}_m)^T$$

mit $\boldsymbol{d}_1 = \boldsymbol{\alpha}$

$$\boldsymbol{d}_k = \frac{\boldsymbol{f}_k}{|\boldsymbol{f}_k|}, \qquad \boldsymbol{f}_k = \boldsymbol{e}_k - \sum_{l=1}^{k-1} (\boldsymbol{e}_k^T \boldsymbol{d}_l)\, \boldsymbol{d}_l \qquad k = 2, 3, \ldots, m \tag{3.135}$$

$\boldsymbol{e}_k = k$-ter Einheitsvektor.
Im u-System gilt

$$\boldsymbol{u}^* = \boldsymbol{D}^T \boldsymbol{y}^* = (\beta, 0, 0, \ldots, 0)^T, \qquad \nabla g_u = \boldsymbol{D} \cdot \nabla h = \left(\frac{\partial g_u}{\partial u_1}, 0, 0, \ldots, 0\right)^T$$
$$g_u(\boldsymbol{u}^*) = 0, \qquad \boldsymbol{B}_u = \boldsymbol{D}^T \boldsymbol{B}_y \boldsymbol{D} \tag{3.136}$$

und Gl. (3.132) nimmt die einfachere Form

$$(u_1 - u_1^*) \cdot \frac{\partial g_u}{\partial u_1} + \frac{1}{2} (\boldsymbol{u} - \boldsymbol{u}^*)^T \cdot \boldsymbol{B}_u \cdot (\boldsymbol{u} - \boldsymbol{u}^*) = 0 \tag{3.137}$$

an. Nach den Regeln der Differentialgeometrie ergeben sich die $m - 1$ Hauptkrümmungen $\varkappa_i$ von (3.137) im Punkt $\boldsymbol{u}^*$ als Wurzeln der charakteristischen Gleichung

$$\mathbf{det}\left(\frac{\hat{\boldsymbol{B}}_u}{\partial g_u / \partial u_1} - \varkappa \cdot \boldsymbol{I}\right) = 0 \tag{3.138}$$

Darin ist $\hat{\boldsymbol{B}}_u$ die Matrix der zweiten und gemischten Ableitungen nach Gl. (3.136) für $i = 2, 3, \ldots, m$. $\hat{\boldsymbol{B}}_u$ entsteht aus $\boldsymbol{B}_u$ durch Streichen der ersten Zeile und ersten Spalte. $\boldsymbol{I}$ = Einheitsmatrix.

Die ersten und zweiten Ableitungen kann man bei numerischen Rechnungen entweder direkt im standardisierten Raum oder zunächst im Originalraum berechnen und dann durch Koordinatentransformation in das y-System umrechnen. Ohne Ableitung werden die erforderlichen Beziehungen für unabhängige Zufallsgrößen angegeben. Dabei wird davon ausgegangen, daß die Berechnung 1. Ordnung nach Normal-Tail-Approximation erfolgte und die $\sigma_{x_i}^*$ bekannt sind.

$$\frac{\partial h}{\partial y_i} = \frac{\partial g}{\partial x_i} \cdot \sigma_{x_i}^*,$$

$$\frac{\partial^2 h}{\partial y_i^2} = \frac{\partial^2 g}{\partial x_i^2} \cdot \sigma_{x_i}^{*2} - \frac{\partial \mathrm{r} g}{\partial x_i} \sigma_{x_i}^* \left(y_i^* + \sigma_{x_i}^* \cdot \frac{f'_{x_i}}{f_{x_i}} \right), \tag{3.139}$$

$$\frac{\partial^2 h}{\partial y_i \, \partial y_j} = \frac{\partial^2 g}{\partial x_i \, \partial x_j} \sigma_{x_i}^* \cdot \sigma_{x_j}^* \quad \text{mit} \quad f'_{x_i} = \frac{\partial f_{x_i}(x_i)}{\partial x_i}.$$

f'_{x_i}/f_{x_j} ist für die gebräuchlichen Verteilungstypen im Anhang II mit angegeben.

Beispiel 7. Das Beispiel 6 wird fortgesetzt und die Lösung 1. Ordnung durch die Berechnung 2. Ordnung verbessert. Die FORM-Berechnung ergab:

$$\boldsymbol{x}^* = \begin{pmatrix} 23{,}84 \cdot 10^4 \\ 25{,}51 \end{pmatrix}, \quad \boldsymbol{y}^* = \begin{pmatrix} -1{,}1266 \\ 2{,}6102 \end{pmatrix}, \quad \boldsymbol{\alpha} = \begin{pmatrix} -0{,}39639 \\ 0{,}91808 \end{pmatrix},$$

$$\sigma^* = \begin{pmatrix} 1{,}840 \cdot 10^4 \\ 4{,}562 \end{pmatrix}, \quad \beta = 2{,}842, \qquad P_f = 2{,}242 \cdot 10^{-3}.$$

Ableitungen von $g = W \cdot x_1 - 1 \cdot x_2$ nach x:

$$\nabla g = \begin{pmatrix} W \\ -1 \end{pmatrix} = \begin{pmatrix} 2{,}14 \cdot 10^{-4} \\ -2 \end{pmatrix}, \quad \boldsymbol{B}_x = \begin{pmatrix} 0 & 0 \\ 0 & 0 \end{pmatrix}.$$

Ableitungen von $h(y)$ nach y berechnet nach Gl. (3.139):

$$\nabla h(\boldsymbol{y}) = \begin{pmatrix} 3{,}9376 \\ -9{,}124 \end{pmatrix}$$

Mit den Ableitungen der Verteilungsdichten f'_x im Bemessungspunkt (siehe Tabellen II.6, II.7)

$$\frac{f'_{x_1}}{f_{x_1}} = \frac{1}{x_1^* - x_0} \left[1 + \frac{1}{\sigma_u} \left(\frac{\ln(x_1^* - x_0) - m_u}{\sigma_u} \right) \right] = 4{,}8421 \cdot 10^{-5}$$

$$\frac{f'_{x_2}}{f_{x_2}} = -a \cdot \big(1 - \exp\left(-a \cdot (x_2^* - u)\right)\big) = -0{,}63838$$

folgt nach (3.139) die Matrix der 2. Ableitungen im standardisierten Raum

$$\boldsymbol{B}_y = \begin{pmatrix} 0{,}926\,51 & 0 \\ 0 & -2{,}761\,4 \end{pmatrix}.$$

Ableitungen im u-System: aus dem Vektor $\boldsymbol{\alpha}$ der Wichtungsfaktoren folgt nach Gl. (3.135) die Drehmatrix

$$\boldsymbol{D} = \begin{pmatrix} -0{,}396\,39 & 0{,}918\,08 \\ 0{,}918\,08 & 0{,}396\,39 \end{pmatrix},$$

$$\nabla g_u(u) = \boldsymbol{D} \cdot \nabla h(\boldsymbol{y}) = \begin{pmatrix} -9{,}939\,7 \\ 0 \end{pmatrix},$$

$$\boldsymbol{B_u} = \boldsymbol{D}^T \cdot \boldsymbol{B_y} \cdot \boldsymbol{D} = \left(\begin{array}{c:c} -2{,}191\,9 & -1{,}342\,1 \\ \hdashline -1{,}319\,1 & 0{,}347\,04 \end{array}\right);$$

die Matrix $\hat{\boldsymbol{B}}_u$ entartet im zweidimensionalen Fall zu einer Zahl $\hat{\boldsymbol{B}}_u = (0{,}347\,04)$, und damit folgt aus Gl. (3.138)

$$\varkappa = \frac{0{,}347\,04}{-9{,}939\,7} = -0{,}034\,91\,,$$

und wir erhalten aus der Breitungschen Formel (3.133)

$$P_f = 2{,}242 \cdot 10^{-3} \cdot (1 - 2{,}842 \cdot (-0{,}034\,91))^{-1/2} = 2{,}138 \cdot 10^{-3}$$

fast den exakten Wert.

Die Zuverlässigkeitstheorie 2. Ordnung hat den Vorteil, daß sie eine höhere Genauigkeit liefert, ohne daß zusätzliche Eingabeinformationen notwendig sind. Ist ein geeignetes Programm vorhanden, so entsteht für den Anwender kein zusätzlicher Aufwand außer erhöhter Rechenzeit.

Der Sicherheitsindex als Sicherheitsmaß. Die Versagenswahrscheinlichkeit ist eine sehr empfindliche Größe für die Beurteilung der Tragwerkssicherheit. Sie ändert sich in der Regel um eine Größenordnung schneller als die Querschnittswerte oder andere Bemessungsparameter. Die Versagenswahrscheinlichkeit ist auch kein Sicherheits- oder Zuverlässigkeitsmaß, sondern ein Maßstab für die Unsicherheit oder Unzuverlässigkeit. Bei der im Bauwesen notwendigen hohen Zuverlässigkeit ist sie außerdem eine extrem kleine Zahl. Das sind alles Eigenschaften, die traditionelle Größen zur Beurteilung der Bauwerkssicherheit nicht aufweisen, und das könnte sich auf die Akzeptanz moderner Sicherheitskonzepte durch die Baupraxis hinderlich auswirken.

Auf der Suche nach einem geeigneten Sicherheitsmaß war im Rahmen der Momentenmethode der Sicherheitsindex eingeführt worden, der die oben erwähnten nachteiligen Eigenschaften nicht aufweist.

Es ist nun naheliegend, den Sicherheitsindex auch dann als Sicherheitsmaß zu betrachten, wenn Informationen über die Verteilungen der Basisvariablen vorliegen und Versagenswahrscheinlichkeiten berechenbar sind.

Dann liegen Änderungen von Bemessungsparametern und Sicherheitsmaßen in etwa der gleichen Größenordnung.

So lange der Versagensbereich linear begrenzt ist, ist der absolute Betrag des Sicherheitsindexes gleich dem kürzesten Abstand zwischen $\boldsymbol{y} = \mathbf{0}$ und $h(\boldsymbol{y}) = 0$, und die Gl. (3.37) $P_f = \Phi(-\beta)$ verbindet beide Sicherheitsmaße miteinander.

Wenn aber $h(\boldsymbol{y})$ stärker gekrümmt ist und es möglich ist, durch geeignete Verfahren (Integration, Zuverlässigkeitstheorie 2. Ordnung, Monte-Carlo-Methode) genauere Informationen über die Größe der Versagenswahrscheinlichkeit zu erhalten, dann ist es wünschenswert, den Sicherheitsindex als Sicherheitsmaß so zu verallgemeinern, daß er diese zusätzlichen Informationen mit erfaßt.

Dazu wird ein verallgemeinerter Sicherheitsindex

$$\beta_V = -\Phi^{-1}(P_f) = -\Phi^{-1}\left(\int_V f_{\boldsymbol{X}}(\boldsymbol{x})\,\mathrm{d}\boldsymbol{x}\right) = \Phi^{-1}\left(\int_S f_{\boldsymbol{X}}(\boldsymbol{x})\,\mathrm{d}\boldsymbol{x}\right) \tag{3.140}$$

definiert, der die Gl. (3.37) erfüllt, der aber bei gekrümmten $h(\boldsymbol{y}) = 0$ nicht mit dem kürzesten Abstand zwischen Ursprung und Grenzzustandsgleichung im y-Raum identisch ist. β_V ist größer als β, wenn der Versagensbereich konvex

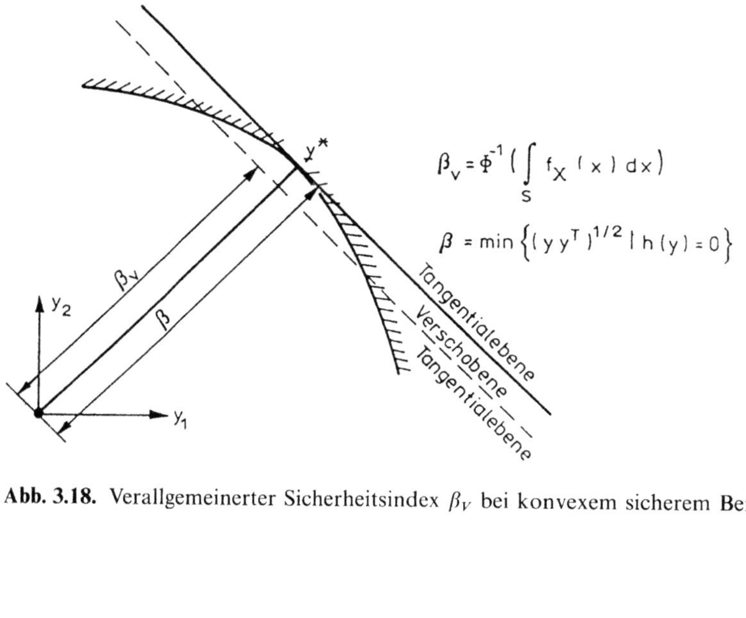

Abb. 3.18. Verallgemeinerter Sicherheitsindex β_V bei konvexem sicherem Bereich

ist, und β_V ist kleiner als β, wenn der Überlebensbereich konvex ist. In [3.31] sind Tafeln für das Verhältnis β_V/β in Abhängigkeit von der Krümmung des Versagensbereiches im Bemessungspunkt und der Anzahl m der Basisvariablen angegeben. Die Berechnung erfolgte nach der Zuverlässigkeitstheorie 2. Ordnung unter der Annahme, daß der Versagensbereich ein Rotationsparaboloid ist.

Trotz formaler Ähnlichkeit der Definition von β_D nach Gl. (3.113) und von β_V nach Gl. (3.140) besteht ein wesentlicher Unterschied. In β_D werden die ersten beiden Momente der Verteilungen und die Krümmung von $h(\mathbf{y}) = 0$ berücksichtigt, in β_V werden zusätzlich die Informationen über den Verteilungstyp mit erfaßt.

Offensichtlich setzt sich bei Anwendungsproblemen zunehmend die Tendenz durch, je nach der verwendeten Näherung den Sicherheitsindex β oder den verallgemeinerten Sicherheitsindex β_V als Sicherheitsmaß anzuwenden. Wir werden im folgenden sowohl die Versagenswahrscheinlichkeit als auch den Sicherheitsindex als gleichberechtigte Sicherheitsmaße ansehen und in den Zahlenbeispielen stets beide Größen angeben.

Abhängige Zufallsgrößen. Bilden die Basisvariablen einen Zufallsvektor mit abhängigen Komponenten mit Verteilungsdichte

$$f_{\mathbf{X}}(x_1, x_2, \ldots, x_m)$$

und Verteilungsfunktion

$$F_{\mathbf{X}}(x_1, x_2, \ldots, x_m) = \int_{-\infty}^{x_m} \cdots \int_{-\infty}^{x_1} f_{\mathbf{X}}(s_1, s_2, \ldots, s_m)\, \mathrm{d}s_1\, \mathrm{d}s_2 \cdot \cdots \cdot \mathrm{d}s_m,$$

so läßt sich im Sonderfall normalverteilter oder logarithmisch normalverteilter Zufallsgrößen die Transformation in den Raum der unabhängigen, standardisiert normalverteilten Zufallsgrößen durch einfache Operationen wie Logarithmieren und Verschieben und Verdrehen des Koordinatensystems durchführen. Für normalverteilte X_i läuft die Berechnung des Sicherheitsindexes genauso ab wie bei der Momentenmethode, Gl. (3.111). Nach Gl. (3.122) kann dann auch die Versagenswahrscheinlichkeit bestimmt werden.

Für allgemeine, abhängige Zufallsvektoren wird die Transformation in den y-Raum allerdings wesentlich komplizierter. Der zu Gl. (3.114) analoge Ansatz der Gleichheit der Wahrscheinlichkeiten im x- und y-Raum lautet hier

$$F_{\mathbf{X}}(x_1, x_2, \ldots, x_m) = \Phi(y_1) \cdot \Phi(y_2) \cdot \cdots \cdot \Phi(y_m). \tag{3.141}$$

Die Verteilungsfunktion $F_{\mathbf{X}}$ läßt sich stets in ein Produkt von bedingten Verteilungsfunktionen aufspalten [2.3]

$$F_{\mathbf{X}}(x_1, x_2, \ldots, x_m) = F_1(x_1) \cdot F_2(x_2 \mid x_1) \cdot \cdots \cdot F_m(x_m \mid x_{m-1}, \ldots, x_2, x_1) \tag{3.142}$$

mit

$$F_1(x_1) = P(X_1 \leqq x_1)$$

$$= \int_{-\infty}^{x_1} \underbrace{\int_{-\infty}^{+\infty} \cdots \int_{-\infty}^{+\infty}}_{m-1} f_{\mathbf{X}}(s_1, s_2, \ldots, s_m)\, \mathrm{d}s_1\, \mathrm{d}s_2 \cdot \mathrm{d}s_m = \int_{-\infty}^{x_1} f_1(s_1)\, \mathrm{d}s_1$$

$$F_2(x_2 \mid x_1) = P(X_2 \leqq x_2 \mid X_1 = x_1)$$

$$= \frac{\displaystyle\int_{-\infty}^{x_2} \underbrace{\int_{-\infty}^{+\infty} \cdots \int_{-\infty}^{+\infty}}_{m-2} f_{\mathbf{X}}(x_1, s_2, \ldots, s_m)\, \mathrm{d}s_2 \cdot \cdots \cdot \mathrm{d}s_m}{\displaystyle\underbrace{\int_{-\infty}^{+\infty} \cdots \int_{-\infty}^{+\infty}}_{m-1} f_{\mathbf{X}}(x_1, s_2, \ldots, s_m)\, \mathrm{d}s_2 \cdot \cdots \cdot \mathrm{d}s_m} = \int_{-\infty}^{x_2} \frac{f_2(x_2, s_2)\, \mathrm{d}s_2}{f_1(x_1)}$$

$$\vdots \qquad\qquad \vdots$$

$$F_m(x_m \mid x_{m-1}, \ldots, x_1) = P(X_m \leqq x_m \mid X_{m-1} = x_{m-1}, \ldots, X_1 = x_1)$$

$$= \frac{\displaystyle\int_{-\infty}^{x_m} f_{\mathbf{X}}(x_1, x_2, \ldots, x_{m-1}, s_m)\, \mathrm{d}s_m}{\displaystyle\int_{-\infty}^{+\infty} f_{\mathbf{X}}(x_1, x_2, \ldots, x_{m-1}, s_m)\, \mathrm{d}s}$$

$$= \frac{\displaystyle\int_{-\infty}^{x_m} f_m(x_1, x_2, \ldots, x_{m-1}, s_m)\, \mathrm{d}s_m}{f_{m-1}(x_1, x_2, \ldots, x_{m-1})}.$$

Mit diesen bedingten Verteilungsfunktionen kann man dann die Transformation folgendermaßen formulieren:

$$y_1 = \Phi^{-1}\big(F_1(x_1)\big)$$

$$y_2 = \Phi^{-1}\big(F_2(x_2 \mid x_1)\big)$$

$$\vdots$$

$$y_m = \Phi^{-1}\big(F_m(x_m \mid x_{m-1}, \ldots, x_1)\big). \tag{3.143}$$

Es wird also im ersten Schritt die Variable X_1 in eine standardisiert normalverteilte Zufallsgröße Y_1 umgewandelt. Im zweiten Schritt wird die bedingte Verteilung von X_2 unter der Bedingung, daß $X_1 = x_1$ ist, transformiert usw.

Im y-Raum gelten natürlich die gleichen Beziehungen wie in dem oben behandelten Fall unabhängiger X_i, so daß insbesondere auch die dem Iterationsverfahren zugrunde liegende Gl. (3.119) gilt.

Für die Ermittlung des darin auftretenden Gradientenvektors $\nabla h(\boldsymbol{y})$ bilden wir

$$\frac{\partial g(\boldsymbol{x})}{\partial x_i} = \sum_{j=1}^{m} \frac{\partial h(\boldsymbol{y})}{\partial y_i} \frac{\partial y_j}{\partial x_i} = \sum_{j=1}^{m} \frac{\partial h(\boldsymbol{y})}{\partial y_1} \frac{1}{\varphi(y_j)} \frac{\partial F_j}{\partial x_i} \qquad i = 1 \ldots, m. \tag{3.144}$$

Führt man die Funktionalmatrix

$$\boldsymbol{J} = \begin{pmatrix} \frac{\partial y_1}{\partial x_1} & \cdots & \frac{\partial y_1}{\partial x_m} \\ \vdots & & \vdots \\ \frac{\partial y_m}{\partial x_1} & \cdots & \frac{\partial y_m}{\partial x_m} \end{pmatrix} \tag{3.145}$$

mit

$$\frac{\partial y_j}{\partial x_i} = \frac{1}{\varphi(y_j)} \frac{\partial F_j(x_j \mid x_{j-1}, \ldots, x_1)}{\partial x_i}$$

ein, so lassen sich die m Gleichungen (3.144) zur Matrizengleichung

$$\nabla g(\boldsymbol{x}) = \boldsymbol{J}^T \cdot \nabla h(\boldsymbol{y})$$

oder

$$\nabla h(\boldsymbol{y}) = (\boldsymbol{J}^T)^{-1} \cdot \nabla g(\boldsymbol{x}) = (\boldsymbol{J}^{-1})^T \cdot \nabla g(\boldsymbol{x}) \tag{3.146}$$

mit den Gradientenvektoren $\nabla g(\boldsymbol{x})$ und $\nabla h(\boldsymbol{y})$ im x-Raum bzw. y-Raum zusammenfassen. $\boldsymbol{J}$ ist eine Dreiecksmatrix. Damit kann man nach [3.35] folgendes Iterationsverfahren angeben, das die Bildung der Inversen der bedingten Verteilungsfunktion $F_j(x_j \mid x_{j-1}, \ldots, x_1)$ vermeidet.

1. Wähle einen Startpunkt $\boldsymbol{x}^{(0)}$. Setze $k = 0$.
2. Berechne $\boldsymbol{y}^{(k)}$ nach Gl. (3.143).
3. Bestimme die Funktionalmatrix $\boldsymbol{J}$ und ihre Inverse $\boldsymbol{J}^{-1}$.
4. Bestimme den Wert der Grenzzustandsfunktion und ihres Gradienten im Punkt $\boldsymbol{y}^{(k)}$

$$h(\boldsymbol{y}^{(k)}) = g(\boldsymbol{x}^{(k)})$$

$$\nabla h(\boldsymbol{y}^{(k)}) = (\boldsymbol{J}^{-1})^T \, \nabla g(\boldsymbol{x}^{(k)}).$$

5. Berechne eine verbesserte Näherung des Bemessungspunktes im y-Raum

$$\boldsymbol{y}^{(k+1)} = \frac{\nabla h(\boldsymbol{y}^{(k)})}{\nabla h^T(\boldsymbol{y}^{(k)}) \, \nabla h(\boldsymbol{y}^{(k)})} \left(\boldsymbol{y}^{(k)T} \nabla h(\boldsymbol{y}^{(k)}) - h(\boldsymbol{y}^{(k)})\right). \tag{3.147}$$

6. Berechne eine verbesserte Näherung im Originalraum durch angenäherte, linearisierte Rücktransformation mit der Matrix $\boldsymbol{J}^{-1}$

$$x^{(k+1)} = x^{(k)} + \boldsymbol{J}^{-1}(\boldsymbol{y}^{(k+1)} - \boldsymbol{y}^{(k)}) \tag{3.148}$$

als neuen Startvektor.

7. Setze $k = k + 1$. Gehe zu Schritt 2 bis Konvergenz erreicht ist.

8. $\delta = \left(\sum_i y_i^2\right)^{1/2}$

$$\beta = \begin{cases} +\delta & h(\mathbf{0}) > 0 \\ -\delta & h(\mathbf{0}) < 0. \end{cases}$$

Die Schwierigkeit bei der Anwendung dieses Verfahrens liegt zweifellos in der Bestimmung der bedingten Verteilungen F_j und ihrer Ableitungen. In vielen Fällen wird man es nicht vermeiden können, diese numerisch zu bestimmen.

Bei abhängigen Basisvariablen ist die Transformation Gl. (3.143) und damit auch der berechnete Sicherheitsindex von der Numerierung der Zufallsgrößen abhängig, so daß mehrere Näherungslösungen existieren.

Weitere Details und Beispiele siehe bei Hohenbichler, Rackwitz [3.35] und Ditlevsen [3.27].

Voraussetzung für die Anwendung dieser allgemeinen Methode ist die Kenntnis der mehrdimensionalen Verteilungsfunktion der Basisvariablen. In diesem Punkt sind allerdings die statistischen Informationen heute oftmals sehr lückenhaft, so daß der Anwendungsumfang dieses Verfahrens vorerst recht begrenzt bleiben wird.

Beispiel 8. Die Methode wird an dem sehr einfachen Beispiel des $R-S$-Modells mit normalverteilter Beanspruchung und normalverteilter Beanspruchbarkeit demonstriert. Dabei soll aber jetzt zusätzlich angenommen werden, daß der Mittelwert der Beanspruchung S sehr ungewiß ist und diese Ungewißheit durch die Annahme berücksichtigt werden soll, daß der Mittelwert von S selbst eine normalverteilte Zufallsgröße ist

$$g = R - S = X_1 - X_3;$$

X_1 = Beanspruchung; Mittelwert m_1, Standardabweichung σ_1
X_2 = Mittelwert der Beanspruchung; Mittelwert m_2, Standardabweichung σ_2
X_3 = Beanspruchbarkeit; Mittelwert X_2, Standardabweichung σ_3.

Verteilungsfunktionen:

$$F(x_1) = \Phi\left(\frac{x_1 - m_1}{\sigma_1}\right), \quad y_1 = \frac{x_1 - m_1}{\sigma_1},$$

$$F(x_2) = \Phi\left(\frac{x_2 - m_2}{\sigma_2}\right), \qquad y_2 = \frac{x_2 - m_2}{\sigma_2},$$

$$F(x_3 \mid x_2) = \Phi\left(\frac{x_3 - x_2}{\sigma_3}\right), \qquad y_3 = \frac{x_3 - x_2}{\sigma_3}.$$

Funktionalmatrix Gl. (3.145)

$$\boldsymbol{J} = \begin{pmatrix} \frac{1}{\sigma_1} & 0 & 0 \\ 0 & \frac{1}{\sigma_2} & 0 \\ 0 & -\frac{1}{\sigma_3} & \frac{1}{\sigma_3} \end{pmatrix} \quad \text{und deren Inverse} \quad \boldsymbol{J}^{-1} = \begin{pmatrix} \sigma_1 & 0 & 0 \\ 0 & \sigma_2 & 0 \\ 0 & \sigma_2 & \sigma_3 \end{pmatrix},$$

$$\nabla g(\boldsymbol{x}) = \begin{pmatrix} 1 \\ 0 \\ -1 \end{pmatrix}, \qquad \nabla h(\boldsymbol{y}) = (\boldsymbol{J}^{-1})^T \cdot \nabla g(\boldsymbol{x}) = \begin{pmatrix} \sigma_1 \\ -\sigma_2 \\ -\sigma_2 \end{pmatrix},$$

$$\nabla h(\boldsymbol{y})^T \cdot \nabla h(\boldsymbol{y}) = \sigma_1^2 + \sigma_2^2 + \sigma_3^2, \qquad h(\boldsymbol{y}) = g(\boldsymbol{x}) = x_1 - x_3.$$

Aus Gl. (3.147) folgt dann

$$\boldsymbol{y} = \frac{m_1 - m_3}{\sigma_1^2 + \sigma_2^2 + \sigma_3^2} \cdot \begin{pmatrix} -\sigma_1 \\ \sigma_2 \\ \sigma_3 \end{pmatrix}.$$

Bei dem linearen Problem mit normalverteilten Zufallsgrößen ergibt sich sofort im ersten Schritt die Lösung. Eine Iteration ist nicht nötig.

$$\beta = \left(\sum y_i^2\right)^{1/2} = \frac{m_1 - m_3}{\sqrt{\sigma_1^2 + \sigma_2^2 + \sigma_3^2}}.$$

Monte-Carlo-Methode

Grundgedanken der Monte-Carlo-Methode. Die bisher behandelten Verfahren lösen die wahrscheinlichkeitstheoretischen Probleme, indem sie diese in Probleme der Analysis überführen und dafür strenge oder angenäherte Lösungen angeben. Das ist der klassische Weg der Wahrscheinlichkeitsrechnung.

Die Monte-Carlo-Methode, auch Methode der stochastischen Simulation oder Methode der statistischen Versuche genannt, löst wahrscheinlichkeitstheoretische Probleme mit statistischen Mitteln.

Im folgenden sollen ein kurzer Einblick in diese Methode gegeben und einige Probleme im Zusammenhang mit der Berechnung kleiner Wahrscheinlichkeiten behandelt werden.

Wir erläutern die Vorgehensweise an der Aufgabe

$$Z = g(X_1, X_2, \ldots, X_m). \tag{3.149}$$

Gesucht ist eine Zufallsgröße Z, die eine Funktion vorgegebener Zufallsgrößen $X_1, \ldots, X_m$ mit Verteilungsfunktionen $F_{X_1}, \ldots, F_{X_m}$ ist.

Wichtigstes Hilfsmittel der Monte-Carlo-Methode sind Zufallszahlen x_i, die nach einer vorgegebenen Verteilung F_{X_i} verteilt sind. Die x_i müssen Realisierungen der Zufallsgrößen X_i darstellen. Das heißt, bei der Erzeugung einer genügend großen Stichprobe dieser Zahlen muß ihre Häufigkeitsverteilung gegen die vorgegebene Wahrscheinlichkeitsverteilung F_{X_i} konvergieren. Außerdem muß die Folge der x_i stochastisch unabhängig sein. Wie man zu solchen Zufallszahlen kommt, wird noch gezeigt.

Zur Lösung der Aufgabe Gl. (3.149) wird ein Satz Zufallszahlen $x_1, \ldots, x_m$ erzeugt, in Gl. (3.149) eingesetzt und so eine Zufallszahl z der gesuchten Zufallsgröße Z erhalten. Das Ganze wird nun sehr oft wiederholt, und so erhält man eine Stichprobe von Z. Diese Stichprobe wird nun nach den Regeln der Statistik verarbeitet. Es werden die Häufigkeitsverteilungen und ihre Parameter, wie Mittelwert und Standardabweichung, berechnet. Ist die Stichprobe ausreichend groß, so sind die relativen Häufigkeiten Näherungswerte für die Wahrscheinlichkeiten.

Man erkennt, daß die Lösung von Wahrscheinlichkeitsproblemen mit der Monte-Carlo-Methode, wenn einmal Programme zur Erzeugung von Zufallszahlen vorhanden sind, theoretisch einfach ist. Andererseits ist aber ein hoher numerischer Aufwand nötig. Es ist auch keine sehr hohe Genauigkeit auf diesem Wege erreichbar. Ist n die Zahl der Versuche (Monte-Carlo-Zyklen), dann ist die Genauigkeit in der Regel proportional $D/\sqrt{n}$, wobei D eine Konstante ist. Das heißt, eine Erhöhung der Genauigkeit um eine Zehnerpotenz erfordert eine Verlängerung der Rechenzeit um zwei Zehnerpotenzen. Allerdings ist es möglich, für spezielle Probleme modifizierte Verfahren zu entwickeln, um D möglichst klein zu halten und auf diesem Wege die Genauigkeit zu erhöhen. Im übernächsten Abschnitt wird eine solche spezielle Methode zur Ermittlung kleiner Wahrscheinlichkeiten, wie sie bei Zuverlässigkeitsproblemen auftreten, gezeigt.

Die Anwendung der Monte-Carlo-Methode beschränkt sich deshalb im wesentlichen auf sehr komplizierte Probleme, deren Lösung mit anderen Mitteln nicht möglich ist, und auf Untersuchungen zur Überprüfung der Genauigkeit analytischer Näherungslösungen.

Erzeugung von Zufallszahlen. Die Erzeugung von Zufallszahlen, die vorgegebenen Verteilungen entsprechen, ist eine Voraussetzung für die Anwendung der Monte-Carlo-Methode. Eine Vorrichtung, die Zufallszahlen erzeugt, wird

Zufallszahlengenerator genannt. Ein Zufallszahlengenerator arbeitet entweder auf physikalischer (Würfel, Roulett) oder auf mathematischer Grundlage (Programm).

Die mathematischen Verfahren erzeugen Folgen von Zufallszahlen mittels spezieller Rekursionsformeln. Diese berechnen aus der zuletzt berechneten Zufallszahl oder einem zu Beginn der Rechnung eingegebenen Anfangswert eine neue Zufallszahl. Da es sich bei diesen formelmäßigen Berechnungen von Zufallszahlen nur um eine näherungsweise „Zufälligkeit“ handeln kann, spricht man hier auch von Pseudozufallszahlen. Sie besitzen eine Periode, nach der sich die erzeugte Zahlenfolge wiederholt.

Die Erzeugung von nach F_{X_i} verteilten Zufallszahlen x_i erfolgt immer in zwei Stufen:

1. Erzeugung von Zufallszahlen r, die im Intervall [0, 1) gleichverteilt sind.

$$f_R(r) = \begin{cases} 1 & 0 < r \leqq 1 \\ 0 & \text{sonst.} \end{cases}$$

2. Transformation der gleichwertigen Zufallszahlen r in die gesuchten x_i.

Betrachten wir zunächst die Erzeugung der gleichverteilten Zufallszahlen. Zufallszahlengeneratoren, die heute in der Praxis verwendet werden, haben die folgende Gestalt:

$$u_{n+1} = cu_n - M \operatorname{int}\left(\frac{cu_n}{M}\right) \tag{3.150}$$

multiplikativer Generator

$$u_{n+1} = u_n + u_{n-1} - M \operatorname{int}\left(\frac{u_n + u_{n-1}}{M}\right) \tag{3.151}$$

additiver Generator

$$u_{n+1} = au_n + b - M \operatorname{int}\left(\frac{au_n + b}{M}\right) \tag{3.152}$$

gemischter Generator

$$r_{n+1} = \frac{u_{n+1}}{M}. \tag{3.153}$$

Darin ist int(...) der ganzzahlige Anteil des Ausdrucks. M ist die maximal mögliche Anzahl der dem Zufallszahlengenerator erzeugbaren Zufallszahlen. Sollen z. B. Zahlen im Dezimalsystem mit 8 Stellen hinter dem Komma erzeugt werden, so ist $M = 10^8 + 1$. u_n, u_{n+1}, a, b, c sind ganzzahlig, positiv, kleiner als M. Die Rekursionsformeln (3.150) bis 3.152) ergeben Folgen von ganzen, positiven Zahlen. In [0, 1) gleichverteilte Folgen erhält man dann durch Division durch M nach Gl. (3.153).

a, b, c sind so zu wählen, daß die erzeugten Zahlenfolgen möglichst gut gleichverteilt und stochastisch unabhängig sind. Diese Eigenschaften kann man an der erzeugten Zahlenfolge durch statistische Tests, z. B. Anpassungstests (Übereinstimmung der beobachteten Verteilung mit der theoretischen) und Unabhängigkeitstests (Test auf Zufälligkeit der Zahlenfolge), überprüfen. Außerdem soll die Periode der Zahlenfolgen möglichst lang sein.

Als Beispiel eines Zufallszahlengenerators, der achtstellige, gleichverteilte Zufallszahlen im Dezimalsystem erzeugt, sei genannt

$$u_{n+1} = 23u_n - (10^8 + 1)\,\mathrm{int}\left(\frac{23u_n}{10^8 + 1}\right) \qquad (3.154)$$

u_0 = positiv, ganzzahlig, ungerade

$$r_{n+1} = \frac{u_{n+1}}{10^8 + 1}.$$

Eine ausführliche Darstellung der Methoden zur Erzeugung von Zufallszahlen findet man u. a. bei *Zielinski* [3.37].

Aus gleichverteilten Zufallszahlen lassen sich durch geeignete Transformationen Zufallszahlen von Zufallsgrößen mit anderen Verteilungen erzeugen. Für diese Transformationen sind eine Reihe verschiedener Verfahren entwickelt worden, die in der Literatur [3.36, 3.37, 3.38] ausführlich beschrieben sind. Wir beschränken uns hier auf die Darstellung zweier wichtiger Methoden, der Methode der inversen Verteilungsfunktion zur Erzeugung von Zufallszahlen eindimensionaler Zufallsgrößen und eines Spezialverfahrens für normalverteilte Zufallsgrößen.

Es sei R eine auf [0, 1) gleichverteilte Zufallsgröße und F eine stetige, monoton von 0 auf 1 wachsende Funktion. Wir definieren eine neue Zufallsgröße

$$X = F^{-1}(R). \qquad (3.155)$$

Dann ist wegen

$$P(X \leqq x) = P\big(F^{-1}(R) \leqq x\big) = P\big(R \leqq F(x)\big) = F(x)$$

F die Verteilungsfunktion von X. Daraus folgt: Ist $\{r_n\}$, $n = 1, 2, \ldots$ eine Folge von auf [0, 1) gleichverteilten Zufallszahlen, so ist $\{x_n\}$, $n = 1, 2, \ldots$ mit $x_n = F^{-1}(r_n)$ eine Folge von Zufallszahlen mit der Verteilungsfunktion F. Abb. 3.19 zeigt das Vorgehen in grafischer Darstellung.

Für einige wichtige Verteilungen sind die inversen Verteilungsfunktionen F^{-1} im Anhang II für eine Anwendung zusammengestellt. Leider läßt sich für viele Verteilungstypen die Funktion F^{-1} nicht in geschlossener Form angeben. Dann muß F^{-1} auf numerischem Wege bestimmt werden, und das kann recht aufwendig sein.

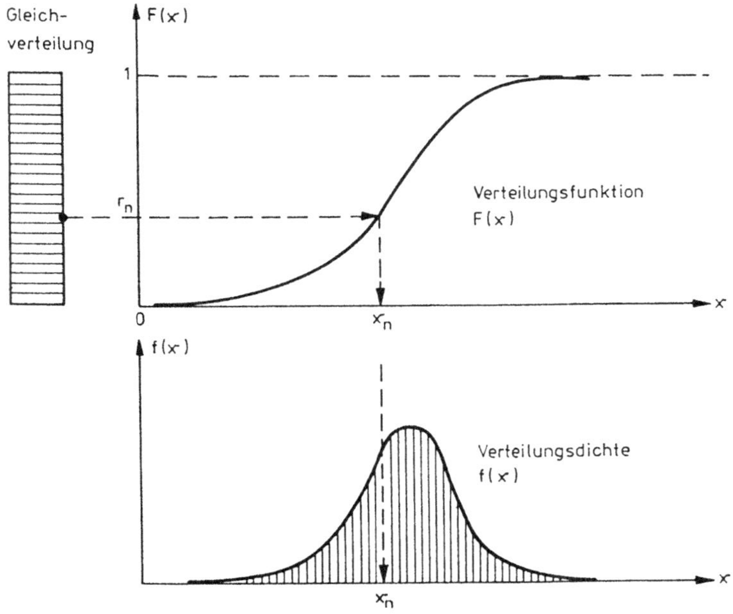

Abb. 3.19. Methode der inversen Verteilungsfunktion; r_n auf [0, 1) gleichverteilte Zufallszahl, x_n nach $F(x)$ verteilte Zufallszahl

Diese Methode ist immer anwendbar. Für bestimmte Verteilungen sind jedoch Spezialverfahren entwickelt worden, die dann einfacher und schneller sind. Wegen der Bedeutung geben wir noch ein Verfahren zur Erzeugung von normalverteilten Zufallszahlen an, das auf dem zentralen Grenzwertsatz der Wahrscheinlichkeitsrechnung beruht. Dieser besagt, daß die Verteilungsfunktion einer Summe unabhängiger Zufallsgrößen gegen die Normalverteilung konvergiert, wenn die Zahl der Summanden wächst. Das kann zur Erzeugung normalverteilter Zufallszahlen genutzt werden.

Die meisten Computerprogramme verwenden die Summe von 12 in [0, 1) gleichverteilten Zufallszahlen. Es läßt sich leicht zeigen, daß die Summe X von n in [0, 1) gleichverteilten Zufallsgrößen näherungsweise normalverteilt ist mit Erwartungswert $m_X = n/2$ und Standardabweichung $\sigma_X = (n/12)^{1/2}$. Zufallszahlen der standardisiert normalverteilten Zufallsgröße Y mit $m_Y = 0$ und $\sigma_Y = 1$ erhält man dann nach der einfachen Vorschrift

$$y = \sum_{n=1}^{12} r_n - 6. \tag{3.156}$$

Diese Näherung ist ausgezeichnet im mittleren Bereich, innerhalb $\pm 3\sigma$. Weiter außerhalb wird sie wesentlich schlechter, und außerhalb $\pm 6\sigma$ erzeugt

Gl. (3.156) keine Zufallszahlen mehr. Das kann bei der Berechnung von Versagenswahrscheinlichkeiten von Bedeutung sein, denn dann haben die Schwänze einen relativ großen Einfluß auf das Ergebnis.

Die Ermittlung der Versagenswahrscheinlichkeit mit der Monte-Carlo-Methode. Bei der einfachen Monte-Carlo-Methode werden Zufallszahlen der Basisvariablen $X_1, \ldots, X_m$ erzeugt, und durch Einsetzen in die Grenzzustandsgleichung wird geprüft, ob ein Versagen vorliegt oder nicht. Geometrisch betrachtet wird geprüft, ob ein zufällig ausgewählter Punkt des x-Raumes in den Versagensbereich fällt oder nicht.

Diese Rechnung, auch als Versuch bezeichnet, wird sehr häufig wiederholt, und es wird die Anzahl der Treffer des Versagensbereiches gezählt. Bei genügend großer Zahl der Versuche ist dann die

$$\text{relative Versagenshäufigkeit} = \frac{\text{Treffer des Versagensbereiches}}{\text{Gesamtzahl der Versuche}}$$

ein Näherungswert für die Versagenswahrscheinlichkeit.

Diese sehr einfache Vorgehensweise ist geeignet, wenn Wahrscheinlichkeiten mittlerer Größe zu berechnen sind. Nun sind aber Versagenswahrscheinlichkeiten in der Regel sehr kleine Zahlen, die nahe Null liegen. Will man solche kleinen Werte mit dieser Methode berechnen, so benötigt man einen außerordentlich großen Stichprobenumfang, der praktisch nicht mehr realisierbar ist.

Zur Vermeidung dieser Schwierigkeiten wurden modifizierte Verfahren entwickelt, die eine erhebliche Stichprobenreduktion ermöglichen.

Von den vielen in der Literatur zu findenden Methoden zur Stichprobenreduktion wird im folgenden eine dargestellt, die sich unter der Bezeichnung „importance sampling" bei der Berechnung kleiner Wahrscheinlichkeiten bewährt hat [3.38, 3.39, 3.40, 3.41].

Die „einfache" Monte-Carlo-Methode erweist sich offensichtlich deshalb als so uneffektiv, weil die Simulation hauptsächlich in der Umgebung des Mittelwertes von $\boldsymbol{X}$, also in einem Gebiet erfolgt, das bei der Berechnung sehr kleiner Wahrscheinlichkeiten ziemlich uninteressant ist. Die Wirksamkeit der Methode wird ganz wesentlich erhöht, wenn man erreicht, daß die Simulation im interessanten Bereich in der Nähe des Bemessungspunktes erfolgt.

Das Integral Gl. (3.24)

$$P_f = \underset{g<0}{\int \cdots \int} f_{\boldsymbol{x}}(\boldsymbol{x})\, \mathrm{d}\boldsymbol{x}$$

wird zunächst durch Einführung einer Indikatorfunktion I mit der Eigenschaft

$$I(\boldsymbol{x}) = \begin{cases} 1 & \text{wenn} \quad g(\boldsymbol{x}) < 0 \\ 0 & \text{wenn} \quad g(\boldsymbol{x}) \geqq 0 \end{cases} \tag{3.157}$$

so umgeformt, daß die Integration über den gesamten n-dimensionalen Raum erfolgt

$$P_f = \int_{\text{alle } x} \cdots \int I(\boldsymbol{x})\, f_{\boldsymbol{x}}(\boldsymbol{x})\, \mathrm{d}\boldsymbol{x}\,. \tag{3.158}$$

Diese Gleichung wird nun durch eine passend gewählte Verteilungsdichte $h_V(\boldsymbol{v})$ erweitert.

$$P_f = \int \cdots \int \boldsymbol{I}(\boldsymbol{v})\, \frac{f_{\boldsymbol{x}}(\boldsymbol{v})}{h_{\boldsymbol{V}}(\boldsymbol{v})}\, h_{\boldsymbol{V}}(\boldsymbol{v})\, \mathrm{d}\boldsymbol{v}\,. \tag{3.159}$$

Eine erwartungstreue Schätzung von P_f ist dann

$$\hat{P}_f = \frac{1}{m_C} \sum_{n=1}^{m_C} I(\boldsymbol{v}_n)\, \frac{f_{\boldsymbol{x}}(v_n)}{h_{\boldsymbol{V}}(\boldsymbol{v}_n)} \tag{3.160}$$

wenn $\boldsymbol{v}_n$ eine Stichprobe aus h ist. Die Varianz dieser Schätzung kann dann während der Simulation durch

$$\operatorname{Var}[\hat{P}_f] = \frac{1}{m_C - 1}\left[\frac{1}{m_C} \sum_{n=1}^{m_C} I(\boldsymbol{v}_n) \left(\frac{f_{\boldsymbol{x}}(v_n)}{h_{\boldsymbol{V}}(\boldsymbol{v}_n)}\right)^2 - \hat{P}_f^2\right] \tag{3.161}$$

verfolgt werden.

Die Effektivität der Stichprobenreduktion hängt nun ganz entscheidend von der Wahl von $h_{\boldsymbol{V}}(\boldsymbol{v})$ ab. Aus Gl. (3.161) kann man ersehen, daß die Varianz von $\hat{P}_f$ verschwindet und wir die exakte Lösung erhalten, wenn im Versagensbereich $h_{\boldsymbol{V}}(\boldsymbol{v}) = f_{\boldsymbol{x}}(\boldsymbol{v})/P_f$ ist. Diese Lösung ist natürlich nicht praktikabel, da sie ja die Kenntnis der gesuchten Größe voraussetzt. Sie gibt uns aber einen Hinweis für die günstige Wahl der Stichprobendichte $h_{\boldsymbol{V}}(\boldsymbol{v})$. Diese sollte möglichst $f_{\boldsymbol{x}}(\boldsymbol{v})$ im Versagensbereich nachahmen, so daß das Verhältnis $f_{\boldsymbol{x}}(\boldsymbol{v})/h_{\boldsymbol{V}}(\boldsymbol{v})$ im Versagensbereich annähernd konstant bleibt.

Die Stichprobendichte muß also bei effektiver Simulation Informationen über das Problem enthalten. Diese können nicht aus der Monte Carlo Methode heraus kommen, sondern vom Anwender. Je besser die in $h_{\boldsymbol{V}}(\boldsymbol{v})$ enthaltenen Vorinformationen sind, desto wirkungsvoller wird die Simulation sein.

Bei Anwendung auf Zuverlässigkeitsprobleme wird der Mittelpunkt von $h_{\boldsymbol{V}}(\boldsymbol{v})$ meist in den Bemessungspunkt einer vorher durchgeführten FORM-Berechnung oder in den Punkt der größten Verteilungsdichte auf der Grenzzustandsfunktion gelegt. Als Verteilungen werden in diesen Mittelpunkt verschobene Originalverteilungen, Normalverteilungen oder auch Gleichverteilungen gewählt. Dabei werden entweder die Standardabweichungen oder die Variationskoeffizienten gleichgesetzt. Abb. 3.20 erläutert die Vorgehensweise im zweidimensionalen Fall.

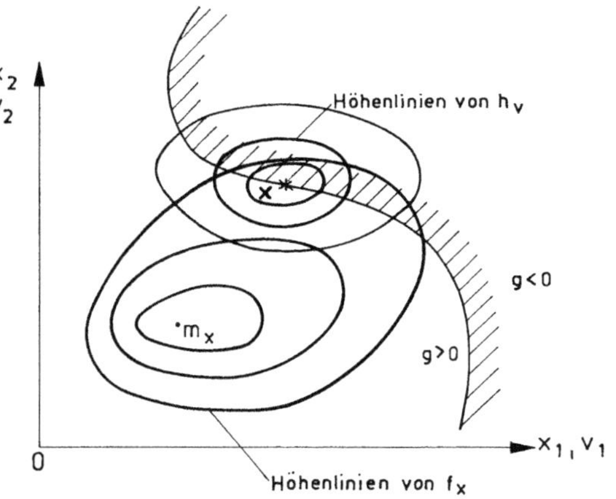

Abb. 3.20. Zweidimensionales Problem mit Stichprobendichte h_V und Originaldichte f_x

Beispiel 9. Wir verbessern das in Beispiel 6 erzielte FORM-Ergebnis durch Simulation nach Gl. (3.160), indem als Stichprobendichte h_V eine in den Bemessungspunkt verschobene Normalverteilung mit gleicher Standardabweichung verwendet wird,

$$m_h = x^*, \qquad \sigma_h = \sigma_x .$$

Rechenablauf:

1. Wähle Startvektor u_0, achtstellig, ganzzahlig.
2. Berechne gleichverteilte Zufallszahlen r_n nach Gl. (3.151).
3. Erzeuge normalverteilte Zufallszahlen $v_h = m_h + \sigma_h \Phi^{-1}(r_n)$.
4. Berechne Stichprobendichte $h_v(v_n) = \varphi(\Phi^{-1}(r_n))/\sigma_h$.
5. Berechne Originaldichten

$$f_{x_1}(v_{1,n}) = \varphi\left(\frac{\ln(v_{1,n} - x_0) - m_u}{\sigma_u}\right) \Big/ \sigma_u/(v_{1,n} - x_0) \quad \text{für} \quad v_{1,n} > x_0 ,$$

sonst $f_{x_1}(v_{1,n}) = 0$,

$$f_{x_2}(v_{2,n}) = a \exp\big(-a(v_{2,n} - u) - \exp(-a(v_{2,n} - u))\big).$$

6. Wenn $g = Wv_{1,n} - l \cdot v_{2,n} < 0$ dann $I = 1$, sonst $I = 0$.
7. Summiere $\sum_n I \cdot \dfrac{f_{x_1} \cdot f_{x_2}}{h_{v_1} \cdot h_{v_2}}$ und $\sum_n I \cdot \left(\dfrac{f_{x_1} \cdot f_{x_2}}{h_{v_1} \cdot h_{v_2}}\right)^2$.
8. Wenn $n < m_C$ = Anzahl der vorgegebenen Zyklen, dann gehe zu Schritt 2, sonst Schritt 9.
9. Berechne P_f und deren Varianz nach Gl. (3.160) und (3.161).

Mit diesem Algorithmus erhält man bei verschiedenen Läufen mit unterschiedlichen Startwerten und verschiedener Zyklenzahl m_C die folgenden Schätzwerte für P_f und deren Variationskoeffizienten $v_{\hat{P}_f} = (\text{Var}\,[P_f])^{1/2}/\hat{P}_f$.

	1. Lauf		2. Lauf		3. Lauf	
Startwert	439 149		1 523 117		2 999 433	
m_c	$\hat{P}_f$	$v_{\hat{P}_f}$	$\hat{P}_f$	$v_{\hat{P}_f}$	$\hat{P}_f$	$v_{\hat{P}_f}$
10	1,43 E-3	0,506	1,96 E-3	0,668	2,27 E-3	0,435
100	2,05 E-3	0,166	1,73 E-3	0,158	1,94 E-3	0,158
1 000	2,02 E-3	0,055	2,09 E-3	0,054	2,07 E-3	0,061
10 000	2,13 E-3	0,018	2,13 E-3	0,018	2,12 E-3	0,019

Das Ergebnis ist natürlich vom Zufall abhängig. Je nachdem, welcher Startwert für die Anfangszahl u_0 gewählt wird, ergibt sich eine andere Realisierung. Aber nach 10 000 Zyklen erhält man bei diesem Beispiel immer die exakte Lösung.

3.2.2.2 Eine Basisvariable ist zeitabhängig

Ist eine Basisvariable eine zufällige Folge von mehreren Lastpulsen oder ein kontinuierlicher oder diskontinuierlicher Zufallsprozeß und sind alle anderen zufälligen Größen zeitinvariant, dann gelingt es, das Problem mit Hilfe der Theorie der Extremwertverteilungen auf die bisher ausführlich behandelte Grundaufgabe zurückzuführen.

Ist T der Bezugszeitraum für die Versagenswahrscheinlichkeit, so gelten bisher betrachtete Beziehungen und Berechnungsverfahren, wenn dort für die zeitlich veränderliche Last die Extremwertverteilung des Spitzenwertes für den Bezugszeitraum T eingeführt wird. Denn offensichtlich verläßt der zeitabhängige Zufallsvektor $\boldsymbol{X}$ den sicheren Bereich innerhalb von T nur dann, wenn die zur extremen Last gehörende Realisierung außerhalb des sicheren Bereiches liegt.

Dann ist die Versagenswahrscheinlichkeit die Wahrscheinlichkeit, daß der Sicherheitsabstand $Z(t)$ zu irgendeinem Zeitpunkt $0 \leqq t \leqq T$ negativ wird

$$\begin{aligned} P_f &= P(Z(t) < 0 \,|\, t \in [0, T]) \\ &= P\big(g(X_1(t), X_2, X_3, \ldots, X_m) < 0 \,|\, t \in [0, T]\big) \\ &= P\left(g\left(\operatorname*{ext}_T X_1, X_2, X_3, \ldots, X_m\right) < 0\right) \\ &= \int_{\{\boldsymbol{x} | g(\boldsymbol{x}) < 0\}} \cdots \int f_{\text{ext}\,\boldsymbol{X}}(x_1, x_2, \ldots, x_m)\, \mathrm{d}x_1\, \mathrm{d}x_2 \cdot \cdots \cdot \mathrm{d}x_m . \end{aligned} \tag{3.162}$$

Damit ist das zeitabhängige Problem auf die zeitinvariante Aufgabe Gl. (3.22) zurückgeführt. In die Verteilungsdichte ist lediglich die Extremwertverteilung der zeitabhängigen Last einzuführen.

Für das $R-S$-Modell nimmt Gl. (3.65) speziell die Form

$$P_f = 1 - \int_{-\infty}^{+\infty} F_{\text{ext}S}(r)\, f_R(r)\, \mathrm{d}r \tag{3.163}$$

an.

Man sieht, daß im folgenden nur noch die Frage der Bestimmung der Extremwertverteilung der Last für den Bezugszeitraum zu betrachten ist.

Eine naheliegende Möglichkeit besteht in der direkten Bestimmung dieser Verteilung aus denLastmessungen mit statistischen Mitteln. So wird bei der Messung naturbedingter Erscheinungen, wie Wind, Schnee, Temperatur, Wasserstände usw., den Extremwerten besondere Aufmerksamkeit geschenkt. Als natürlicher Bezugszeitraum bietet sich hier die Zeit von einem Jahr an.

Als Verteilungstyp wird man bei ausreichend langen Beobachtungszeiträumen eine der drei asymptotischen Extremwertverteilungen annehmen können, wobei der Typ davon abhängt, ob die Verteilungsdichten der Momentanwerte obere oder untere absolute Grenzen besitzen oder sich beiderseitig bis ins Unendliche erstrecken. Der Verteilungstyp ist damit oftmals durch die Tatsache festgelegt, daß die registrierten Größen Extremwerte darstellen.

Häufig werden jedoch Bezugszeitraum der Beobachtungen und Bezugszeitraum des Sicherheitsnachweises nicht übereinstimmen. Der zweite Zeitraum ist in der Regel größer. Dann läßt sich dieser als eine zufällige Folge von Beobachtungszeiträumen auffassen. Sind diese Beobachtungszeiträume ausreichend lang, so daß stochastische Unabhängigkeit zwischen benachbarten Extremwerten vorausgesetzt werden kann, dann gelten die Gl. (2.46) bis (2.49) und in die Berechnungen ist

$$\begin{aligned} F_{\text{ext}X} &= F_{\max X} = (F_X)^n \\ f_{\text{ext}X} &= f_{\max X} = n(F_X)^{n-1} f_X \end{aligned} \tag{3.164}$$

einzuführen, wenn der Maximalwert der Last maßgebend ist, und

$$\begin{aligned} F_{\text{ext}X} &= F_{\min X} = 1 - (1 - F_X)^n \\ f_{\text{ext}X} &= f_{\min X} = n(1 - F_X)^{n-1} f_X, \end{aligned} \tag{3.165}$$

wenn der Minimalwert der Last maßgebend ist. Darin ist n das Verhältnis

$$n = \frac{\text{Bezugszeitraum des Sicherheitsnachweises}}{\text{Beobachtungszeitraum}} \tag{3.166}$$

oder bei zufälligen Folgen von unabhängigen Belastungszuständen, z. B. nach Abb. 2.7, die Anzahl dieser Belastungen im Bezugszeitraum T der Versagenswahrscheinlichkeit.

Für große n konvergieren diese Verteilungen natürlich gegen einen der drei Typen der asymptotischen Extremwertverteilungen. Zum Beispiel konvergiert die Normalverteilung gegen den Typ I, da ihre Dichte beiderseitig unbegrenzt ist. Hat die Normalverteilung Erwartungswert m_X und Standardabweichung σ_X, so konvergiert die Extremwertverteilung für große n gegen Typ I mit Erwartungswert

$$m_{\mathrm{ext}X} \approx m_X \pm \sigma_X \left(\sqrt{2 \ln \frac{n}{2\pi}} + \frac{0{,}57722}{\sqrt{2 \ln \frac{n}{2\pi}}} \right)$$

und Standardabweichung

$$\sigma_{\mathrm{ext}X} \approx \frac{1{,}28255 \cdot \sigma_X}{\sqrt{2 \ln \left(\frac{n}{2\pi} \right)}}. \tag{3.167}$$

Darin gilt das Pluszeichen für die Verteilung der Größtwerte und das Minuszeichen für die Verteilung der Kleinstwerte.

Sind Informationen über die Niveaukreuzungsrate $\nu^+(r)$ des Zufallsprozesses gegeben, so läßt sich die Extremwertverteilung für hohe Niveaus r auch aus Gl. (2.114) abschätzen.

Die Berechnung der Versagenswahrscheinlichkeit ist dann besonders einfach, wenn die zeitlich veränderliche Last die einzige stochastische Größe ist. Dann gilt nach Gl. (3.27) für einen Belastungszustand

$$P_{f1} = 1 - F_{X_1}(g^{-1}(0))$$

und für n Belastungszustände

$$P_{fn} = 1 - \left(F_{X_1}(g^{-1}(0))\right)^n.$$

Daraus folgen einfache Umrechnungsformeln für die Versagenswahrscheinlichkeiten

$$P_{fn} = 1 - (1 - P_{f1})^n \tag{3.168}$$

und mit Gl. (3.140) für die Sicherheitsindizes

$$\beta_n = \Phi^{-1}\left(\left(\Phi(\beta_1)\right)^n\right) \tag{3.169}$$

für unterschiedliche Bezugszeiträume. Für kleine Versagenswahrscheinlichkeiten führt auch die Näherungsbeziehung

$$\beta_n \approx -\Phi^{-1}\left(n\Phi(-\beta_1)\right) \tag{3.170}$$

zu praktisch gleichen Ergebnissen.

Die Gln. (3.168) bis (3.170) lassen sich aber auch für den allgemeinen Fall mit mehreren zufälligen Größen als Näherungsformeln verwenden, wenn die zeitlich veränderliche Last einen dominierenden Einfluß auf die Versagenswahrscheinlichkeit ausübt und der absolute Betrag des Wichtungsfaktors α_1 groß ist im Vergleich zu den absoluten Beträgen der übrigen α_i. Es ergeben sich dann auf der sicheren Seite liegende Näherungswerte.

Beispiel 10. Es wird der Kragträger des Beispiels 2 berechnet, aber jetzt unter der Annahme, daß die Last X_2 n-mal hintereinander einwirkt, wobei die Folge der Lasten nach F_{X_2} verteilt und stochastisch unabhängig ist.

Die Berechnung kann nach der Zuverlässigkeitstheorie 1. Ordnung durchgeführt werden, nur sind jetzt die Transformationsbeziehungen Gl. (3.115) durch

$$x_i = F_{X_i}^{-1}\left((\Phi(y_i))^{1/n}\right)$$

bzw.

$$y_i = \Phi^{-1}\left((F_{X_i}(x_i))^n\right) \tag{3.171}$$

zu ersetzen.

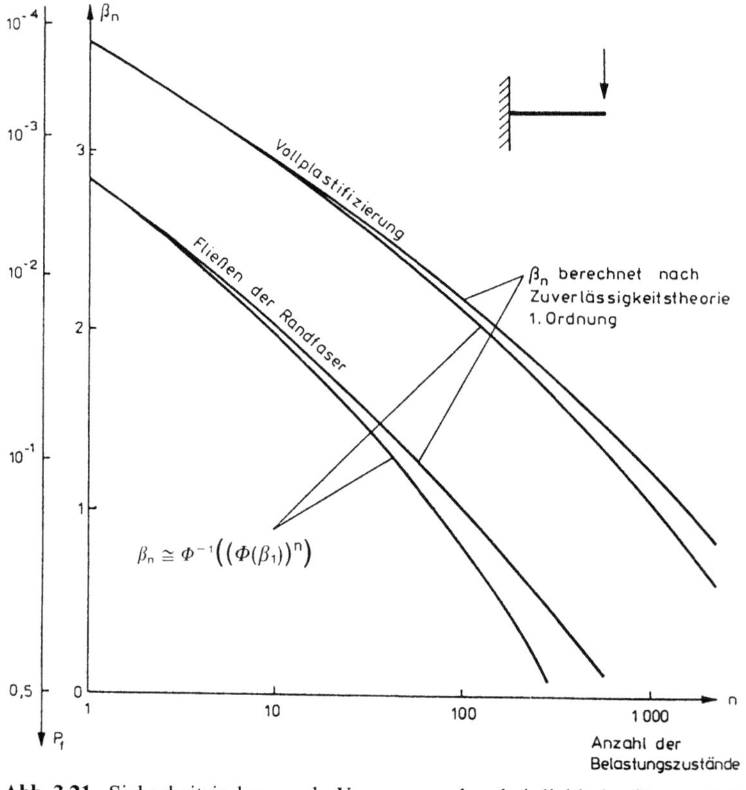

Abb. 3.21. Sicherheitsindex und Versagenswahrscheinlichkeit für n Belastungen auf den Kragträger des Beispiels 2

Bei diesem Beispiel dominiert der Einfluß der Last gegenüber dem Einfluß der Stahlfließgrenze. Insofern ist zu erwarten, daß auch Gl. (3.169) brauchbare Ergebnisse liefert.

In Abb. 3.21 sind die Ergebnisse der Berechnungen nach der Zuverlässigkeitstheorie 1. Ordnung und nach der Näherungsgleichung (3.169) für eine wachsende Zahl n von Belastungen gegenübergestellt.

Bisher wurde davon ausgegangen, daß im Bezugszeitraum T genau n Lastpulse wirken, n also eine vorgegebene Zahl ist. Häufig wird jedoch der Fall auftreten, daß die Anzahl der Belastungen in T selbst eine Zufallsgröße N ist.

Es soll jetzt die Versagenswahrscheinlichkeit unter der Annahme ermittelt werden, daß die Anzahl N der Belastungen eine diskrete Zufallsgröße mit den Wahrscheinlichkeiten

$$P_n = P(N = n), \qquad \sum_{n=1}^{\infty} P_n = 1 \tag{3.172}$$

ist.

Die Versagenswahrscheinlichkeit ist dann die Wahrscheinlichkeit, daß der Grenzzustand entweder bei $N = 1$ oder bei $N = 2$ oder bei $N = 3$ überschritten wird. Also

$$\begin{aligned} P_{fN} &= P((g < 0 \cap N = 1) \cup (g < 0 \cap N = 2) \cup \ldots) \\ &= P\left(\bigcup_{n=1}^{\infty} (g < 0 \cap N = n)\right). \end{aligned} \tag{3.173}$$

Daraus folgt mit den im Abschnitt 2.2 zusammengestellten Rechenregeln für Wahrscheinlichkeiten

$$P_{fN} = \sum_{n=1}^{\infty} P_n \cdot P(g < 0 \mid N = n)$$

$$P_{fN} = \sum_{n=1}^{\infty} P_n \cdot P_{fn}. \tag{3.174}$$

Darin ist P_{fn} die Versagenswahrscheinlichkeit für $N = n$. Für das $R-S$-Modell kann man mit den Gl. (3.163) und (3.164) auch schreiben

$$P_{fN} = 1 - \sum_{n=1}^{\infty} \left(P_n \cdot \int_{-\infty}^{+\infty} F_S^n(r)\, f_R(r)\, \mathrm{d}r\right). \tag{3.175}$$

Ist die zeitlich veränderliche Last dominierend und ist Gl. (3.168) genügend genau, so vereinfacht sich die Beziehung zu

$$P_{fN} = 1 - \sum_{n=1}^{\infty} P_n (1 - P_{f1})^n. \tag{3.176}$$

Hier ist vorausgesetzt, daß die Wahrscheinlichkeiten P_n der Zahl der Belastungen im Bezugszeitraum bekannt sind. Diese Werte hängen natürlich von der Art der Lastfolge ab. Oft kann angenommen werden, daß die Belastungszeiten einem stationären Poisson-Prozeß nach Abschnitt 2.4.6 gehorchen [3.42]. Das heißt, daß die Zeiten zwischen aufeinanderfolgenden Lasten exponentialverteilt sind. Dann ist die Anzahl der Belastungen in t Poisson-verteilt, und die Wahrscheinlichkeit, daß $N = n$ innerhalb t ist, beträgt

$$P_n = P\big(N(t) = n\big) = \frac{(\lambda t)^n}{n!} \exp(-\lambda t) \qquad n = 0, 1, 2, \ldots \tag{3.177}$$

Darin ist λ die Erneuerungsrate, das heißt die mittlere Anzahl der Belastungen je Zeiteinheit.

Setzt man Gl. (3.177) in (3.175) ein, so erhält man nach einer Reihe elementarer Operationen

$$P_{fN} = P_f(t) = 1 - \int_{-\infty}^{+\infty} \exp\big(-\lambda t G_S(r)\big) f_R(r)\, \mathrm{d}r \tag{3.178}$$

als Versagenswahrscheinlichkeit des $R-S$-Modells für das Intervall $[0, t]$. Darin ist zur Abkürzung $G_S(r) = 1 - F_S(r)$.

Entsprechend lassen sich auch für alle anderen in Tabelle 3.1 zusammengestellten zeitabhängigen Zuverlässigkeitsgrößen einfache Formeln angeben.

Überlebenswahrscheinlichkeit:

$$P_s(t) = \int_{-\infty}^{+\infty} \exp\big(-\lambda t G_S(r)\big) f_R(r)\, \mathrm{d}r \tag{3.179}$$

Wahrscheinlichkeitsdichte der Lebensdauer

$$f_T(t) = \lambda \int_{-\infty}^{+\infty} \exp\big(-\lambda t G_S(r)\big)\, G_S(r)\, f_R(r)\, \mathrm{d}r \tag{3.180}$$

Erwartungswert der Lebensdauer

$$E[T_L] = \frac{1}{\lambda} \int_{-\infty}^{+\infty} \frac{f_R(r)}{1 - F_S(r)}\, \mathrm{d}r \tag{3.181}$$

Ausfallrate

$$h_t(t) = \lambda \frac{\int_{-\infty}^{+\infty} \exp\big(-\lambda t G_S(r)\big)\, G_S(r)\, f_R(r)\, \mathrm{d}r}{\int_{-\infty}^{+\infty} \exp\big(-\lambda t G_S(r)\big)\, f_R(r)\, \mathrm{d}r}. \tag{3.182}$$

Diese Beziehungen wurden erstmals von Freudenthal u. a. [3.42] angegeben. Ausführliche Ableitungen findet man auch bei Krzykacz, Kersken-Bradley [3.43].

Es läßt sich nun zeigen, daß die Ausfallrate $h_t(t)$ immer eine mit der Zeit monoton fallende Funktion darstellt, unabhängig davon, welche Verteilungen R und S besitzen. Den Beweis dafür findet man u. a. bei Ang, Amin [3.44] und bei Krzykacz, Kersken-Bradley [4.43].

Das bedeutet, daß die Tragwerke mit zunehmendem Alter immer zuverlässiger werden. Die Wahrscheinlichkeit, daß jüngere Tragwerke versagen, ist größer als die Wahrscheinlichkeit, daß ältere Tragwerke versagen.

Dieses Ergebnis überrascht zunächst, steht es doch mit der Erfahrung im Widerspruch. Es wird aber verständlich, wenn man die Voraussetzungen des mathematischen Modells betrachtet. Es wurde hier ein zeitlich konstanter Widerstand vorausgesetzt, Alterungsvorgänge also vernachlässigt. Diese Theorie berücksichtigt nur den Ausfall infolge Überschreitens des zeitlich konstanten Widerstandes durch extreme Belastungszustände. Wenn man in den Annahmen Alterungsvorgänge vernachlässigt, dann ist nicht zu erwarten, daß eine darauf aufbauende Theorie Alterungsvorgänge widerspiegeln kann.

Die Funktion $h_t(t)$ nach Gl. (3.182) ist daher nur in der Lage, die Phase I der Badewannenkurve nach Abb. 3.2 wiederzugeben. Die Alterungsphase III kann nur dann theoretisch ermittelt werden, wenn man auch den Widerstand R als Zeitfunktion einführt.

Kann man die Widerstandsseite als zeitlich konstant, deterministisch oder nahezu deterministisch annehmen, so daß die veränderliche Last dominiert, lassen sich wieder einfache Umrechnungsformeln für unterschiedliche Bezugszeiten angeben, die manchmal nützlich sein können. So gilt für die Versagenswahrscheinlichkeit

$$P_f(t_2) = 1 - \left(1 - P_f(t_1)\right)^{t_2/t_1} \tag{3.183}$$

und für den Sicherheitsindex

$$\beta_v(t_2) = \Phi^{-1}\left(\Phi(\beta_v(t_1))^{t_2/t_1}\right). \tag{3.184}$$

Die Gln. (3.178) bis (3.182) gelten unter der Voraussetzung, daß die Belastungszeitpunkte einem Poisson-Prozeß gehorchen, also die Zeitintervalle zwischen zwei Belastungen exponentialverteilt sind. Für allgemeinere Voraussetzungen gibt Bickley [3.45] Verfahren zur Bestimmung der Extremwertverteilung $F_{\text{ext}S}$ für den Zeitraum $[0, t]$ an und behandelt als Beispiel gammaverteilte Zeitintervalle.

Alle Gleichungen in diesem Abschnitt gelten unter der Voraussetzung, daß die Einzelbelastungen stochastisch unabhängig sind.

3.2.2.3 Mehrere Basisvariable sind zeitabhängig

Grundsätzliches

Sind mehrere zufällige Lasten $X_i(t)$ zeitabhängig, dann werden die Extremwerte der verschiedenen Lastprozesse mit hoher Wahrscheinlichkeit nicht zeitlich zusammenfallen. Dann ist es nicht mehr möglich, eine Lösung allein mit den Extremwertverteilungen zu finden. Es müssen jetzt mehr Informationen über den wahrscheinlichen Verlauf des Prozesses Berücksichtigung finden. Dasselbe gilt auch, wenn außer der Last auch der innere Widerstand zeitlich veränderlich ist.

Die allgemeine Aufgabe zur Bestimmung der Versagenswahrscheinlichkeit lautet dann

$$\begin{aligned} P_f &= P(Z(t) < 0 \mid t \in [0, T]) \\ &= P\big(g(X_1(t), X_2(t), \ldots, X_i, \ldots, X_m) < 0 \mid t \in [0, T]\big). \end{aligned} \tag{3.185}$$

Das Tragwerk versagt, wenn der zeitabhängige Zufallsvektor

$$\boldsymbol{X}(t) = (X_1(t), X_2(t), \ldots, X_i, \ldots)^T$$

zu einem Zeitpunkt t innerhalb der Nutzungsdauer den sicheren Bereich $S = \{\boldsymbol{x} \mid g(\boldsymbol{x}) \geqq 0\}$ verläßt und in den unsicheren Bereich eintritt. Geometrisch läßt sich die Belastungsgeschichte des Tragwerkes als zufälliger Pfad im x-Raum darstellen.

Ein Versagen tritt ein, wenn entweder $\boldsymbol{X}(t)$ bereits zum Anfangszeitpunkt $t = 0$ im unsicheren Bereich liegt oder wenn im Zeitraum $0 < t \leqq T$ mindestens ein Austritt aus dem sicheren Bereich erfolgt.

Wir bezeichnen mit N^+ die Anzahl der Kreuzungen der Grenzzustandsfunktion in Richtung vom sicheren zum unsicheren Bereich. N^+ ist eine diskrete Zufallsgröße, die die Werte 0, 1, 2, ... annehmen kann.

Damit können wir schreiben

$$P_f = P\big(g(\boldsymbol{X}(t = 0)) < 0 \cup N^+(0 < t \leqq T) \geqq 1\big).$$

Formale Umordnung mit Gl. (2.4) ergibt

$$\begin{aligned} P_f = {} & P\big(g(\boldsymbol{X}(t = 0)) < 0\big) + P(N^+(0 < t \leqq T) \geqq 1) \\ & - P\big(g(\boldsymbol{X}(t = 0)) < 0 \cap N^+(0 < t \leqq T) \leqq 1\big). \end{aligned} \tag{3.186}$$

Das erste Glied ist die Wahrscheinlichkeit, daß das Tragwerk bereits zum Zeitpunkt $t = 0$, also sofort zu Beginn der Nutzungsdauer, ausfällt. Diese Wahrscheinlichkeit kann nach den Verfahren des Abschnitts 3.2.2.1 berechnet und damit hier als bekannt angesehen werden.

Das letzte Glied ist die Wahrscheinlichkeit, daß sowohl ein Versagen zum Zeitpunkt $t = 0$ vorliegt und außerdem eine Niveaukreuzung in $(0, T]$ erfolgt.

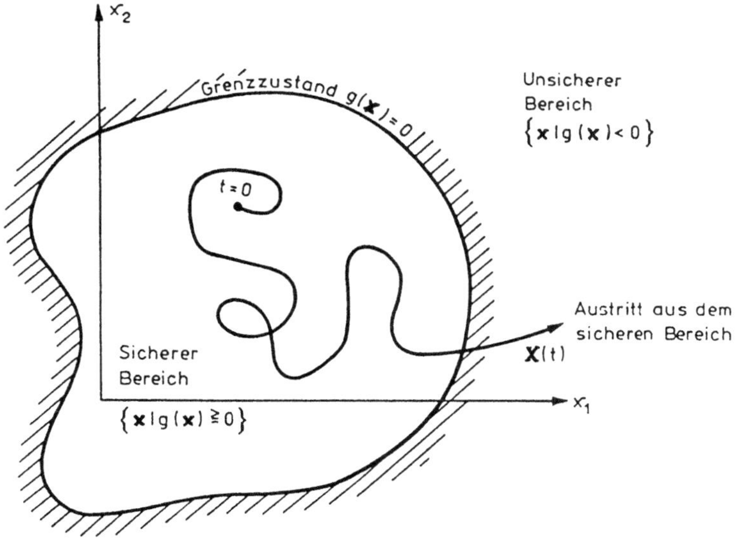

Abb. 3.22. $X(t)$ verläßt den sicheren Bereich

Diese Wahrscheinlichkeit ist im Vergleich mit den beiden anderen Gliedern offensichtlich sehr klein und kann vernachlässigt werden.

Dann folgt aus Gl. (3.186) mit etwas kürzerer Schreibweise

$$P_f \leqq P_f(0) + P\big(N^+(T) \geqq 1\big) \tag{3.187}$$

als obere Schranke für die Versagenswahrscheinlichkeit.

Da das erste Glied mit den bereits dargestellten Verfahren berechenbar ist, brauchen wir unsere Aufmerksamkeit nur noch dem zweiten Glied zu widmen.

Dazu betrachten wir die mittlere Anzahl der Austritte aus dem sicheren Bereich je Zeiteinheit

$$v^+(t) = \lim_{\Delta t \to 0} \frac{1}{\Delta t} P\big(g(X(t) > 0) \cap g(X(t + \Delta t) < 0)\big). \tag{3.188}$$

Diese steht mit dem Erwartungswert der Anzahl der positiven Niveaukreuzungen im Bezugszeitraum in folgendem Zusammenhang

$$E[N^+(0 < t \leqq T)] = \int_0^T v^+(t)\,\mathrm{d}t\,, \tag{3.189}$$

und im stationären Fall, wenn v^+ konstant ist,

$$E[N^+(0 < t \leqq T)] = v^+ \cdot T. \tag{3.190}$$

Es gelten folgende elementare Zusammenhänge

$$E[N^+] = 0 \cdot P(N^+ = 0) + 1 \cdot P(N^+ = 1) + 2 \cdot P(N^+ = 2) + \cdots$$

$$P(N^+ \geqq 1) = P(N^+ = 1) + P(N^+ = 2) + \cdots .$$

Durch gliedweisen Vergleich sieht man sofort, daß die Ungleichung

$$P(N^+ \geqq 1) \leqq E[N^+]. \tag{3.191}$$

gilt.

Ist Versagen ein seltenes Ereignis, dann ist $E[N^+]$ nur wenig größer als $P(N^+ \geqq 1)$, da dann $P(N^+ = 2)$ offensichtlich sehr viel kleiner ist als $P(N^+ = 1)$.

Mit den Gln. (3.187) und (3.190) und (3.191) können wir nun die Versagenswahrscheinlichkeit nach

$$P_f(T) \leqq P_f(0) + E[N^+] = P_f(0) + v^+ T \tag{3.192}$$

oder, wenn die Prozesse nichtstationär sind, nach

$$P_f(T) \leqq P_f(0) + \int_0^T v^+(t)\,\mathrm{d}t \tag{3.193}$$

abschätzen. Oft ist $P_f(0) \ll v^+ T$, so daß der zweite zeitabhängige Term dominiert und man auch

$$P_f(T) \approx v^+ \cdot T \quad \text{bzw.}$$

$$P_f(T) \approx \int_0^T v^+(t)\,\mathrm{d}t \tag{3.194}$$

schreiben kann. Das bedeutet aber, daß wir uns im folgenden nur noch um die Ermittlung der Austrittsrate v^+ zu bemühen brauchen.

Nun ist aber dieses Problem – die Bestimmung der Wahrscheinlichkeit des Austritts eines mehrdimensionalen Zufallsvektors aus einem durch eine beliebige Grenzzustandsfunktion $g(\boldsymbol{x}) \geqq 0$ definierten sicheren Bereich – in allgemeiner Form mathematisch außerordentlich schwierig und heute nur für Sonderfälle im Hinblick auf den Typ der Prozesse und im Hinblick auf die Struktur der Grenzzustandsgleichung gelöst.

Hier wollen wir uns auf einige einfache, für die Anwendung wichtige Fälle beschränken. Zunächst wird das Problem der Lastkombination eines erweiterten $R-S$-Modells mit der linearen Grenzzustandsgleichung

$$g = r - s_1 - s_2 = 0$$

und dem Sicherheitsabstand

$$Z(t) = R - S_1(t) - S_2(t) \tag{3.195}$$

betrachtet. Für diese Aufgabe werden für stationäre Lastprozesse verschiedenen Typs Beziehungen für die Abschätzung der Versagenswahrscheinlichkeit angegeben. Dieses Problem ist für die wissenschaftlich begründete Ermittlung von Lastkombinationsfaktoren der Normen von Bedeutung.

Aber nicht nur die Lasten, auch der innere Widerstand kann sich zeitabhängig ändern. Für die Praxis besonders wichtig ist das Problem der Ermüdungsbeanspruchung. Auf S. 161 ff. wird für den einfachen Fall der Gültigkeit der Miner-Hypothese gezeigt, wie dieses Problem auf die bereits behandelte Grundaufgabe zurückgeführt und damit Versagenswahrscheinlichkeiten abgeschätzt werden können. Zur Berücksichtigung zeitabhängiger Veränderungen der Beanspruchbarkeit durch Korrosion, Verschleiß, Nacherhärtung usw. findet man Berechnungsgrundlagen unter anderem bei Geidl, Saunders [3.46] und Kayser, Nowak [3.47].

Die Lasten sind Gaußprozesse

Sind die Lasten $S_i(t)$ stationäre, voneinander unabhängige Gaußprozesse, gekennzeichnet durch Mittelwert m_{S_i} und Autokovarianzfunktion $R_{S_i,S_i}(\tau)$, und ist der Widerstand R eine normalverteilte Zufallsgröße mit Mittelwert m_R und Standardabweichung σ_R, dann ist der Sicherheitsabstand $Z(t)$ – da die Grenzzustandsgleichung (3.195) linear ist – auch ein Gaußprozeß.

Er hat den Mittelwert

$$m_Z = m_R - \sum_i m_{S_i} \tag{3.196}$$

und die Kovarianzfunktion

$$R_{ZZ}(\tau) = \sigma_R^2 + \sum_i R_{S_iS_i}(\tau).$$

Mit der zweiten Ableitung der Kovarianzfunktion nach der Zeit

$$\frac{\mathrm{d}^2 R_{Z,Z}(\tau)}{\mathrm{d}\tau^2} = \sum_i \frac{\mathrm{d}^2 R_{S_iS_i}(\tau)}{\mathrm{d}\tau^2}$$

erhält man die Standardabweichungen des Sicherheitsabstandes und nach Gl. (2.119) deren Ableitung nach der Zeit

$$\sigma_Z = \sqrt{R_{Z,Z}(0)} = \sqrt{\sigma_R^2 + \sum_i R_{S_iS_i}(0)}$$

$$\sigma_{\dot{Z}} = \sqrt{-\sum_i \left.\frac{\mathrm{d}^2 R_{S_iS_i}(\tau)}{\mathrm{d}\tau^2}\right|_{\tau=0}}. \tag{3.197}$$

Das in Gl. (2.124) für das Niveau $r = 0$ eingesetzt, ergibt die mittlere Anzahl der Unterschreitungen des Niveaus Null durch den Sicherheitsabstand $Z(t)$

$$\nu^-(0) = \nu^+(0) = \frac{1}{\sqrt{2\pi}} \frac{\sigma_{\dot{Z}}}{\sigma_Z} \varphi\left(-\frac{m_Z}{\sigma_Z}\right). \tag{3.198}$$

Beachtet man, daß m_Z/σ_Z nichts anderes ist als der momentane Sicherheitsindex β für einen bestimmten Zeitpunkt t, und setzt Gl. (3.198) in Gl. (3.192) ein, so folgt eine obere Schranke für die Versagenswahrscheinlichkeit im Zeitraum $0 \leqq t \leqq T$

$$\begin{aligned} P_f(T) &\leqq P_f(0) + \nu^-(0) \cdot T \\ &\approx \Phi(-\beta) + \frac{1}{\sqrt{2\pi}} \frac{\sigma_{\dot{Z}}}{\sigma_Z} \varphi(\beta)\, T. \end{aligned} \tag{3.199}$$

Die Kombination von nicht normalverteilten, kontinuierlichen Prozessen, die sich aber durch eine Transformation in normalverteilte umwandeln lassen, wurde von Grigoriu untersucht [3.51, 3.52].

Die Lasten sind zweiparametrige Pulsprozesse mit Rechteckform

Betrachten wir zunächst die Summe $S_1(t) + S_2(t)$ zweier solcher Prozesse. Über den Verteilungstyp der Lastamplituden werden keine Voraussetzungen gemacht.

Die Überschreitung eines Niveaus r ist nur zu einem Zeitpunkt möglich, in dem entweder $S_1(t)$ oder $S_2(t)$ einen Sprung ausführt. Die Wahrscheinlichkeit, daß beide Prozesse gleichzeitig springen, ist Null.

Wenn $S_1(t)$ eine Lasterneuerung hat und $S_2(t) = s_2 =$ konstant ist, dann gilt

$$\nu_1^+(r) = \nu_{S_1}^+(r - s_2)$$

mit der Niveaukreuzungsrate $\nu_{S_1}^+$ des Prozesses $S_1(t)$ nach Gl. (2.136) bis (2.141). Nun ist aber S_2 zufällig, so daß sich nach Abschnitt 2.3.1.4

$$\nu_1^+(r) = \int_{-\infty}^{+\infty} \nu_{S_1}^+(r - s_2)\, f_{S_2}(s_2)\, ds_2$$

ergibt. Analog findet man für einen Sprung in S_2

$$\nu_2^+(r) = \int_{-\infty}^{+\infty} \nu_{S_2}^+(r - s_1)\, f_{S_1}(s_1)\, ds_1 .$$

Die Niveaukreuzungsrate für einen Sprung entweder in S_1 oder in S_2 ergibt sich – da es sich um gegenseitig ausschließende Ereignisse handelt – als

Summe

$$v^+(r) = \int_{-\infty}^{+\infty} v_{S_1}^+(r-s)\, f_{S_2}(s)\, \mathrm{d}s + \int_{-\infty}^{+\infty} v_{S_2}^+(r-s)\, f_{S_1}(s)\, \mathrm{d}s. \tag{3.200}$$

Darin ist f_{S_i} die Verteilungsdichte der Momentanwerte von $S_i(t)$ unter Berücksichtigung eventueller Pausen im Lastprozeß nach Gl. (2.59). Diese Beziehung ist in der Literatur als „point crossing formular" bekannt.

Nun soll aber der innere Widerstand R eine Zufallsgröße sein. Dann ist nach Abschnitt 2.3.2.4 noch über r zu integrieren.

$$v^+(R) = \iint_{-\infty}^{+\infty} v_{S_1}^+(r-s)\, f_{S_2}(s)\, f_R(r)\, \mathrm{d}s\, \mathrm{d}r + \iint_{-\infty}^{+\infty} v_{S_2}^+(r-s)\, f_{S_1}(s)\, f_R(r)\, \mathrm{d}s\, \mathrm{d}r. \tag{3.201}$$

Gehen die Lasten bei jeder Lasterneuerung auf das Niveau Null zurück (Abb. 2.12b), dann gilt für $v_{S_i}^+$ die Gl. (2.141), und es läßt sich auch schreiben

$$\begin{aligned} v^+(R) = \lambda_1 q_1 & \iint_{-\infty}^{+\infty} \left(1 - F_{\hat{S}_1}(r-s)\right) f_{S_2}(s) f_R(r)\, \mathrm{d}s\, \mathrm{d}r \\ & + \lambda_2 q_2 \iint_{-\infty}^{+\infty} \left(1 - F_{\hat{S}_2}(r-s)\right) f_{S_1}(s) f_R(r)\, \mathrm{d}s\, \mathrm{d}r. \end{aligned} \tag{3.202}$$

Die hier auftretenden Integrale sind aber nichts anderes als Faltungsintegrale für die Grenzzustandsgleichung (3.195). Diese lassen sich natürlich auch näherungsweise mit der Zuverlässigkeitstheorie 1. Ordnung bestimmen, so daß man auch schreiben kann

$$v^+(R) = \lambda_1 q_1 \Phi(-\beta_1) + \lambda_2 q_2 \Phi(-\beta_2)$$

oder allgemeiner für m Lastprozesse

$$v^+(R) = \sum_{i=1}^{m} \lambda_i q_i \Phi(-\beta_i).$$

Das in Gl. (3.192) eingesetzt, liefert eine Näherungsbeziehung für die Versagenswahrscheinlichkeit für den Zeitraum T

$$P_f(T) \approx \Phi(-\beta_0) + T \sum_i \lambda_i q_i \Phi(-\beta_i). \tag{3.203}$$

Darin ist

λ_i die Erneuerungsrate des Lastprozesses i

q_i die Wahrscheinlichkeit, daß der Prozeß i aktiv ist

β_0 der Sicherheitsindex, berechnet mit den Verteilungen der Momentanwerte aller Prozesse

β_i der Sicherheitsindex, berechnet mit der Verteilung der Spitzenwerte des Prozesses i und den Verteilungen der Momentanwerte der übrigen Prozesse.

Der verallgemeinerte Sicherheitsindex für den Zeitraum T lautet dann

$$\beta_V(T) \approx -\Phi^{-1}\Big(\Phi(-\beta_0) + T\sum_i \lambda_i q_i \Phi(-\beta_i)\Big). \tag{3.204}$$

Gehen die Lasten in den Erneuerungszeitpunkten nicht auf Null zurück, so gilt Gl. (3.201) mit ν^+ nach Gl. (2.136), (2.138) bzw. (2.140). Ist jedoch die Versagenswahrscheinlichkeit klein, so sind die Unterschiede zwischen beiden Prozeßtypen gering.

In Gl. (3.204) wurden die Pausenwahrscheinlichkeiten aus den Faltungsintegralen nur für jeweils den Lastprozeß herausgelöst, in dem der Sprung erfolgt. Für alle anderen Lasten wird mit den Momentanverteilungen, das heißt mit Mischverteilungen gerechnet. Das hat zur Folge, daß bei FORM-Berechnungen stets mehrere lokale Minima existieren. Das kann manchmal zu Schwierigkeiten führen. Diese lassen sich vermeiden, wenn mit Gl. (2.59) (2.60) alle Faltungsintegrale aufgespalten und die Pausenwahrscheinlichkeiten p_i und $q_i = 1 - p_i$ aus den Integralen herausgelöst werden. Die FORM-Berechnungen erfolgen dann mit den Verteilungen der Spitzenwerte. Allerdings werden die Formeln komplizierter, besonders bei drei und mehr Lasten. Wir geben hier ohne Ableitung die Niveaukreuzungsrate für zwei kombinierte Pulsprozesse mit Rückkehr zum Nullniveau an.

$$\begin{aligned}\nu^+ = {}& \lambda_1\big[q_1 q_2\big(\Phi(-\beta_{\hat{1}\hat{2}}) - \Phi(-\beta_{\hat{2}})\big) + q_1 p_2 \Phi(-\beta_{\hat{1}})\big] \\ &+ \lambda_2\big[q_1 q_2\big(\Phi(-\beta_{\hat{1}\hat{2}}) - \Phi(-\beta_{\hat{1}})\big) + p_1 q_2 \Phi(-\beta_{\hat{2}})\big].\end{aligned} \tag{3.205}$$

Darin sind $\beta_{\hat{1}\hat{2}}$, $\beta_{\hat{1}}$ und $\beta_{\hat{2}}$ die Sicherheitsindizes, berechnet mit den Spitzenwerten der Lastpulse für zwei bzw. eine Last.

Weitere Einzelheiten zur Superposition von zweiparametrigen Pulsprozessen siehe bei Larrabee, Cornell [2.23, 3.55] und Madsen [2.22].

Beispiel 11. Der Kragträger nach Abb. 3.23 ist durch zwei Pulsprozesse mit rechteckförmigen Pulsen belastet, eine relativ langfristig wirkende und eine kurzzeitige Last. Die Lasten kehren nach jedem Puls wieder auf das Niveau Null zurück.

Gegeben sind folgende statistische Parameter für die Fließgrenze im Einspannquerschnitt R und die beiden Lastprozesse $S_1(t)$ und $S_2(t)$.

Eingabedaten

X_i	Mittelwert der Spitzenwerte $m_{\hat{X}_i}$	Standardabweichung der Spitzenwerte $\sigma_{\hat{X}_i}$	Endwert der Verteilung $x_{0,i}$	Verteilungstyp	Mittelwert Erneuerungszeiten m_E	Mittelwert Lastdauer m_D
R	265000	25000	160000	LN	–	–
S_1	10	1	–	NV	120	60
S_2	8	1	–	EI	37,5	0,3

Dimensionen: kN, m, Tage

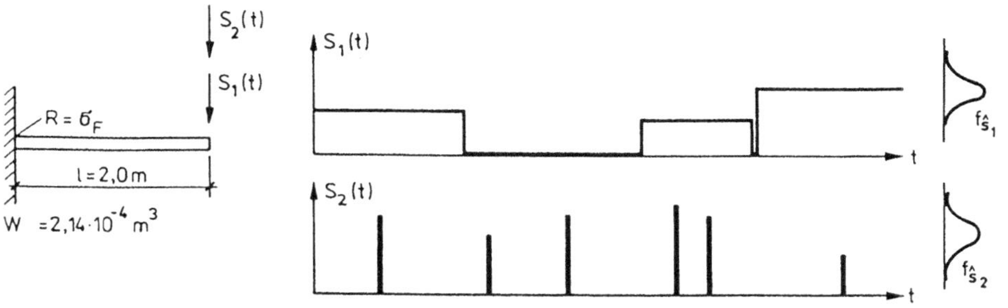

Abb. 3.23. Statisches System und zeitlicher Verlauf der Lasten für das Beispiel 11

Wie groß sind die Wahrscheinlichkeit und der Sicherheitsindex für das Stahlfließen in der Randfaser für den Zeitraum $T = 1$ Jahr?

Wir fassen die Prozesse als zweiparametrige Pulsprozesse auf. Nach den Gln. (2.129) und (2.130) ist

$$\lambda_1 = \frac{1}{m_D} = \frac{1}{60} = 0{,}01667$$

$$q_1 = \frac{m_D}{m_E} = \frac{60}{120} = 0{,}5, \qquad p_1 = 1 - 0{,}5 = 0{,}5$$

$$\lambda_2 = \frac{1}{0{,}3} = 3{,}3333$$

$$q_2 = \frac{0{,}3}{37{,}5} = 0{,}0080, \qquad p_2 = 0{,}9920.$$

Gemäß Gln. (3.203) und (3.204) werden zunächst die Sicherheitsindizes für die Grenzzustandsgleichung $g = Wr - 1s_1 - 1s_2$ für die folgenden drei Lastkombinationen berechnet. Dazu wird das Iterationsverfahren der Zuverlässigkeitstheorie 1. Ordnung dreimal mit verschiedenen Verteilungen für die Lasten angewendet.

1. Momentanwerte von $S_1(t)$: $F_{S_1}(s) = p_1 + q_1 F_{\hat{S}_1}(s)$
   Momentanwerte von $S_2(t)$: $F_{S_2}(s) = p_2 + q_2 F_{\hat{S}_2}(s)$
   Ergebnis: $\beta_0 = 4{,}964$
2. Spitzenwerte von $S_1(t)$: $F_{S_1}(s) = F_{\hat{S}_1}(s)$
   Momentanwerte von $S_2(t)$: $F_{S_2}(s) = p_2 + q_2 F_{\hat{S}_2}(s)$
   Ergebnis: $\beta_1 = 4{,}859$
3. Momentanwerte von $S_1(t)$: $F_{S_1}(s) = p_1 + q_1 F_{\hat{S}_1}(s)$
   Spitzenwerte von $S_2(t)$: $F_{S_2}(s) = F_{\hat{S}_2}(s)$
   Ergebnis: $\beta_2 = 3{,}946$.

Mit diesen Werten folgt aus Gl. (3.203) für den Zeitraum von $T = 365$ Tagen

$$P_f(T) \approx \Phi(-4{,}964) + 365\left(\frac{0{,}5}{60}\,\Phi(-4{,}859) + \frac{0{,}008}{0{,}3}\,\Phi(-3{,}946)\right)$$

$$= 3{,}458 \cdot 10^{-7} + 365(0{,}008\,333 \cdot 5{,}907 \cdot 10^{-7} + 0{,}026\,67 \cdot 3{,}975 \cdot 10^{-5})$$

$$= 3{,}89 \cdot 10^{-4}$$

$$\beta_V(T) = -\Phi^{-1}(3{,}89 \cdot 10^{-4}) = 3{,}36\,.$$

Die Auswertung der genaueren Gl. (3.205) ergibt $\beta_V(T) = 3{,}40$.

Die Lasten sind dreiparametrige Pulsprozesse mit Rechteckform

Bei einer Superposition von zwei nicht negativen Dreiparameterprozessen mit rechteckiger Pulsform können Niveauüberschreitungen durch drei verschiedene Ereignisse verursacht werden:

1. Der Spitzenwert des ersten Prozesses $S_1(t)$ überschreitet allein das Niveau r, während der zweite Prozeß $S_2(t) = 0$ ist. In Abb. 3.24 ist das der Zeitpunkt t_1. Dafür gilt nach Gl. (2.147) $\nu_1^+(r) = \lambda_1 G_{\hat{S}_1}(r)$, mit $G_{\hat{S}_1}(r) = 1 - F_{\hat{S}_1}(r)$.
2. Der Spitzenwert von $S_2(t)$ überschreitet r, während $S_1(t) = 0$ ist. Zeitpunkt t_2 in Abb. 3.24. $\nu_2^+(r) = \lambda_2 G_{\hat{S}_2}(r)$, $G_{\hat{S}_2}(r) = 1 - F_{\hat{S}_2}(r)$.
3. Zwei Belastungszustände fallen zeitlich zusammen, und die Summe der Lasten $S_1(t) + S_2(t)$ überschreitet r, während jede Last allein dazu nicht in der Lage wäre. Zeitpunkt t_3 in Abb. 3.24. $\nu_{12}^+(r) = \lambda_{12} G_{\hat{S}_{12}}(r)$.

Darin ist

$$G_{\hat{S}_{12}}(r) = 1 - F_{\hat{S}_{12}}(r) = \int_{-\infty}^{+\infty} G_{\hat{S}_1}(r-s)\, f_{\hat{S}_2}(s)\, \mathrm{d}s$$

die komplementäre Verteilungsfunktion der Summe der Spitzenwerte beider Lasten für das Niveau r.

Für die mittlere Rate des zeitlichen Zusammenfallens zweier Belastungszustände gibt Wen [3.53] die Näherungsbeziehung

$$\lambda_{12} = \lambda_1 \lambda_2 (m_{D_1} + m_{D_2}) \qquad (3.206)$$

an, mit

$\lambda_i = 1/m_{E_i}$ Erneuerungsrate des Prozesses i
m_{D_i} Mittelwert der zufälligen Lastdauer D_i.

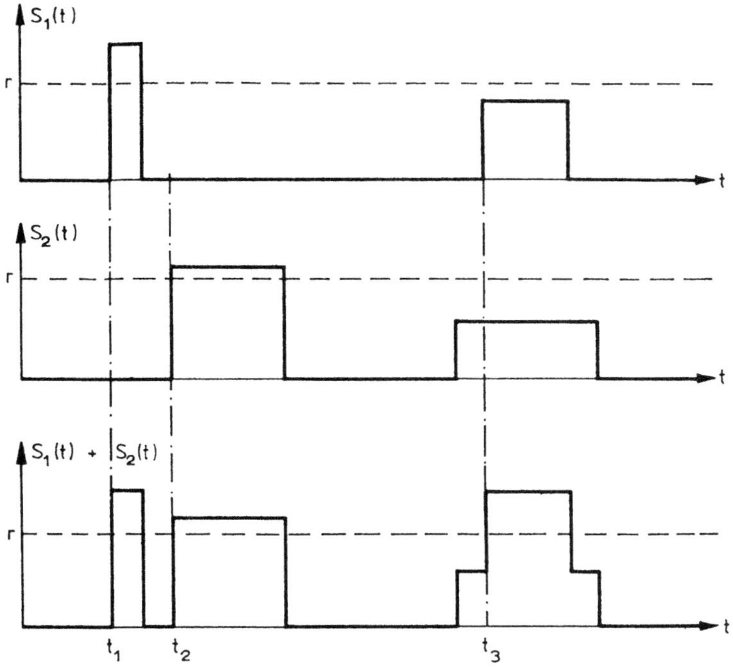

Abb. 3.24. Superposition von zwei Dreiparameterprozessen

Damit erhalten wir für die Niveauüberschreitungsrate zweier Dreiparameterprozesse mit kurzen Lastpulsen

$$v^+(r) \approx \lambda_1 G_{\hat{S}_1}(r) + \lambda_2 G_{\hat{S}_2}(r) + \lambda_1\lambda_2(m_{D_1} + m_{D_2})\, G_{\hat{S}_{12}}. \tag{3.207}$$

Diese Beziehung läßt sich auf eine beliebige Anzahl n von Lastprozessen erweitern [3.53, 3.54]

$$v^+(r) \approx \sum_{i=1}^{m} \lambda_i G_{\hat{S}_i}(r) + \sum_{i \neq 1}^{m}\sum^{m} \lambda_i\lambda_j(m_{D_i} + m_{D_j})\, G_{\hat{S}_{ij}}$$
$$+ \sum_{i \neq j \neq k}^{m}\sum^{m}\sum^{m} \lambda_i\lambda_j\lambda_k(m_{D_i}m_{D_j} + m_{D_i}m_{D_k} + m_{D_j}m_{D_k})\, G_{\hat{S}_{ijk}}. \tag{3.208}$$

Hierbei wird das gleichzeitige Auftreten von vier und mehr Lastfällen vernachlässigt.

Ist der Bauteilwiderstand R zufällig, so ist zusätzlich über die Verteilungsdichte f_R zu integrieren

$$v^+(R) = \int_{-\infty}^{+\infty} v^+(r)\, f_R(r)\, \mathrm{d}r.$$

Die hier auftretenden Faltungsintegrale mit der Struktur der Gl. (3.65) können natürlich wieder näherungsweise nach der Zuverlässigkeitstheorie 1. Ordnung bestimmt werden, so daß man z. B. für zwei Lasten auch schreiben kann

$$\nu^+(R) \approx \lambda_1 \Phi(-\beta_{\hat{1}}) + \lambda_2 \Phi(-\beta_{\hat{2}}) + \lambda_{12} \Phi(-\beta_{\hat{1}\hat{2}}). \tag{3.209}$$

Darin sind wieder $\beta_{\hat{1}}$, $\beta_{\hat{1}\hat{2}}$ die Sicherheitsindizes für eine bzw. zwei Lasten, berechnet mit den Verteilungen der Spitzenwerte.

Mit Gl. (3.192) erhält man dann eine Näherungsbeziehung für die Versagenswahrscheinlichkeit für den Zeitraum T und zwei Lasten

$$P_f(T) \approx \Phi(-\beta_0) + T\big(\lambda_1 \Phi(-\beta_{\hat{1}}) + \lambda_2 \Phi(-\beta_{\hat{2}}) + \lambda_{12} \Phi(-\beta_{\hat{1}\hat{2}})\big) \tag{3.210}$$

und für n Lasten

$$P_f(T) \approx \Phi(-\beta_0) + T\left(\sum_i \lambda_i \Phi(-\beta_{\hat{1}}) + \sum_{i \neq j}\sum \lambda_{ij} \Phi(-\beta_{\hat{i}\hat{j}}) + \sum_{i \neq j \neq k}\sum\sum \lambda_{ijk} \Phi(-\beta_{\hat{i}\hat{j}\hat{k}})\right). \tag{3.211}$$

Darin ist β_0 wieder der Sicherheitsindex für den Zeitpunkt $t = 0$, berechnet mit den Momentanverteilungen.

Alle bisher dargestellten Beziehungen gelten unter der Voraussetzung der stochastischen Unabhängigkeit zwischen den Lasteintragungszeiten, den Lastintensitäten und den Lastdauern sowohl innerhalb eines Prozesses als auch zwischen verschiedenen, zu überlagernden Prozessen.

Treten Abhängigkeiten auf, so ist bei ihrer Vernachlässigung Vorsicht geboten. Solche Vereinfachungen können Ergebnisse liefern, die erheblich auf der unsicheren Seite liegen. Angaben zur rechnerischen Berücksichtigung der stochastischen Abhängigkeit zwischen Lastdauer und Lastintensität, zwischen aufeinanderfolgenden Lasteintragungszeitpunkten und zwischen aufeinanderfolgenden Lastintensitäten eines Prozesses, aber auch zur Abhängigkeit zwischen verschiedenen Prozessen findet man bei Wen und Pearce [2.26, 3.50].

Beispiel 12. Zur Demonstration des Verfahrens wird Beispiel 11 nochmals gerechnet, jetzt jedoch werden beide Lasten als dreiparametrige Pulsprozesse aufgefaßt. Die Berechnung erfolgt nach Gl. (3.210) obwohl beim Prozeß $S_1(t)$ eigentlich die Bedingung (2.146) nicht erfüllt ist.

Für die Erneuerungsraten der beiden Prozesse gilt nach Abschnitt 2.4.7.2

$$\lambda_1 = \frac{1}{m_{E_1}} = \frac{1}{120}\ [1/\text{Tag}]$$

$$\lambda_2 = \frac{1}{m_{E_2}} = \frac{1}{37{,}5}\ [1/\text{Tag}],$$

und für die mittlere Rate des zeitlichen Zusammentreffens zweier Lastimpulse nach Gl. (3.206)

$$\lambda_{12} = \frac{60 + 0,3}{120 \cdot 37,5} = 0,0134 \text{ [1/Tag]}.$$

Die mehrfache Anwendung des FORM-Algorithmus auf die folgenden Lastkombinationen ergibt die Sicherheitsindizes:

1. Momentanwerte von $S_1(t)$: $F_{S_1}(s) = p_1 + q_1 F_{\hat{S}_1}(s)$
   Momentanwerte von $S_2(t)$: $F_{S_2}(s) = p_2 + q_2 F_{\hat{S}_2}(s)$
   Ergebnis: $\beta_0 = 4,964$
2. Spitzenwerte von $S_1(t)$: $F_{S_1}(s) = F_{\hat{S}_1}(s)$
   $S_2(t)$ wirkt nicht: $S_2(t) = 0$
   Ergebnis: $\beta_1 = 11,483$
3. $S_1(t)$ wirkt nicht: $S_1(t) = 0$
   Spitzenwerte von $S_2(t)$: $F_{S_2}(s) = F_{\hat{S}_2}(s)$
   Ergebnis: $\beta_2 = 6,392$
4. Spitzenwerte von $S_1(t)$: $F_{S_1}(s) = F_{\hat{S}_1}(s)$
   Spitzenwerte von $S_2(t)$: $F_{S_2}(s) = F_{\hat{S}_2}(s)$
   Ergebnis: $\beta_{12} = 3,815$.

Aus Gl. (3.210) folgt der Näherungswert der Versagenswahrscheinlichkeit für den Zeitraum $T = 1$ Jahr

$$\begin{aligned} P_f(T) &\approx \Phi(-4,964) + 365 \left(\frac{1}{120} \cdot \Phi(-11,483) \right. \\ &\quad \left. + \frac{1}{37,5} \Phi(-6,392) + 0,0134 \Phi(-3,815) \right) \\ &= 3,458 \cdot 10^{-7} + 365 \left(\frac{1}{120} \cdot 8,255 \cdot 10^{-31} \right. \\ &\quad \left. + \frac{1}{37,5} 8,224 \cdot 10^{-11} + 0,0134 \cdot 6,812 \cdot 10^{-5} \right) \\ &= 3,335 \cdot 10^{-4} \end{aligned}$$

$\beta_V(T) = -\Phi^{-1}(3,335 \cdot 10^{-4}) = 3,40$, in Übereinstimmung mit dem Ergebnis nach Gl. (3.205).

Superposition von Prozessen unterschiedlichen Typs

Bisher wurden Lösungen für die Kombination spezieller Prozeßtypen angegeben. Nun gibt es aber eine enorme Vielfalt von Kombinationsmöglichkeiten verschiedener Prozesse, insbesondere wenn man bei den Pulsprozessen von der Rechteckform abgeht und auch andere Formen, wie sie z. B. in Abb. 2.11 dargestellt sind, einbezieht.

Madsen [2.22] hat für die Superposition verschiedener Prozesse exakte Lösungen mit Hilfe der Riceschen Formel abgeleitet und obere und untere Schranken für die Niveaukreuzungsrate der Summe angegeben. Sie zeigen, daß die Lösung (3.200) stets eine obere, auf der sicheren Seite liegende Näherung darstellt. Darüber hinaus ist Gl. (3.200) aber in sehr vielen Fällen die exakte Lösung, und zwar stets dann, wenn die Bedingung

$$P(\dot{S}_1(t) > 0 \cap \dot{S}_2(t) < 0) = 0 \tag{3.212}$$

für alle Zeitpunkte t erfüllt ist [2.23]. Gl. (3.212) bedeutet anschaulich, daß von mehreren Prozessen mit Gewißheit nicht einer ansteigt und der andere gleichzeitig fällt. Diese Bedingung wird von einer Vielzahl praktisch interessanter Kombinationen von Lastprozessen erfüllt, von der Abb. 3.25 einen Eindruck vermittelt. Mit den im Abschnitt 2.4 zusammengestellten Formeln für die Niveaukreuzungsraten der einzelnen Prozesse läßt sich dann mit Gl. (3.200) das Lastkombinationsproblem für alle wichtigen Prozesse nach einheitlichen Prinzipien exakt oder mit recht guter, auf der sicheren Seite liegender Näherung lösen.

Aus der Betrachtung von Gl. (3.200) folgt dann aber, daß für die Lösung des Lastkombinationsproblems die Kenntnis von nur zwei Funktionen – der

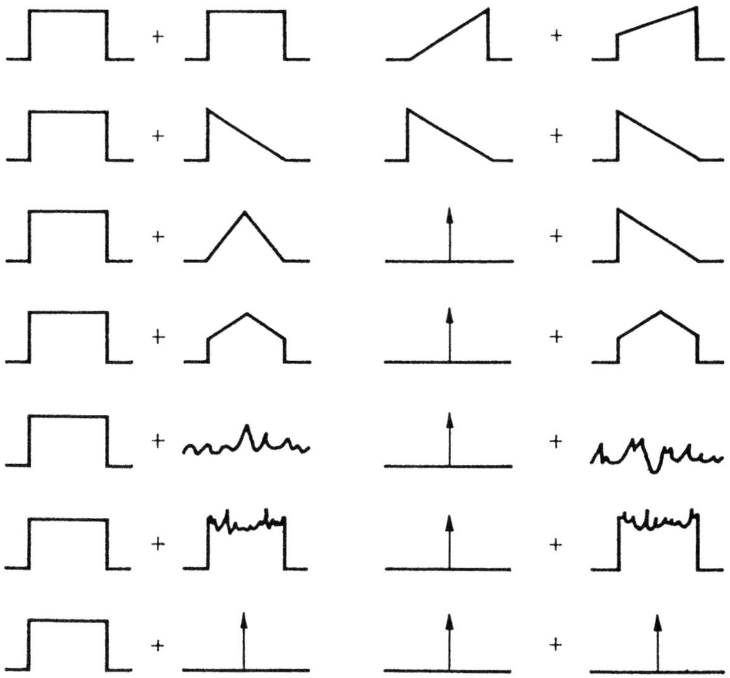

Abb. 3.25. Einige Beispiele für Kombinationen von Lastprozessen, für die Gl. (3.200) die exakte Lösung darstellt

Niveaukreuzungsrate ν^+ und der Verteilungsdichte f_S der Momentanwerte der einzelnen Prozesse – notwendig, aber auch ausreichend ist. Darüber hinaus gehende Informationen sind überflüssig.

Sind andere Funktionen gegeben, so müssen ν^+ und f_S aus diesen bestimmt werden. Ist die Extremwertverteilung der Last für einen Bezugszeitraum bekannt, so kann $\nu^+(r)$ für hohe Niveaus r nach Gl. (2.115) ermittelt werden. Ist die Verteilung der Spitzenwerte $f_{\hat{S}}$ einzelner Belastungszustände aus statistischen Untersuchungen bekannt, so folgt $\nu^+(r)$ für Rechteckpulse aus Gl. (2.134) und für Dreieckimpulse aus Gl. (2.135). Für viele andere Pulsformen findet man die notwendigen Beziehungen bei Madsen [2.22].

Die Bestimmung der Verteilungsdichte der Momentanwerte f_S kann bei bekannter Pulsform und Wahrscheinlichkeit p aus der Verteilung der Spitzenwerte $f_{\hat{S}}$ analytisch erfolgen. Sinnvoller ist es jedoch, f_S direkt aus statistischen Erhebungen zu ermittel, dann sind Überlegungen zur Pulsform überflüssig. Ist die Verteilung der Momentanwerte bekannt, dann ist die Pulsform eine nicht mehr notwendige Information.

Von der Lastdauer wird nur der Mittelwert benötigt. Die schwierig zu bestimmende Wahrscheinlichkeitsverteilung ist nicht erforderlich.

Die Turkstra-Regel

Turkstra [3.60] hat schon sehr früh eine Näherungsannahme für die Superposition von Zufallsprozessen vorgeschlagen, die seither als Grundlage für Lastkombinationsregeln der Normen weite Verbreitung fand.

Dabei wird vorausgesetzt, daß der Maximalwert der Kombination nur zu den Zeitpunkten auftreten kann, an denen einer der Prozesse einen Maximalwert hat. Abb. 3.26 erläutert die Vorgehensweise für zwei Lastfälle.

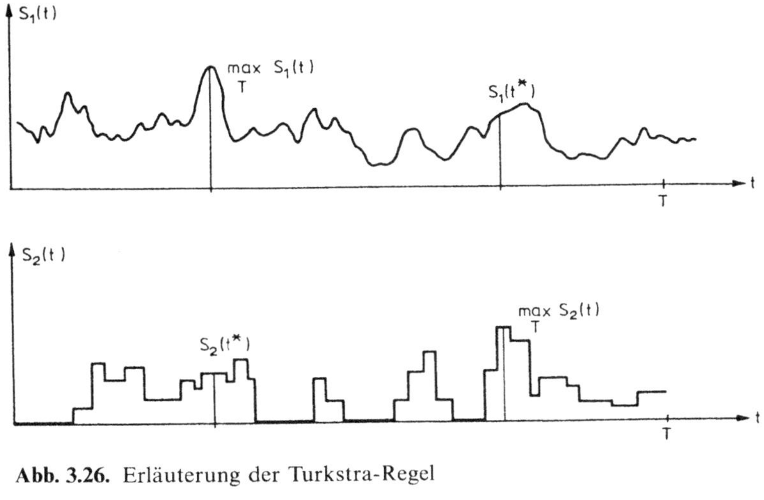

Abb. 3.26. Erläuterung der Turkstra-Regel

Damit wird von der kontinuierlichen Zeit abgesehen und die Untersuchung auf n diskrete Zeitpunkte reduziert. Dazu wird jeweils die Extremwertverteilung mit den entsprechenden Verteilungen der Momentanwerte superponiert und von diesen n Kombinationen die maximale Größe als maßgebend angesehen. Für die Summe von n Lasten gilt dann

$$\max_T \{S_1(t) + S_2(t) + \cdots + S_m(t)\} \approx \max \begin{cases} \max\limits_T S_1(t) + S_2(t^*) + \cdots + S_m(t^*) \\ S_1(t^*) + \max\limits_T S_2(t) + \cdots + S_m(t^*) \\ \vdots \\ S_1(t^*) + S_2(t^*) + \cdots + \max\limits_T S_m(t). \end{cases} \tag{3.213}$$

Darin ist t^* ein beliebiger Zeitpunkt im Intervall $[0, T]$. Bei dieser Regel wird die Zuverlässigkeit der Konstruktion nur zu den Zeitpunkten überprüft, an denen eine der Lasten ihren Maximalwert erreicht.

Die Turkstra-Regel läßt sich näherungsweise aus Gl. (3.200) herleiten. Setzt man dort die Näherungsbeziehung (2.114) zwischen Extremwertverteilungen und Niveaukreuzungsrate

$$G_{\max S}(r) = 1 - F_{\max S}(r) \approx 1 - \exp\left(-v^+(r)\, T\right) \approx v^+(r)\, T \tag{3.214}$$

ein, so erhält man

$$G_{\max\{S_1 + S_2\}} = \int_{-\infty}^{+\infty} G_{\max S_1}(r - s) f_{S_2}(s)\, \mathrm{d}s + \int_{-\infty}^{+\infty} G_{\max S_2}(r - s) f_{S_1}(s)\, \mathrm{d}s. \tag{3.215}$$

Das entspricht aber genau der Turkstra-Regel. Man erkennt das, wenn man beachtet, daß für unabhängige Zufallsgrößen X_1 und X_2 und

$$U = X_1 + X_2$$

$$G_U(r) = \int_{-\infty}^{+\infty} G_{X_1}(r - x) f_{X_2}(x)\, \mathrm{d}x$$

gilt und für $U = \max\{X_1, X_2\}$ unter Beachtung der Gln. (2.46)

$$G_U(r) = G_{X_1}(r) + G_{X_2}(r) - G_{X_1}(r) \cdot G_{X_2}(r)$$

und für hohe Niveaus r

$$G_U(r) \approx G_{X_1}(r) + G_{X_2}(r) \tag{3.216}$$

gilt.

Die Näherung Gl. (3.214) ist nur für hohe Niveaus gut, aber die Integration Gl. (3.215) erfolgt über alle Werte. Glücklicherweise sind aber bei niedrigen

Schwellenwerten andere Faktoren in den Faltungsintegralen klein, so daß die Gesamtnäherung oft recht gut ausfällt.

Die beiden Größen $\{\max S_1 + S_2\}$ und $\{S_1 + \max S_2\}$ sind natürlich nicht voneinander stochastisch unabhängig, so daß die Anwendung von Gl. (3.216) auch eine Näherung darstellt.

Alle diese Näherungen, die notwendig sind, um die Turkstra-Regel herzuleiten, lassen nun eine Aussage darüber, ob sie eine obere oder untere Schranke liefert, nicht mehr zu. Meist wird jedoch durch die Turkstra-Regel die Zuverlässigkeit überschätzt.

Die Turkstra-Regel steht aber auch mit Erfahrungen und Beobachtungen insofern in Übereinstimmung, als ein Versagensfall, der nicht durch menschliche Fehlhandlungen verursacht ist, meist zu einem Zeitpunkt auftritt, an dem eine der Lasten einen Extremwert erreicht, und seltener unter der Kombination verschiedener zeitlich veränderlicher Lasten.

Beispiel 13. Wir berechnen nochmals einen Näherungswert für den Sicherheitsindex β für das Beispiel 11, jetzt aber nach der Turkstra-Regel.

Dazu wird der FORM-Algorithmus zweimal mit folgenden Verteilungen angewendet:

1. Momentanwerte von $S_1(t)$: $F_{S_1}(s) = p_1 + q_1 F_{\hat{S}_1}(s)$
   Extremwert von $S_2(t)$: $F_{\max S_2}(s) = \left(F_{\hat{S}_2}(s)\right)^{n_2}$
   mit n_2 mittlere Anzahl der Pulse in T.

$$n_2 = \frac{365}{37{,}5} = 9{,}733 \quad \text{Ergebnis: } \beta = 3{,}386.$$

2. Extremwerte von $S_1(t)$: $F_{\max S_1}(s) = \left(F_{\hat{S}_1}(s)\right)^{n_1}$
   Momentanwert von $S_2(t)$: $F_{S_2}(s) = p_2 + q_2 F_{\hat{S}_2}(s)$

$$n_1 = \frac{365}{120} = 3{,}042 \quad \text{Ergebnis: } \beta = 4{,}712.$$

Näherungswert für β_V: $\beta_V = -\Phi^{-1}\left(\Phi(-3{,}386) + \Phi(-4{,}712)\right) = 3{,}39$ in guter Übereinstimmung mit den Ergebnissen der Beispiele 11 und 12.

Versagen durch Ermüdungsbeanspruchung

Als ein Beispiel mit zeitabhängigen Veränderungen auf der Widerstandsseite soll das Versagen durch Ermüdung kurz betrachtet werden. Es ist auch ein Beispiel für die Anwendung der FORM-Algorithmen auf eine komplizierte Grenzzustandsgleichung.

Bei vielen Bauteilen, die während der Lebensdauer häufigen Lastwechseln ausgesetzt sind, kann eine fortschreitende Materialzerrüttung und Rißbildung eintreten, die zu einem Ermüdungsbruch führt. Eine Vorhersage des Bruchzeitpunktes ist offensichtlich nicht möglich, und es ist bestenfalls eine Wahrscheinlichkeitsaussage erreichbar.

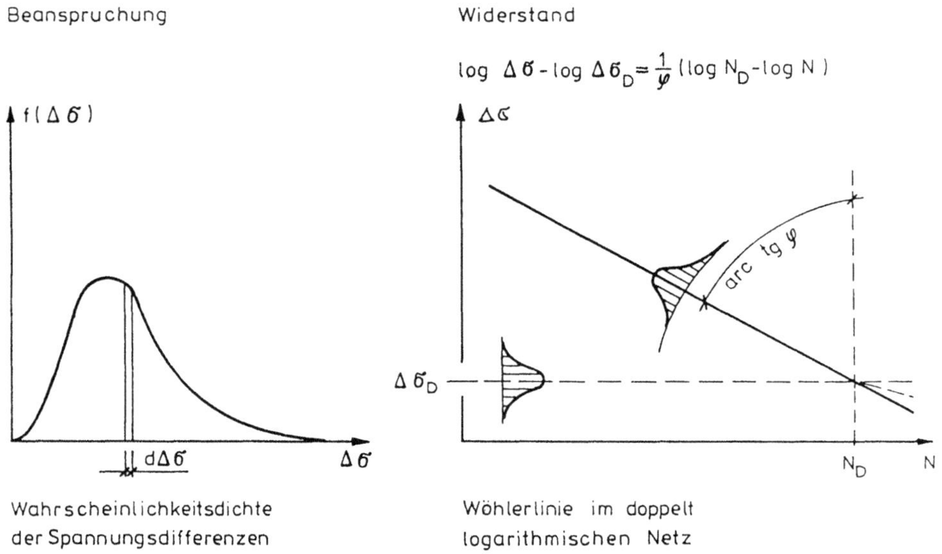

Abb. 3.27. Beanspruchung und Widerstand bei Ermüdungsbeanspruchung

Die Ermittlung der Versagenswahrscheinlichkeit oder des Sicherheitsindexes bei Ermüdung durch sich unregelmäßig und zufällig ändernde Beanspruchungen kann auf der Basis des Datenmaterials von Einstufenversuchen und der Annahme einer Schadensakkumulationshypothese erfolgen. Durch letztere wird das Ermüdungsverhalten unter einer komplexen Lastgeschichte auf ein bekanntes Verhalten unter Belastung mit konstanter Belastungsamplitude zurückgeführt.

Im folgenden wird die Ermittlung der Versagenswahrscheinlichkeit und des Sicherheitsindexes bei Annahme der linearen Schädigungshypothese nach der Zuverlässigkeitstheorie 1. Ordnung gezeigt.

Auf der Lastseite sei ein Beanspruchungskollektiv, das die Häufigkeit der zu erwartenden Betriebsbeanspruchung wiedergibt, gegeben. Diesem Kollektiv steht auf der Widerstandsseite die für das jeweilige Material, Konstruktionsdetail und Spannungsverhältnis aus Einstufenversuchen ermittelte Wöhlerlinie gegenüber, die meist eine Gerade im doppelt logarithmischen Netz bildet

$$N_L = N_D \left(\frac{\Delta\sigma_D}{\Delta\sigma}\right)^{\varphi} \quad \text{mit}$$

$\Delta\sigma_D$ Dauerfestigkeit bei N_D (meist $2 \cdot 10^6$) Lastwechseln

N_L Anzahl der Lastwechsel bis zum Bruch bei einem Einstufenversuch mit einer Doppelamplitude $\Delta\sigma$

φ Neigungsexponent der Wöhlerlinie.

Hier sind die Zusammenhänge in Abhängigkeit von der Spannungsdifferenz (oder Doppelamplitude) $\Delta\sigma$ dargestellt, da es nach dem gegenwärtigen Kenntnisstand als relativ sicher angesehen werden kann, daß die Spannungsdifferenz $\Delta\sigma$ eines Lastspiels für den Ermüdungsprozeß, insbesondere bei Schweißverbindungen, maßgebend ist.

Es wird ein abstrakter Schaden D definiert, der anfangs den Wert 0 besitzt und bis zum Bruch auf einen Grenzschaden D_{gr} anwächst. Für einen Einstufenversuch sei $D_{gr} = 1$. Dann ruft jeder Anstieg des Spannungsverlaufs $\Delta\sigma(t)$ einen Teilschaden ΔD hervor. Dieser Teilschaden folgt dann aus der Wöhlerlinie zu

$$\Delta D(\Delta\sigma) = \frac{1}{N_L(\Delta\sigma)}.$$

Die einzelnen Teilschäden summieren sich nach der linearen Schädigungshypothese zu einem Gesamtschaden, der eine monoton wachsende zufällige Funktion der Zeit ist

$$D(t) = \Sigma \Delta D(\Delta\sigma).$$

Ist $N(t)$ die Anzahl der Lastspiele bis zum Zeitpunkt t, so folgt unter Berücksichtigung der Verteilungsdichte der Spannungsdifferenzen

$$D(t) = \int_0^\infty \frac{N(t)\, f(\Delta\sigma)}{N_L(\Delta\sigma)}\, \mathrm{d}\Delta\sigma.$$

Hier die Gleichung der Wöhlerlinie eingesetzt, ergibt

$$D(t) = \frac{N(t)}{N_D \Delta\sigma_D^\varphi} \int_0^\infty f(\Delta\sigma)\, \Delta\sigma^\varphi\, \mathrm{d}\Delta\sigma. \tag{3.217}$$

Versagen tritt ein, wenn der Schaden größer ist als der Grenzschaden D_{gr}

$$\begin{aligned} P_f(t) &= P\big(D(t) > D_{gr}\big) \\ &= P\big(D_{gr} - D(t) < 0\big). \end{aligned}$$

Insbesondere ist die Versagenswahrscheinlichkeit innerhalb der Nutzungsdauer T von Interesse

$$P_f(T) = P\big(D_{gr} - D(T) < 0\big). \tag{3.218}$$

Damit ist das Problem auf die Grundaufgabe Gl. (3.22) mit der Grenzzustandsgleichung

$$g = D_{gr} - \frac{N(T)}{N_D \Delta\sigma^\varphi} \int_0^\infty f(\Delta\sigma)\, \Delta\sigma^\varphi\, \mathrm{d}\Delta\sigma \tag{3.219}$$

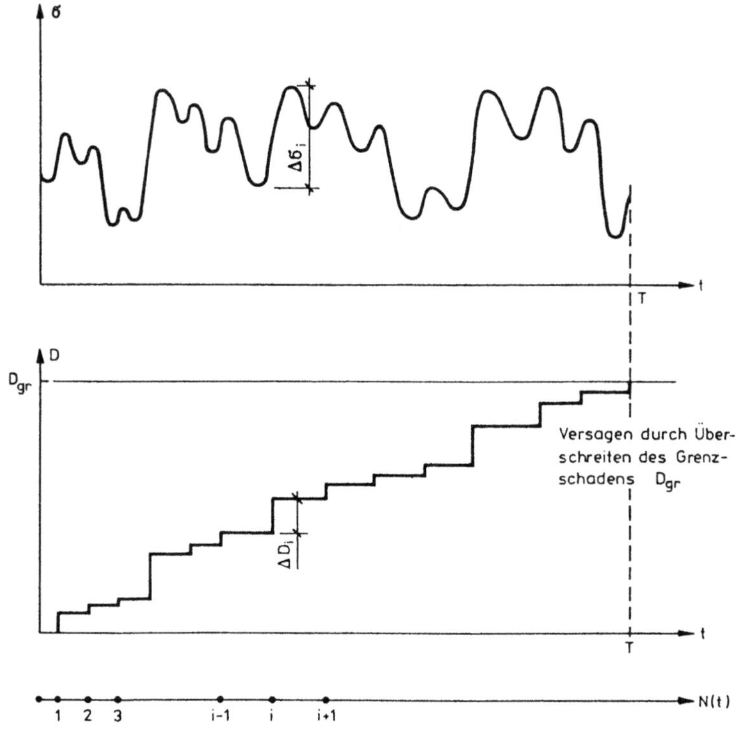

Abb. 3.28. Realisierung eines Spannungsverlaufs und zugehörige Akkumulation von Teilschäden [3.63]

zurückgeführt, und es können alle bisher dargestellten Methoden, insbesondere auch die Zuverlässigkeitstheorie 1. Ordnung, für die Ermittlung von Versagenswahrscheinlichkeit oder Sicherheitsindex herangezogen werden. Diese Grenzzustandsgleichung (3.219) ist insofern etwas komplizierter als frühere Anwendungsbeispiele, als in ihr ein Integral auftritt. Dieses Integral ist das φ-te Moment der Verteilung der Spannungsdifferenzen $\Delta\sigma$.

Für verschiedene Verteilungen können dafür geschlossene Lösungen angegeben werden. Dabei ist allerdings zu beachten, daß auch Lösungen für nicht ganzzahlige Werte φ notwendig sind, da der Faktor φ als Neigungsexponent der Wöhlerlinie reelle Werte annehmen kann und bei der Berechnung von Sicherheitsindex und Versagenswahrscheinlichkeit auch als Zufallsgröße auftritt.

Ist z. B. $\Delta\sigma$ nach einer Extremwertverteilung Typ III der Kleinstwerte mit $x_0 = 0$ (Weibullverteilung) mit der Dichte

$$f(\Delta\sigma) = \lambda k \Delta\sigma^{k-1} \exp\left(-\lambda \Delta\sigma^k\right) \tag{3.220}$$

verteilt, dann ist

$$\int_0^\infty f(\Delta\sigma)\,\Delta\sigma^\varphi\,\mathrm{d}\Delta\sigma = \lambda^{-\frac{\varphi}{k}}\Gamma\left(1+\frac{\varphi}{k}\right). \tag{3.221}$$

Für weitere Verteilungen findet man Angaben bei Reppermund [3.61] und in [3.62].

Solche geschlossenen Lösungen setzen allerdings voraus, daß φ keine Funktion von $\Delta\sigma$ ist, das heißt, daß die Wöhlerlinie geradlinig bis zum Niveau $\Delta\sigma = 0$ durchläuft (Hypothese von Corten und Dolan [3.64]). Ist die Wöhlerlinie in Höhe der Dauerfestigkeit geknickt (Hypothese von Haibach [3.65], verringerter Schaden unterhalb der Dauerfestigkeit) oder läuft die Wöhlerlinie in Höhe der Dauerfestigkeit horizontal (Minerhypothese [3.66], kein Schaden unterhalb der Dauerfestigkeit), dann wird man um eine mehrfache numerische Auswertung des Integrals im FORM-Iterationsprozeß nicht herumkommen.

Die zufälligen Streuungen der Wöhlerlinie lassen sich durch zwei Zufallsgrößen, die Dauerfestigkeit $\Delta\sigma_D = X_1$ und den Neigungsexponenten der Wöhlerlinie $\varphi = X_2$, darstellen. Die Versuchsdaten lassen sich an logarithmische Normalverteilungen sowohl bei der Dauerfestigkeit als auch beim Wöhlerlinienexponenten gut anpassen. Für den Stahlbau sind von Quel und Geidner [3.63] für verschiedene Kerbfälle Mittelwert und Standardabweichung für X_1 und X_2 angegeben. Mit zunehmender Kerbschärfe ist eine Abnahme der Dauerfestigkeit und des Neigungsexponenten der Wöhlerlinie festzustellen. Nach [3.63] können X_1 und X_2 innerhalb eines Kerbfalles als stochastisch unabhängig angenommen werden, während die Untersuchungen von Reppermund [3.61] auf eine stochastische Abhängigkeit hinweisen.

Die lineare Schädigungshypothese ist eine relativ einfache empirische Darstellung der komplizierten mechanischen Vorgänge bei einem Ermüdungsbruch unter sich zufällig ändernden Lasten. Trotz ihrer Begrenztheit hat sich die Minerregel als sehr nützlich erwiesen und weite Verbreitung und Anwendung gefunden. Legt man der Berechnung der Versagenswahrscheinlichkeit die lineare Schädigungshypothese nach Miner zugrunde, dann erscheint es sinnvoll, die Unzulänglichkeiten im mechanischen Modell dadurch zu berücksichtigen, daß man den Grenzschaden, auch Miner-Koeffizient genannt, als Zufallsgröße auffaßt, $D_{gr} = X_3$. In [3.62] sind die Ergebnisse verschiedener Forscher über die Streuung des Grenzschadens zusammengestellt. Die Zusammenfassung der experimentellen Daten legt die Annahme einer logarithmischen Normalverteilung mit Mittelwert 1 und Variationskoeffizient 0,65 nahe. Meist ist nach der Versagenswahrscheinlichkeit für den Zeitraum der Nutzungsdauer T gefragt. Dann ist aber auch die Anzahl der Lastwechsel innerhalb T eine Zufallsgröße, $N(T) = X_4$. Diese ist im wesentlichen von der zukünftigen Nutzung des Bauteils abhängig und kann auf der Gundlage prognostischer Überlegungen geschätzt werden.

Weitere Zufallsgrößen können beim Ermüdungsproblem insbesondere auf der Lastseite auftreten. So können die Ungewißheiten und Zufälligkeiten in der späteren Nutzung dadurch erfaßt werden, daß die Parameter der Verteilung der Beanspruchungen $f(\Delta\sigma)$ als Zufallsgrößen betrachtet werden.

Mit diesen Zufallsgrößen X_i lautet die Gleichung des Grenzzustandes

$$g(x) = X_3 - \frac{X_4}{N_D X_1^{X_2}} \int_0^\infty f(\Delta\sigma, X_5, \ldots)\, \Delta\sigma^{X_2}\, \mathrm{d}\Delta\sigma, \tag{3.222}$$

die, in die Algorithmen der Zufälligkeitstheorie eingesetzt, Sicherheitsindex und Versagenswahrscheinlichkeit ergibt.

Beispiel 14. Eine Stumpfnaht, St 52, sei während der Nutzungsdauer T durch eine zufällige Folge von Spannungsdifferenzen $\Delta\sigma$ beansprucht. Gesucht sind der Sicherheitsindex und die Wahrscheinlichkeit für den Eintritt eines Ermüdungsbruches, wenn folgende Voraussetzungen gelten:

- Das Beanspruchungskollektiv ist eine Weibullverteilung (Extremwertverteilung III der Kleinstwerte) mit Mittelwert $m_{\Delta\sigma} = 300\ \mathrm{N/mm^2}$ und Standardabweichung

  $\sigma_{\Delta\sigma} = 60\ \mathrm{N/mm^2}$ $(x_0 = 0)$.
- Es gelte die Hypothese von Corten Dolan, d. h., die Wöhlerlinie ist geradlinig bis zum Niveau

  $\Delta\sigma = 0$.
- Die Dauerfestigkeit $\Delta\sigma_D = X_1$ bei $N_D = 2 \cdot 10^6$ Lastwechseln ist logarithmisch normalverteilt mit Mittelwert $m_{X_1} = 243\ \mathrm{N/mm^2}$ und Standardabweichung $\sigma_{X_1} = 59\ \mathrm{N/mm^2}$.
- Der Wöhlerlinienexponent $\varphi = X_2$ ist logarithmisch normalverteilt mit Mittelwert $m_{X_2} = 4{,}88$ und Standardabweichung $\sigma_{X_2} = 2{,}22$.
- Der Grenzschaden D_{gr} wird zur Berücksichtigung der Modellungenauigkeiten der Minerhypothese als Zufallsgröße X_3 mit logarithmischer Normalverteilung mit Mittelwert $m_{X_3} = 1$ und Standardabweichung $\sigma_{X_3} = 0{,}65$ angenommen.
- Die Anzahl der Lastwechsel während der Nutzungsdauer T kann nicht mit absoluter Gewißheit vorhergesagt werden und wird als logarithmisch normalverteilte Zufallsgröße $N(T) = X_4$ mit Mittelwert $m_{X_4} = 10\,000$ und Standardabweichung $\sigma_{X_4} = 3\,000$ angesetzt.

Unter diesen Annahmen nimmt unter Beachtung von Gl. (3.221) die Bedingung (3.222) für den Eintritt eines Ermüdungsbruches die Form

$$g(x) = X_3 - \frac{X_4}{2 \cdot 10^6 X_1^{X_2}}\, \lambda^{-\frac{X_2}{k}}\, \Gamma\left(1 + \frac{X_2}{k}\right)$$

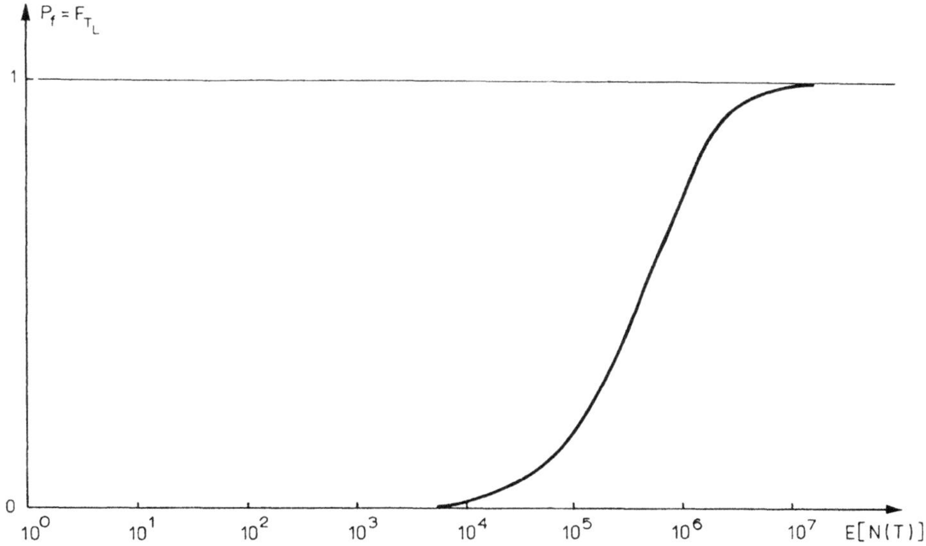

Abb. 3.29. Zeitlicher Verlauf der Versagenswahrscheinlichkeit = Verteilungsfunktion der Lebensdauer

an. Zunächst müssen die Parameter λ und k der Weibullverteilung aus Mittelwert und Standardabweichung bestimmt werden. Aus der transzendenten Gleichung für den Variationskoeffizienten (siehe Tabelle II.9)

$$\frac{\left(\Gamma\left(1+\frac{2}{k}\right)-\Gamma^2\left(1+\frac{1}{k}\right)\right)^{1/2}}{\Gamma\left(1+\frac{1}{k}\right)} = v = \frac{60}{300} = 0{,}2$$

läßt sich k mit dem Newtonverfahren zu $k = 5{,}79769$ bestimmen. Aus der Beziehung für den Mittelwert der Weibullverteilung

$$m = \frac{1}{\lambda^{1/k}}\,\Gamma\left(1+\frac{1}{k}\right)$$

folgt

$$\lambda = \left(\frac{1}{m}\,\Gamma\left(1+\frac{1}{k}\right)\right)^k = \left(\frac{1}{300}\,\Gamma(1{,}17248)\right)^{5{,}79769} = 2{,}784203 \cdot 10^{-15}$$

Damit ist die Grenzzustandsgleichung vollständig bestimmt. Diese in den FORM-Algorithmus eingeführt, ergibt mit den oben aufgezählten Eingabedaten für die Zufallsgrößen den folgenden Iterationsverlauf. Als Startvektor wurde wieder der Vektor der Mittelwerte genommen.

k	$x_1^{(k)}$	$x_2^{(k)}$	$x_3^{(k)}$	$x_4^{(k)}$	$\delta^{(k)}$
0	243	4,88	1	1	
1	233,1	4,489	0,0196	9608	1,356
2	126,6	7,040	0,0811	11090	2,672
3	178,0	8,989	0,2703	9980	1,933
4	181,0	8,333	0,5672	10015	1,839
5	181,1	8,154	0,7116	10049	1,809
6	181,4	8,107	0,6877	10057	1,811
7	181,3	8,098	0,6861	10061	1,811

$\beta = 1{,}811, \qquad P_f = 3{,}51 \cdot 10^{-2},$

$\alpha_1 = -0{,}6094, \qquad \alpha_3 = -0{,}1866,$

$\alpha_2 = 0{,}7651, \qquad \alpha_4 = 0{,}0923.$

Bemerkenswert ist, daß trotz der sehr ungünstigen Annahme für den Grenzschaden mit einem Variationskoeffizient von 0,65 und der recht großen Streuung für die Anzahl der Lastwechsel in der Nutzungsdauer mit Variationskoeffizient von 0,30 diese beiden Zufallsgrößen auf das Ergebnis einen geringen Einfluß ausüben. Das ist aus den Wichtungsfaktoren α_i erkennbar. Lage und Neigung der Wöhlerlinie sind entscheidend.

Führt man die Berechnung für unterschiedliche mittlere Lastwechselzahlen $m_{X_4} = E[N(T)]$ durch, so erhält man den in Abb. 3.29 dargestellten zeitlichen Verlauf der Versagenswahrscheinlichkeit. Nach den Überlegungen im Abschnitt 3.1.5 ist das auch die Verteilungsfunktion der Lebensdauer der Stumpfnaht.

3.2.3 *Das Versagen von Systemen mit mehreren Grenzzuständen*

3.2.3.1 Grundsätzliches

Bisher wurde die Wahrscheinlichkeit für das Versagen nach einem einzelnen Grenzzustand betrachtet. Statische Systeme besitzen jedoch immer mehrere Möglichkeiten des Versagens. So können Konstruktionen aus mehreren Elementen bestehen, mehrere Versagensmechanismen bezüglich eines Versagenskriteriums aufweisen und nach mehreren Versagenskriterien (z. B. Stabilitätsverlust, Bruch, Fließen) ausfallen.

Gegeben sei ein statisches System, das nach n verschiedenen Grenzzuständen versagen kann. Diese n Grenzzustände sind Funktionen von m zufälligen Basisvariablen. Dann ergibt sich ein System von n Grenzzustandsgleichungen, das sich allgemein in der Form

$$\begin{aligned} &g_1(x_1, x_2, \ldots, x_m) = 0 \\ &g_2(x_1, x_2, \ldots, x_m) = 0 \\ &\vdots \\ &g_n(x_1, x_2, \ldots, x_m) = 0 \end{aligned} \qquad (3.323)$$

schreiben läßt. Sind die X_i Zufallsgrößen, dann sind auch die n Sicherheitsabstände Zufallsgrößen

$$\begin{aligned} Z_1 &= g_1(X_1, X_2, \ldots, X_m) \\ &\vdots \\ Z_n &= g_n(X_1, X_2, \ldots, X_m). \end{aligned} \tag{3.224}$$

Im zuverlässigkeitstheoretischen Sinne lassen sich zwei Grundtypen von Systemen – das Seriensystem und das Parallelsystem – unterscheiden.

Ein Seriensystem versagt, wenn irgendeiner der n Grenzzustände überschritten wird, wenn also entweder $g_1(\boldsymbol{x}) < 0$ oder $g_2(\boldsymbol{x}) < 0$ oder ... oder $g_n(\boldsymbol{x}) < 0$ ist. Es versagt, wenn einer der n Sicherheitsabstände negativ wird. Ein Seriensystem versagt, wenn sein schwächstes Glied ausfällt.

Dagegen versagt ein Parallelsystem erst, wenn alle n Grenzzustände überschritten sind, wenn also sowohl $g_1(\boldsymbol{x}) < 0$ als auch $g_2(\boldsymbol{x}) < 0$ ... als auch $g_n(\boldsymbol{x}) < 0$ sind. Es versagt, wenn alle Sicherheitsabstände negativ sind. Ein Parallelsystem fällt erst aus, wenn alle seine Elemente einschließlich des stärksten Gliedes ausgefallen sind.

Durch Kombination von Serien- und Parallelanordnungen entstehen gemischte Systeme.

Man erkennt hier sofort, daß die überwiegende Mehrzahl der statischen Systeme sich zuverlässigkeitstheoretisch wie Seriensysteme verhält. Das gilt für alle statisch bestimmten Systeme. Aber auch statisch unbestimmte Systeme lassen sich als Seriensysteme betrachten, wenn deren Elemente eine ausreichende Fließfähigkeit besitzen.

Parallelanordnungen im zuverlässigkeitstheoretischen Sinne können bei statisch unbestimmten Systemen mit elastisch-sprödem Materialverhalten vorkommen.

Es sei darauf hingewiesen, daß die Zuordnung zwischen „mechanischem" System und „zuverlässigkeitstheoretischem" System nicht immer eindeutig ist. Bei statisch unbestimmten Systemen sind, je nachdem, was als Grenzzustand betrachtet wird, sowohl Serien- als auch Parallelanordnungen möglich.

Für mechanische Systeme ist charakteristisch, daß die einzelnen Grenzzustände voneinander stochastisch abhängig sind. Selbst wenn alle Basisvariablen X_i voneinander unabhängig sind, entsteht eine Abhängigkeit der Sicherheitsabstände Z_k der verschiedenen Grenzzustände, wenn im Gleichungssystem (3.224) ein X_i in verschiedene Grenzzustände eingeht. Das ist in der Regel der Fall. So bewirken z. B. zufällig hohe Lasten auch hohe Schnittgrößen in weiten Teilen der Konstruktion und damit auch niedrige Sicherheitsabstände für mehrere Grenzzustände gleichzeitig.

Die Kovarianz zwischen dem Sicherheitsabstand für den Grenzzustand j und dem Sicherheitsabstand für den Grenzzustand k folgt aus den Gln. (2.81) und (3.224) zu

$$\mathrm{Cov}\,[Z_j, Z_k] = \int_{-\infty}^{+\infty} \cdots \int \big(g_j(\boldsymbol{x}) - E[g_j(\boldsymbol{X})]\big)\big(g_k(\boldsymbol{x}) - E[g_k(\boldsymbol{X})]\big) f_{\boldsymbol{X}}(\boldsymbol{x})\,\mathrm{d}\boldsymbol{x} \tag{3.225}$$

Korrelationskoeffizient

$$\varrho_{Z_j,Z_k} = \frac{\mathrm{Cov}\,[Z_j, Z_k]}{\sigma_{Z_j}, \sigma_{Z_k}} \tag{3.226}$$

mit σ_{Z_k} nach Gl. (3.80). Von besonderer Bedeutung sind wieder lineare Grenzzustandsgleichungen

$$g_j(\boldsymbol{x}) = c_{j0} + \sum_i c_{ji} x_i = c_{j0} + \boldsymbol{c}_j^T \boldsymbol{x}$$

$$g_k(\boldsymbol{x}) = c_{k0} + \sum_i c_{ki} x_i = c_{k0} + \boldsymbol{c}_k^T \boldsymbol{x}\,.$$

Das in Gl. (3.225) eingesetzt, liefert unter Beachtung von Gl. (3.81) nach einigen Umrechnungen

$$\begin{aligned}\mathrm{Cov}\,[Z_j, Z_k] &= \sum_i c_{ji} c_{ki} \,\mathrm{Var}\,[X_i] + \sum_{\substack{i \\ i \neq l}} \sum_l c_{ji} c_{kl} \,\mathrm{Cov}\,[X_i, X_l] \\ &= \sum_i c_{ji} c_{ki} \sigma_{X_i}^2 + \sum_{i \neq l} \sum c_{ji} c_{k_l} \sigma_{X_i} \sigma_{X_l} \varrho_{X_i, X_l}\end{aligned} \tag{3.227}$$

oder in Vektorschreibweise

$$\mathrm{Cov}\,[Z_j, Z_k] = \boldsymbol{c}_k^T \boldsymbol{C}_X \boldsymbol{c}_j \tag{3.228}$$

mit der Kovarianzmatrix $\boldsymbol{C}_X$ der Zufallsgrößen X_i nach Gl. (2.84). Sind die X_i unabhängig, ist $\boldsymbol{C}_X$ eine Diagonalmatrix.

Setzt man die Gl. (3.228) in (3.226) ein und betrachtet Gl. (3.58), so erkennt man, daß der Korrelationskoeffizient für die Sicherheitsabstände zweier Grenzzustände das skalare Produkt der Vektoren der Wichtungsfaktoren für diese Grenzzustände ist,

$$\varrho_{z_j, z_k} = \boldsymbol{\alpha}_j^T \boldsymbol{\alpha}_k\,. \tag{3.229}$$

Dieser Korrelationskoeffizient ist bei mechanischen Systemen meist wesentlich von Null verschieden. Hier sind die Schnittgrößen und damit auch die Sicherheitsabstände für verschiedene Grenzzustände korreliert. Das erschwert die Berechnung der mechanischen Systeme mit mehreren Versagensmechanismen erheblich.

In den Lehrbüchern der allgemeinen Zuverlässigkeitstheorie, z. B. [3.67] bis [3.69], findet man eine gut ausgebaute Theorie der Systeme mit stochastisch unabhängigen Elementen. Diese ist auf mechanische Systeme nicht oder nur in Sonderfällen und mit äußerster Vorsicht anwendbar. Eine zusammenfassende Darstellung der Zuverlässigkeit mechanischer Systeme findet man bei Thoft-Christensen, Murotsa [3.70].

Im folgenden wird ein kurzer Einblick in die Berechnung der Versagenswahrscheinlichkeit für Serien- und Parallelsysteme mit abhängigen Elementen gegeben.

Ein Seriensystem versagt, wenn es nach irgendeinem der n Grenzzustände versagt. Dann ist der Versagensbereich im Originalraum der Basisvariablen die Vereinigung der Versagensbereiche der einzelnen Grenzzustände

$$V = \{\boldsymbol{x} \mid (g_1(\boldsymbol{x}) < 0) \cup (g_2(\boldsymbol{x}) < 0) \cup \cdots \cup (g_n(\boldsymbol{x}) < 0)\}$$

$$V = \left\{\boldsymbol{x} \mid \bigcup_{j=1}^{n} (g_j(\boldsymbol{x}) < 0)\right\}, \tag{3.230}$$

und der sichere Bereich ist der Durchschnitt der sicheren Einzelbereiche

$$S = \left\{\boldsymbol{x} \mid \bigcap_{j=1}^{n} (g_j(\boldsymbol{x}) \geqq 0)\right\}. \tag{3.231}$$

Abb. 3.30a erläutert diesen Sachverhalt für den Fall $m = 2$, $n = 2$. Man sieht, daß die Gleichung für den Grenzzustand des Systemversagens keine einfache analytische Form mehr haben kann, sondern sich aus einzelnen Abschnitten der Grenzzustandsgleichungen für das Versagen der Elemente zusammensetzt. Insbesondere ist sie auch nicht mehr in allen Punkten differenzierbar.

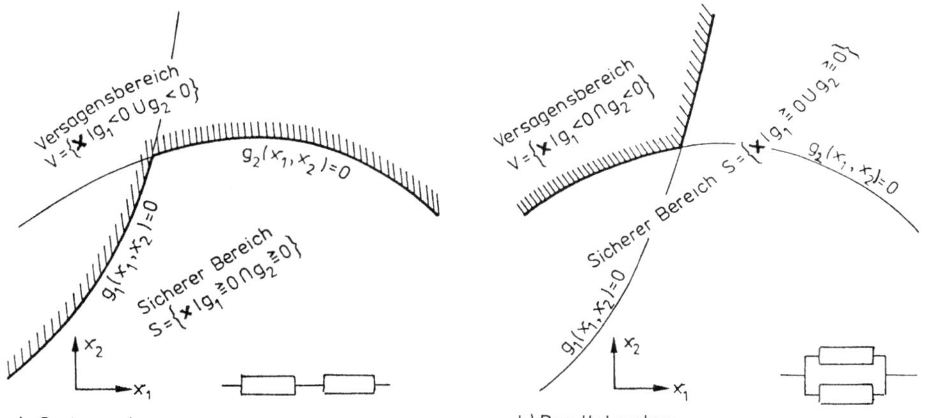

Abb. 3.30. Darstellung des Versagensbereiches und des sicheren Bereiches für Systeme mit zwei Zufallsgrößen ($m = 2$) und zwei Grenzzuständen ($n = 2$)

Nach den Regeln der Wahrscheinlichkeitsrechnung ist dann die Versagenswahrscheinlichkeit eines Seriensystems das Integral der Verteilungsdichte der Basisvariablen X_i über den Versagensbereich des Systems

$$P_f = \underbrace{\int \cdots \int}_{m}\limits_{\left\{x \mid \bigcup\limits_{j=1}^{n} (g_j(x) < 0)\right\}} f_{\mathbf{X}}(x_1, x_2, \ldots, x_m)\, dx_1 \cdot dx_2 \cdot \cdots \cdot dx_m. \tag{3.232}$$

Meist ist es vorteilhafter, die Integration über den sicheren Bereich zu betrachten

$$P_f = 1 - \int \cdots \int\limits_{\left\{x \mid \bigcap\limits_{j=1}^{n} (g_j(x) \geqq 0)\right\}} f_{\mathbf{X}}(x_1, x_2, \ldots, x_m)\, dx_1\, dx_2 \cdot \cdots \cdot dx_m. \tag{3.233}$$

Für Parallelsysteme gilt analog

$$V = \left\{ \boldsymbol{x} \mid \bigcap_{j=1}^{n} (g_j(\boldsymbol{x}) < 0) \right\}$$

$$S = \left\{ \boldsymbol{x} \mid \bigcup_{j=1}^{n} (g_j(\boldsymbol{x}) \geqq 0) \right\} \tag{3.234}$$

$$P_f = \int \cdots \int\limits_{\left\{x \mid \bigcap\limits_{j=1}^{n} (g_j(x) < 0)\right\}} f_{\mathbf{X}}(x_1, x_2, \ldots, x_m)\, dx_1\, dx_2 \cdot \cdots \cdot dx_m. \tag{3.235}$$

Ist schon die exakte Integration bei einzelnen Grenzzuständen eine praktisch unlösbare Aufgabe, so gilt das um so mehr für allgemeine Systeme. Die Bestrebungen der Theorie sind daher weitgehend darauf gerichtet, genügend genaue obere und untere Schranken für die System-Versagenswahrscheinlichkeit bzw. den Sicherheitsindex auf der Grundlage von P_f und β für die Einzelgrenzzustände anzugeben.

Im folgenden werden zunächst verschiedene Sonderfälle, für die noch einfache Lösungen möglich sind, dargestellt und danach einige Möglichkeiten der Eingrenzung von P_f bzw. β für den allgemeinen Fall gezeigt. Dabei beschränken wir uns auf Seriensysteme wegen deren großer Bedeutung für mechanische Probleme. Parallel- und gemischte Systeme sind u. a. in [3.70, 3.71, 3.72, 3.73, 3.75] behandelt.

3.2.3.2 Sonderfälle

Die Sicherheitsabstände für die Grenzzustände sind stochastisch unabhängig

Dieser Fall liegt vor, wenn erstens die Basisvariablen X_i voneinander unabhängig sind und wenn zweitens ein X_i in jeweils nur einer Grenzzustandsgleichung g_j auftritt, wenn also z. B. das Gleichungssystem (3.224) den Aufbau

$$Z_1 = g_1(X_1, X_2)$$
$$Z_2 = g_2(X_3, X_4)$$
$$\vdots$$

hat.

Wie bereits erwähnt, wird bei realen Tragwerken ein solcher Fall kaum auftreten, da die Lasten in allen Elementen und Querschnitten Beanspruchungen hervorrufen. Der Fall hat jedoch Bedeutung als obere Schranke der Versagenswahrscheinlichkeit für allgemeine Seriensysteme.

Das Integral (3.233) zerfällt hier in ein Produkt einfacherer Integrale für die einzelnen Grenzzustände. Wir zeigen dies für den wichtigen Fall, daß die einzelnen Grenzzustandsgleichungen die Form

$$g_j(x_i, x_{i+1}) = r_j - s_j$$

besitzen. Dann folgt aus (3.233)

$$\begin{aligned} P_f &= 1 - \int\limits_{\left\{r_j, s_j \mid \bigcap\limits_j r_j - s_j \geqq 0\right\}} \cdots \int \prod_j \left(f_{R_j}(r_j)\, f_{S_j}(s_j)\, \mathrm{d}r_j\, \mathrm{d}s_j\right) \\ &= 1 - \prod_j \int\limits_{-\infty}^{+\infty} \int\limits_{s_j}^{+\infty} f_{R_j}(r_j)\, f_{S_j}(s_j)\, \mathrm{d}r_j\, \mathrm{d}s_j \\ &= 1 - \prod_j \left(1 - \int\limits_{-\infty}^{+\infty} F_{R_j}(s_j)\, f_{S_j}(s_j)\, \mathrm{d}s_j\right) = 1 - \prod_{j=1}^{n} (1 - P_{fj}). \end{aligned} \tag{3.236}$$

Darin ist P_{fj} die Versagenswahrscheinlichkeit des Grenzzustandes j nach Gl. (3.64). Gl. (3.236) geht natürlich auch direkt aus Gl. (2.10) hervor. Sie ist eine wichtige Formel in der Zuverlässigkeitstheorie der Systeme mit unabhängigen Elementen und besagt, daß sich bei Seriensystemen die Überlebenswahrscheinlichkeiten multiplizieren

$$P_S = \prod_{j=1}^{n} P_{S_j}.$$

Sind die Versagenswahrscheinlichkeiten für die einzelnen Grenzzustände genügend klein, so läßt sich durch Ausmultiplizieren von Gl. (3.236) die Näherungsbeziehung

$$P_f \approx \sum_{j=1}^{n} P_{fj} \tag{3.237}$$

ableiten, deren Fehler den Wert

$$\frac{1}{2}\left(\sum_{j=1}^{n} P_{fj}\right)^2$$

nicht überschreitet.

Wird der Sicherheitsindex als Sicherheitsmaß betrachtet, so kann man einen verallgemeinerten Sicherheitsindex β_{sys} des Systems einführen, der sich aus den Sicherheitsindizes β_j der einzelnen Grenzzustände nach

$$\beta_{\text{sys}} = -\Phi^{-1}\left(1 - \prod_{j=1}^{n} \Phi(\beta_j)\right) \approx -\Phi^{-1}\left(\sum_{j=1}^{n} \Phi(-\beta_j)\right) \tag{3.238}$$

berechnet.

Statisch bestimmte Systeme mit stochastisch unabhängigen Materialeigenschaften der Elemente unter einer Last S

Bei einem statisch bestimmten System sind die inneren Beanspruchungen in verschiedenen Schnitten direkt proportional der äußeren Last S. Die Schnittkraft im Element j sei $\varkappa_j S$ mit dem Einflußfaktor $\varkappa_j$.

Betrachten wir im folgenden den Grenzfall, daß die Widerstände R_j der einzelnen Elemente j voneinander unabhängig sind, und wenden Gl. (3.233) an

$$\begin{aligned} P_f &= 1 - \int\limits_{\left\{r_j, s \mid \bigcap\limits_j (r_j, \varkappa_j s) \geqq 0\right\}} \cdots \int f_{R_1}(r_1) \cdot \cdots \cdot f_{R_n}(r_n) \cdot f_S(s)\, \mathrm{d}r_1 \cdots \mathrm{d}r_n\, \mathrm{d}s \\ &= 1 - \int_{-\infty}^{+\infty} \left[\underbrace{\int_{\varkappa_n s}^{\infty} \cdots \int_{\varkappa_1 s}^{\infty}}_{n} \prod_{j=1}^{n} \left(f_{R_j}(r_j)\, \mathrm{d}r_j\right) \right] f_S(s)\, \mathrm{d}s, \end{aligned}$$

so lassen sich die inneren Integrale sofort lösen, und man erhält

$$P_f = 1 - \int_{-\infty}^{+\infty} \left[\prod_{j=1}^{n} \left(1 - F_{R_j}(\varkappa_j s)\right) \right] f_S(s)\, \mathrm{d}s, \tag{3.239}$$

ein relativ einfach zu behandelndes Integral.

Vergleicht man dieses Ergebnis mit den Formeln zur Berechnung der Verteilungsfunktion der kleinsten Werte aus unabhängigen Stichproben, so erkennt man, daß der Ausdruck

$$1 - \prod_{j=1}^{n} \left(1 - F_{R_j}(\varkappa_j s)\right)$$

nichts anderes darstellt als die Verteilungsfunktion des Minimalwertes der inneren Widerstände aller betrachteten Querschnitte unter der äußeren

Last S. Bezeichnen wir die Verteilungsfunktion dieses Minimalwertes mit $F_{\min R}(s)$, so geht Gl. (3.239) in die einfache Beziehung (3.64) für das R-S-Modell über

$$P_f = \int_{-\infty}^{+\infty} F_{\min R}(s)\, f_S(s)\, \mathrm{d}s. \tag{3.240}$$

Beispiel 14. Eine Kette aus 100 Gliedern ist durch eine normalverteilte Längskraft S beansprucht. Die Bruchfestigkeiten der einzelnen Kettenglieder sind voneinander unabhängig und normalverteilt.

Wie groß sind Versagenswahrscheinlichkeit und Sicherheitsindex mit den in Abb. 3.31 angegebenen Parametern?

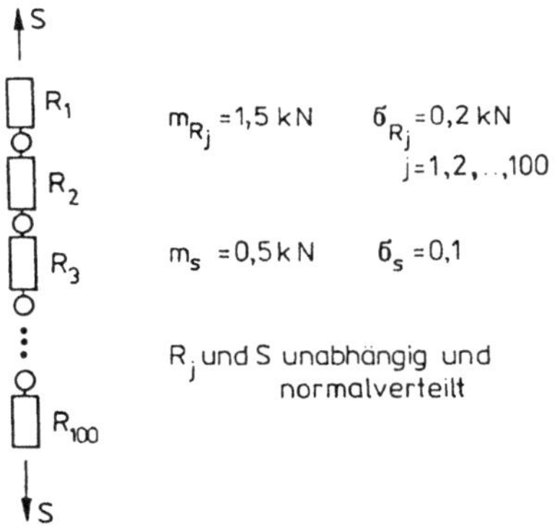

Abb. 3.31. Mechanische Kette

Nach Gl. (3.239) ist

$$P_f = 1 - \int_{-\infty}^{+\infty} \left(1 - \Phi\left(\frac{s - m_R}{\sigma_R}\right)\right)^{100} \frac{1}{\sigma_S}\, \varphi\left(\frac{s - m_S}{\sigma_S}\right) \mathrm{d}s.$$

Numerische Integration mit der Simpsonschen Regel liefert

$$P_f = 3{,}845 \cdot 10^{-4}, \qquad \beta_{\mathrm{sys}} = 3{,}364.$$

Zum Vergleich lösen wir die Aufgabe näherungsweise nach Gl. (3.236) unter der Annahme der Unabhängigkeit der Sicherheitsabstände.

Für das Versagen eines einzelnen Kettengliedes gilt nach Gl. (3.66)

$$P_{f_1} = \Phi\left(-\frac{m_{R_1} - m_S}{\sqrt{\sigma_{R_1}^2 + \sigma_S^2}}\right) = \Phi\left(-\frac{1{,}5 - 0{,}5}{\sqrt{0{,}2^2 + 0{,}1^2}}\right) = 3{,}876 \cdot 10^{-6},$$

und für die gesamte Kette

$$P_f = 1 - (1 - 3{,}876 \cdot 10^{-6})^{100} = 3{,}875 \cdot 10^{-4},$$

$$\beta_{\text{sys}} = 3{,}362.$$

Statisch bestimmte Systeme mit funktionell abhängigen Materialeigenschaften der Elemente unter einer Last *S*

Hatten wir soeben den Grenzfall der stochastischen Unabhängigkeit der Materialeigenschaften ($\varrho = 0$) untersucht, so soll jetzt der entgegengesetzte Grenzfall der vollständigen funktionellen Abhängigkeit der Materialwerte ($\varrho = 1$) betrachtet werden.

Unter dieser Annahme sind die Verteilungen der Widerstände der n Elemente des Systems nur von einer einzigen Verteilung R abhängig

$$R_j = \lambda_j R.$$

Das bedeutet, daß das Problem nur zwei Zufallsgrößen R und S enthält. Weiter folgt daraus, daß die Versagensbereiche für die einzelnen Grenzzustände

$$g_j = r_j - s_j = \lambda_j r - \varkappa_j s = 0$$

ineinandergeschachtelt sind, so daß sich die Geraden $g_j = 0$ der Grenzzustände für das Elementversagen nicht schneiden. Alle Versagensbereiche sind im Versagensbereich eines Elementes – des Elementes mit der größten Versagenswahrscheinlichkeit – enthalten.

Es gilt also für den Versagensbereich

$$V = \left\{ \boldsymbol{x} \mid \bigcup_{j=1}^{n} (g_j(\boldsymbol{x}) < 0) \right\} = \max_j \{ \boldsymbol{x} \mid g_j(\boldsymbol{x}) < 0 \}$$

und die Versagenswahrscheinlichkeit ist

$$P_f = P\left(\bigcup_{j=1}^{n} (Z_j < 0) \right) = \max_j P(Z_j < 0)$$

$$P_f = \max_j P_{fj}. \qquad (3.241)$$

Bei funktioneller Abhängigkeit zwischen den Widerständen der Elemente eines statisch bestimmten Systems ist die System-Versagenswahrscheinlichkeit gleich dem Maximalwert der Element-Versagenswahrscheinlichkeit.

3.2.3.3 Lösung nach der Zuverlässigkeitstheorie 1. Ordnung

Zunächst kann auf jeden Grenzzustand getrennt der FORM-Algorithmus nach Abschnitt 3.2.2.1 angewendet werden. Man erhält für jeden Grenzzustand $g_j(\boldsymbol{x}) = 0$ einen Sicherheitsindex β_j und einen Vektor der Wichtungsfaktoren $\boldsymbol{\alpha}_j^T = (\alpha_{j1}, \alpha_{j2}, \ldots, \alpha_{jm})$, mit denen die Koordinaten des Bemessungspunktes im standardisierten Raum festgelegt sind.

Ersetzt man die Grenzzustandsgleichung

$h_j(\boldsymbol{y}) = 0$

durch ihre Tangentialhyperebene im Bemessungspunkt

$l_j(\boldsymbol{y}) = \beta - \boldsymbol{\alpha}_j^T \boldsymbol{y},$

dann gilt für die Versagenswahrscheinlichkeit des j-ten Grenzzustandes

$$P_{fj} = P(h_j(\boldsymbol{Y}) < 0) \approx P(l_j(\boldsymbol{Y}) < 0) = P(\beta_j - \boldsymbol{\alpha}_j^T \boldsymbol{Y} < 0) = P(Z_j^* < -\beta_j).$$

Hier wurde eine neue Zufallsgröße

$$Z_j^* = -\boldsymbol{\alpha}_j^T \cdot \boldsymbol{Y} \tag{3.242}$$

eingeführt, die man als standardisierten Sicherheitsabstand des Grenzzustandes j ansehen kann. Z_j^* ist normalverteilt, hat den Mittelwert $m_{Z_j^*} = 0$ und die Standardabweichung $\sigma_{Z_j^*} = \left(\sum_i \alpha_{ji}^2\right)^{1/2} = 1$.

Die Z_j^* sind nicht voneinander unabhängig. Für den Korrelationskoeffizienten ϱ_{jk} für die standardisierten Sicherheitsabstände der Grenzzustände j und k ergibt sich nach Gl. (3.229)

$$\varrho_{jk} = \boldsymbol{\alpha}_j^T \boldsymbol{\alpha}_k = \alpha_{j1}\alpha_{k1} + \alpha_{j2}\alpha_{k2} + \cdots + \alpha_{jm}\alpha_{km}. \tag{3.243}$$

Die Gesamtheit der ϱ_{jk} fassen wir zur Matrix $\boldsymbol{R}$ und die Sicherheitsindizes zum Vektor $\boldsymbol{\beta}$ zusammen,

$$\boldsymbol{R} = \begin{pmatrix} 1 & \varrho_{12} & \cdots & \varrho_{1n} \\ \varrho_{21} & 1 & & \vdots \\ \vdots & & & \vdots \\ \varrho_{n1} & \varrho_{n2} & \cdots & 1 \end{pmatrix}, \quad \boldsymbol{\beta} = \begin{pmatrix} \beta_1 \\ \beta_2 \\ \vdots \\ \beta_n \end{pmatrix}. \tag{3.244}$$

Für die Versagenswahrscheinlichkeiten eines Seriensystems erhält man dann

$$\begin{aligned} P_f = 1 - P_s &= 1 - P\left(\bigcap_{j=1}^{n} (g_j(\boldsymbol{X}) \geqq 0)\right) \\ &= 1 - P\left(\bigcap_j (h_j(\boldsymbol{Y}) \geqq 0)\right) \quad \text{Transformation} \\ &\approx 1 - P\left(\bigcap_j (l_j(\boldsymbol{Y}) \geqq 0)\right) \quad \text{Linearisierung} \\ &= 1 - P\left(\bigcap_j (-Z_j^* \leqq \beta_j)\right) \\ &= 1 - \Phi_n(\boldsymbol{\beta}, \boldsymbol{R}). \end{aligned} \tag{3.245}$$

Darin ist Φ_n die n-dimensionale standardisierte Normalverteilung

$$\Phi_n(\boldsymbol{\beta}, \boldsymbol{R}) = \frac{1}{(2\pi)^{n/2}\,|R|^{1/2}} \int\limits_{-\infty}^{\beta_n} \cdots \int\limits_{-\infty}^{\beta_1} \exp\left(-\frac{1}{2}\,\boldsymbol{y}^T \boldsymbol{R}^{-1} \boldsymbol{y}\right) \mathrm{d}y_1\,\mathrm{d}y_2 \cdot \cdots \cdot \mathrm{d}y_n. \tag{3.246}$$

Durch Gl. (3.245) ist die Berechnung der Seriensysteme auf die Berechnung der Verteilungsfunktion Φ_n reduziert. Leider können für $n \geqq 3$ nur Näherungslösungen oder untere und obere Schranken angegeben werden.

Hohenbichler hat ein Verfahren zur Berechnung von Φ_n entwickelt, das auf mehrfacher Anwendung des FORM-Algorithmus und Aufspaltung der mehrdimensionalen Verteilungen in Produkte bedingter Verteilungen beruht. Es liefert sehr gute Näherungswerte, ist allerdings auch recht kompliziert. Ausführlich ist es in [3.79, 3.70, 3.80, 3.81] beschrieben. In der Regel ist es einfacher und genügend genau, mit den im folgenden Abschnitt angegebenen Schranken zu arbeiten.

Zunächst sollen aber noch einige einfache Lösungen von Sonderfällen angegeben werden. Für den Fall gleicher Korrelationskoeffizienten, also

$$\boldsymbol{R} = \begin{pmatrix} 1 & \varrho & \varrho & \dots & \varrho \\ \varrho & 1 & \varrho & & \varrho \\ \vdots & & & & \vdots \\ \varrho & \varrho & \varrho & & 1 \end{pmatrix}$$

läßt sich zeigen, [3.82], daß

$$\Phi_n(\boldsymbol{\beta}, \boldsymbol{R}) = \int\limits_{-\infty}^{+\infty} \varphi(x) \prod_{i=1}^{n} \Phi\left(\frac{\beta_i + \sqrt{\varrho}\,x}{\sqrt{1-\varrho}}\right) \mathrm{d}x \tag{3.247}$$

gilt, eine Beziehung, die sich durch numerische Integration problemlos auswerten läßt.

Dieses Ergebnis läßt sich verallgemeinern. Für die Korrelationsmatrix

$$\boldsymbol{R} = \begin{pmatrix} 1 & \lambda_1\lambda_2 & \dots & \lambda_1\lambda_n \\ \lambda_2\lambda_1 & 1 & & \vdots \\ \vdots & \vdots & & \vdots \\ \lambda_n\lambda_1 & \lambda_n\lambda_2 & \dots & 1 \end{pmatrix}, \quad |\lambda_i| < 1, \quad |\lambda_j| < 1, \quad i, j = 1, 2, \dots, n$$

gilt

$$\Phi_n(\boldsymbol{\beta}, \boldsymbol{R}) = \int\limits_{-\infty}^{+\infty} \varphi(x) \prod_{i=1}^{n} \Phi\left(\frac{\beta_i + \lambda_i x}{\sqrt{1-\lambda_i^2}}\right) \mathrm{d}x, \tag{3.248}$$

eine Gleichung, die für die Ableitung von oberen und unteren Schranken für die Versagenswahrscheinlichkeit verwendet werden kann (siehe Abschnitt 3.2.3.4).

Es liegt der Gedanke nahe, Gl. (3.247) auch im allgemeinen Fall unterschiedlicher Korrelationskoeffizienten anzuwenden, wenn für ϱ der Mittelwert

$$\bar{\varrho} = \frac{1}{n(n-1)} \sum_{\substack{i,j=1 \\ i \neq j}}^{n} \varrho_{ij} \tag{3.249}$$

verwendet wird. Thoft-Christensen und Sorensen [3.83, 3.70] haben durch Simulationsrechnungen gezeigt, daß diese Näherung in den meisten Fällen auf der sicheren Seite liegt.

Wir betrachten noch den Sonderfall $n = 2$. Bei zwei Grenzzuständen kann Φ_2 durch eindimensionale numerische Integration mit den im Anhang II.5 angegebenen Beziehungen berechnet werden.

Dann ist

$$\boldsymbol{\beta}^T = (\beta_1, \beta_2), \qquad \varrho = \boldsymbol{\alpha}_1^T \boldsymbol{\alpha}_2 = \alpha_{11}\alpha_{21} + \alpha_{12}\alpha_{22}$$

und Gl. (3.245) nimmt die Form

$$P_f = 1 - \Phi_2(\beta_1, \beta_2; \varrho) \tag{3.250}$$

an. Bei sehr kleinen Wahrscheinlichkeiten kann die Differenzbildung zu Fehlerempfindlichkeit führen. Es ist dann vorteilhaft, unter Nutzung von Symmetrieeigenschaften von Φ_2 umzuformen in

$$P_f = 1 - \Phi(\beta_1) + \Phi_2(\beta_1, -\beta_2; -\varrho) = \Phi(-\beta_1) + \Phi_2(\beta_1, -\beta_2; -\varrho). \tag{3.251}$$

Beispiel 15. Es wird noch einmal das Beispiel 2 betrachtet, jetzt aber zusätzlich die Querkraftfähigkeit X_3 der Verbindung am Einspannquerschnitt in die Betrachtung mit einbezogen. Diese sei logarithmisch normalverteilt mit $m_X = 30$ kN, $\sigma_x = 3{,}6$ kN und $\boldsymbol{x}_0 = 0$.

Wie groß ist die Wahrscheinlichkeit, daß das System entweder durch Fließen in der Rundfaser oder durch Versagen der Verbindung ausfällt?

$$g_1 = W \cdot X_1 - 1 \cdot X_2$$

$$g_2 = X_3 - X_2 .$$

Für g_1 ergab sich im Beispiel 6

$$\beta_1 = 2{,}842 \qquad \text{und} \qquad \boldsymbol{\alpha}_1^T = (-0{,}3962 \quad 0{,}9182 \quad 0).$$

Man beachte, daß $\alpha_i = y_i/\beta$ und $y_i = (x_i^* - m_{xi}^*)/\sigma_{xi}^*$ ist.

Analog ergibt die FORM-Berechnung für g_2: $\beta_2 = 2{,}888$ und

$\alpha_2^T = (0 \quad 0{,}8231 \quad -0{,}5677)$.

Nach Gl. (3.229) folgt der Korrelationskoeffizient zu $\varrho = 0{,}9182 \cdot 0{,}8231 = 0{,}7558$.

$$P_f = 1 - \Phi_2(2{,}842,\ 2{,}888;\ 0{,}7558) = 1 - 0{,}996322 = 3{,}678 \cdot 10^{-3}$$

nach Gl. (3.250) oder

$$P_f = \Phi(-2{,}842) + \Phi_2(2{,}842,\ -2{,}888;\ -0{,}7558)$$
$$= 2{,}242 \cdot 10^{-3} + 1{,}436 \cdot 10^{-3} = 3{,}678 \cdot 10^{-3}$$

nach Gl. (3.251). Der verallgemeinerte Sicherheitsindex für das Gesamtsystem ist dann

$$\beta_{sys} = -\Phi^{-1}(3{,}678 \cdot 10^{-3}) = 2{,}681\,.$$

3.2.3.4 Schranken für Seriensysteme

Elementare Schranken

Da bei Seriensystemen die Versagenswahrscheinlichkeit ansteigt, wenn die Korrelation zwischen den Sicherheitsabständen der einzelnen Grenzzustände abnimmt – den Beweis dafür findet man bei Ditlevsen [3.77] –, lassen sich Gl. (3.236) und Gl. (3.241) auch als obere und untere Schranken für die Versagenswahrscheinlichkeit verwenden.

$$\max_j P_{fj} \leqq P_f \leqq 1 - \prod_{j=1}^{n} (1 - P_{fj}) < \sum_{j=1}^{n} P_{fj}. \tag{3.252}$$

Diese Schranken können auch direkt auf Grund einfacher Wahrscheinlichkeitsgesetze abgeleitet werden.

$$\min_j \beta_j \geqq \beta_{sys} \geqq -\Phi^{-1}\left(1 - \prod_{j=1}^{n} \Phi(\beta_j)\right) > -\Phi^{-1}\left(\sum_{j=1}^{n} \Phi(-\beta_j)\right). \tag{3.253}$$

Damit sind einfach berechenbare obere und untere Schranken der Versagenswahrscheinlichkeit von Seriensystemen gegeben. Leider erweisen sich diese elementaren Schranken in vielen Fällen – insbesondere bei Systemen mit vielen Versagensmechanismen und annähernd gleichen Element-Versagenswahrscheinlichkeiten – als recht weit, und es besteht das Bedürfnis nach engeren Abschätzungen unter genauerer Berücksichtigung der Korrelation zwischen den Sicherheitsabständen der einzelnen Grenzzustände.

Schranken durch Modifikation der Korrelationsmatrix

Gl. (3.248) bildet die Grundlage für verbesserte Schranken, die von Rackwitz [3.78, 3.84] vorgeschlagen wurden. Wie bereits erwähnt, fällt für Seriensysteme die Versagenswahrscheinlichkeit, wenn die Korrelationskoeffizienten ϱ_{ik} der Sicherheitsabstände ansteigen. Werden die λ-Werte so gewählt, daß für alle j, k

$$\lambda_j \cdot \lambda_k \leqq \varrho_{jk} \qquad j \neq k \tag{3.254}$$

gilt, so ergibt Gl. (3.248) eine obere Schranke für P_f, und wird

$$\lambda_j \cdot \lambda_k \leqq \varrho_{jk} \qquad j \neq k \tag{3.255}$$

gewählt, so erhält man eine untere Schranke. Natürlich müssen die λ-Werte im Intervall $[-1, +1]$ liegen. Die Schranken werden um so enger sein, je besser die Bedingung $\varrho_{jk} = \lambda_j \cdot \lambda_k$ erfüllt ist. Es gibt verschiedene Techniken für die Wahl möglichst guter λ-Werte [3.78].

Die einfachste Wahl, die auch immer möglich ist, besteht in

$$\lambda_j = \sqrt{\max_j \{\varrho_{jk}\}} \qquad j \neq k \tag{3.256}$$

für die untere Schranke und

$$\lambda_j = \sqrt{\min_j \{\varrho_{jk}\}} \qquad j \neq k \tag{3.257}$$

für die obere Schranke, vorausgesetzt, $\min\limits_j \{\varrho_{jk}\}$ ist positiv. Diese Schranken geben besonders gute Werte, wenn die ϱ_{jk} von annähernd gleicher Größenordnung sind.

Engere Schranken erhält man, wenn es gelingt, die λ-Werte so zu wählen, daß $\varrho_{jk} = \lambda_j \cdot \lambda_k$ für die drei wichtigsten Grenzzustände, d. h. die Grenzzustände mit den drei kleinsten lokalen Sicherheitsindizes β_j, exakt erfüllt wird, und die entsprechenden Ungleichungen für die restlichen Grenzzustände gelten. Haben die drei wichtigsten Grenzzustände die Indizes 1, 2 und 3, so folgt aus

$$\lambda_1 \lambda_2 = \varrho_{12}, \qquad \lambda_2 \lambda_3 = \varrho_{23}, \qquad \lambda_1 \lambda_3 = \varrho_{13}$$

$$\lambda_1 = \sqrt{\frac{\varrho_{12} \cdot \varrho_{13}}{\varrho_{23}}}, \qquad \lambda_2 = \sqrt{\frac{\varrho_{21} \cdot \varrho_{23}}{\varrho_{13}}}, \qquad \lambda_3 = \sqrt{\frac{\varrho_{31} \cdot \varrho_{32}}{\varrho_{12}}}. \tag{3.258}$$

Für die übrigen λ-Werte gilt dann

$$\lambda_j = \min_{k \leqq j+1} \left\{\frac{\varrho_{jk}}{\lambda_k}\right\} \qquad j = 4, 5, \ldots \quad \text{für obere Schranken}$$

$$\lambda_j = \max_{k \leqq j+1} \left\{\frac{\varrho_{jk}}{\lambda_k}\right\} \qquad j = 4, 5, \ldots \quad \text{für untere Schranken.}$$

Diese Lösung gilt natürlich nur, wenn die sich ergebenden λ-Werte im Intervall $[-1, 1]$ liegen. Leider ist bei stark unterschiedlichen Korrelationskoeffizienten diese Bedingung häufig nicht erfüllt.

Schranken auf der Basis des allgemeinen Additionssatzes

Wir bezeichnen zur Abkürzung das Ereignis, daß das System nach dem j-ten Grenzzustand versagt, $Z_j < 0$, mit F_j und entwickeln die Wahrscheinlichkeit der Vereinigung der Versagensereignisse nach dem allgemeinen Additionssatz Gl. (2.8)

$$\begin{aligned} P_f = P\left(\bigcup_{j=1}^{n} F_j\right) &= \sum_{j=1}^{n} P(F_j) - \sum_{j=1}^{n-1} \sum_{k=j+1}^{n} P(F_j \cap F_k) \\ &+ \sum_{j=1}^{n-2} \sum_{k=j+1}^{n-1} \sum_{l=k+1}^{n} P(F_j \cap F_k \cap F_1) \\ &- + \cdots \\ &- (-1)^n P(F_1 \cap F_2 \cap \cdots \cap F_n). \end{aligned} \tag{3.259}$$

Darin ist

$$P(F_j \cap F_k) = P\big((Z_j < 0) \cap (Z_k < 0)\big)$$

die Wahrscheinlichkeit des gleichzeitigen Versagens nach den Grenzzuständen j und k.

Da die Teilsummen in Gl. (3.259) um das Ergebnis alternieren und die Wahrscheinlichkeiten für das gleichzeitige Eintreten mehrerer Grenzzustände meist wesentlich kleiner sind als die Versagenswahrscheinlichkeit für einen Grenzzustand,

$$P(F_j \cap F_k) < P(F_j) \qquad \text{für } F_j \neq F_k,$$

kann Gl. (3.259) für die Einschrankung der System-Versagenswahrscheinlichkeit verwendet werden. Berücksichtigt man nur die ersten beiden Glieder, so kann man schreiben

$$P_f \leqq \min \begin{cases} 1 \\ \sum_{j=1}^{n} P(F_j) \end{cases}$$

$$P_f \geqq \max \begin{cases} P(F_1) + \sum_{j=2}^{n} \left(P(F_j) - \sum_{k=1}^{n-1} P(F_j \cap F_k) \right) \\ 0. \end{cases} \tag{3.260}$$

Häufig sind aber auch diese Schranken recht weit. Ditlevsen hat einen Weg gewiesen, wie man diese Schranken ohne wesentliche Erhöhung des Rechenaufwandes verbessern kann. Er erhält in [3.85]

$$P_f \leqq \min \begin{cases} 1 \\ \sum_{j=1}^{n} P(F_j) - \sum_{j=2}^{n} \max_{k<j} P(F_j \cap F_k) \end{cases}$$

$$P_f \geqq P(F_1) + \sum_{j=2}^{n} \max \begin{cases} 0 \\ P(F_j) - \sum_{k=1}^{j-1} P(F_j \cap F_k). \end{cases} \tag{3.261}$$

Die Bestimmung der Wahrscheinlichkeit des Durchschnitts zweier Versagensereignisse

$$P(F_j \cap F_k) = P(Z_j < 0 \cap Z_k < 0) \tag{3.262}$$

kann näherungsweise nach der Zuverlässigkeitstheorie 1. Ordnung durchgeführt werden. Dann gilt für die linearisierten Grenzzustände

$$P(F_j \cap F_k) \approx P\big(l_j(Y) < 0 \cap l_k(Y) < 0\big) = \Phi_2(-\beta_j, -\beta_k; \varrho_{jk})$$

mit der zweidimensionalen standardisierten Normalverteilung Φ_2 nach Gl. (2.86) und Anhang II.5. Dann ist

$$P_f \leqq \min \begin{cases} 1 \\ \sum_{j=1}^{n} \Phi(-\beta_j) - \sum_{j=2}^{n} \max_{k<j} \Phi_2(-\beta_j, -\beta_k; \varrho_{jk}) \end{cases}$$

$$P_f \geqq \Phi(-\beta_1) + \sum_{j=2}^{n} \max \begin{cases} 0 \\ \Phi(-\beta_j) - \sum_{k=1}^{j-1} \Phi_2(-\beta_j, -\beta_k; \varrho_{jk}). \end{cases} \tag{3.263}$$

Die numerische Integration von Φ_2 läßt sich vermeiden, wenn man für Φ_2 Schranken verwendet, die in [3.85, 3.86] von Ditlevsen angegeben wurden

$$\Phi_2(-\beta_j, -\beta_k; \varrho_{jk})$$

$$\leqq \min \begin{cases} \Phi(-\beta_j)\ \Phi(-\beta_{k|j}) + \Phi(-\beta_k)\ \Phi(-\beta_{j|k}) & \text{für} \quad \varrho_{jk} > 0 \\ \min \begin{cases} \Phi(-\beta_j)\ \Phi(-\beta_{k|j}) \\ \Phi(-\beta_k)\ \Phi(-\beta_{j|k}) \end{cases} & \text{für} \quad \varrho_{jk} \leqq 0 \end{cases}$$

$$\Phi_2(-\beta_j, -\beta_k; \varrho_{jk}) \geqq \max \begin{cases} \max \begin{cases} \Phi(-\beta_j)\ \Phi(-\beta_{k|j}) \\ \Phi(-\beta_k)\ \Phi(-\beta_{j|k}) \end{cases} & \text{für} \quad \varrho_{jk} \geqq 0 \\ 0 & \text{für} \quad \varrho_{jk} < 0. \end{cases} \tag{3.264}$$

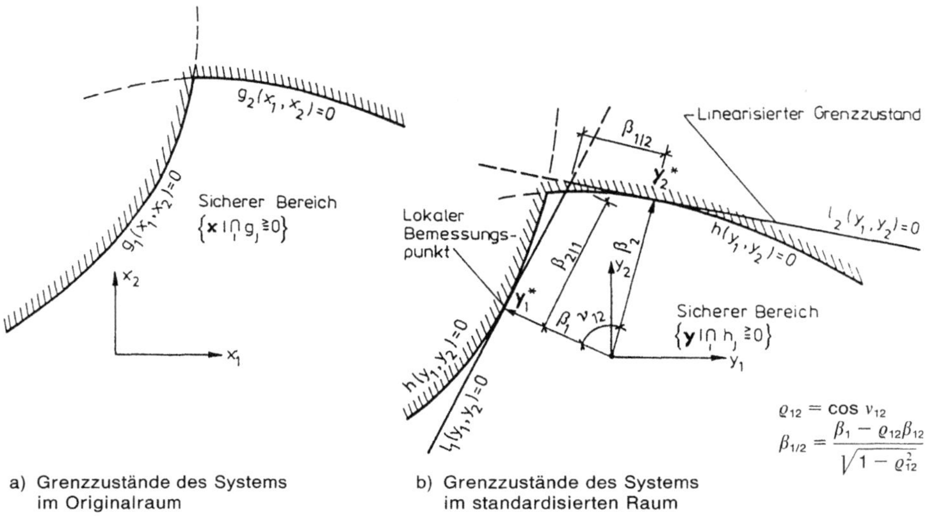

Abb. 3.32. Versagenswahrscheinlichkeit von Seriensystemen. Darstellung der Lösung nach der Zuverlässigkeitstheorie 1. Ordnung am Beispiel $m = 2$, $n = 2$

Darin ist

$$\beta_{j|k} = \frac{\beta_j - \beta_k \varrho_{jk}}{\sqrt{1 - \varrho_{jk}^2}} \tag{3.265}$$

ein bedingter Sicherheitsindex. Die geometrische Bedeutung der hier eingeführten Größen ist in Abb. 3.32 dargestellt.

Beispiel 16. Gegeben ist der stählerne Rahmen nach Abb. 3.33, der mit drei zufälligen Einzellasten X_2, X_3 und X_4 belastet ist. Die Horizontalkräfte X_3 und X_4 sollen einander ausschließen, so daß stets nur eine der beiden Kräfte wirken kann.

Das Material des I 20 soll aus der gleichen Charge stammen. Dann liegt der Korrelationskoeffizient der Fließgrenze für verschiedene Orte (Fließgelenke) des Rahmens sehr nahe an 1. Wir rechnen hier vereinfacht mit $\varrho = 1$, so daß die Fließeigenschaft des Materials durch eine einzige Zufallsgröße X_1 erfaßt werden kann.

Die vier Basisvariablen X_i haben die Verteilungen

i	Typ	m_{X_i}	σ_{X_i}	x_{0i}
1	LN	$26{,}5 \cdot 10^4$	$2{,}5 \cdot 10^4$	$16 \cdot 10^4$
2	NV	50	6	–
3	E I	72	8	–
4	E I	72	8	–

Dimensionen: kN, m

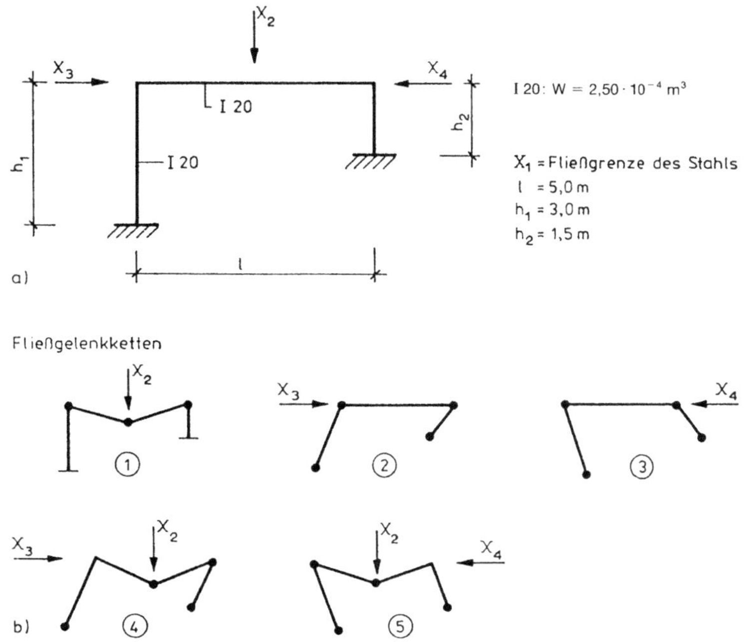

Abb. 3.33. System und Fließgelenkketten des Beispiels 16

Gesucht sind obere und untere Schranken für die Wahrscheinlichkeit, daß der Rahmen nach einer der in Abb. 3.33 b gezeigten fünf Fließgelenkketten versagt.

Nach der Fließgelenktheorie ergibt sich das System der Grenzzustandsgleichungen (3.223) für die fünf berücksichtigten Fließgelenkketten zu

$$g_1(\boldsymbol{x}) = W_{pl}\,\frac{8}{l}\,x_1 - x_2 = 0$$

$$g_2(\boldsymbol{x}) = 2W_{pl}\left(\frac{1}{h_1} + \frac{1}{h_2}\right)x_1 \qquad - x_3 \qquad = 0$$

$$g_3(\boldsymbol{x}) = 2W_{pl}\left(\frac{1}{h_1} + \frac{1}{h_2}\right)x_1 \qquad - x_4 = 0$$

$$g_4(\boldsymbol{x}) = \frac{4W_{pl}}{l}\left(2 + \frac{h_1}{h_2}\right)x_1 - x_2 - 2\,\frac{h_1}{l}\,x_3 \qquad = 0$$

$$g_5(\boldsymbol{x}) = \frac{4W_{pl}}{l}\left(2 + \frac{h_2}{h_1}\right)x_1 - x_2 \qquad - 2\,\frac{h_2}{l}\,x_4 = 0.$$

Man berechnet zunächst für jede Fließgelenkkette j einzeln den lokalen Sicherheitsindex β_i und die Wichtungsfaktoren α_{ij}. Die FORM-Berechnung für die fünf Grenzzustände ergibt

$$\boldsymbol{\beta} = \begin{pmatrix} 6,372 \\ 3,614 \\ 3,614 \\ 3,414 \\ 3,026 \end{pmatrix} \quad \text{bzw.} \quad \boldsymbol{P}_f = \begin{pmatrix} 9,380 \cdot 10^{-11} \\ 1,508 \cdot 10^{-4} \\ 1,508 \cdot 10^{-4} \\ 3,199 \cdot 10^{-4} \\ 1,240 \cdot 10^{-3} \end{pmatrix}.$$

Man sieht, daß die Kette 5 den wahrscheinlichsten Grenzzustand mit kleinstem Sicherheitsindex darstellt.

Elementare Schranken. Nach den Gln. (3.252) und (3.253) ist

$$\max\{P_{fj}\} \leqq P_f \leqq 1 - \prod_{j=1}^{5} (1 - P_{fj}) < \sum_{j=1}^{5} P_{fj}$$

$$1,240 \cdot 10^{-3} \leqq P_f \leqq 1,861 \cdot 10^{-3} < 1,862 \cdot 10^{-3}$$

bzw.

$$3,026 \geqq \beta_{\text{sys}} \geqq 2,901\,.$$

Zur Berechnung verbesserter Schranken nach der Zuverlässigkeitstheorie 1. Ordnung werden die Wichtungsfaktoren zur Matrix $\boldsymbol{\alpha}$ mit den Elementen α_{ij} zusammengefaßt.

$$\boldsymbol{\alpha} = \begin{pmatrix} 0,566 & 0,363 & 0,363 & 0,469 & 0,586 \\ -0,824 & 0 & 0 & -0,214 & -0,445 \\ 0 & -0,932 & 0 & -0,857 & 0 \\ 0 & 0 & -0,932 & 0 & -0,677 \end{pmatrix}.$$

Die Zeilen von $\boldsymbol{\alpha}$ beziehen sich auf die Zufallsgrößen X_i, die Spalten auf die Grenzzustände g_j. Nach Gl. (3.243) folgt daraus die Matrix $\boldsymbol{R}$ der Korrelationskoeffizienten der standardisierten Sicherheitsabstände Z^*

$$R = \boldsymbol{\alpha}^T \boldsymbol{\alpha} = \begin{pmatrix} 1 & 0,205 & 0,205 & 0,442 & 0,698 \\ 0,205 & 1 & 0,132 & 0,969 & 0,213 \\ 0,205 & 0,132 & 1 & 0,170 & 0,844 \\ 0,442 & 0,969 & 0,170 & 1 & 0,370 \\ 0,698 & 0,213 & 0,844 & 0,370 & 1 \end{pmatrix}.$$

Rackwitz-Schranken. Wir zeigen hier die Berechnung mit den λ_j-Werten nach den einfachen Gln. (3.256) und (3.257)

für untere Schranken: für obere Schranken:

$$\lambda = \begin{pmatrix} 0{,}835 \\ 0{,}984 \\ 0{,}919 \\ 0{,}984 \\ 0{,}919 \end{pmatrix} \qquad \lambda = \begin{pmatrix} 0{,}453 \\ 0{,}363 \\ 0{,}363 \\ 0{,}412 \\ 0{,}462 \end{pmatrix}.$$

Man überzeugt sich leicht, daß die Produkte $\lambda_j \cdot \lambda_k$ für alle j und k im ersten Fall stets größer oder gleich und im zweiten Fall stets kleiner oder gleich den Korrelationskoeffizienten ϱ_{jk} sind.

Damit und mit den oben berechneten β_j-Werten für die einzelnen Grenzzustände lassen sich dann die Versagenswahrscheinlichkeiten durch eindimensionale numerische Integration von Gl. (3.248) nach der Simpsonschen Regel einfach finden. Man erhält:

$$1{,}372 \cdot 10^{-3} \leqq P_f \leqq 1{,}855 \cdot 10^{-3}$$

$$2{,}995 \geqq \beta_{\text{sys}} \geqq 2{,}902.$$

Ditlevsen-Schranken. Mit den Sicherheitsindizes der Einzel-Grenzzustände und den Korrelationskoeffizienten ergeben sich nach Gl. (3.265) die bedingten Sicherheitsindizes $\beta_{j|k}$.

Bedingte Sicherheitsindizes $\beta_{j|k}$

Bedingte Sicherheitsindizes $\beta_{j|k}$

f	$k =$ 1	2	3	4	5
1	–	5,753	5,753	5,421	5,949
2	2,358	–	3,165	1,238	3,039
3	2,358	3,165	–	3,078	1,976
4	0,666	−0,356	2,841	–	2,470
5	−1,985	2,309	−0,045	1,897	–

Werte $\Phi(-\beta_j)\ \Phi(-\beta_{k|j})$

j	$k =$ 1	2	3	4	5
1	–	$8{,}614 \cdot 10^{-13}$	$8{,}614 \cdot 10^{-13}$	$2{,}368 \cdot 10^{-11}$	$9{,}151 \cdot 10^{-11}$
2	$6{,}618 \cdot 10^{-13}$	–	$1{,}171 \cdot 10^{-7}$	$9{,}637 \cdot 10^{-5}$	$1{,}578 \cdot 10^{-6}$
3	$6{,}618 \cdot 10^{-13}$	$1{,}171 \cdot 10^{-7}$	–	$3{,}391 \cdot 10^{-7}$	$7{,}811 \cdot 10^{-5}$
4	$9{,}491 \cdot 10^{-12}$	$3{,}454 \cdot 10^{-5}$	$3{,}331 \cdot 10^{-7}$	–	$9{,}246 \cdot 10^{-6}$
5	$1{,}680 \cdot 10^{-12}$	$1{,}470 \cdot 10^{-6}$	$2{,}980 \cdot 10^{-5}$	$8{,}379 \cdot 10^{-6}$	–

Die Anwendung der Gl. (3.264) führt mit diesen Werten auf die Schranken

$$1{,}602\cdot 10^{-3} \leqq P_f \leqq 1{,}687\cdot 10^{-3} \quad \text{bzw.} \quad 2{,}948 \geqq \beta_{\text{sys}} \geqq 2{,}932.$$

Bestimmt man in Gl. (3.263) Φ_2 durch numerische Integration (Anhang II.5), so verringert sich die Schrankenweite auf

$$1{,}621\cdot 10^{-3} \leqq P_f \leqq 1{,}635\cdot 10^{-3} \quad \text{bzw.} \quad 2{,}944 \geqq \beta_{\text{sys}} \geqq 2{,}941.$$

Die Berechnung mit einem mittleren Korrelationskoeffizienten $\bar{\varrho} = 0{,}4525$ nach Gl. (3.249) und Integration nach Gl. (3.248) ergibt die relativ grobe Näherung

$$P_f = 1{,}816\cdot 10^{-3} \quad \text{bzw.} \quad \beta_{\text{sys}} = 2{,}909.$$

3.3 Besonderheiten bei bestehenden Konstruktionen

Die bisherigen Darlegungen gingen von der Situation der Zuverlässigkeitseinschätzung im Entwurfsstadium, also vor Errichtung des Bauwerkes, aus. Bei der Zuverlässigkeitsbeurteilung bestehender Konstruktionen gibt es einige Besonderheiten, die hier kurz erwähnt werden sollen.

In der Regel werden bei einem Bauwerk, das schon existiert, zusätzliche Informationen über die Bauwerkseigenschaften aus dem bisherigen Leben existieren, oder sie können durch zusätzliche Untersuchungen am Bauwerk gewonnen werden. Das können zerstörungsfreie Prüfungen, Probenahmen und Prüfung von Materialproben, Probebelastungen, Messungen der geometrischen Abmessungen, Bestimmung der tatsächlich vorhandenen ständigen Lasten und ähnliches sein. Die so gewonnenen zusätzlichen Informationen verändern die Ungewißheiten, in der Regel vermindern sie diese. Diese geänderte Situation kann durch Änderungen in den Verteilungstypen und Parametern der Basisvariablen, durch Änderungen der Grenzzustandsgleichungen oder durch zusätzliche Bedingungen, deren Erfüllung oder Nichterfüllung in der Vergangenheit bestätigt wurde, berücksichtigt werden.

Eine zweite Besonderheit der bestehenden Bauwerke ist die geringere restliche Nutzungsdauer. Sie ist immer kleiner als bei Neubauten. Eine verminderte Nutzungsdauer führt über die geringere Anzahl der Belastungszustände bei variablen Lasten zu herabgesetzten Extremwerten.

Als dritte Besonderheit sei erwähnt, daß die Kosten für die Erhöhung der Sicherheit einer bestehenden Konstruktion in der Regel hoch sind. Eine Verstärkung einer bestehenden Konstruktion ist viel teurer als eine Änderung im Entwurfsstadium. Das rechtfertigt aufwendige Untersuchungen zur Gewinnung zusätzlicher Informationen über den Bauwerkszustand und die Durchführung zuverlässigkeitstheoretischer Berechnungen zur präziseren Erfassung der Sicherheit.

Die hohen Verstärkungskosten und die verminderte Nutzungsdauer lassen es sinnvoll erscheinen, sich auch Gedanken über eine Veränderung des erforderlichen Sicherheitsniveaus zu machen. Hier gibt es bisher wenig Anhaltspunkte. Schneider [3.87] schlägt vor, für ein bestehendes Bauwerk eine individuelle Kalibrierung des Sicherheitsniveaus des speziellen Bauwerkes an den Normen für den Neubau vorzunehmen, mit den Schritten:

- Dimensionierung der Konstruktion mit Normen, deren Sicherheitsniveau allgemein akzeptiert ist.
- Berechnung eines Sicherheitsindexes β_0 für die so bemessene Konstruktion mit Basisvariablen, die den Normen zugrunde liegen.
- Sammlung aller Informationen über den realen Zustand der Konstruktion.
- Berechnung des Sicherheitsindexes β für die tatsächlichen Abmessungen unter Berücksichtigung aller präzisierten Informationen über den aktuellen Bauzustand.
- Die Konstruktion wird als sicher angesehen, wenn $\beta \geqq \beta_0$ ist.

Im folgenden soll am Beispiel einer erfolgreich ertragenen Probebelastung gezeigt werden, wie zusätzliche Informationen über bedingte Wahrscheinlichkeiten in die Zuverlässigkeitsermittlung einbezogen werden können.

Es sei $P_f = P(g < 0)$ die Versagenswahrscheinlichkeit ohne Durchführung einer Probebelastung und $P_{f|P}$ die Versagenswahrscheinlichkeit unter der Bedingung, daß eine Probebelastung erfolgreich ohne Versagen überstanden wurde.

$$P_{f|P} = P(g < 0 \,|\, g_P > 0). \tag{3.266}$$

Darin ist g_P die maßgebende Grenzzustandsgleichung für die Probebelastung. g_P kann sich z. B. von g dadurch unterscheiden, daß ein X_i nicht zufällig ist, sondern einen bekannten festen Wert angenommen hat.

Umrechnung nach Gl. (2.4) liefert

$$P_{f|P} = \frac{P(g < 0 \cap g_P > 0)}{P(g_P > 0)} = \frac{\int\limits_{\{\boldsymbol{x}|g>0 \cap g_P>0\}} \cdots \int f_{\boldsymbol{x}}(\boldsymbol{x})\,\mathrm{d}\boldsymbol{x}}{\int\limits_{\{\boldsymbol{x}|g_P>0\}} \cdots \int f_{\boldsymbol{x}}(\boldsymbol{x})\,\mathrm{d}\boldsymbol{x}}. \tag{3.267}$$

Einen anschaulichen Sonderfall liefert die Anwendung auf das einfache $R-S$-Modell. Ist $g = R - S$, $g_P = R - s_P$, $s_P =$ konstante Last ohne Ungewißheiten, so folgt aus Gl. (3.267) für stochastisch unabhängiges R und S nach einigen Umrechnungen

$$P_{f|P} = \frac{1}{1 - F_R(s_P)} \int\limits_{s_P}^{\infty} \left(1 - F_s(r)\right) f_R(r)\,\mathrm{d}r. \tag{3.268}$$

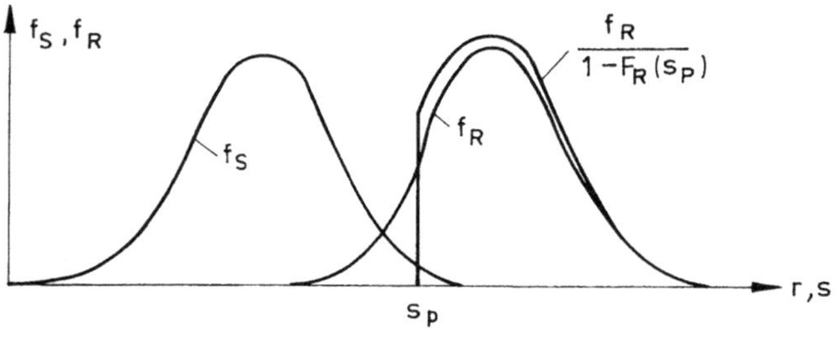

Abb. 3.34. Stutzen der Verteilung der Beanspruchbarkeit nach einer Belastung s_P

Das ist aber nichts anderes als die normale Lösung Gl. (3.65), wenn man dort die Dichte f_R an der Stelle s_P stutzt. Durch die Belastung bis zum Niveau s_P werden sozusagen die Festigkeitswerte $r < s_P$ herausgefiltert.

In der Regel sind die mechanischen Modelle komplizierter, und man wird die Integrale in Gl. (3.267) näherungsweise mit FORM/SORM lösen. Dann folgt unter Beachtung von Tabelle II.5 für die zweidimensionale Normalverteilung

$$P_{f|P} = \frac{\Phi_2(-\beta,\ +\beta_P;\ -\varrho)}{\Phi(+\beta_P)} = \frac{\Phi(-\beta) - \Phi_2(-\beta,\ -\beta_P;\ \varrho)}{1 - \Phi(-\beta_P)} \tag{3.269}$$

Darin ist $\beta = -\Phi^{-1}(P(g < 0))$ der Sicherheitsindex für die Nutzungsbelastung, $\beta_P = -\Phi^{-1}(P(g_P < 0))$ der Sicherheitsindex für die Probebelastung und ϱ der Korrelationskoeffizient zwischen den Sicherheitsabständen für Nutzungsbelastung und Probebelastung. Er berechnet sich nach Gl. (3.229) als skalares Produkt der Vektoren der Wichtungsfaktoren für die beiden Zustände. ϱ nähert sich um so stärker dem Wert 1, je „ähnlicher" sich Probebelastung und Nutzungsbelastung sind.

In Abb. 3.35 ist Gl. (3.269) für $\beta = 4.2$, verschiedene Korrelationskoeffizienten ϱ und verschiedene Sicherheitsindizes β_P der Probebelastung ausgewertet.

Man erkennt daraus, daß eine Probebelastung mit einem Sicherheitsniveau, das größer als die Nutzungsbelastung ist, nur eine ganz geringe Erhöhung der Sicherheit bringt. Wird jedoch bei der Probebelastung ein höheres Risiko eingegangen als bei der späteren Nutzung und wird diese Probebelastung erfolgreich ertragen, so ergeben sich Steigerungen von β. Diese sind dann aber sehr stark vom Korrelationskoeffizienten, d. h. von der „Ähnlichkeit" zwischen Probebelastung und Nutzungsbelastung oder genauer gesagt deren Grenzzustandsgleichungen abhängig. Besteht zwischen beiden keine Ähnlichkeit ($\varrho = 0$), so ist das Sicherheitsniveau vor und nach der Probebelastung gleich. Geht für $\beta_P < \beta$ im Grenzfall $\varrho \to 1$, so strebt $P_{f|P} \to 0$. Zwischen diesen beiden Grenzen liegen alle Werte.

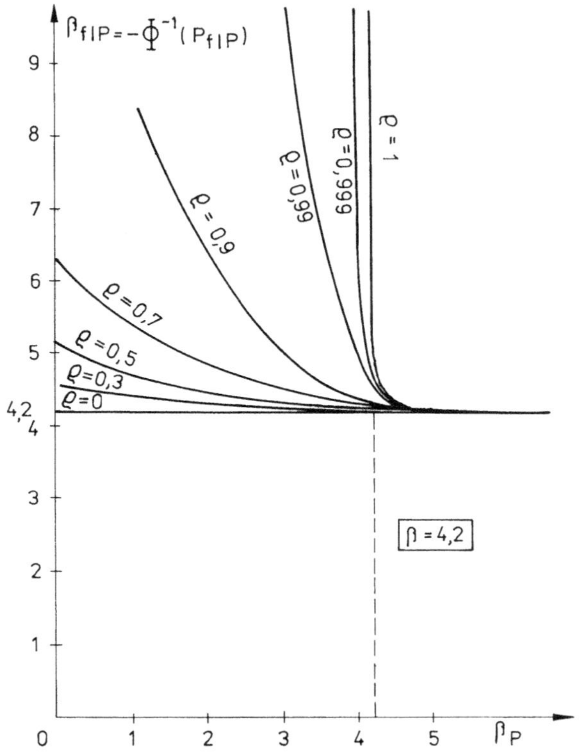

Abb. 3.35. Die Erhöhung des Sicherheitsniveaus $\beta_{f|P}$ durch Probebelastung mit Sicherheitsindex β_P

So wie hier am Beispiel der Probebelastung können andere Zusatzinformationen als bedingte Versagenswahrscheinlichkeiten berechnet werden [3.88, 3.89].

3.4 Die zuverlässigkeitstheoretische Bemessung

Bei Anwendungen entsteht die Frage der Bestimmung von Bemessungsparametern so, daß für einen betrachteten Grenzzustand oder ein System mehrerer Grenzzustände die Versagenswahrscheinlichkeit einen vorgegebenen zulässigen Wert oder der Sicherheitsindex einen gegebenen erforderlichen Wert annimmt.

Der gesuchte Bemessungsparameter, meist ein Querschnittswert (Fläche, Widerstandsmoment, Trägheitsmoment, Höhe), soll im folgenden mit A bezeichnet werden. Er ist stets Bestandteil der Gleichung des Grenzzustandes, die man hier zweckmäßigerweise in der Form $g(\mathbf{x}, A) = 0$ schreibt.

Es besteht nun die Aufgabe, A so zu bestimmen, daß die Grenzzustandsgleichung auf ihrer unsicheren Seite von der Verteilungsdichte $f_{\mathbf{X}}(\mathbf{x})$, gerade ein

Volumen abschneidet, das die Größe zul P_f besitzt. A ist also so zu bestimmen, daß

$$\int_{\{\boldsymbol{x} \mid g(\boldsymbol{x}, A) < 0\}} f_{\boldsymbol{X}}(\boldsymbol{x}) \, \mathrm{d}\boldsymbol{x} = \text{zul } P_f \qquad (3.270)$$

gilt.

In dieser allgemeinen Form ist Gl. (3.270) nur für wenige Sonderfälle lösbar. Für zwei wichtige Fälle seien hier die Bemessungsgleichungen angegeben,

$g(\boldsymbol{x}, A) = Ax_1 - x_2 = 0, \quad X_1$ und X_2 normalverteilt

$$A = \frac{1}{m_{X_1}^2 - \sigma_{X_1}^2 \operatorname{erf} \beta^2} \times \left(m_{X_1} m_{X_2} + \sqrt{m_{X_1}^2 m_{X_2}^2 - (m_{X_1}^2 - \sigma_{X_1}^2 \operatorname{erf} \beta^2)(m_{X_2}^2 - \sigma_{X_2}^2 \operatorname{erf} \beta^2)} \right)$$

mit

$$\operatorname{erf} \beta = -\Phi^{-1} (\text{zul } P_f) \qquad (3.271)$$

$g(\boldsymbol{x}, A) = Ax_1 - x_2 = 0, \quad X_1$ und X_2 logarithmisch normalverteilt $(x_0 = 0)$

$$A = \exp \left(m_{U_2} - m_{U_1} + \operatorname{erf} \beta \sqrt{\sigma_{U_1}^2 + \sigma_{U_2}^2} \right)$$

mit

$$\sigma_{U_i} = \sqrt{\ln (1 + v_i^2)}$$

$$m_{U_i} = \ln m_{X_i} - \sigma_{U_i}^2/2 \qquad (3.272)$$

$$v_i = \sigma_{X_i}/m_{X_i} \qquad i = 1, 2.$$

Soll eine Bemessung mit den Mitteln der Zuverlässigkeitstheorie 1. Ordnung durchgeführt werden, dann besteht die Aufgabe darin, A so zu bestimmen, daß im standardisierten Raum die Grenzzustandsgleichung $h(\boldsymbol{y}, A) = 0$ die Hyperkugel vom Radius erf β und Mittelpunkt im Koordinatenursprung gerade tangiert. Diese Aufgabe ist nun erfreulich einfach, da die für den Nachweis entwickelten Iterationsverfahren nach nur geringfügigen Modifikationen auch für die Bemessungsaufgabe geeignet sind. Es ist hier nur $\beta = \operatorname{erf} \beta$ festzulegen und A iterativ zu bestimmen.

Im folgenden wird der Algorithmus für die Bemessung bei unabhängigen X_i gezeigt.

1. Wähle einen Startvektor $\boldsymbol{x}^{(0)}$, setze $k = 0$.
2. Nähere alle nicht normalverteilten Zufallsgrößen durch Normalverteilungen im Punkt $\boldsymbol{x}^{(k)}$ an, berechne $m_{X_i}^{*(k)}$ und $\sigma_{X_i}^*$ nach Gl. (3.131)
3. Bestimme die Bemessungsgröße $A^{(k)}$, die die Grenzzustandsgleichung $g(\boldsymbol{x}^{(k)}, A^{(k)}) = 0$ erfüllt.

4. Berechne den Gradientenvektor im standardisierten Raum

$$\left.\frac{\partial h(\boldsymbol{y})}{\partial y_i}\right|_{\boldsymbol{y}=\boldsymbol{y}^{(k)}} = \left.\frac{\partial g(\boldsymbol{x})}{\partial x_i}\right|_{\boldsymbol{x}=\boldsymbol{x}^{(k)}} \cdot \sigma_{X_i}^{*(k)} \qquad i = 1, 2, \ldots, m,$$

und die Wichtungsfaktoren

$$\alpha_i^{(k)} = \frac{\left.\dfrac{\partial h}{\partial y_i}\right|_{\boldsymbol{y}^{(k)}}}{\left(\sum\limits_{j=1}^{m}\left(\left.\dfrac{\partial h}{\partial y_i}\right|_{\boldsymbol{y}^{(k)}}\right)^2\right)^{1/2}} \qquad i = 1, 2, \ldots, m.$$

5. Verbesserte Näherungswerte für den Bemessungspunkt

$$x_i^{(k+1)} = m_{X_i}^{*(k)} + \alpha_i^{(k)} \cdot \sigma_{X_i}^{*(k)} \cdot \operatorname{erf} \beta$$

6. Wenn $x_i^{(k+1)} \approx x_i^{(k)}$ für $i = 1, 2, \ldots, m$ ist, dann ist $A^{(k)}$ der gesuchte Bemessungsparameter. Sonst setze $k = k + 1$ und gehe zu Schritt 2.

Im Vergleich zu Integrations- oder Monte-Carlo-Methoden hat die Zuverlässigkeitstheorie 1. Ordnung den großen Vorteil, daß die Bemessung nicht komplizierter ist als der Nachweis.

Soll für ein Seriensystem mit n Grenzzuständen eine vorgegebene System-Versagenswahrscheinlichkeit oder ein entsprechender Sicherheitsindex β_{sys} eingehalten werden, so ist für die Bemessung für die einzelnen Grenzzustände ein größerer erforderlicher Sicherheitsindex $\operatorname{erf} \beta_i$ vorzugeben.

Die Differenz zwischen beiden Sicherheitsindizes $\Delta\beta = \operatorname{erf} \beta_i - \beta_{\text{sys}}$ ist abhängig von der Anzahl n der Grenzzustände des Systems und den Korrelationskoeffizienten ϱ_{ij} zwischen den Sicherheitszonen der verschiedenen Grenzzustände. Letztere sind vor der Bemessung natürlich unbekannt.

Wenn man aber von der sinnvollen Annahme ausgehen kann, daß die Bemessung für die verschiedenen Grenzzustände j mit gleichem Sicherheitsindex $\operatorname{erf} \beta$ durchgeführt werden soll, und wenn man weiter die Größenordnung eines mittleren Korrelationskoeffizienten ϱ abschätzen kann, dann läßt sich die Differenz $\Delta\beta$ unter Verwendung von Gl. (3.247) errechnen

$$\Delta\beta = \operatorname{erf} \beta + \Phi^{-1}\left(\int\limits_{-\infty}^{+\infty}\left(1 - \left(\Phi\left(\frac{\operatorname{erf} \beta + u\sqrt{\varrho}}{\sqrt{1-\varrho}}\right)\right)^n\right)\varphi(u)\,\mathrm{d}u\right). \tag{3.273}$$

Zur Erleichterung sind in Tabelle 3.3. für einige markante Werte n, ϱ und $\operatorname{erf} \beta$ diese Differenzen angegeben, die für die Vorbemessung einen gewissen Anhaltspunkt geben.

Für höhere Ansprüche wird man allerdings eine wiederholte Berechnung nicht vermeiden können.

Tabelle 3.3. Hilfswerte $\Delta\beta = \text{erf}\,\beta - \beta_{sys}$ für die Vorbemessung von Systemen mit n Grenzzuständen

ϱ	n	erf β				
		2	3	4	5	6
0	1	0	0	0	0	0
	2	0,304	0,217	0,167	0,136	0,115
	5	0,766	0,528	0,399	0,320	0,268
	10	1,178	0,786	0,583	0,464	0,387
	50	2,477	1,488	1,049	0,817	0,672
	100	3,281	1,856	1,269	0,977	0,799
	500		2,978	1,848	1,373	1,107
	1 000		3,646	2,136	1,556	1,245
	5 000			2,949	2,018	1,581
	10 000			3,392	2,237	1,733
0,5	1	0	0	0	0	0
	2	0,265	0,207	0,165	0,135	0,114
	5	0,622	0,491	0,391	0,319	0,267
	10	0,888	0,709	0,567	0,462	0,386
	50	1,469	1,208	0,984	0,805	0,670
	100	1,699	1,415	1,164	0,956	0,795
	500	2,190	1,869	1,572	1,311	1,095
	1 000	2,386	2,054	1,742	1,463	1,227
	5 000	2,809	2,459	2,122	1,811	1,534
	10 000	2,979	2,623	2,279	1,957	1,667
0,75	1	0	0	0	0	0
	2	0,213	0,180	0,153	0,130	0,111
	5	0,475	0,409	0,352	0,302	0,260
	10	0,655	0,572	0,497	0,431	0,373
	50	1,023	0,914	0,811	0,717	0,631
	100	1,163	1,047	0,937	0,834	0,738
	500	1,455	1,329	1,206	1,090	0,978
	1 000	1,570	1,439	1,314	1,193	1,078
	5 000	1,816	1,682	1,549	1,421	1,297
	10 000	1,915	1,779	1,644	1,514	1,387
0,9	1	0	0	0	0	0
	2	0,149	0,135	0,123	0,111	0,100
	5	0,321	0,295	0,271	0,247	0,226
	10	0,435	0,403	0,372	0,343	0,315
	50	0,658	0,616	0,578	0,540	0,504
	100	0,739	0,698	0,656	0,617	0,578
	500	0,912	0,867	0,822	0,778	0,736
	1 000	0,979	0,933	0,887	0,841	0,798
	5 000	1,123	1,074	1,027	0,981	0,934
	10 000	1,180	1,131	1,083	1,035	0,990
1,0	alle	0	0	0	0	0

Beispiel 17. Es wird die Bemessung für den Kragträger nach Beispiel 2 durchgeführt. Gesucht ist das Widerstandsmoment $W = A$, das einen Sicherheitsindex erf $\beta = 4$ (zul $P_f = 3{,}169 \cdot 10^{-5}$) garantiert.

Wir wählen als Startpunkt den Mittelpunkt.

Die Rechnung läuft dann nach dem oben beschriebenen Algorithmus mit den Eingabedaten, die im Beispiel 2 zu finden sind, wie folgt ab.

k	$x_1^{(k)}$	$x_2^{(k)}$	$\alpha_1^{(k)}$	$\alpha_2^{(k)}$	$A^{(k)}$
0	$26{,}50 \cdot 10^4$	18			$1{,}358 \cdot 10^{-4}$
1	$19{,}71 \cdot 10^4$	23,42	−0,6588	0,7523	$2{,}376 \cdot 10^{-4}$
2	$22{,}57 \cdot 10^4$	30,23	−0,2573	0,9663	$2{,}678 \cdot 10^{-4}$
3	$23{,}42 \cdot 10^4$	31,75	−0,3322	0,9432	$2{,}711 \cdot 10^{-4}$
4	$23{,}32 \cdot 10^4$	31,60	−0,3540	0,9352	$2{,}709 \cdot 10^{-4}$
5	$23{,}34 \cdot 10^4$	31,62	−0,3516	0,9361	$2{,}709 \cdot 10^{-4}$

Erforderlich ist ein Widerstandsmoment von

$$A = W = 2{,}709 \cdot 10^{-4}\ \mathrm{m}^3 .$$

3.5 Zur Festlegung eines erforderlichen Sicherheitsniveaus

Ein Sicherheitsnachweis auf zuverlässigkeitstheoretischer Grundlage setzt voraus, daß die Sicherheitsforderungen als zulässige Versagenswahrscheinlichkeit zul P_f oder als erforderlicher Sicherheitsindex erf β formuliert sind.

Die Aufgabe der Festlegung eines Sicherheitsniveaus ist ihrem Wesen nach ein gesellschaftliches Optimierungsproblem. Sowohl zu hohe als auch zu geringe Sicherheiten sind ungünstig, im ersten Fall durch hohen materiellen Bauaufwand, im zweiten Fall durch häufige Schadens- und Versagensfälle und kurze Lebensdauer. Anzustreben ist deshalb nicht ein maximales Sicherheitsniveau, sondern ein optimales, von der Gesellschaft noch akzeptiertes Niveau.

Auf diesem Gebiet gibt es bisher wenig Erfahrungen und keine verbindlichen Festlegungen. Im folgenden werden einige Vorgehensweisen betrachtet, die bei der Festlegung von zul P_f oder erf β als Entscheidungshilfen dienen können.

3.5.1 *Nachrechnung bestehender Normen*

Wenn im Abschnitt 1.4 festgestellt wurde, daß sich im bestehenden Normsystem durch einen jahrzehntelangen empirischen Optimierungsprozeß ein gewisses akzeptables Sicherheitsniveau eingepegelt hat (Abb. 1.3), dann ist es naheliegend, dieses Niveau durch zuverlässigkeitstheoretische

Nachrechnung zu bestimmen und als Anhaltspunkt und Ausgangswert für weitergehende Betrachtungen zu verwenden.

Setzt man die Normgleichung (5.3) bzw. (5.4) in die Beziehung

$$P_f = P\big(g(X, A) < 0\big)$$

ein, so erhält man die Bestimmungsgleichung zur Berechnung der von der Norm garantierten operativen Versagenswahrscheinlichkeit in allgemeiner Form

$$P_f = P\left(g\left(X, \bar{g}^{-1}(x_K, \gamma)\right) < 0\right). \tag{3.274}$$

Solche Berechnungen ergeben aber meist recht starke Unterschiede zwischen den Versagenswahrscheinlichkeiten für verschiedene Bemessungsfälle aus dem Geltungsbereich der Norm. Für die Beurteilung maßgebend sind der Maximalwert von P_f bzw. der Minimalwert von β. Eine solche Vorgehensweise erlaubt einen kontinuierlichen Übergang von traditionellen Sicherheitsmodellen zu modernen zuverlässigkeitstheoretischen Betrachtungsweisen.

3.5.2 *Vergleich mit individuellen Unfall- und Todeshäufigkeiten*

Es gibt eine Vielzahl von Zusammenstellungen von individuellen Unfall- und Todeshäufigkeiten, denen der moderne Mensch im normalen Leben ausgesetzt ist und die als Vergleichsgrößen herangezogen werden können. Eine erste Groborientierung gibt die relative Häufigkeit für den Eintritt eines

Tabelle 3.4. Auszüge aus den Statistiken der Unfalltoten

Art des Unfalls	Relative Häufigkeit, bezogen auf die Gesamtbevölkerung und 1 Jahr	
	USA – 1967 nach [3.93]	Deutschland – 1988 nach [3.91]
Verkehrsunfälle mit Motorfahrzeugen	$2{,}7 \cdot 10^{-4}$	$1{,}2 \cdot 10^{-4}$
Stürze	$1{,}0 \cdot 10^{-4}$	$8{,}1 \cdot 10^{-5}$
Feuer und Explosionen	$3{,}7 \cdot 10^{-5}$	
Ertrinken	$2{,}9 \cdot 10^{-5}$	
Flugverkehr	$9{,}0 \cdot 10^{-6}$	$1{,}2 \cdot 10^{-6}$
Gasvergiftungen	$7{,}9 \cdot 10^{-6}$	
Eisenbahnverkehr	$5{,}0 \cdot 10^{-6}$	$4{,}4 \cdot 10^{-6}$
Erfrierung	$1{,}6 \cdot 10^{-6}$	
Hunger, Durst, Erschöpfung	$9{,}7 \cdot 10^{-7}$	
Naturkatastrophen (Erdbeben, Hochwasser u. ä.)	$8{,}2 \cdot 10^{-7}$	
Blitzschlag	$4{,}4 \cdot 10^{-7}$	
Bisse und Stiche von Tieren	$2{,}2 \cdot 10^{-7}$	
Hoher und tiefer Luftdruck	$6{,}5 \cdot 10^{-8}$	

Todesfalles durch die Summe aller Ursachen. Nach den Angaben in [3.92] betrug diese in Ostdeutschland etwa

10^{-3}/Jahr für Männer zwischen 17 und 18 Jahren
für Frauen zwischen 35 und 36 Jahren

und

10^{-2}/Jahr für Männer zwischen 54 und 55 Jahren
für Frauen zwischen 60 und 61 Jahren.

Vor diesem Hintergrund werden die meisten Menschen eine zusätzlich auferlegte Todeswahrscheinlichkeit von $\geqq 10^{-3}$/Jahr als unakzeptabel ansehen. Für Versagensfälle mit Verlust der Tragfähigkeit wird man daher $P_f = 10^{-3}$/Jahr als absolute obere Grenze ansehen müssen.

In Tabelle 3.4 sind auszugsweise einige Häufigkeiten für den Eintritt von Unfällen mit Todesfolge angegeben. Man sieht daraus, daß Wahrscheinlichkeiten von 10^{-7} bis 10^{-8} pro Jahr so äußerst seltenen Ereignissen entsprechen, daß sie als untere Grenze für eine Versagenswahrscheinlichkeit angesehen werden können.

3.5.3 *Risikobetrachtungen*

Bei der Beurteilung von Versagensfällen ist aber nicht nur die Häufigkeit des Auftretens, sondern auch die Schwere der Folgen für die Gesellschaft bei Eintritt eines Versagensfalles von Bedeutung. Um diese in die Betrachtungen mit einzubeziehen, wurde der Begriff des Risikos R_f als Produkt von Versagenswahrscheinlichkeit und zu erwartenden Versagensfolgen V_f definiert [1.5, 3.94].

$$R_f = P_f \cdot V_f. \tag{3.275}$$

Ein bestimmtes Risiko kann also entweder durch hohe Versagenswahrscheinlichkeit mit geringen Versagensfolgen oder umgekehrt durch geringe Versagenswahrscheinlichkeit mit hohen Folgen verursacht sein.

Versagenswahrscheinlichkeit und Versagensfolgen sind für bestimmte Versagensarten in der Regel umgekehrt proportional. Abb. 3.36 zeigt für einige Naturkatastrophen die Abhängigkeit zwischen der weltweit beobachteten Auftretenshäufigkeit je Jahr und der Anzahl der Toten nach Farmer [3.95]. Ein konstantes Risiko würde in dieser doppelt logarithmischen Darstellung als Gerade erscheinen.

Die klassische Risikoformel (3.275) ist im 19. Jahrhundert im Versicherungswesen entstanden und hat sich in diesem Zweig auch bewährt. In neuerer Zeit zeigt sich jedoch im Zusammenhang mit der Diskussion über die Akzeptanz von Großrisiken zunehmende Kritik an Gl. (3.275). So ist nachgewiesen, daß in der Akzeptanz der Risiken zweier Aktivitäten mit gleichem

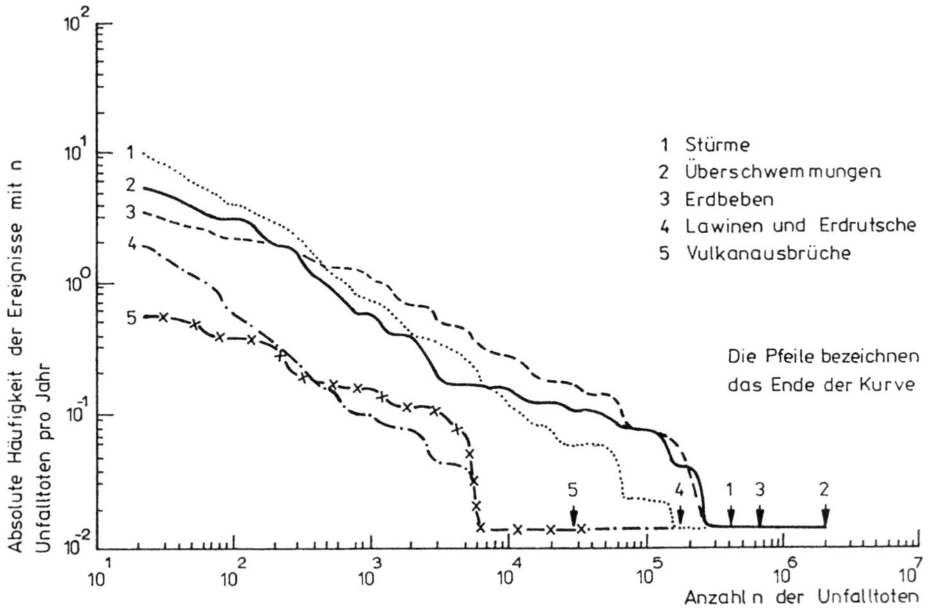

Abb. 3.36. Häufigkeit von weltweit eingetretenen Naturkatastrophen in Abhängigkeit von der Anzahl der Unfalltoten nach [3.95]

R_f ein Unterschied bis zu einem Faktor 1 000 bestehen kann, je nachdem ob die Risiken aufgezwungen oder freiwillig sind.

Von zwei Ereignissen mit gleichem R_f wird das als schwerwiegender empfunden, dessen Schadensgröße im Einzelereignis größer ist. Ferner gibt es Hinweise darauf, daß potentielle Gefahren dann um so größer eingeschätzt werden, je geringer die eigene Gegenreaktionsmöglichkeit ist.

Die Risikodefinition als Grundlage für die Ableitung von Sicherheitsforderungen ist damit in die Diskussion geraten, und man sucht nach verbesserten Ansätzen [3.96]. Die Herkunft der Gl. (3.275) aus der Versicherungswirtschaft läßt es sinnvoll erscheinen, diese nur auf solche Ereignisse anzuwenden, deren Schaden monetär bewertbar ist.

Nun können aber die Versagensfolgen von sehr unterschiedlicher Art sein. Im allgemeinen kann man drei Hauptgruppen unterscheiden:

1. Folgen für das menschliche Leben und die Gesundheit
2. ökonomische Folgen, die sich weiter untergliedern in unmittelbare Versagensfolgen durch Schäden am Bauwerk und in mittelbare Versagensfolgen durch Ausfall der Nutzung des Bauwerks.
3. Folgen für die Umwelt und für unersetzbare Kulturgüter.

Man hat versucht, durch Einführung einer geeigneten Gewichtsfunktion nichtökonomische Schäden auf eine einheitliche monetäre Vergleichsbasis zu reduzieren und ein gesellschaftliches Gesamtrisiko als Integral über alle Versagensfolgen zu definieren. So etwas ist natürlich nicht frei von subjektiven Einschätzungen.

3.5.4 *Ökonomisch optimale Versagenswahrscheinlichkeit*

Meist ergibt die billigste technische Lösung die geringste Sicherheit, und umgekehrt kosten die Varianten mit der größten Sicherheit das meiste. Diese Wechselwirkung zwischen Sicherheit und Baukosten ist ein charakteristischer Wesenszug vieler Entscheidungsprobleme im Ingenieurwesen.

Diese Situation ändert sich, wenn man auch die Versagensfolgen – vorausgesetzt sie beschränken sich auf ökonomische Verluste – in die Betrachtung mit einbezieht. Dann existiert ein Kostenminimum, in dem die Summe aus Baukosten $C_b(P_f)$ und potentiellen Versagenskosten $C(V_f) \cdot P_f$ minimal wird.

$$\min \{C_b(P_f) + C(V_f)\, P_f\}\,. \tag{3.276}$$

Bei den Baukosten ist natürlich nur der Anteil relevant, der vom Bemessungsprozeß beeinflußt wird und so eine Funktion der Versagenswahrscheinlichkeit ist.

Das zweite Glied in Gl. (3.276) kann noch mit einem Faktor multipliziert werden, der vom Zinssatz und von der Nutzungsdauer abhängt und zukünftige Kosten in gegenwärtige transformiert.

Eine andere Optimierungsstrategie [1.13] geht davon aus, daß der Nutzen aus der Existenz des Bauwerkes maximiert werden soll

$$\max \{B - C_b(P_f) - (B + C(V_f))\, P_f\}\,. \tag{3.277}$$

Darin ist B der zu erwartende Wert des Nutzens unter der Bedingung, daß die Konstruktion nicht versagt.

Mit der Lösung der Aufgabe (3.276) oder (3.277) erhält man eine ökonomisch optimale Versagenswahrscheinlichkeit bzw. einen optimalen Sicherheitsindex oder eine entsprechende optimale Bemessungsgröße für den betrachteten Grenzzustand oder das untersuchte System.

In Abb. 3.37 ist für das Problem (3.276) der charakteristische Verlauf der Gesamtkosten über dem Sicherheitsindex angedeutet. Typisch für diesen Verlauf ist die Unsymmetrie. Die Folgen von „Überbemessung" und „Unterbemessung" sind sehr verschieden. Eine Abweichung von dem optimalen Sicherheitsniveau zur unsicheren Seite hin führt zu wesentlich ungünstigeren gesellschaftlichen Folgen durch vermehrtes Auftreten von Versagensfällen als eine Abweichung zur sicheren Seite, die sich durch einen Mehrverbrauch an Material auswirkt. Das ist bei weitem nicht so gefährlich. Meist steigt der linke Ast um eine Zehnerpotenz schneller als der rechte. Das ist bei der Festlegung von erf β bzw. zul P_f zu beachten. Diese sollten nie auf der unsicheren Seite des optimalen Wertes liegen.

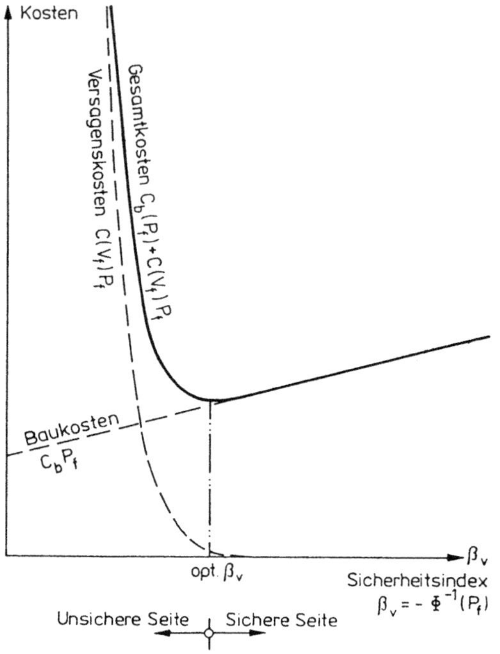

Abb. 3.37. Das optimale Sicherheitsniveau nach Gl. (3.276)

3.5.5 *Vorläufige Vorschläge für die Festlegung von erforderlichen Sicherheitsniveaus*

Es gibt bisher nur wenige und meist als vorläufig und versuchsweise bezeichnete Vorschläge für die Festlegung von Sicherheitsniveaus mit zuverlässigkeitstheoretischen Maßen. Sie zeichnen sich alle durch eine Differenzierung der operativen Versagenswahrscheinlichkeit oder des Sicherheitsindex nach der Schwere der zu erwartenden Versagensfolgen aus. Dabei wird teilweise auch zwischen Folgen für menschliches Leben und Gesundheit und

Tabelle 3.5. zul P_f nach Comité Euro-International du Beton 1976 [3.97]

Durchschnittliche Anzahl der gefährdeten Personen	Wirtschaftliche Folgen		
	gering	mittel	groß
Gering ($<0,1$)	10^{-3}	10^{-4}	10^{-5}
Mittel	10^{-4}	10^{-5}	10^{-6}
Groß (>10)	10^{-5}	10^{-6}	10^{-7}

Jedoch

$$\text{zul } P_f < \frac{10^{-5} \cdot \text{Nutzungsdauer in Jahren}}{\text{Anzahl der gefährdeten Personen}}$$

Tabelle 3.6. erf β nach NA Bau „Sicherheit der Bauwerke“ 1981 [4.5]

Sicherheits-klasse	Mögliche Folgen von Gefährdungen, die		Art des Grenzzustandes	
	vorwiegend die Tragfähigkeit betreffen	vorwiegend die Gebrauchsfähigkeit betreffen*	Trag-fähigkeit	Gebrauchs-fähigkeit
1	keine Gefahr für Menschenleben und geringe wirtschaftliche Folgen	geringe wirtschaftliche Folgen, geringe Beeinträchtigung der Nutzung	4,2	2,5
2	Gefahr für Menschenleben und/oder beachtliche wirtschaftliche Folgen	beachtliche wirtschaftliche Folgen, beachtliche Beeinträchtigung der Nutzung	4,7	3,0
3	große Bedeutung der baulichen Anlage für die Öffentlichkeit	große wirtschaftliche Folgen, große Beeinträchtigung der Nutzung	5,2	3,5

* Besteht bei Verlust der Gebrauchsfähigkeit Gefahr für Leib und Leben (z. B. Undichtigkeit von Behältern und Leitungen mit gefährlichen Stoffen), so wird dieser wie ein Verlust der Tragfähigkeit behandelt.

Tabelle 3.7. erf β nach *Ellingwood*, Safety Checking Formats for Limit States Design, 1982 [3.98]

Versagensfolgen	Art des Bruches	
	zäh	spröde
nicht schwer	2,5 ... 3,0	3,0 ... 3,5
schwer	3,0 ... 3,5	4,0 und mehr

Tabelle 3.8. erf β nach den Richtlinien für Last- und Sicherheitsvorschriften für den bautechnischen Entwurf der skandinavischen Länder (1987), NKB Report No 55 E [4.6]

Sicherheitsklasse	Folgen im Versagensfall	Sicherheitsindex im Grenzzustand der Tragfähigkeit
Niedrige Sicherheitsklasse	Leichte Personenschäden Unwesentliche wirtschaftliche Verluste	3,71
Normale Sicherheitsklasse	Einige Personenschäden Wesentliche wirtschaftliche Verluste	4,26
Hohe Sicherheitsklasse	Erhebliche Personenschäden Sehr hohe wirtschaftliche Verluste	4,75

Tabelle 3.9. erf β für die Nutzungsdauer nach der niederländischen Norm NEN 6700 (1989) für die Grenzzustände der Tragfähigkeit [3.99, 3.90]

Sicherheits-klasse	ökonomische Verluste	Wahrscheinlichkeit der Schädigung von Menschenleben	Sicherheitsindex β	
			Windlast dominiert	andere Lasten dominieren
1	klein	vernachlässigbar	2,3	3,2
2	durchschnittlich	klein	2,4	3,4
3	groß	groß	2,6	3,6

ökonomischen Folgen unterschieden. Aber auch nach der Art des Grenzzustandes oder nach der Art des Bruches und seiner Vorankündigung wird differenziert.

In den Tabellen sind einige Vorschläge zitiert, die einen gewissen Anhaltspunkt bei Entscheidungen geben können, aber andererseits auch die Vielfalt der noch offenen Probleme deutlich machen. Die Vorschläge Tabellen 3.5 bis 3.8 beziehen sich auf einen Bezugszeitraum von $T = 1$ Jahr, Tabelle 3.9 bezieht sich auf die Lebensdauer.

4 Baupraktische Sicherheitsmodelle

4.1 Allgemeines

Für praktische Sicherheitsnachweise kommen zuverlässigkeitstheoretische Berechnungen in der Regel nicht in Frage. Sie sind zu kompliziert, und so werden sie auch in der nächsten Zukunft auf Sonderfälle – z. B. Probleme mit sehr großer ökonomischer Bedeutung und hohen Versagensfolgen oder Nachweise bestehender Bauwerke – beschränkt bleiben. Andererseits haben sich die traditionellen deterministischen Sicherheitsmodelle so weiterentwickelt, daß sie recht anpassungsfähig an zuverlässigkeitstheoretische Ergebnisse sind. Bei diesen deterministischen Vorgehensweisen werden die Basisvariablen nicht durch Zufallsgrößen oder Zufallsprozesse X_i dargestellt, sondern als feste konstante Größen, als sogenannte Nennwerte (Nominalwerte) oder charakteristische Werte x_{ik} in die Gleichung des Grenzzustandes eingeführt.

Um eine genügend kleine Versagenswahrscheinlichkeit zu garantieren, muß ein ausreichend großer Sicherheitsabstand zwischen Beanspruchbarkeit R und Beanspruchung S geschaffen werden. Dazu werden ein Sicherheitsfaktor γ oder mehrere Teilsicherheitsbeiwerte γ_i in die Gleichung des Grenzzustandes eingeführt. Nennwerte x_{ik} und Sicherheitsbeiwerte γ_i werden zusammengefaßt als Sicherheitselemente bezeichnet.

Aber nicht nur die Größe der Nennwerte und Teilsicherheitsbeiwerte ist wichtig, sondern auch die Regeln für ihre Anordnung in den Nachweisgleichungen. Diese Regeln werden als Normformat bezeichnet. Unter Normformat versteht man insbesondere die Anzahl der verwendeten Teilsicherheitsbeiwerte oder anderer Sicherheitselemente, ihre Stellung in den Nachweisgleichungen und die Regeln für die Lastkombination.

Im folgenden werden zunächst traditionelle Normformate und dann das moderne, in den Entwürfen der Eurocodes [4.1, 4.2] enthaltene Format des Verfahrens der Grenzzustände mit Teilsicherheitsbeiwerten betrachtet, das im wesentlichen mit den Empfehlungen anderer nationaler oder internationaler Gremien übereinstimmt [4.3 bis 4.6].

4.2 Nennwert, Charakteristischer Wert

Die Nennwerte haben zwei wichtige Aufgaben. Einerseits sind sie Grundlage für die Berechnung. Sie bilden zusammen mit den Sicherheits- bzw. Teilsicherheitsbeiwerten wichtige Größen für den Sicherheitsnachweis mit der Gleichung des Grenzzustandes nach Norm. Andererseits sind sie die Basis für die Kontrollen während Materialherstellung, Bauausführung und Nutzung.

Auf der Materialseite sind die Nennwerte in der Regel mit den Werten identisch, die vom Materialhersteller bzw. Bauausführenden mit definierter Wahrscheinlichkeit zu gewährleisten sind. Sie definieren somit die Verantwortlichkeit der Baustoffhersteller und Bauausführenden in der Gesamtaufgabe der Gewährleistung der Tragwerkssicherheit. Damit sind sie auch entscheidende Größen für die Prüf- und Abnahmevorschriften.

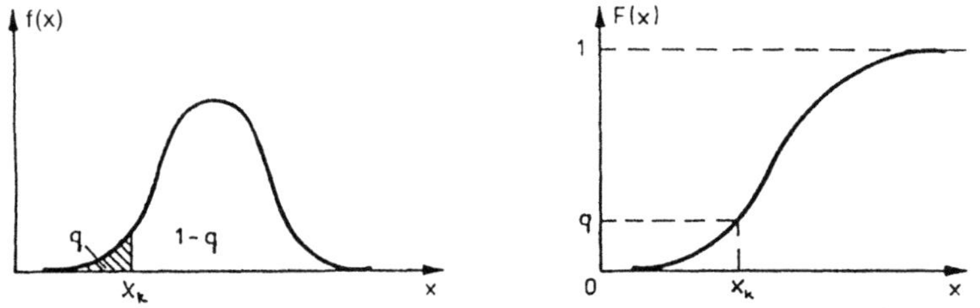

Abb. 4.1. Der Nennwert als Fraktilwert

Bei den vom Menschen beeinflußbaren Lasten bilden die Nennwerte häufig die für den Nutzer maßgebenden zulässigen Lasten, für deren Einhaltung dieser die Verantwortung trägt. Bei den naturbedingten Lasten werden die Nennwerte mit statistischen Methoden festgelegt.

Die Nennwerte werden, wenn ausreichendes Datenmaterial vorhanden ist, statistisch definiert und dann auch als charakteristische Werte bezeichnet. Sie sind entweder Fraktilwerte mit gegebener Unterschreitungswahrscheinlichkeit q oder Mittelwerte. Werden Nennwerte als Fraktilwerte definiert, dann werden auf der Widerstandsseite untere Werte mit geringer Unterschreitungswahrscheinlichkeit und auf der Lastseite obere Werte mit hoher Unterschreitungswahrscheinlichkeit vorgesehen. In Sonderfällen ist es auch möglich, für eine Basisvariable zwei Nennwerte, einen oberen und einen unteren, zu definieren.

Bei zeitlich veränderlichen Lasten beziehen sich die Fraktilwerte auf die Extremverteilungen für definierte Bezugszeiträume. Solche Fraktilwerte lassen sich dann nach Gl. (2.91) auch als mittlere Wiederholungsperioden für den charakteristischen Wert angeben.

Ist $F(x)$ die Verteilungsfunktion der Basisvariablen und q die Wahrscheinlichkeit, mit der der charakteristische Wert x_k unterschritten wird, so berechnet sich dieser aus

$$x_k = F^{-1}(q). \tag{4.1}$$

Die Umkehrfunktionen F^{-1} können für verschiedene Typen von Verteilungsfunktionen dem Anhang II entnommen werden. Liegt z. B. eine Normalverteilung vor, so gilt speziell

$$x_k = m + \sigma \cdot \Phi^{-1}(q). \tag{4.2}$$

In Tabelle 4.1 sind für wichtige Wahrscheinlichkeiten q die Werte der Funktion Φ^{-1} zusammengestellt.

Tabelle 4.1.

q	$\Phi^{-1}(q)$
0,001	−3,091
0,01	−2,327
0,02	−2,054
0,05	−1,645
0,1	−1,282
0,5	0
0,9	+1,282
0,95	+1,645
0,98	+2,054
0,99	+2,327
0,999	+3,091

Es erhebt sich die Frage, welches Wahrscheinlichkeitsniveau q der Festlegung oberer und unterer charakteristischer Werte zugrunde gelegt werden soll. Im Hinblick auf die Gewährleistung einer möglichst konstanten Versagenswahrscheinlichkeit für die nach Normen bemessenen Tragwerke wäre auf der Lastseite ein möglichst hohes und auf der Widerstandsseite ein möglichst niedriges Wahrscheinlichkeitsniveau q vorteilhaft. Dem steht aber die Funktion des charakteristischen Wertes als Bezugswert für die Kontrollen entgegen. Die statistischen Methoden der Qualitätskontrolle lassen es wünschenswert erscheinen, hier keine allzu extremen Wahrscheinlichkeitsniveaus q festzulegen, deren statistischer Nachweis einen sehr hohen Stichprobenumfang und Kontrollaufwand erforderlich machen würde.

Aus diesen entgegengesetzt gerichteten Forderungen hat sich bisher international noch keine einheitliche Auffassung herausgebildet. Neben wissenschaftlichen Überlegungen spielen hier auch Traditionen eine gewisse Rolle, so daß heute in den Mustervorschriften auf zahlenmäßige Festlegungen häufig verzichtet wird. Einige quantitative Empfehlungen bzw. Festlegungen seien hier zitiert:

Der NA Bau „Sicherheit der Bauwerke" [4.5] empfiehlt für ständige Einwirkungen mit kleinem Variationskoeffizienten ($v \leq 0{,}1$) den Mittelwert, und für ständige Einwirkungen mit goßem Variationskoeffizienten ($v > 0{,}1$) wird die Annahme von zwei charakteristischen Werten vorgeschlagen, das 0,95-Fraktil für ungünstige Wirkung und das 0,05-Fraktil für günstige Wirkung. Für veränderliche Einwirkungen wird empfohlen

für $v \leqq 0{,}1$: Mittelwerte der Extremverteilungen

für $v > 0{,}1$: 0,99-Fraktil der Extremverteilungen

für den vorgegebenen Bezugszeitraum.

Der Eurocode 1 [4.1] definiert den charakteristischen Wert veränderlicher Einwirkungen für eine Wiederholungsperiode von 50 Jahren, das entspricht nach Gl. (2.92) dem 0,98-Fraktil der Extremwertverteilung für ein Jahr.

Für geometrische Abmessungen werden die Mittelwerte als charakteristische Werte empfohlen.

Der RGW-Standard [4.7] legte als Normwert für Festigkeiten das 0,05-Fraktil fest. Für alle übrigen Materialeigenschaften wie Rohdichte, Elastizitätsmodul, Reibungskoeffizienten, Haftwerte, Kriech- und Schwindwerte waren die Mittelwerte zu wählen. Auch für die Nennwerte der Bodenkenngrößen waren Mittelwerte anzunehmen.

Die heute vorliegenden Empfehlungen sind weder vollständig noch widerspruchsfrei, so daß es nicht verwunderlich ist, daß international keine Einheitlichkeit in den Festlegungen der Nennwerte erreicht ist. So zeigen die meteorologischen Lasten an den Ländergrenzen beim Übergang in andere Normungssysteme in der Regel Sprünge. Durch die Bestrebungen zur Vereinheitlichung der Normen in Europa wird daran gearbeitet, solche Widersprüche zu beseitigen.

Besonders auf der Lastseite werden die statistischen Daten oftmals nicht ausreichend vorhanden sein, um die Nennwerte als Fraktilwerte zu definieren. Dann wird man Schätzwerte auf der Basis der verfügbaren Informationen festlegen, die diesen Fraktilen nahe kommen.

In den folgenden theoretischen Betrachtungen werden die Nenn- bzw. charakteristischen Werte der Basisvariablen X_i bzw. X_R und X_S durch einen zusätzlichen Index k gekennzeichnet, also mit $x_{i,k}$, $x_{R,k}$ und $x_{S,k}$ bezeichnet. Bei zuverlässigkeitstheoretischen Untersuchungen zu den Normen wird stets vorausgesetzt, daß ein Nennwert $x_{i,k}$ als Fraktilwert mit Unterschreitungswahrscheinlichkeitswert q_i definiert ist. Zur Abkürzung der Schreibweise werden die Nennwerte auch zum Vektor $\boldsymbol{x}_k$ zusammengefaßt.

4.3 Globaler Sicherheitsbeiwert und zulässige Spannung

Sicherheitsmaß der traditionellen, empirischen Vorgehensweise ist der globale Sicherheitsbeiwert γ. Er ist definiert als Quotient aus Beanspruchbarkeit und Beanspruchung, berechnet mit Nennwerten $x_{i,k}$. Die Gleichung des

Grenzzustandes (3.17) geht dann über in

$$\bar{g}(\boldsymbol{x}_k, \gamma) = r_k - \gamma s_k = 0 \tag{4.3}$$

oder

$$\gamma = \frac{r_k}{s_k} \quad \text{mit} \quad \begin{aligned} r_k &= \bar{g}_R(x_{R1,k}, x_{R2,k}, \ldots) \\ s_k &= \bar{g}_s(x_{S1,k}, x_{S2,k}, \ldots). \end{aligned} \tag{4.4}$$

r_k und s_k sind darin Beanspruchbarkeit und Beanspruchung, ermittelt unter der Annahme, daß die Basisvariablen durch feste Nennwerte $x_{R1,k}$ bzw. $x_{S1,k}$ wiedergegeben werden. Die Funktionen $\bar{g}$ sind hier mit einem Querstrich versehen, um anzudeuten, daß in Normen oftmals mit anderen, vereinfachten mechanischen Modellen gerechnet wird. Wir werden also hier und im folgenden zwischen dem in der zuverlässigkeitstheoretischen Untersuchung verwendeten mechanischen Modell g und dem möglicherweise vereinfachten mechanischen Modell $\bar{g}$ der Norm unterscheiden.

r_k und s_k müssen vergleichbare Größen gleicher Dimension, z. B. Spannungen, Schnittkräfte oder Lasten, sein. Welche Vergleichsgröße im speziellen Fall gewählt wird, hängt von der Art des baumechanischen Problems ab.

Zur Schaffung eines ausreichend großen Sicherheitsabstandes $Z = R - S$, der eine genügend kleine Versagenswahrscheinlichkeit garantiert, wird ein Sicherheitsbeiwert erf $\gamma > 1$ festgelegt. Der Nachweis gilt als erbracht, wenn die Konstruktion so bemessen ist, daß

$$\gamma = \frac{r_k}{s_k} \geqq \operatorname{erf} \gamma$$

gilt. Der globale Sicherheitsbeiwert ist das dem Mechanismus der Erfahrungssammlung adäquate Sicherheitsmaß. Die in Abb. 1.2 schematisch dargestellte Vorgehensweise führt stets zu einem eindeutigen Handlungsablauf bei der Festlegung seiner Größe. Wenn in diesem Zusammenhang vom globalen Sicherheitsbeiwert als „Sicherheitsmaß" gesprochen wird, so ist das hier im Sinne eines empirischen Maßstabes gemeint.

Für den praktisch tätigen Ingenieur ist der Sicherheitsbeiwert für ein spezielles Problem mit definierten Nennwerten und sonstigen festliegenden Bedingungen im Zusammenhang mit seiner individuellen und der in den Normen niedergelegten kollektiven Erfahrung ein einfaches Hilfsmittel, um die geforderte Sicherheit zu gewährleisten. Für den Praktiker ist der Sicherheitsbeiwert damit meist aussagekräftig und auch heute noch bei vielen praktischen Problemen einzig vorhandene Beurteilungsgröße für die Tragwerkssicherheit.

Aus der Sicht der Theorie ist der globale Sicherheitsbeiwert natürlich kein Sicherheitsmaß, denn die Versagenswahrscheinlichkeit hängt außer vom globalen Sicherheitsbeiwert noch von den Definitionen der Nennwerte, den Verteilungen der Basisvariablen und dem mechanischen Problem ab. Sehr eindrucksvoll zeigen das die Abb. 5.1 und 5.2 für den einfachsten Fall des R-S-Modells mit zwei Zufallsgrößen. Man erkennt aus diesen Diagrammen, daß eine bestimmte operative Versagenswahrscheinlichkeit in Abhängigkeit von den übrigen Bedingungen durch praktisch jeden Sicherheitsbeiwert γ eingehalten werden kann.

Ist nun r_k eine lineare Funktion von nur einem Materialwert $x_{R,k}$ und wird der Sicherheitsnachweis in der Dimension der Spannungen geführt

$$r_k = \bar{g}_R(x_{R,k}) = A x_{R,k}, \tag{4.5}$$

so entspricht in den praktischen Normen dieser Sonderfall häufig der „Methode der zulässigen Spannungen". Dies in die Gl. (4.3) des Grenzzustandes eingesetzt

$$\bar{g}(\boldsymbol{x}_k, \gamma) = r_k - \gamma s_k = A x_{R,k} - \gamma s_k,$$

und die zulässige Spannung definiert als

$$\text{zul}\,\sigma = \frac{x_{R,k}}{\text{erf}\,\gamma},$$

so erhält man die Nachweisgleichung für die Methode der zulässigen Spannungen in der Form

$$\frac{s_k}{A} = \sigma \leqq \text{zul}\,\sigma. \tag{4.6}$$

Die vorausgesetzte Linearität der Funktionen $\bar{g}_R$ und $\bar{g}_S$ erfordert die Gültigkeit der Elastizitätstheorie. Durch Division des Nennwertes der Beanspruchbarkeit durch den globalen Sicherheitsbeiwert γ wird das Vergleichsniveau in einen relativ niedrigen Beanspruchungsbereich gelegt, wo tatsächlich noch elastische Verhältnisse vorliegen. Das heißt aber andererseits, daß man den Vergleich zwischen Beanspruchung und Beanspruchbarkeit auf einem Niveau durchführt, das weit unterhalb des Grenzzustandes der Tragfähigkeit liegt, und das bedeutet, daß mit der Methode der zulässigen Spannungen keine Beziehung zu physikalisch begründeten Grenzzuständen hergestellt werden kann.

Der Sicherheitsnachweis mit zulässigen Spannungen war in der Vergangenheit allgemein vorherrschend und ist auch heute noch weit verbreitet. Die zulässigen Spannungen waren in den praktischen Normen so dominierend, daß man versuchte, auch viele solche Probleme in die äußere Form der Methode der zulässigen Spannungen zu pressen, die ihrem Wesen nach gar keine Spannungsprobleme darstellen. Man denke an den Stabilitätsnachweis für den stählernen Druckstab, der in der Vergangenheit durch die ω-Zahlen auf die Form eines Spannungsnachweises gebracht wurde. Einheitlich alle Nachweise in die Form der Methode der zulässigen Spannungen zu bringen ist allerdings nie gelungen.

Aus theoretischer Sicht sind globaler Sicherheitsbeiwert und zulässige Spannungen einfache praktische Hilfsmittel, um eine genügend kleine Versagenswahrscheinlichkeit zu gewährleisten. Sie sind richtig gewählt, wenn die damit bemessenen Tragwerke eine ihrer Bedeutung angemessene Sicherheit besitzen.

Zur Erreichung dieses Zieles für eine Norm mit einem größeren Geltungsbereich ist natürlich ein Nachweisverfahren mit Vergleichsniveau unterhalb des Grenzzustandes und mit nur einem Sicherheitsbeiwert wenig geeignet. So gilt hier derselbe Sicherheitsbeiwert sowohl für ständige Lasten als auch für veränderliche Lasten. Da die Streuungen der letzteren wesentlich höher liegen, steigt die Versagenswahrscheinlichkeit der nach zulässigen Spannungen bemessenen Tragwerke mit wachsendem Anteil der veränderlichen Lasten an der Gesamtbeanspruchung. Darüber hinaus können sich unakzeptabel hohe Versagenswahrscheinlichkeiten ergeben, wenn zwei Lastfälle entgegengesetzt wirken und die Gesamtbeanspruchung sich aus der Differenz zweier Lasten von annähernd gleicher Größenordnung ergibt.

Es hat deshalb in der Vergangenheit nicht an Versuchen gefehlt, eine erhöhte Anpassungsfähigkeit mit globalen Sicherheitsbeiwerten oder zulässigen Spannungen zu erreichen.

Eine Möglichkeit besteht darin, den Geltungsbereich der Norm weitgehend zu unterteilen und für die einzelnen Teilprobleme spezielle Sicherheitsbeiwerte bzw. zulässige Spannungen festzulegen. Von dieser Möglichkeit der Differenzierung wurde und wird auch noch heute in der praktischen Normenarbeit ausgiebig Gebrauch gemacht. So findet man in den Vorschriften häufig umfangreiche Tabellen von zulässigen Spannungen, gegliedert nach Material, Lastfällen, Beanspruchungsart, Lastkombinationen, Art und Bedeutung der Bauwerke usw.

Eine andere Möglichkeit, mit der in den Normen eine größere Flexibilität erreicht werden kann, besteht in der Aufspaltung des globalen Sicherheitsbeiwertes in Form eines Produkt- oder Summenansatzes.

Vorschläge für einen Produktansatz findet man bei Basler [4.9] und bei Herzog [4.10]. Dabei wird der globale Sicherheitsbeiwert entweder in der Form

$$\gamma = \gamma_1 \cdot \gamma_2 \cdot \dots \cdot \gamma_r \tag{4.7}$$

oder in der Form

$$\gamma = \gamma_1 \cdot \gamma_2 \cdot \dots \cdot \gamma_j \cdot \frac{1}{\gamma_{j+1}} \cdot \dots \cdot \frac{1}{\gamma_r} \tag{4.8}$$

aufgespalten. Die Teilsicherheitsbeiwerte werden verschiedenen Unsicherheiten zugeordnet bzw. sollen das Sicherheitsniveau entsprechend der Bedeutung der Bauwerke differenzieren.

Bei dem Ansatz (4.7) sind alle $\gamma_i \geqq 1$. Bei Gl. (4.8) werden die im Zähler stehenden Teilsicherheitsbeiwerte den Unsicherheiten der Lastseite und die im Nenner stehenden Beiwerte der Materialseite zugeordnet. Einen Vorschlag für die Aufspaltung des globalen Sicherheitsbeiwertes in Form eines Summenansatzes macht Baker [4.11].

Die Aufspaltung des globalen Sicherheitsbeiwertes in Produkt- oder Summenform hat sich in der Praxis nicht durchsetzen können und kann heute durch die weitere Entwicklung als überholt angesehen werden.

4.4 Teilsicherheitsbeiwerte

4.4.1 *Teilsicherheitsbeiwerte im Traglastverfahren*

Beim Traglastverfahren beziehen sich Nachweisgleichungen $\bar{g} = 0$ auf den Grenzzustand der Tragfähigkeit der Konstruktion unter Berücksichtigung der nichtlinearen Eigenschaften der Baustoffe und der Systemreserven durch Schnittkraftumlagerungen. Als Sicherheitselemente werden Teilsicherheitsbeiwerte verwendet, die den einzelnen Lastanteilen zugeordnet und nur auf der Lastseite angesetzt werden.

In der Gleichung des Grenzzustandes $g(x_1, x_2, \ldots, x_m) = 0$ lassen sich in den meisten Fällen die Basisvariablen X_i einteilen in solche, die der Widerstandsseite (X_{Ri}), und solche, die der Lastseite (X_{Sj}) zugeordnet sind. Wir wollen das symbolisch in der Form

$$g(\ldots, x_{Ri}, \ldots, x_{Sj}, \ldots) = 0 \tag{4.9}$$

schreiben. Beim Traglastverfahren wird nun bei der Rechnung mit Nennwerten auf der Lastseite

X_{Sj} durch $\gamma_j x_{Sj,k}$

und auf der Widerstandsseite

X_{Ri} durch $x_{Ri,k}$

ersetzt, so daß die der Gl. (4.9) entsprechende Nachweisgleichung der Norm

$$\bar{g}(\ldots, x_{Ri,k}, \ldots, \gamma_j x_{Sj,k}, \ldots) = 0 \tag{4.10}$$

lautet. Es werden also nur die Nennwerte der Lasten mit Teilsicherheitsbeiwerten multipliziert.

In einfachen Fällen ist es möglich, nicht nur die Basisvariablen, sondern auch die Grenzzustandsgleichung gemäß Gln. (3.17) bis (3.20) in eine Widerstands- und eine Lastseite aufzuteilen

$$g(\boldsymbol{x}) = g_R(x_{R1}, x_{R2}, \ldots) - g_S(x_{S1}, x_{S2}, \ldots) = 0.$$

Dann lautet die analoge Gleichung der Norm

$$\bar{g}_R(x_{R1,k}, x_{R2,k}, \ldots) - \bar{g}_S(\gamma_1 \cdot x_{S1,k}, \gamma_2 \cdot x_{S2,k}, \ldots) = 0. \tag{4.11}$$

Sind auf der Materialseite mehrere Materialien für die Traglast wesentlich, so werden unterschiedliche Streuungen dieser Materialien in weiteren Beiwerten berücksichtigt.

4.4.2 *Teilsicherheitsbeiwerte in der Methode der Grenzzustände*

4.4.2.1 Grundsätze

Der internationale Trend geht bei den praktischen Berechnungsvorschriften zur Anwendung der Methode der Grenzzustände. Von internationalen Gremien wird sie zur Anwendung empfohlen [4.1 bis 4.6]. Dabei hat sich in der Entwicklung der letzten Jahrzehnte international eine gewisse Einheitlichkeit in den Auffassungen herausgebildet, so daß die bestehenden Unterschiede zwischen einzelnen Ländern und internationalen Gremien heute den Charakter von Modifikationen haben.

Die Methode der Grenzzustände mit Teilsicherheitsbeiwerten bildet die Grundlage für die Nachweisgleichungen der vereinheitlichten europäischen Normen, die z. Z. erarbeitet werden. Im folgenden wird die Methode unter besonderer Berücksichtigung des Standes der Entwicklung der Eurocodes kurz beschrieben. Bei dieser Methode werden die Teilsicherheitsbeiwerte an den Stellen in den Algorithmen zur Berechnung der Grenzzustände eingeführt, an denen zufällige Streuungen und Abweichungen verursacht werden. Sie werden den Nennwerten einzelner Basisvariabler oder Funktionen von Nennwerten zugeordnet. Diese Zuordnung kann als Multiplikator, als Divisor oder als additives Element erfolgen. Durch diese Operationen entstehen aus den Nennwerten die Bemessungswerte, mit denen der Sicherheitsnachweis mit der Gleichung des Grenzzustandes geführt wird. Die Bemessungswerte der Basisvariablen X_i, X_{Ri} und X_{Sj} werden im folgenden mit $X_{i,d}$, $X_{Ri,d}$ und $X_{Sj,d}$ bezeichnet.

Es werden vier Typen von Teilsicherheitswerten unterschieden

- γ_f ein Teilsicherheitsbeiwert, der die Streuungen der Lasten und Abweichungen von den normalen Nutzungsbedingungen abdeckt. Er wird auch Lastfaktor genannt.
- γ_m ein Teilsicherheitsbeiwert, der die unvermeidlichen Streuungen der Baumaterialien und des Baugrundes erfaßt und Materialfaktor heißt.

γ_d ein Teilsicherheitsbeiwert, der die Modellungenauigkeiten abdeckt, die durch Vernachlässigungen in den Berechnungsverfahren und durch Ungewißheiten in der Grenzzustandsbedingung $\bar{g}$ entstehen.

γ_n ein Teilsicherheitsbeiwert, der die Folgen im potentiellen Versagensfall berücksichtigt.

Will man die Teilsicherheitsbeiwerte im einzelnen definieren, so erhebt sich die Frage, wie sie den Nennwerten zugeordnet werden sollen, als Multiplikatoren oder als Divisoren. Eine einfache, sinnvolle Regelung ist die folgende: Die Teilsicherheitsbeiwerte werden so definiert, daß größere Teilsicherheitsbeiwerte auch eine größere Sicherheit der Konstruktion ergeben. Das bedeutet, daß auf der Lastseite die Teilsicherheitsbeiwerte als Multiplikatoren und auf der Materialseite als Divisoren eingeführt werden müssen. Diese Definition setzt sich heute durch. In den osteuropäischen Normen weicht γ_d auf der Materialseite von dieser Regel ab. Er wird auf beiden Seiten der Nachweisgleichung als Faktor eingeführt. Das heißt, er wird auf der Materialseite weniger als Teilsicherheitsbeiwert, sondern vielmehr als Größe zur Modifikation von Festigkeitswerten aufgefaßt.

Die Anwendung additiver Sicherheitselemente in der Form

$$x_d = x_k + \Delta x$$

kann bei gewissen Problemen Vorteile bringen. Aus theoretischer Sicht sind multiplikative Beiwerte dann geeigneter, wenn der Variationskoeffizient der Basisvariablen im Geltungsbereich der Norm konstant bleibt, während additive Elemente sinnvoll sind, wenn die Standardabweichung konstant ist. Multiplikative Teilsicherheitsbeiwerte sind natürlich völlig ungeeignet bei Problemen, bei denen der Normwert Null ist. So etwas kommt bei zufälligen Exzentrizitäten im Zusammenhang mit Spannungsproblemen nach Theorie 2. Ordnung vor. Additive Sicherheitselemente treten eigentlich nur bei geometrischen Abweichungen auf, wenn diese von erheblichem Einfluß auf die Tragwerkssicherheit sind.

Veränderliche Lasten Q sind in ihrem Wesen nach Zufallsprozesse und lassen sich nur unvollkommen durch eine einzige Zahl, den charakteristischen Wert, repräsentieren. Die Methode der Grenzzustände führt deshalb in ihrer modernen Form des Eurocodes mehrere sogenannte „repräsentative" Werte ein, die unterschiedlichen Lastniveaus zugeordnet sind.

Der wichtigste repräsentative Wert ist der charakteristische Wert Q_k, von dem ausgehend durch Abminderungsfaktoren definiert wird:

$$\psi_0 \cdot Q_k = \text{Kombinationswert},$$

$$\psi_1 \cdot Q_k = \text{Häufiger Wert},$$

$$\psi_2 \cdot Q_k = \text{Quasiständiger Wert}.$$

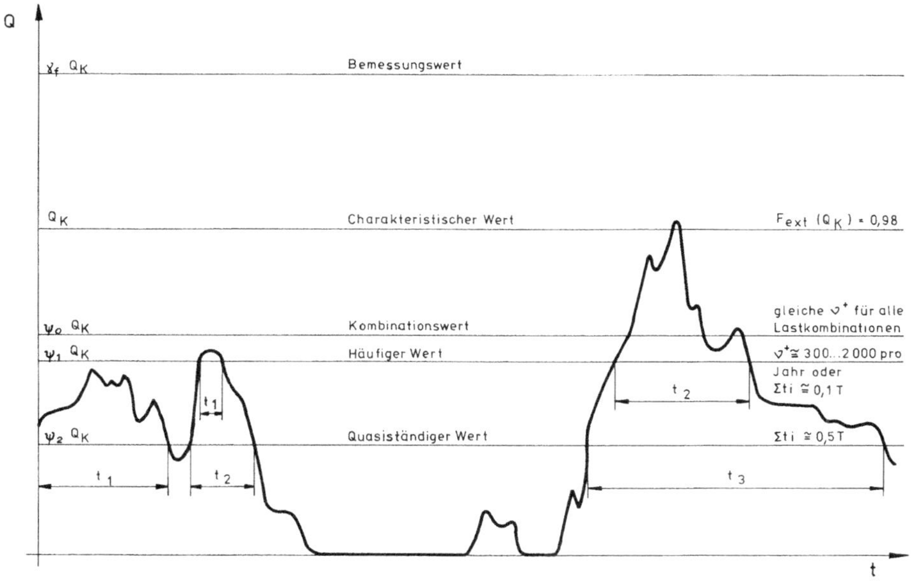

Abb. 4.2. Repräsentative Werte einer veränderlichen Last

Um die geringere Wahrscheinlichkeit des gleichzeitigen Auftretens von extremen Lastwerten bei der Kombination mehrerer unabhängiger zeitlich veränderlicher Lasten zu berücksichtigen, wird im Rahmen einer Kombinationsregel der charakteristische Wert mit dem Koeffizienten ψ_0 reduziert. Auf das Problem der Lastkombination wird im Abschnitt 4.4.2.6 ausführlich eingegangen.

Der häufige Wert und der quasiständige Wert treten bei den Nachweisen der Gebrauchstauglichkeit (z. B. Rißbildung, Verformung) und beim Nachweis der Tragfähigkeit unter außergewöhnlichen Lasten auf. Sie sind nicht streng definiert.

Für die Festlegung des häufigen Wertes werden als Kriterien die Verweilzeit Σt_i des Zufallsprozesses von 0,05 bis 0,10 der Bezugszeit T über dem Niveau $\psi_1 Q_k$ oder eine Niveaukreuzungsrate von $\nu^+(\psi_1 \cdot Q_k) = 300$ bis 2000 pro Jahr empfohlen [4.1].

Für den quasiständigen Wert wird eine Verweilzeit gleich der halben Bezugszeit ($\Sigma t_i = 0{,}5 \cdot T$) angegeben. Für kurzzeitig wirkende Lasten mit einer Wirkungsdauer von weniger als 5% der Bezugszeit sollte der quasiständige Wert zu Null angenommen werden [4.1]. Abb. 4.2 veranschaulicht die verschiedenen repräsentativen Werte einer zeitlich veränderlichen Last.

Nach diesen Definitionen soll jetzt die Gleichung des Grenzzustandes

$$g(\boldsymbol{x}) = g(\ldots, x_R, \ldots, x_S, \ldots) = 0$$

in der Schreibweise der Methode der Grenzzustände formuliert werden. Im Prinzip wird jede Basisvariable X_i durch einen Ausdruck, bestehend aus dem Nennwert und Teilsicherheitsbeiwerten ersetzt. Für den Grenzzustand der Tragfähigkeit wird auf der Widerstandsseite

$$X_{Ri} \quad \text{durch} \quad \frac{x_{Ri,k}}{\gamma_{m,i} \cdot \gamma_{d,Ri}}$$

und auf der Lastseite

$$x_{Sj} \quad \text{durch} \quad \gamma_{f,j} \cdot \gamma_{d,Sj} \cdot \psi_{0,j} \cdot x_{Sj,k}$$

ersetzt. Symbolisch können wir also als allgemeine Grundgleichung

$$\bar{g}\left(\ldots, \left(\frac{x_{Ri,k}}{\gamma_{m,i}\gamma_{d,Ri}}\right), \ldots, (\gamma_{f,j} \cdot \gamma_{d,Sj} \cdot \psi_{0,j} \cdot x_{Sj,k}), \ldots\right) = 0 \tag{4.12}$$

schreiben.

Die Definitionen der Bemessungswerte lauten auf der Materialseite

$$x_{Ri,d} = \frac{x_{Ri,k}}{\gamma_{m,i} \cdot \gamma_{d,Ri}} \tag{4.13}$$

und auf der Lastseite

$$x_{Sj,d} = \gamma_{f,j} \cdot \gamma_{d,Sj} \cdot x_{Sj,k}.$$

Darin können die Größen $\gamma_{d,Ri}$ und $\gamma_{d,Sj}$ auch Produkte aus mehreren Faktoren sein. Damit vereinfacht sich die Schreibweise zu

$$\bar{g}(\ldots, x_{Ri,d}, \ldots, \psi_{0,j} \cdot x_{Sj,d}, \ldots) = 0. \tag{4.14}$$

Diese Gleichungen sind als schematische Beschreibung der Anordnung der Sicherheitselemente in der Grenzzustandsgleichung zur Erläuterung der prinzipiellen Vorgehensweise aufzufassen. Für spezielle Probleme sind natürlich wesentlich präzisere Aussagen nötig und auch möglich.

Ein sehr wichtiger Sonderfall liegt vor, wenn sich in der Grenzzustandsgleichung die resultierende Beanspruchung und der resultierende Widerstand voneinander trennen lassen

$$g(\boldsymbol{x}) = g_R(x_{R_1}, x_{R_2}, \ldots) - g_S(x_{S_1}, x_{S_2}, \ldots) = 0.$$

Die analoge Normgleichung lautet dann:

$$\bar{g}(\boldsymbol{x}_k, \psi) = \bar{g}_R(x_{R1,d}, x_{R2,d}, \ldots) - \bar{g}_S(\psi_{0,1} \cdot x_{S1,d}, \psi_{0,2} x_{S2,d}, \ldots) = 0. \tag{4.15}$$

Beim häufig auftretenden Sonderfall linearer Beziehungen zwischen den Basisvariablen

$$g(\boldsymbol{x}) = \sum_i d_i x_{Ri} - \sum_i c_j x_{Sj} = 0$$

nimmt die Gleichung des Grenzzustandes in der Schreibweise der Methode der Grenzzustände mit Teilsicherheitsbeiwerten die Form

$$\bar{g}(\boldsymbol{x}_k) = \sum_i d_i \frac{x_{Ri,k}}{\gamma_{m,i} \cdot \gamma_{d,Ri}} - \sum_j c_j \cdot \gamma_{f,j} \cdot \gamma_{d,Sj} \cdot \psi_{0,j} \cdot x_{Sj,k} = 0$$

oder

$$g(\boldsymbol{x}_d) = \sum_i d_i \cdot x_{Ri,d} - \sum_j c_j \cdot \psi_{0,j} \cdot x_{Sj,d} = 0 \tag{4.16}$$

an. Darin sind c_j und d_i Größen, die nach den Regeln der Mechanik und Festigkeitslehre für das vorliegende Problem zu ermitteln und Bestandteil des mechanischen Modells g sind, das hier eine lineare Struktur hat. Gl. (4.16) kann auch den Grenzzustand des statischen Gleichgewichts beschreiben, wenn dort $d_i = 0$ gesetzt wird.

Im Grenzzustand der Gebrauchstauglichkeit wird der erforderliche geringe Sicherheitsabstand in der Regel dadurch erreicht, daß die Last- und Materialfaktoren $\gamma_f = \gamma_m = 1$ gesetzt werden. Auch wird vielfach die Funktion der Lasten gewissen Grenzwerten C (z. B. zulässigen Verformungen, zulässigen Rißweiten, zulässigen Beschleunigungen) gegenübergestellt, so daß die Grenzzustandsbedingungen die Form

$$\bar{g}(\boldsymbol{x}_k, \boldsymbol{\psi}) = \frac{C}{\gamma_{d,R}} - \bar{g}_S(\ldots, \psi_{0,j} \cdot \gamma_{d,Sj} \cdot x_{Sj,k}, \ldots) = 0$$

oder

$$\frac{C}{\gamma_{d,R}} - \sum_j c_j \cdot \psi_{0,j} \cdot \gamma_{d,Sj} \cdot x_{Sj,k} = 0 \tag{4.17}$$

annehmen.

Es lassen sich weitere Sonderfälle der Struktur der Grenzzustandsgleichung mit Teilsicherheitsbeiwerten angeben. Da aber das Grundprinzip – der Ersatz der Basisvariablen X_i durch die oben angegebenen Ausdrücke aus Sicherheitselementen – stets gleich ist, wird hier auf eine weitere Diskussion verzichtet. Abb. 4.3 veranschaulicht qualitativ den Entwicklungsweg vom globalen Sicherheitsfaktor über das Traglastverfahren zur Methode der Grenzzustände anhand des Bemessungspunktes im R-S-Modell. Es zeigt, wie sich der Bemessungspunkt im Zuge der Entwicklung an den wahrscheinlichen Versagenspunkt der Zuverlässigkeitstheorie, wie er im Abschnitt 3.2.2.1 als Punkt mit maximaler Verteilungsdichte auf dem Grenzzustand dargestellt ist, angenähert hat. Beim globalen Sicherheitsfaktor und der zulässigen Spannung erfolgt der Vergleich auf einem zu niedrigen Niveau, beim Traglastverfahren auf einem zu hohen Niveau, während die Methode der Grenzzustände eine

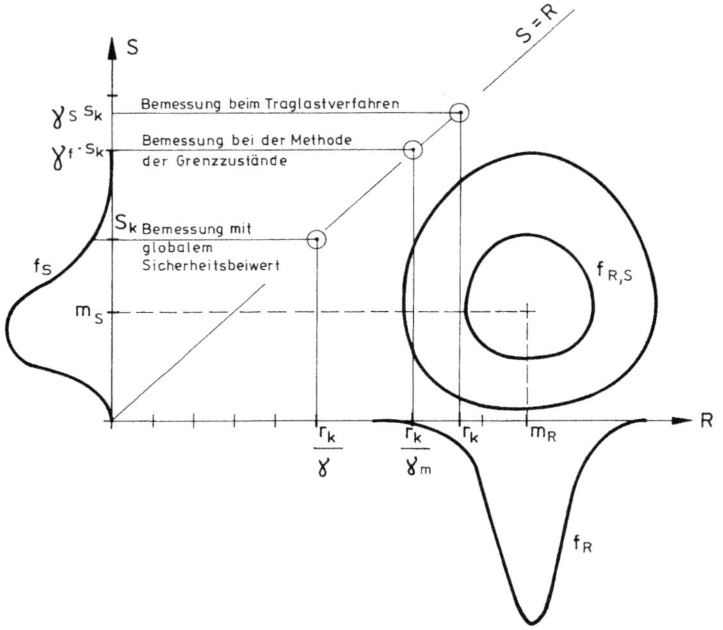

Abb. 4.3. Vergleich der Bemessungspunkte der baupraktischen Sicherheitsmodelle am Beispiel des *R*-*S*-Modells

gute Annäherung an wahrscheinlichkeitstheoretisch begründete Lösungen ermöglicht.

Im folgenden sollen die einzelnen Teilsicherheitsbeiwerte etwas genauer betrachtet werden.

4.4.2.2 *Lastfaktor* γ_f

Mit dem Lastfaktor sollen die natürlichen Streuungen der Lasten, mögliche Ungenauigkeiten im stochastischen Lastmodell und Abweichungen von den normalen Nutzungsbedingungen erfaßt werden. Er soll vom Baustoff unabhängig sein.

Der Lastfaktor hängt vom betrachteten Grenzzustand ab. Insbesondere ist er für Grenzzustände der Tragfähigkeit höher als für die Grenzzustände der Gebrauchstauglichkeit. In den Eurocode-Entwürfen [4.2] und auch in den TGL-Normen der ehemaligen DDR ist im Regelfall der Lastfaktor für die zweite Gruppe der Grenzzustände gleich 1 zu setzen. Es gibt aber auch andere Auffassungen.

Für die ständig wirkenden Lasten, also insbesondere Eigenlast, Ausbaulast, Vorspannung und Erddruck, müssen jeweils zwei Lastfaktoren festgelegt werden, und zwar ein Faktor $\gamma_f > 1$, wenn die Last für den betrachteten

Grenzzustand belastend wirkt, und ein Faktor $\gamma_f \leqq 1$, wenn die Last entlastend ist. Das heißt, daß für die überwiegende Mehrzahl der Nachweise der Lastfaktor für Eigenlast und Erddruck $\gamma_f > 1$ und für Vorspannung $\gamma_f \leqq 1$ ist. Der umgekehrte Fall gilt, wenn sich die Verringerung der ständigen Last ungünstig auswirkt. So etwas tritt bei Nachweisen der Standsicherheit (Auftrieb, Umkippen, Gleiten, Abheben von den Lagern) auf und bei solchen Bauwerken, wo wesentliche Lasten von unten nach oben wirken. Wenn hierbei der Nachweis sehr empfindlich gegenüber Veränderungen der Größe der ständigen Last reagiert, dann sollte die ständige Last in zwei verschiedene Lastanteile aufgeteilt und diesen Anteilen der jeweils ungünstige Lastfaktor zugeordnet werden. Abb. 4.4 zeigt als Beispiel den Nachweis für das Abheben von einem Lager für einen statisch bestimmt gelagerten Balken mit Kragarm.

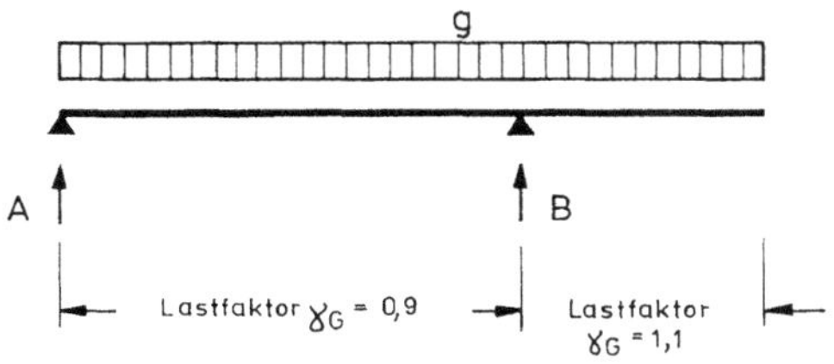

Abb. 4.4. Lastfaktoren für Eigenlast beim Nachweis der Sicherheit gegen Abheben vom Lager *A*

So etwas kann aber auf Sonderfälle beschränkt bleiben. Wenn die Eigengewichtsbeanspruchung aus verschiedenen Bauteilen mit Einflußlinien wechselnden Vorzeichens resultiert und diese Bauteile nach der gleichen Technologie hergestellt sind, wird man in der Regel annehmen, daß die Abweichungen der Eigenlast in allen Bauteilen identisch sind und damit ein einheitlicher Lastfaktor gilt. So gilt z. B. für monolithisch hergestellte Durchlaufträger der gleiche Lastfaktor für alle Felder, und zwar $\gamma_f > 1$, wenn im betrachteten Querschnitt die Eigenlast ungünstig wirkt, und $\gamma_f \leqq 1$, wenn sie günstig, entlastend ist.

Analog geht man vor, wenn im untersuchten Querschnitt die Beanspruchung für einen Grenzzustand aus unterschiedlichen Schnittgrößen resultiert (z. B. Biegemoment und Längskraft). Auch hier ist für alle Anteile der Beanspruchung aus Eigenlast der gleiche Lastfaktor zu verwenden, auch dann wenn die Anwendung unterschiedlicher Faktoren ungünstigere Ergebnisse liefern würde. Sind für einen Querschnitt mehrere Nachweise für verschiedene Grenzzustände zu führen, dann gelten die jeweils ungünstigen Lastfaktoren.

Für veränderliche Lasten gibt es natürlich nur einen Lastfaktor $\gamma_f > 1$, denn entlastend wirkende Lastanteile werden in der Berechnung nicht berücksichtigt.

Die Nennlasten für die außergewöhnlichen Lasten werden so festgelegt, daß ihre Lastfaktoren gleich 1 sind. Auch die Lastfaktoren begleitender veränderlicher Lasten werden bei Unfallkombinationen gleich 1 gesetzt.

Tabelle 4.2. Lastfaktoren des Eurocodes EC 2, Entwurf Dez. 89 [4.2]

Last	Lastfaktor	
	Last wirkt ungünstig	Last wirkt günstig
Ständige Last γ_G	1,35 1,1	1,0 0,9[1]
Veränderliche Last γ_Q	1,50	0
Vorspannung γ_P	1,20 1,0	0,9 1,0[2]
Zwang γ_{ind}	1,50 1,20	0 0[2])

[1]) Wenn der Nachweis sehr empfindlich gegenüber Veränderungen der ständigen Last ist, z. B. beim Nachweis des statischen Gleichgewichts. Siehe auch Beispiel Bild 4.4

[2]) Bei Schnittgrößenermittlung nach der Elastizitätstheorie

Als Beispiel sind in Tabelle 4.2 die Lastfaktoren des Entwurfs des Eurocodes 2 zusammengestellt. Diese Faktoren entsprechen einem recht hohen Sicherheitsniveau. Dagegen haben die osteuropäischen Länder wesentlich geringere Lastfaktoren. Sie liegen für Eigenlasten zwischen 1,05 und 1,30 im Mittel bei 1,10 und für veränderliche Lasten zwischen 1,20 und 1,40 [4.8]. Hier sind die Lastfaktoren auch viel stärker in Abhängigkeit von der speziellen Lastart differenziert als in den Eurocodes. Auch die skandinavischen Länder haben relativ niedrige Lastfaktoren [4.6]. Hier wird ein guter Sicherheitsabstand durch einen vergleichsweise hohen Materialfaktor gewährleistet.

4.4.2.3 Materialfaktor γ_m

Der Materialfaktor soll die Unsicherheiten infolge der Streuungen der Baustoff- bzw. der Bodeneigenschaften abdecken. Dazu gehört die Möglichkeit ungünstiger Abweichungen vom charakteristischen Wert durch die zufälligen Eigenschaften. Auch die Ungewißheiten in den Beziehungen zwischen den Materialeigenschaften im Bauwerk und den an Prüfkörpern bei Prüfverfahren festgestellten Meßwerten werden im Materialfaktor erfaßt.

Manchmal werden Ungenauigkeiten in den theoretischen Modellen zur rechnerischen Erfassung der Querschnittstragfähigkeit direkt im Materialfaktor berücksichtigt, manchmal werden diese Einflüsse durch einen gesonderten Teilsicherheitsbeiwert $\gamma_{d,R}$ abgedeckt.

Auch der Einfluß von geometrischen Abweichungen der Querschnitte auf die Sicherheit wird häufig im Materialfaktor berücksichtigt. Vom theoretischen Standpunkt ist dies natürlich nicht richtig, und es sollte besser ein additiver Sicherheitszuschlag eingeführt werden. Es ist jedoch bequem und üblich, die geometrischen Querschnittsabweichungen mit in den Materialfaktor hineinzunehmen.

Die Baustoffstreuungen stehen natürlich in engem Zusammenhang mit Qualitätssicherungs- und Kontrollmaßnahmen bei der Herstellung und Verarbeitung der Baustoffe. Auch diese Abhängigkeit kann in γ_m Berücksichtigung finden.

Bei der Vielzahl der genannten Einflüsse, die die Streuungen der Baustoffeigenschaften beeinflussen, ist eine tiefergehende Aufteilung von γ_m in Teilfaktoren in Produktform möglich. So wird in [4.6] $\gamma_m = \gamma_{m1} \cdot \gamma_{m2} \cdot \gamma_{m3} \cdot \gamma_{m4} \cdot \gamma_n$ empfohlen mit

γ_{m1} = Faktor, abhängig vom Variantenkoeffizienten der Festigkeit und dem Variationskoeffizienten des Umrechnungsfaktors von der Prüf- zur Bauwerksfestigkeit

γ_{m2} = Faktor, abhängig von der Genauigkeit des analytischen Modells

γ_{m3} = Faktor, abhängig von der Vorankündigung des Bruches

γ_{m4} = Faktor, abhängig von der Strenge der Qualitätssicherungs- und Kontrollmaßnahmen

γ_n = Wertigkeitsfaktor, abhängig von den Versagensfolgen (siehe 4.4.2.5)

So kann es also vorkommen, daß einem speziellen Baustoff mehr als ein Wert γ_m in Abhängigkeit von den oben genannten Einflüssen zugeordnet wird.

Besondere Bedingungen liegen bei den Baugrundeigenschaften vor, da Böden nicht produziert, sondern auf der Baustelle vorgefunden werden. Die Bauwerkssicherheit wird deshalb auch vom Umfang der Kenntnisse über die Baugrundeigenschaften, also vom Aufwand für die Baugrunderkundung, beeinflußt. Ähnlich liegen die Verhältnisse bei der Nachrechnung bestehender Bauwerke. Auch hier sind die Baustoffe bereits vorhanden und eine genauere experimentelle Analyse der tatsächlich vorhandenen Eigenschaften kann zum Ansatz verminderter Streuungen führen. Bei einem Nachweis mit der Methode der Grenzzustände kann in einem solchen Fall mit herabgesetztem Materialfaktor gerechnet werden.

Der Bemessungswert der Baustoffe und Böden ergibt sich durch Division des charakteristischen Wertes durch den Materialfaktor. Der Materialfaktor hängt vom Grenzzustand ab. Für die Grenzzustände der Gebrauchstauglichkeit ist der Materialfaktor in der Regel gleich 1. Auch für Unfallkombinationen mit außergewöhnlichen Lasten wird γ_m herabgesetzt.

Der Materialfaktor soll von der Last unabhängig sein.

Als Beispiele seien hier die Materialfaktoren des Eurocodes 2 [4.2] zitiert:

Tabelle 4.3. Materialfaktor nach EC 2 [4.2]

	Beton γ_c	Schlaffe Bewehrung und Spannglieder γ_s
Grundkombination	1,5	1,15
Unfallkombination	1,3	1,0

4.4.2.4 Teilsicherheitsbeiwert γ_d zur Erfassung von Modellungenauigkeiten

In jeder Berechnung müssen vereinfachte Annahmen über das Verhalten der Systeme, der Querschnitte, der Baustoffe, der Verbindungen, der Gründungen usw. gemacht werden, damit die Rechnung mit erträglichem Aufwand überhaupt möglich wird. Dadurch entstehen Fehler, sogenannte Modellungenauigkeiten, die systematischen oder stochastischen Charakter haben.

Um sie im baupraktischen Sicherheitsmodell abzudecken, wird ein Teilsicherheitsbeiwert γ_d eingeführt. Er wurde in den TGL-Normen der ehemaligen DDR Anpassungsfaktor genannt.

Es ist üblich, γ_d weiter aufzuspalten in $\gamma_{d,R}$ zur Abdeckung der Ungewißheiten in den Modellen zur Ermittlung der Beanspruchbarkeit und $\gamma_{d,s}$ für die Fehler in der Berechnung der Beanspruchung [4.3, 4.4]. Diese werden in der Grenzzustandsgleichung genauso wie die Material- bzw. Lastfaktoren behandelt und diesen als Multiplikatoren zugeordnet. So ist es auch möglich, sie nicht explizit auszuweisen, sondern in γ_m und γ_f hineinzunehmen. So wird in den Eurocodes vorgegangen.

4.4.2.5 Teilsicherheitsbeiwert γ_n zur Differenzierung des Sicherheitsniveaus

Es ist heute allgemein anerkannt, daß das Sicherheitsniveau der Baukonstruktionen entsprechend ihrer gesellschaftlichen und wirtschaftlichen Bedeutung und der Schwere der Folgen im potentiellen Versagensfall differenziert werden sollte. Nicht die gleiche Versagenswahrscheinlichkeit für alle Bauwerke ist das Ziel der Bemessung. Bei Baukonstruktionen von hoher Bedeutung, bei deren Versagen große Gefahren für Leben und Gesundheit vieler Menschen, sehr hohe ökonomische Verluste für große Bereiche der Wirtschaft oder sehr große Umweltschäden zu erwarten sind, ist eine höhere Zuverlässigkeit, d. h. ein größerer Sicherheitsindex bzw. eine geringere Versagenswahrscheinlichkeit zu fordern. Umgekehrt lassen sich bei Baukonstruktionen von geringer Bedeutung Sicherheitsreserven zugunsten von Materialeinsparungen abbauen.

Um dies durch differenzierte Bemessung zu erreichen, wird vielfach ein Teilsicherheitsbeiwert γ_n eingeführt [4.3, 4.6, 4.12, 4.13]. In den TGL-Normen der ehemaligen DDR wurde er „Wertigkeitsfaktor" genannt und im Eurocode 8, der sich mit Entwurf und Bemessung in Erdbebengebieten befaßt, „Bedeutungsbeiwert" (Importance factor). γ_n wird dabei Zuverlässigkeitsklassen zugeordnet, in die die Bauwerke entsprechend ihrer Bedeutung eingeordnet werden. Dabei werden meist drei Klassen eingeführt, eine Klasse für Bauwerke geringerer Bedeutung, eine mittlere Klasse, der die Mehrzahl der Bauwerke zugeordnet wird, und eine Klasse mit den Bauwerken, bei deren Versagen sehr hohe Personenschäden und materielle Verluste zu erwarten sind. Hierbei kann auch die Art des Bruches im Hinblick auf eine Vorankündigung berücksichtigt werden.

Es ist vernünftig, der mittleren Klasse $\gamma_n = 1$ zuzuordnen. Aber es gibt auch andere Festlegungen. So war in der Tschechoslowakei und der Sowjetunion $\gamma_n = 0{,}95$ in der mittleren Klasse. In der Regel wird γ_n im Bereich von 0,90 bis 1,10 variiert, im Erdbebeningenieurwesen zwischen 0,8 und 1,40 [4.13].

Meist wird γ_n als ein zusätzlicher globaler Sicherheitsfaktor der Lastseite zugeordnet. Die nordischen Länder betrachten dagegen γ_n als einen Teil des Materialfaktors [4.6].

Mit γ_n kann allerdings nur der Anteil der Versagenswahrscheinlichkeit beeinflußt werden, der vom Sicherheitsabstand der Bemessung abhängt. Im Abschnitt 1 wurde darauf hingewiesen, daß der größere Teil der Versagensfälle durch Fehler der am Bau beteiligten Menschen verursacht wird. γ_n hat darauf natürlich keinen direkten Einfluß. Eine differenzierte Sicherheit erfordert daher auch differenzierte Qualitätssicherungs- und Kontrollmaßnahmen. Bei Einführung von Zuverlässigkeitsklassen sind diesen nicht nur unterschiedliche γ_n-Werte, sondern auch unterschiedlich strenge Kontrollmaßnahmen zuzuordnen. Solche Maßnahmen werden in der Regel effektiver wirken als eine Beschränkung der Sicherheitsdifferenzierung auf den Entwurf allein.

4.4.2.6 Lastkombinationsregel und Kombinationsfaktor

Wirken auf ein statisches System mehrere zeitlich veränderliche Lasten ein, so ist die Wahrscheinlichkeit, daß Extremwerte zusammenfallen, sehr gering, und es ist der Extremwert der Summe mehrerer Lastprozesse in der Regel kleiner als die Summe der Extremwerte. Im Bemessungsprozeß läßt sich diese Erscheinung durch Abminderung der Bemessungswerte nutzen.

Die Lastkombinationsregel ist eine Rechenvorschrift einer Norm, mit der aus den Bemessungswerten von mehreren veränderlichen Lasten ein Bemessungswert für die Lastkombination ermittelt wird. Sie führt also die Behandlung der „Lastkombination" auf die Behandlung der „einzelnen Last" zurück. Deshalb muß sie so gestaltet sein, daß sie im Grenzfall, wenn alle Lasten bis auf eine gegen Null streben, den Bemessungswert dieser einzelnen Last unverändert weitergibt. Sie soll darüber hinaus so aufgebaut sein, daß die damit bemessenen Konstruktionen bei allen möglichen Lastkombinationen eine relativ gleichmäßige Zuverlässigkeit besitzen. Andererseits soll sie auch nicht zu kompliziert sein, um den Aufwand bei der statischen Berechnung nicht übermäßig ansteigen zu lassen.

Die in den Lastkombinationsregeln auftretenden Parameter sind die Kombinationsfaktoren. Diese sind stets kleiner oder gleich 1. Im Eurocode werden sie mit ψ_0 bezeichnet.

Kombinationsregeln und Kombinationsfaktoren sollen vom Baustoff unabhängig sein.

Der Gedanke der Abminderung der Lasten bei mehreren veränderlichen Lastanteilen ist nicht neu und wird auch bei der Methode der zulässigen Spannungen näherungsweise berücksichtigt. Dort werden die Lastkombinationen in Haupt-, Zusatz- und Sonderlasten eingeteilt und diesen unterschiedliche zulässige Spannungen zugeordnet. Diese Vorgehensweise ist im Grund unlogisch, da ein Effekt, der eindeutig zur Lastseite gehört, hier durch eine Differenzierung auf der Materialseite erfaßt wird. Sie ist außerdem wenig anpassungsfähig, da über eine Differenzierung der zulässigen Spannungen natürlich nur die Gesamtheit aller Lasten, einschließlich der ständig wirkenden Lasten, beeinflußt werden kann.

Im Grenzzustand der Tragfähigkeit wird zwischen Grundkombination und Unfallkombination (Sonderkombination) unterschieden. Eine Grundkombination besteht aus den ständigen und den veränderlichen Lasten, jedoch ohne eine außergewöhnliche Last. Ist unter den Lasten eine außergewöhnliche Last, so liegt eine Unfallkombination vor [4.1, 4.3].

Bei Unfallkombinationen werden in allen Normen die außergewöhnlichen Lasten nicht abgemindert, sondern nur die veränderlichen Lasten.

Im folgenden werden zwei Möglichkeiten zur mathematischen Beschreibung von Kombinationsregeln dargestellt: Eine Beschreibung in Matrixformulierung und eine grafische Darstellung der Menge aller von der Kombinationsregel zugelassenen Kombinationen im Raum der Übertragungsfaktoren. Die erste Möglichkeit ist besonders für Computerprogramme geeignet; die zweite Möglichkeit liefert eine anschauliche Vorstellung vom zulässigen Bereich der Kombinationsregel und ist für den Vergleich verschiedener Regeln untereinander und für den Vergleich der Regeln mit zuverlässigkeitstheoretischen Lösungen nützlich. Kombinationsregeln behandeln nur das lineare Problem mit statischen oder quasistatischen Lasten.

$$S(t) = \sum_{i=1}^{m} c_i X_i(t) \tag{4.18}$$

$X_i(t)$ Lastprozeß

c_i deterministischer, systemabhängiger Übertragungsfaktor zwischen Last $X_i(t)$ und Lastwirkung $S(t)$

m Anzahl der Lasten

Es werden hier nur positive c_i betrachtet.

Wir fassen die Bemessungswerte der m Lasten in einem Vektor

$$\boldsymbol{x}_d = (x_{1,d}, x_{2,d}, \ldots, x_{m,d})^T, \tag{4.19}$$

die Übertragungsfaktoren zur Diagonalmatrix $\boldsymbol{C} = \operatorname{diag}(c_i)$ und die Lastwirkungen aus n Nachweisen zum Vektor

$$\boldsymbol{s} = (s_1, s_2, \ldots, s_n)^T \tag{4.20}$$

zusammen.

Definiert man eine Kombinationsmatrix $\boldsymbol{\psi}$ mit n Zeilen und m Spalten, so können alle Kombinationsregeln der Normen als Matrixgleichung

$$\boldsymbol{s} = \boldsymbol{\psi} \cdot \boldsymbol{C} \cdot \boldsymbol{x}_d \tag{4.21}$$

$$s_d = \max_{i=1\ldots n} \{s_i\} \tag{4.22}$$

geschrieben werden. Die n Zeilen von ψ charakterisieren die nach der Regel erforderlichen Nachweise, die m Spalten die verschiedenen Lasten. Der für die Bemessung maßgebende Wert der Lastwirkung ist der Maximalwert der Elemente des Vektors $\boldsymbol{s}$. Verschiedene Kombinationsregeln unterscheiden sich bei dieser Schreibweise nur in der Struktur von ψ.

Eine geometrische Veranschaulichung einer Kombinationsregel ist die Linie ($m = 2$) oder Fläche ($m = 3$) gleicher Bemessungswerte der Lastwirkungen s_d im Raum der Übertragungsfaktoren c_i. Da es unendlich viele Niveaus von Bemessungswerten gibt, ist es zweckmäßig, für die grafische Darstellung der Kombinationsregel das Niveau 1 zu wählen. Durch Einsetzen von $\boldsymbol{x}_d = \mathbf{1}$, $\boldsymbol{s} = \mathbf{1}$ in Gl. (4.21) erhält man die Gleichungen der Regellinie (Regelfläche)

$$\psi \cdot \boldsymbol{c} \cdot \mathbf{1} = \mathbf{1} \quad \text{mit} \quad \mathbf{1} = (1\ 1\ \ldots\ 1)^T. \tag{4.23}$$

Dies sind n lineare Gleichungen (Geraden oder Ebenen), die alle zulässigen Werte von Lastkombinationen der betrachteten Norm im Raum der Übertragungsfaktoren c begrenzen [4.14, 5.10].

Zur Veranschaulichung dieser beiden Beschreibungen der Kombinationsregeln von Vorschriften werden zwei triviale Grenzfälle betrachtet.

Beispiel 1, obere Grenze: Kombination von drei außergewöhnlichen Lasten, für die die Wahrscheinlichkeit des zeitlichen Zusammentreffens vernachlässigbar ist. Wenn eine Last wirkt, tritt keine andere auf. Jede Last ist allein zu untersuchen. Dann ist die Kombinationsmatrix gleich der Einheitsmatrix, und die Regelfläche ist ein Würfel mit der Kantenlänge 1.

Beispiel 2, untere Grenze: Drei deterministische Lasten, die zeitlich konstant sind. In diesem Fall dürfen die Bemessungswerte nicht reduziert werden, und alle Lasten sind ohne jede Abminderung in Ansatz zu bringen. Dann ist

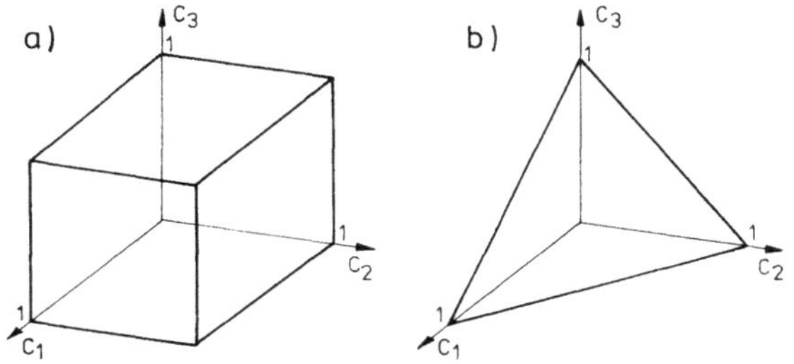

Abb. 4.5. Regelflächen und Kombinationsmatrizen für zwei Grenzfälle;
a) drei außergewöhnliche Lasten

$$\psi = \begin{pmatrix} 1 & 0 & 0 \\ 0 & 1 & 0 \\ 0 & 0 & 1 \end{pmatrix},$$

b) drei deterministische, zeitlich konstante Lasten

$\psi = (1\ 1\ 1)$

$\psi = (1\ 1\ 1)$, und die Regelfläche ist die Ebene

$$c_1 + c_2 + c_3 = 1 .$$

Abb. 4.5. zeigt diese beiden Fälle für drei Lasten. Es sind die Grenzen, zwischen denen alle möglichen Kombinationsregeln der Normen liegen.

Die oben erwähnte Kompatibilität der Kombinationsregel mit der einzelnen Last stellt an die Struktur von ψ zwei Bedingungen: Alle Elemente von ψ müssen kleiner oder gleich 1 sein, und in allen Spalten von ψ muß mindestens eine 1 vorkommen.

In der grafischen Darstellung bedeutet die Kompatibilität mit der einzelnen Last, daß die Regelflächen (Regellinien) die Koordinatenachsen in den Punkten $c_i = 1$, $c_j = 0$, $j \neq i$, schneiden müssen.

Wichtige Kombinationsregeln der Normen

In den Normen findet man Kombinationsregeln unterschiedlicher Struktur. Im folgenden werden wichtige Regeln diskutiert; die Matrix ψ und die Regelflächen werden für jeweils drei Lasten angegeben. Erst bei drei Lasten werden wesentliche Unterschiede der Kombinationsregeln deutlich. Es werden hier nur veränderliche Lasten betrachtet.

Kombinationsfaktor in Abhängigkeit von der Anzahl zeitlich veränderlicher Lasten, LRF-Regel (Abb. 4.6a). Alle Lasten werden mit dem gleichen Faktor abgemindert. Die Kompatibilitätsbedingung erfordert jedoch, daß außerdem jede Last allein kontrolliert werden muß. Die TGL-Normen der ehemaligen DDR, viele osteuropäische Länder, kanadische und ACI-Normen benutzen dieses Format. Auch die im Eurocode 2 angegebene vereinfachte Regel Gl. (2.8) in [4.2] ist hier einzuordnen.

ψ wird im englischen Sprachraum als „load reduction factor" (Lastabminderungsfaktor) und die Regel entsprechend als „LRF-Regel" bezeichnet.

Diese Regel berücksichtigt nur die Anzahl kurzzeitiger Lasten, nicht aber den wahrscheinlichkeitstheoretischen Charakter der Prozesse. Eine rationale Begründung kann daher nicht angegeben werden. Stärkere Abminderungen sind mit dieser Regel nicht zu erreichen; andererseits ist der Anwendungsbereich praktisch unbegrenzt.

Kombinationsfaktor in Abhängigkeit von der Art der abzumindernden Last, CAF-Regel (Abb. 4.6b). Nacheinander wird jede Last als „Basislast" angesehen und ohne Abminderung in Rechnung gestellt, während die anderen „begleitenden" Lasten mit Kombinationsfaktoren ψ_i multipliziert werden, die nur vom Prozeßcharakter der abzumindernden Last abhängen. Die Matrix ψ ist quadratisch, aber nicht symmetrisch. Die Kombinationsfaktoren in einer Spalte sind außerhalb der Hauptdiagonalen gleich, so daß insgesamt m unterschiedliche Faktoren existieren. Sie sind den begleitenden Lasten zugeordnet. Dieses Format wird ebenfalls häufig verwendet und als CAF-Regel bezeichnet (CAF = „companion action factor", d. h. lastbegleitender Faktor). Voraus-

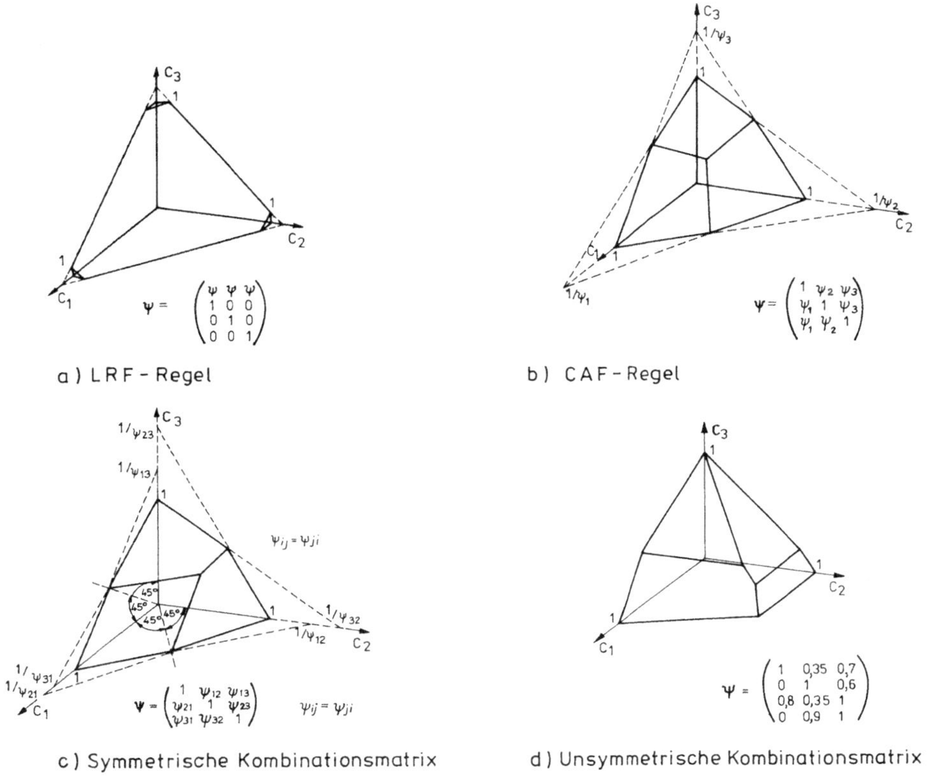

Abb. 4.6. Regelflächen und Kombinationsmatrizen für wichtige Kombinationsregeln der Normen. Die Regelfläche ist ein Bild des von der Kombinationsregel zugelassenen Bereiches im Raum der Übertragungsfaktoren.

sichtlich wird dies die Kombinationsregel für die vereinheitlichten europäischen Normen werden.

Als theoretische Grundlage kann die Turkstra-Regel für stationäre Prozesse gelten (siehe Abschnitt 3.2.2.3).

Symmetrische Kombinationsmatrix (Bild 4.6c). Eine bessere Anpassungsfähigkeit kann erreicht werden, wenn $\boldsymbol{\psi}$ symmetrisch ist. Die Anzahl unterschiedlicher Kombinationsfaktoren vergrößert sich dann für $m > 3$ und wird $m(m-1)/2$. Dieses Format wird von Fießler [4.14] empfohlen.

Spezielle Kombinationsregeln mit unsymmetrischer Kombinationsmatrix (Abb. 4.6d). Dieses Format bietet die bestmögliche Anpassungsfähigkeit, allerdings auf Kosten der Einfachheit. Es wird von Turkstra und Madsen empfohlen [4.15]. Seine Anwendung erscheint nur dann gerechtfertigt und möglich, wenn umfassende Informationen über die einbezogenen Prozesse und die Korrelationen zwischen ihnen zur Verfügung stehen.

Der Anwendungsumfang ist dann auf spezielle Konstruktionen (Hochbauten, Straßenbrücken, Gewächshäuser) oder Zustände (Montagezustand) begrenzt. Anwendungen findet man unter anderem in französischen und amerikanischen Normen. In Abb. 4.6d ist als Beispiel die früher in der DDR angewendete Lastkombination für Gewächshäuser dargestellt. Hier ist Last 1 = Schneelast, Last 2 = Kulturlast und Last 3 = Windlast.

Diese Zusammenstellung grundsätzlicher Möglichkeiten zeigt, daß heute in den Normen sehr vielfältige Formen von Kombinationsregeln zu finden sind, wobei einfache Regeln mit großem Anwendungsumfang nur geringe Abminderungen gestatten, während spezielle Regeln mit geringem Anwendungsbereich größere Abminderungen ermöglichen. Eine Bewertung einer Kombinationsregel kann nur mit zuverlässigkeitstheoretischen Methoden erfolgen. Darauf wird im Abschnitt 5.5 kurz eingegangen.

5 Anwendung der Zuverlässigkeitstheorie auf Normen

5.1 Allgemeines

Es lassen sich zwei Arten der praktischen Anwendung der Zuverlässigkeitstheorie der tragenden Konstruktionen unterscheiden:

1. direkte Anwendung durch Bemessung oder Nachweis mit zuverlässigkeitstheoretischen Methoden
2. indirekte Anwendung durch Bestimmung der in Normen auftretenden Sicherheitselemente, insbesondere der Teilsicherheitsbeiwerte.

Die direkte Anwendung bedeutet einen merkbar höheren Aufwand als eine Berechnung mit traditionellen, baupraktischen Sicherheitsmodellen. Außerdem sind die Anforderungen im Hinblick auf Spezialkenntnisse und auch auf notwendige Eingangsdaten wesentlich höher. Es ist deshalb nicht verwunderlich, daß die direkte Anwendung bisher auf Sonderfälle beschränkt geblieben ist.

Bei der indirekten Anwendung bleibt für den Projektanten der Sicherheitsnachweis in der gewohnten Form mit Sicherheitsbeiwerten erhalten. Es werden aber die in der Norm enthaltenen Sicherheitselemente mit zuverlässigkeitstheoretischen Mitteln so bestimmt, daß ein vorgegebenes Sicherheitsniveau, ausgedrückt als zulässige Versagenswahrscheinlichkeit oder als erforderlicher Sicherheitsindex, möglichst gut eingehalten wird.

Im folgenden sollen einige Grundlagen für die Anpassung von Normen an die Zuverlässigkeitstheorie dargestellt werden.

Ein Grenzzustand, der in der Nutzungsdauer höchstens mit Wahrscheinlichkeit zul P_f überschritten werden soll, sei durch die Gleichung

$$g(\boldsymbol{x}, A) = 0 \tag{5.1}$$

und der zugehörige Sicherheitsabstand durch

$$Z = g(\boldsymbol{X}, A) \tag{5.2}$$

beschrieben. Darin ist wieder $\boldsymbol{X}$ der Vektor der Basisvariablen, und A ist eine Größe, die im Bemessungsprozeß festzulegen ist, also meist ein Querschnittswert.

In Normen wird statt mit Zufallsgrößen X_i mit deterministischen Größen, den charakteristischen Werten $x_{i,k}$ und den Teilsicherheitskoeffizienten γ_i gerechnet. Gl. (5.1) nimmt damit in der Norm die Schreibweise

$$\bar{g}(\boldsymbol{x}_k, \boldsymbol{\gamma}, A) = 0 \tag{5.3}$$

an. Durch den Querstrich über g wird wieder angedeutet, daß in Normen oftmals auch vereinfachte mechanische Modelle verwendet werden. Mechanisches Modell in der Zuverlässigkeitsheorie und mechanisches Modell in der Norm brauchen nicht immer identisch zu sein.

Wir wollen die Sicherheitsbeiwerte γ_i der Norm so bestimmen, daß durch Bemessung nach Norm ein vorgegebenes zul P_f oder erf β genau oder angenähert eingehalten wird.

Bevor wir Normen mit einem mehr oder weniger ausgedehnten Geltungsbereich betrachten, soll vorher kurz der einfachere Fall des Einzelnachweises behandelt werden.

5.2 Globaler Sicherheitsfaktor

Gegeben sei eine einzelne Grenzzustandsgleichung (5.1) und eine Normgleichung (5.3) mit einem unbekannten globalen Sicherheitsfaktor γ, der so zu ermitteln ist, daß $P_f =$ zul P_f gilt.

Bezeichnen wir mit

$$A = \bar{g}^{-1}(\boldsymbol{x}_k, \gamma) \tag{5.4}$$

die bezüglich A inverse Normgleichung, das heißt die Bemessungsgleichung der Norm, und berücksichtigen Gl. (5.2), so erhalten wir die Bestimmungsgleichung für γ

$$P\left(g(\boldsymbol{X}, \bar{g}^{-1}(\boldsymbol{x}_k, \gamma)) < 0\right) = \text{zul } P_f. \tag{5.5}$$

Mit einer Gleichung und einer Unbekannten bereitet die Lösung keine prinzipiellen Schwierigkeiten, wenn sie im allgemeinen auch nur mit numerischen Verfahren möglich ist.

Die Vorgehensweise soll im folgenden für zwei einfache Fälle, bei denen eine geschlossene Lösung möglich ist, demonstriert werden.

R-S-Modell mit normalverteilten Zufallsgrößen:

$X_1 = R =$ Materialfestigkeit oder Fließgrenze

$X_2 = S =$ äußere Beanspruchung

Gleichung des Grenzzustandes: $g = Ax_1 - x_2 = 0$

Normgleichung: $\bar{g} = Ax_{1,k} - \gamma x_{2,k} = 0$

Bemessungsgleichung: $$A = \gamma \frac{x_{2,k}}{x_{1,k}} \tag{5.6}$$

Sicherheitsindex nach Gl. (3.35)

$$\beta = \frac{Am_{X_1} - m_{X_2}}{\sqrt{A^2\sigma_{X_1}^2 + \sigma_{X_2}^2}}. \tag{5.7}$$

Dieser soll gleich einem vorgegebenen erforderlichen Sicherheitsindex

$$\operatorname{erf}\beta = -\Phi^{-1}(\text{zul } P_f)$$

sein. Gl. (5.6) in (5.7) eingesetzt, die charakteristischen Werte für die Unterschreitungswahrscheinlichkeiten q_i definiert

$$x_{i,k} = m_{X_i} + \sigma_{X_i}\Phi^{-1}(q_i) \tag{5.8}$$

und γ eliminiert, ergibt nach elementarer Rechnung

$$\gamma = \frac{1 + v_1\Phi^{-1}(q_1)}{1 + v_2\Phi^{-1}(q_2)} \cdot \frac{1 + \sqrt{1 - (1 - v_1^2 \operatorname{erf}\beta^2)\,(1 - v_2^2 \operatorname{erf}\beta^2)}}{1 - v_1^2 \operatorname{erf}\beta^2} \tag{5.9}$$

mit den Variationskoeffizienten

$$v = \sigma_{X_1}/m_{X_1}, \qquad v = \sigma_{X_2}/m_{X_2}.$$

In Abb. 5.1 ist diese Beziehung für zul $P_f = 10^{-5}$ (erf $\beta = 4{,}265$) und die Unterschreitungswahrscheinlichkeiten $q_1 = 0{,}05$ für den Widerstand und $q_2 = 0{,}95$ für die Last ausgewertet.

Allerdings gilt Gl. (5.9) nur im Bereich kleiner Variationskoeffizienten v_1 des Widerstandes. Man erkennt sofort, daß Gl. (5.9) nur für

$$v < \frac{1}{\operatorname{erf}\beta}$$

einen positiven Sicherheitsfaktor ergibt. Ursache für diese Erscheinung ist die Annahme einer sich beiderseitig bis ins Unendliche erstreckenden Verteilungsdichte für den Widerstand. Die Annahme einer Normalverteilung bedeutet, daß mit Wahrscheinlichkeit $\Phi\left(-\frac{1}{v_1}\right)$ eine „negative Festigkeit" vorausgesetzt wird. Bei Variationskoeffizienten $v > \frac{1}{\operatorname{erf}\beta}$ überschreitet diese Wahrscheinlichkeit sogar den Wert der zulässigen Versagenswahrscheinlichkeit. Gl. (5.9) kann also nur für $v_1 \ll 1/\operatorname{erf}\beta$ anwendbare Ergebnisse liefern. Man erkennt aus diesem Beispiel auch die große Bedeutung, die die Wahl des Verteilungstyps auf das Ergebnis haben kann.

Solche Erscheinungen treten natürlich nicht mehr auf, wenn Verteilungstypen verwendet werden, die keine negativen Werte zulassen. Sind z. B. X_1 und X_2 logarithmisch normalverteilt (Standardform), so führt die

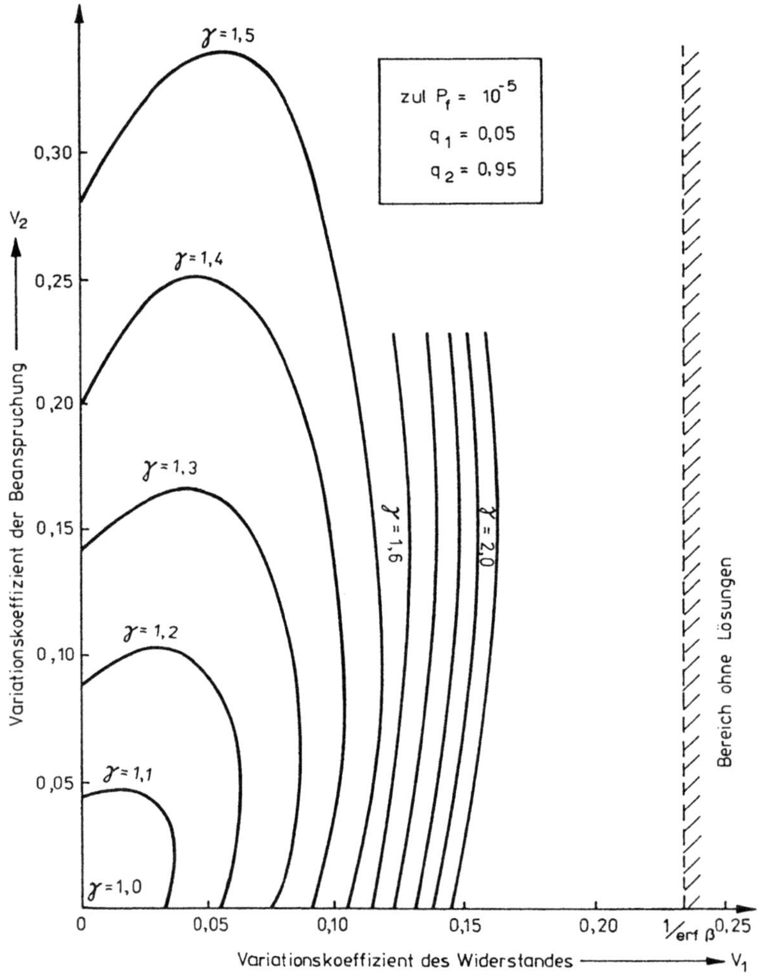

Abb. 5.1. Beziehung zwischen globalem Sicherheitsfaktor und den Variationskoeffizienten von Widerstand v_1 und Beanspruchung v_2 für eine vorgegebene Versagenswahrscheinlichkeit. Widerstand und Beanspruchung sind normalverteilt

analoge Ableitung auf folgendes Ergebnis

$$\gamma = \exp\left(\operatorname{erf}\beta\sqrt{\sigma_{U_1}^2 + \sigma_{U_2}^2} + \sigma_{U_1}\Phi^{-1}(q_1) - \sigma_{U_2}\Phi^{-1}(q_2)\right) \tag{5.10}$$

mit

$$\sigma_{U_1} = \sqrt{\ln(1 + v_1^2)}$$

$$\sigma_{U_2} = \sqrt{\ln(1 + v_2^2)},$$

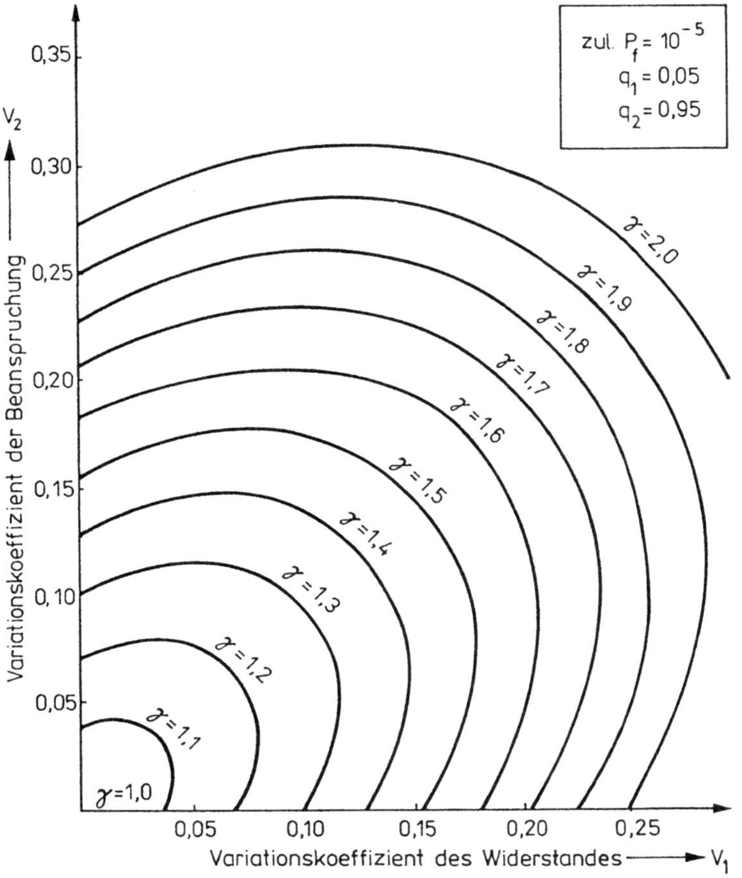

Abb. 5.2. Beziehung zwischen globalem Sicherheitsfaktor und den Variationskoeffizienten von Widerstand v_1 und Beanspruchung v_2 für eine vorgegebene Versagenswahrscheinlichkeit. Widerstand und Beanspruchung sind logarithmisch normalverteilt

das in Abb. 5.2 für die gleichen Eingabedaten ausgewertet ist. Die zunehmenden Unterschiede zwischen den Ergebnissen der beiden gezeigten Modelle mit wachsenden Variationskoeffizienten sind offensichtlich.

Beispiel 18. Wie groß ist für den im Beispiel 17 betrachteten Fall der globale Sicherheitsfaktor, der einen Sicherheitsindex von erf $\beta = 4$ garantiert, wenn die charakteristischen Werte

$x_{1,k} = 24 \cdot 10^4$ kN/m^2 (Stahlfließgrenze)

$x_{2,k} = 22$ kN (Last)

betragen?

Aus der Normgleichung $\bar{g} = Ax_{1,k} - \gamma \cdot lx_{2,k} = 0$ folgt mit dem in Beispiel 17 für erf $\beta = 4$ berechneten Wert $A = W = 2{,}709 \cdot 10^{-4}\ \mathrm{m}^3$

$$\gamma = \frac{A \cdot x_{1,k}}{l \cdot x_{2,k}} = \frac{2{,}709 \cdot 10^{-4} \cdot 24 \cdot 10^4}{2 \cdot 22} = 1{,}478\,.$$

5.3 Bestimmung von Teilsicherheitsbeiwerten auf der Grundlage des Bemessungspunktes

Sind mehrere Teilsicherheitsbeiwerte im Normformat enthalten, so treten in der Bestimmungsgleichung (5.5) mehrere Unbekannte γ_i auf. Liegt ein Anwendungsfall vor, dann existieren eine Bestimmungsgleichung und mehrere Unbekannte, und so gibt es stets unendlich viele Vektoren γ von Teilsicherheitsbeiwerten, die die Bedingung $P_f =$ zul P_f oder $\beta =$ erf β erfüllen.

Zur Bestimmung der Lösungsmenge wird zunächst eine zuverlässigkeitstheoretische Bemessung nach Abschnitt 3.4 durchgeführt und für das vorgegebene erf β die Bemessungsgröße A und der zugehörige Bemessungspunkt $\boldsymbol{x}^*$ ermittelt. Man bestimmt also die Größe A, bei der die Grenzzustandsgleichung im y-Raum die Hyperkugel vom Radius erf β tangiert. Wenn das mechanische Modell des Grenzzustandes $g(\boldsymbol{x}, A) = 0$ und das Normformat $\bar{g}(\boldsymbol{x}_k, \gamma, A) = 0$ in ihrem Aufbau übereinstimmen, dann sieht man durch Vergleich der beiden Gleichungen, daß eine Lösung dann vorliegt, wenn die Bemessungswerte x_d so gewählt werden, daß sie auf dieser tangierenden Grenzzustandsgleichung liegen.

Nun muß aus dieser unendlichen Vielfalt der Punkte auf der Grenzzustandsfläche ein spezieller Punkt ausgewählt werden. Es ist vernünftig, dafür den Punkt zu nehmen, in dessen Umgebung Versagensfälle am wahrscheinlichsten sind und die Verteilungsdichte ihren Maximalwert erreicht. Das ist aber gerade der Bemessungspunkt. Wir legen also die Bemessungswerte in den Bemessungspunkt des Originalraumes

$$\boldsymbol{x}_d = \boldsymbol{x}^*. \tag{5.11}$$

Jetzt wird auch die Bedeutung der Bezeichnung „Bemessungspunkt" offensichtlich.

Sind die charakteristischen Werte x_k vorgegeben, so folgen die Teilsicherheitskoeffizienten γ_i aus ihren Definitionsgleichungen. So ergeben sich die Materialfaktoren aus

$$\gamma_{m,i} = \frac{x_{i,k}}{x_i^*} \tag{5.12}$$

und die Lastfaktoren

$$\gamma_{f,i} = \frac{x_i^*}{x_{i,k}}. \tag{5.13}$$

Beispiel 19. Wie groß sind für den Fall von Beispiel 17 der Materialfaktor γ_m und der Lastfaktor γ_f?

Für die Normgleichung $\bar{g} = \frac{A}{\gamma_m} x_{1,k} - l\gamma_f x_{2,k} = 0$ erhält man mit den im Beispiel 17 errechneten Koordinaten des Bemessungspunktes nach den Gln. (5.12) und (5.13)

$$\gamma_m = \frac{x_{1,k}}{x_1^*} = \frac{24 \cdot 10^4}{23{,}34 \cdot 10^4} = 1{,}028$$

$$\gamma_f = \frac{x_2^*}{x_{2,k}} = \frac{31{,}62}{22} = 1{,}437\,.$$

Betrachten wir die Gln. (5.12) und (5.13) etwas genauer und setzen die Beziehungen für die Koordinaten des Bemessungspunktes ein

$$\gamma_{m,i} = \frac{x_{i,k}}{F_{X_i}\left(\Phi^{-1}(y_i^*)\right)} = \frac{x_{i,k}}{F_{X_i}\left(\Phi^{-1}(\alpha_i \operatorname{erf} \beta)\right)}$$

$$\gamma_{f,i} = \frac{F_{X_i}\left(\Phi^{-1}(\alpha_i \operatorname{erf} \beta)\right)}{x_{i,k}}. \tag{5.14}$$

Sind z. B. die Lasten normalverteilt, so folgt für den Lastfaktor

$$\gamma_{f,i} = \frac{1}{x_{i,k}} (m_{X_i} + \alpha_i \sigma_{X_i} \operatorname{erf} \beta) \tag{5.15}$$

oder, wenn sie einer verschobenen logarithmischen Normalverteilung gehorchen,

$$\gamma_{f,i} = \frac{1}{x_{i,k}} \left(x_{0,i} + \exp\,(m_{U_i} + \alpha_i \sigma_{U_i} \operatorname{erf} \beta)\right)$$

mit

$$\sigma_{U_i} = \sqrt{\ln\left(1 + \left(\frac{\sigma_{X_i}}{m_{X_i} - x_{0,i}}\right)^2\right)}$$

$$m_{U_i} = \ln\,(m_{X_i} - x_{0,i}) - \frac{\sigma_{U_i}^2}{2} \tag{5.16}$$

oder bei Extremwertverteilung Typ I

$$\gamma_{f,i} = \frac{1}{x_{i,k}} \left(u - \frac{1}{a} \left(\ln\left(-\ln \Phi(\alpha_i \operatorname{erf} \beta)\right)\right)\right)$$

mit

$$a = 1{,}282\,55/\sigma_{X_i}$$
$$u = m_{X_i} - 0{,}577\,216a. \quad (5.17)$$

Man erkennt aus allen diesen Beziehungen, daß die Teilsicherheitsbeiwerten nur abhängen von

1. dem geforderten Sicherheitsniveau, ausgedrückt durch erf β,
2. dem Verteilungstyp der Basisvariablen X_i und deren Verteilungsparameter m_{X_i}, σ_{X_i}, $x_{0,i}$ usw.,
3. dem Wichtungsfaktor α_i und
4. dem charakteristischen Wert $x_{i,k}$

Von diesen ist nur der Wichtungsfaktor eine Größe, die von der Art des Grenzzustandes abhängt und für deren Bestimmung eine zuverlässigkeitstheoretische Berechnung erforderlich ist. Wäre der entsprechende Wichtungsfaktor bekannt, dann ließe sich der Teilsicherheitsbeiwert problemlos nach den oben angegebenen Formeln ermitteln.

Wenn also für eine Norm durch Berechnung der α_i-Werte für verschiedene Bemessungssituationen aus dem Geltungsbereich ein auf der sicheren Seite liegender Satz von α_i-Werten abgeschätzt werden kann, dann sind mit den Gln. (5.14) auch die den Basisvariablen zugeordneten Teilsicherheitsbeiwerte bestimmt. Solche Schätzungen werden durch die Bedingungen

$$-1 \leqq \alpha_i \leqq 0 \quad \text{für Materialwerte } R_i$$
$$0 \leqq \alpha_i \leqq 1 \quad \text{für Lasten } S_i$$
$$\sum_i \alpha_i^2 = 1$$

unterstützt. Eine Abschätzung ist immer möglich, so bildet schon der triviale Satz $\alpha_i = -1$ für alle Materialwerte und $\alpha_i = +1$ für alle Lasten eine solche allerdings sehr konservative Lösung, die aber die Bedingung $\sum \alpha_i^2 = 1$ nicht erfüllt.

Lastfaktoren sollen vom Material und Materialfaktoren sollen von den Lasten unabhängig sein. Es wurde deshalb vorgeschlagen [3.3, 5.2], die Wichtungsfaktoren in Widerstands- und Lastseite aufzuspalten nach

$$\alpha_{R_i} = \tilde{\alpha}_R \hat{\alpha}_{R_i}$$
$$\alpha_{S_i} = \tilde{\alpha}_S \hat{\alpha}_{S_i}. \quad (5.18)$$

Darin sind

α_{R_i} und α_{S_i} die Wichtungsfaktoren für die Variablen R_i und S_i

$\tilde{\alpha}_R$ und $\tilde{\alpha}_S$ die Wichtungsfaktoren für den Gesamtwiderstand R und die Gesamtbeanspruchung S, bestimmt aus der Grenzzustandsfunktion $r - s = 0$ (R-S-Modell)

$\hat{\alpha}_{R_i}$ und $\hat{\alpha}_{S_i}$ sind Faktoren, die von dem relativen Anteil der Größen R_i bzw. S_i am Gesamtwiderstand R bzw. an der Gesamtbeanspruchung S abhängen.

Wir wollen annehmen, daß man die Bedeutung der einzelnen Basisvariablen einschätzen und eine Reihenfolge der Größenordnung der Wichtungsfaktoren angeben kann. Die R_i und die S_i seien so geordnet, daß gilt:

$$\begin{aligned} &\alpha_{R_1} < \alpha_{R_2} < \alpha_{R_3} < \cdots, \qquad -1 \leqq \alpha_{R_i} \leqq 0 \\ &\alpha_{S_1} > \alpha_{S_2} > \alpha_{S_3} > \cdots, \qquad 0 \leqq \alpha_{S_i} \leqq 1. \end{aligned} \tag{5.19}$$

R_1 und S_1 sind also die Variablen mit der für das Problem größten Bedeutung.

Dann geben für einen weiten Bereich von Grenzzuständen folgende rein empirisch bestimmte Werte befriedigende Ergebnisse

$$\begin{aligned} &\tilde{\alpha}_R = -0{,}8, \qquad \tilde{\alpha}_S = 0{,}7 \\ &\hat{\alpha}_{R_i} = \sqrt{i} - \sqrt{i-1} \qquad i = 1, 2, \ldots \\ &\hat{\alpha}_{S_i} = \sqrt{i} - \sqrt{i-1} \qquad i = 1, 2, \ldots, \end{aligned} \tag{5.20}$$

so daß für die Variablen R_i und S_i folgende Näherungswerte für die Wichtungsfaktoren angenommen werden

$$\begin{aligned} &\alpha_{R_1} = -0{,}8, \qquad \alpha_{S_1} = 0{,}7 \\ &\alpha_{R_2} = -0{,}331, \qquad \alpha_{S_2} = 0{,}290 \\ &\alpha_{R_3} = -0{,}254, \qquad \alpha_{S_3} = 0{,}222 \\ &\alpha_{R_4} = -0{,}214, \qquad \alpha_{S_4} = 0{,}188. \\ &\quad\vdots \qquad\qquad\qquad \vdots \end{aligned}$$

Da für diese Näherungswerte $\sum \alpha_i^2 > 1$ ist, ergeben sie Teilsicherheitsbeiwerte, die auf der sicheren Seite liegen.

Die Anwendung dieses Näherungsansatzes setzt natürlich eine vorherige Kenntnis der Reihenfolge der Bedeutung der einzelnen Zufallsgrößen voraus. Das erfordert viel Erfahrung auf zuverlässigkeitstheoretischem Gebiet.

Beispiel 20. Wir berechnen nochmals die Teilsicherheitsbeiwerte γ_m und γ_f des Beispiels 19 für erf $\beta = 4$, jetzt aber ohne zuverlässigkeitstheoretische Bemessung, aufgrund der nach Gl. (5.20) geschätzten Wichtungsfaktoren $\alpha_1 = -0{,}8$ und $\alpha_2 = 0{,}7$.

Die Stahlfließgrenze X_1 ist logarithmisch normalverteilt, so daß mit den im Beispiel 2 angegebenen Parametern nach Gl. (5.14) bzw. (5.16) folgt

$$\gamma_m = \frac{x_{1,k}}{x_{0,1} + \exp(m_U + \alpha_1 \sigma_U \cdot \operatorname{erf} \beta)}$$

$$= \frac{24 \cdot 10^4}{16 \cdot 10^4 + \exp(11{,}534 - 0{,}8 \cdot 0{,}2348 \cdot 4)} = 1{,}153\,.$$

Die Last X_2 ist nach einer Extremwertverteilung Typ I verteilt, und wir erhalten nach Gl. (5.17)

$$\gamma_f = \frac{1}{22}\left(17{,}1 - \frac{1}{0{,}6413}\left(\ln\left(-\ln \Phi(0{,}7 \cdot 4)\right)\right)\right) = 1{,}200\,.$$

Der Vergleich mit den Ergebnissen des Beispiels 19 zeigt, daß die Näherung (5.20) hier sehr grob ist.

5.4 Allgemeine Optimierungsmethoden

Die bisher betrachtete Methode setzt voraus, daß jeder Basisvariablen X_i auch ein Teilsicherheitsbeiwert zugeordnet ist. Das steht aber häufig im Widerspruch zum Bestreben, möglichst einfache Normformate zu wählen. Im Sinne einer einfachen Anwendung sollen praktische Normen eine geringe Anzahl von Sicherheitsbeiwerten enthalten. Außerdem soll die Norm einen möglichst großen Anwendungsbereich besitzen und für die verschiedensten geometrischen Abmessungen und Belastungsbedingungen gelten.

Nach der Methode des Abschnitts 5.3 nimmt man ferner an, daß die Gleichung des Grenzzustandes $\bar{g} = 0$ keine entscheidenden Vereinfachungen enthält und mit der Gleichung $g = 0$ übereinstimmt. Auch das kann nicht immer vorausgesetzt werden.

Es werden deshalb allgemeine Methoden für die Bestimmung von Sicherheitsbeiwerten benötigt, die unabhängig vom gewählten Normformat sind. Diese sollen im folgenden kurz beschrieben werden.

Bei Normen mit größerem Anwendungsbereich überschreitet die Anzahl der Bemessungsfälle bei weitem die Anzahl der als Unbekannte betrachteten Teilsicherheitsbeiwerte. Dann ist aber eine exakte Anpassung der Norm an ein vorgegebenes, zuverlässigkeitstheoretisch definiertes Sicherheitsniveau nicht mehr möglich, und gewisse Abweichungen davon sind unvermeidbar.

Man wird deshalb versuchen, die Sicherheitsbeiwerte einer Norm so festzulegen, daß diese unvermeidbaren Abweichungen vom vorgegebenen Sicherheitsniveau minimal werden. Die Bestimmung von Teilsicherheitskoeffizienten wird damit vom mathematischen Standpunkt aus ein Optimierungsproblem.

Dieses Problem der Normoptimierung ist nicht zu verwechseln mit dem Problem der Optimierung individueller Konstruktionen unter den Randbedingungen einer vorgegebenen Norm.

Das Problem der Bestimmung optimaler Sicherheitsbeiwerte läßt sich auf sehr vielfältige Weise formulieren, je nachdem, was man als „Abweichung" betrachtet und welche Richtung der Abweichungen man zuläßt.

Naheliegend ist es, die Quadrate von Differenzen von Versagenswahrscheinlichkeiten zu minimieren, also zu fordern

$$\min \left\{ \int_{\{\boldsymbol{u} \mid \boldsymbol{u} \in \Omega\}} (P_{fz} - P_f(\gamma, \boldsymbol{u}))^2 \, w(\boldsymbol{u}) \, \mathrm{d}\boldsymbol{u} \right\} \tag{5.21}$$

Darin bedeuten

P_f Versagenswahrscheinlichkeit für einen Bemessungsfall der Norm
P_{fZ} ein Zielwert der Versagenswahrscheinlichkeit, der im Mittel eingehalten werden soll
γ Vektor der unbekannten Teilsicherheitskoeffizienten, der mit der Optimierungsaufgabe (5.21) zu berechnen ist
$\boldsymbol{u}$ ein Vektor nichtzufälliger Größen, die den Geltungsbereich der Norm definieren
Ω Geltungsbereich der Norm im u-Raum
$w(\boldsymbol{u})$ eine Gewichtsfunktion, mit der die ungleichmäßige Verteilung der Bemessungsfälle in Ω berücksichtigt werden kann.

Gl. (5.21) bedeutet die Anwendung der Fehlerquadratmethode auf das Problem der Bestimmung von Teilsicherheitsbeiwerten. Gesucht ist der Vektor γ, für den das Integral der Quadrate der Abweichungen zwischen der Versagenswahrscheinlichkeit P_f der einzelnen Bemessungsfälle und einem vorgegebenen Zielwert P_{fZ}, integriert über den gesamten Geltungsbereich der Norm, minimal wird. Für die numerische Rechnung wird man häufig das Integral durch eine Summe über eine repräsentative Menge von Einzelnachweisen ersetzen [5.5, 5.6].

Bei dieser Optimierungsstrategie werden Abweichungen von P_f sowohl zur sicheren als auch zur unsicheren Seite hin zugelassen. Wenn aber ein gegebenes Niveau zul P_f von der Norm garantiert werden soll, dann muß P_{fZ} um einen bestimmten Betrag ΔP_f kleiner als zul P_f sein. Dieser Wert ΔP_f ist aber vor der Berechnung unbekannt und muß geschätzt werden. Seine Größe hängt wesentlich von der Anpassungsfähigkeit des Normformates und der Größe des Geltungsbereiches ab.

Diese Zusammenhänge lassen sich anschaulich in der P_f-A-Ebene darstellen. Jede Norm n mit einem Geltungsbereich bildet sich hier als Gebiet $\Omega^{(n)}$ ab. Abb. 5.3a zeigt die Optimierungsstrategie der Minimierung der Quadrate der Abweichungen von P_{fZ} nach beiden Seiten. Eine Norm wird sich diesem Zielwert um so besser anpassen können, je flexibler das Normformat ist, d. h. je mehr Sicherheitsbeiwerte die Norm enthält und je kleiner der Geltungsbereich ist.

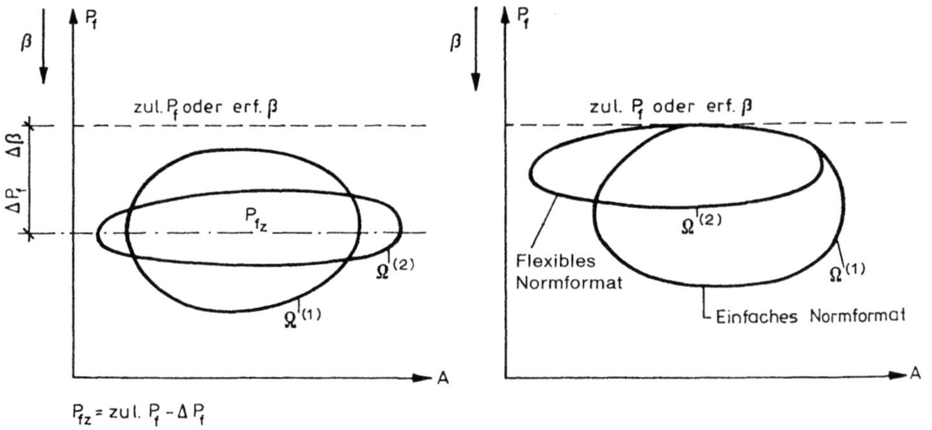

a) Minimierung der Abweichungsquadrate von einem Zielwert $P_{fz} <$ zul. P_f

b) Minimierung einseitiger Abweichungen von einem zulässigen Grenzwert zul. P_f

Abb. 5.3. Verschiedene Optimierungsstrategien, dargestellt an der Abbildung des Geltungsbereiches Ω in der P_f-A-Ebene

Bei dieser Vorgehensweise ist es vorteilhaft, den Bereich der Abweichungen zur unsicheren Seite hin (ΔP_f) möglichst klein zu halten.

Es wurden deshalb auch andere Formulierungen mit anderen Sicherheitsmaßen vorgeschlagen und im Hinblick auf ihre Streubreite untersucht

$$\min \left\{ \int \left(\log P_{fZ} - \log P_f(\gamma, \boldsymbol{u}) \right)^2 w(\boldsymbol{u}) \, \mathrm{d}\boldsymbol{u} \right\} \tag{5.22}$$

$$\min \left\{ \int \left(\beta_Z - \beta(\gamma, \boldsymbol{u}) \right)^2 w(\boldsymbol{u}) \, \mathrm{d}\boldsymbol{u} \right\} \tag{5.23}$$

$$\min \left\{ \int \left(\ln \beta_Z - \ln \beta(\gamma, \boldsymbol{u}) \right)^2 w(\boldsymbol{u}) \, \mathrm{d}\boldsymbol{u} \right\}. \tag{5.24}$$

Die Integrale erstrecken sich hier stets über den Geltungsbereich der Norm.

Den Problemen (5.21) bis (5.24) ist gemeinsam, daß sie mit Maßen der Sicherheit arbeiten. Das Problem läßt sich aber auch mit Querschnittswerten, die im Bemessungsprozeß errechnet werden, beschreiben [5.6]. Dazu wird zunächst eine zuverlässigkeitstheoretische Bemessung für die Bemessungsfälle des Geltungsbereiches der Norm durchgeführt. Ist A_Z der Querschnittswert für den Zielwert der Versagenswahrscheinlichkeit P_{fZ}, also ein Wert, der der Bedingung

$$P_{fZ} = P\left(g(\boldsymbol{x}, A_Z) < 0\right)$$

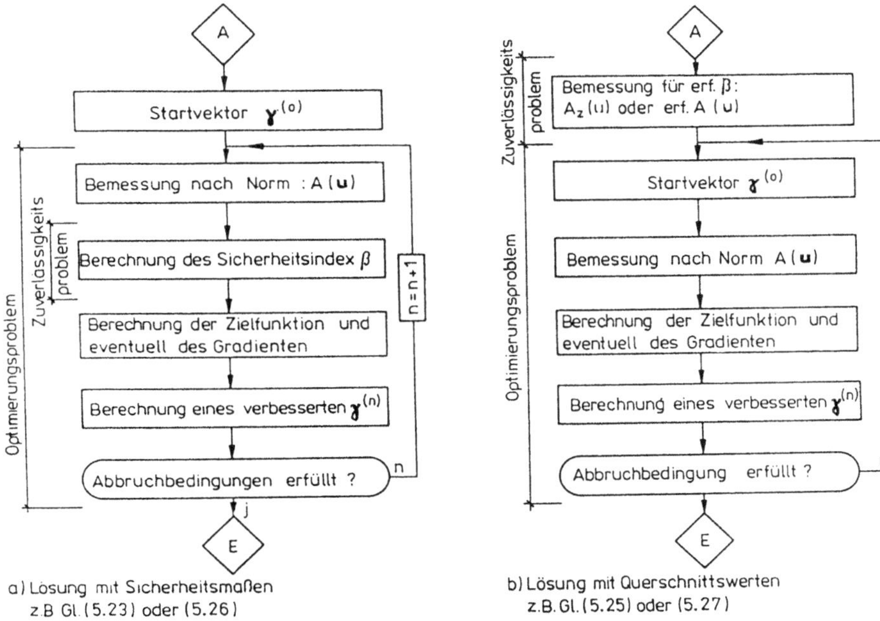

Abb. 5.4. Grobes Ablaufschema für verschiedene Vorgehensweisen bei der Normoptimierung

genügt, und ist A der Querschnittswert aufgrund einer Bemessung nach Norm, so kann man auch

$$\min\left\{\int (A_Z(\boldsymbol{u}) - A(\gamma, \boldsymbol{u}))^2 \, w(\boldsymbol{u}) \, \mathrm{d}\boldsymbol{u}\right\} \tag{5.25}$$

fordern. Der Zielwert A_Z ist jetzt natürlich im u-Raum veränderlich.

Die Forderung (5.25) besitzt große Vorteile bei der numerischen Lösung. Solche nichtlinearen Optimierungsprobleme müssen iterativ gelöst werden. Bei Problemen, die Sicherheitsmaße verwenden, ist dann bei jedem Iterationsschritt in der innersten Schleife, also sehr oft, ein Zuverlässigkeitsproblem zu lösen. Abb. 5.4a veranschaulicht das Vorgehen für die Aufgabe (5.23). Optimierungsproblem und Zuverlässigkeitsproblem sind miteinander untrennbar verbunden.

Anders bei Gl. (5.25). Hier lassen sich Zuverlässigkeitsproblem und Optimierungsproblem voneinander trennen und nacheinander lösen (Abb. 5.4b). Zunächst wird eine zuverlässigkeitstheoretische Bemessung für die Bemessungssituation aus dem Geltungsbereich der Norm für P_{fZ} vorgenommen. Wird dazu die Zuverlässigkeitstheorie 1. Ordnung verwendet, so ist diese Bemessung kaum komplizierter als der Nachweis. Die Ergebnisse A_Z werden im Automaten abgespeichert und dienen in der anschließenden Optimierungsrechnung als Zielwerte.

Dort werden dann nur noch die Teilsicherheitsbeiwerte gesucht, mit denen sich die Bemessungsergebnisse der Norm am besten den Bemessungsergebnissen der Zuverlässigkeitstheorie anpassen.

Ist $A(\boldsymbol{\gamma}, \boldsymbol{u})$ in den γ_i linear, dann führt Gl. (5.25) sogar auf ein lineares Gleichungssystem [5.6].

Alle diese Varianten, die mit mittleren Zielwerten arbeiten, lassen Abweichungen nach beiden Seiten, sowohl zur sicheren als auch zur unsicheren Seite hin, zu. Das steht aber im Widerspruch zu den sehr ungleichen Folgen dieser Abweichungen von einem optimalen Sicherheitsniveau (Abb. 3.37). Es wird deshalb vielfach versucht, durch geeignete Gewichtsfunktionen die Abweichungen zur unsicheren Seite zusätzlich zu belasten und zu unterdrücken. Konsequenter ist es jedoch, nur noch einseitige Abweichungen von der zulässigen Versagenswahrscheinlichkeit zur sicheren Seite hin zuzulassen.

Das Prinzip der einseitigen Abweichungen wurde ausführlich in [5.6] untersucht. Man kommt hier zu Formulierungen wie

$$\min \left\{ \int \beta(\boldsymbol{\gamma}, \boldsymbol{u})\, w(\boldsymbol{u})\, \mathrm{d}\boldsymbol{u} \mid \boldsymbol{\gamma} \in C \right\}$$

$$C = \{\boldsymbol{\gamma} \in B \mid \beta(\boldsymbol{\gamma}, \boldsymbol{u}) \geqq \mathrm{erf}\, \beta \quad \forall \boldsymbol{u} \in \Omega\} \tag{5.26}$$

oder mit Querschnittswerten

$$\begin{aligned} &\min \left\{ \int A(\boldsymbol{\gamma}, \boldsymbol{u})\, w(\boldsymbol{u})\, \mathrm{d}\boldsymbol{u} \mid \boldsymbol{\gamma} \in C \right\} \\ &C = \{\boldsymbol{\gamma} \in B \mid A(\boldsymbol{\gamma}, \boldsymbol{u}) \geqq \mathrm{erf}\, A(\boldsymbol{u}) \quad \forall \boldsymbol{u} \in \Omega\}. \end{aligned} \tag{5.27}$$

Darin ist B eine gegebene Menge von Vektoren, aus denen die optimale Lösung gesucht ist, und erf A ist der Querschnittswert, der sich auf Grund einer zuverlässigkeitstheoretischen Bemessung mit zul P_f ergibt. Für erf A gilt

$$P\big(g(\boldsymbol{x}, \mathrm{erf}\, A) < 0\big) = \mathrm{zul}\, P_f .$$

In Gl. (5.27) wird gefordert, daß das Integral der gewichteten Querschnittswerte, integriert über alle Bemessungsfälle der Norm, unter der Bedingung minimal wird, daß diese Querschnittswerte stets größer bleiben als die erf A. Mit anderen Worten, $\boldsymbol{\gamma}$ soll so gewählt werden, daß die zulässigen Versagenswahrscheinlichkeiten für den gesamten Geltungsbereich mit einer minimalen Summe von Querschnittswerten eingehalten werden. Das ist eine sehr plausible Forderung.

Für die numerische Lösung von Gl. (5.26) oder (5.27) sind einige Eigenschaften dieser Optimierungsprobleme von Bedeutung:

1. Sicherheitsbeiwerte können nur bestimmte diskrete Werte annehmen. Den Praktiker interessiert nicht irgendein theoretisches Minimum mit einer Genauigkeit von mehreren Stellen hinter dem Komma. Er braucht den optimalen Wert aus einer Menge abgerundeter Werte, die aus der Sicht der Gestaltug der Norm überhaupt in Frage kommen. Es ist also hier ein

diskretes Optimierungsproblem zu lösen. Der optimale Vektor γ wird gesucht aus einer endlichen Menge von Vektoren – hier mit B bezeichnet –, die auf Grund baupraktischer Gegebenheiten vorzugeben ist.

2. Es existieren für die überwiegende Mehrzahl von Sicherheitsproblemen unter statischer Beanspruchung folgende Monotonieeigenschaften:

$$A(\gamma_1, \gamma_2, \ldots, \gamma_i^{(1)}, \ldots, \gamma_m) \leqq A(\gamma_1, \gamma_2, \ldots, \gamma_i^{(2)}, \ldots, \gamma_m) \qquad \text{für} \qquad \gamma_i^{(1)} < \gamma_i^{(2)}. \tag{5.28}$$

In Worten: Größere Sicherheitsbeiwerte ergeben niemals kleinere Querschnittswerte.

$$P_f(A_1) > P_f(A_2) \qquad \text{für} \qquad A_1 < A_2. \tag{5.29}$$

In Worten: Größere Querschnittswerte ergeben kleinere Versagenswahrscheinlichkeiten.
Aus den Gl. (5.28) und (5.29) lassen sich für die Optimierungsprobleme (5.26) und (5.27) Monotonieeigenschaften der Zielfunktionen ableiten

$$Z(\gamma_1, \gamma_2, \ldots, \gamma_i^{(1)}, \ldots, \gamma_m) \leqq Z(\gamma_1, \gamma_2, \ldots, \gamma_i^{(2)}, \ldots, \gamma_m) \qquad \text{für} \qquad \gamma_i^{(1)} < \gamma_i^{(2)}. \tag{5.30}$$

In Worten: Größere Sicherheitsbeiwerte ergeben niemals kleinere Zielfunktionen.

3. Auf Grund ingenieurmäßiger Betrachtungen ist es aus der Bedeutung der einzelnen Teilsicherheitsbeiwerte im Normformat fast immer möglich, von vornherein große Breiche des γ-Raumes anzugeben, in denen mit Gewißheit das Minimum nicht liegen kann.

Diese Eigenschaften legen es nahe, für die praktische Anwendung ein Verfahren der systematischen Durchsuchung anzuwenden. In [5.6] sind die mit der numerischen Lösung zusammenhängenden Probleme behandelt, und die Anwendbarkeit wird an einem Beispiel gezeigt.

Die Erfahrungen mit durchgeführten Berechnungen zeigen, daß die Ergebnisse bei Optimierungsformulierungen mit mittleren Zielwerten – Gl. (5.21) bis (5.24) – recht stark von der Wahl der Formulierung der Zielfunktion beeinflußt werden. Diese Empfindlichkeit gegenüber der speziellen mathematischen Form verschwindet jedoch bei den Problemen, die nur einseitige Abweichungen zulassen (Gln. (5.26), (5.27) u. a.). Sie verschwindet mathematisch exakt bei einfachen Normformaten mit globalem Sicherheitsfaktor und gewissen speziellen Problemen mit zwei Teilsicherheitsbeiwerten und verschwindet annähernd bei komplizierten Normformaten. Auch das ist ein Vorteil der Formulierungen mit Grenzwerten.

Nun sind die in solchen Rechnungen zu erfassenden Klassen von Bemessungsfällen immer sehr umfangreich. Sicherheitsfestlegungen in Normen hängen wie ein Netz zusammen und beeinflussen sich gegenseitig. theoretisch müßte das gesamte Normsystem zusammenhängend optimiert werden, eine Aufgabe, die aus praktischer Sicht völlig unrealistisch erscheint.

Man wird nicht umhinkönnen, diese Gesamtaufgabe zu untergliedern und gewisse Teilaspekte voneinander zu trennen und einzeln zu lösen.

Eine natürliche Trennlinie liegt zwischen Beanspruchung und Widerstand. Hier ist eine Trennung möglich, wenn die Grenzzustandsgleichungen sich entsprechend Gln. (3.17), (3.18) in eine Widerstands- und eine Beanspruchungsseite aufteilen lassen.

Dann kann man in einer ersten Stufe optimale Werte für die Über- und Unterschreitungswahrscheinlichkeiten der Bemessungswerte von Widerstand und Beanspruchung mit dem $R-S$-Modell bestimmen und in der zweiten und dritten Stufe die Teilsicherheitskoeffizienten der Widerstands- und Lastseite getrennt jeweils so bestimmen, daß die in der ersten Stufe ermittelten Fraktilwerte von der Norm möglichst gut eingehalten werden. Weitere Details zu dieser Frage findet man bei Hawranek und Kraemer [5.8].

Natürlich vermindert eine solche weitergehende Aufspaltung des Optimierungsproblems die Effektivität der Lösung etwas und ist als pragmatische Herangehensweise zur Vereinfachung der Lösung dieser äußerst komplexen Problematik zu werten.

Die Anpassung einer Norm an die Zuverlässigkeitstheorie wird um so besser gelingen, je flexibler das Normformat ist, das heißt je mehr Teilsicherheitskoeffizienten der Ansatz enthält und je kleiner der Geltungsbereich der Norm ist.

Im Sinne einer einfachen Anwendung in der Projektierung ist aber gerade das Gegenteil erwünscht – eine einfache Norm mit großem Geltungsbereich. Das ergibt aber größere Abweichungen vom Niveau zul P_f bzw. erf β, was gleichbedeutend mit wachsendem Materialverbrauch ist. Abb. 5.5 zeigt das Ergebnis eines in [5.6] gerechneten Beispiels. Mit wachsender Anzahl der im Normformat enthaltenen Sicherheitsbeiwerte fällt der erforderliche mittlere Materialaufwand, der sich bei Bemessung nach der Norm ergibt, und nähert sich dem Materialverbrauch, den man bei einer individuellen Bemessung aller Tragwerke nach der Zuverlässigkeitstheorie erhalten würde.

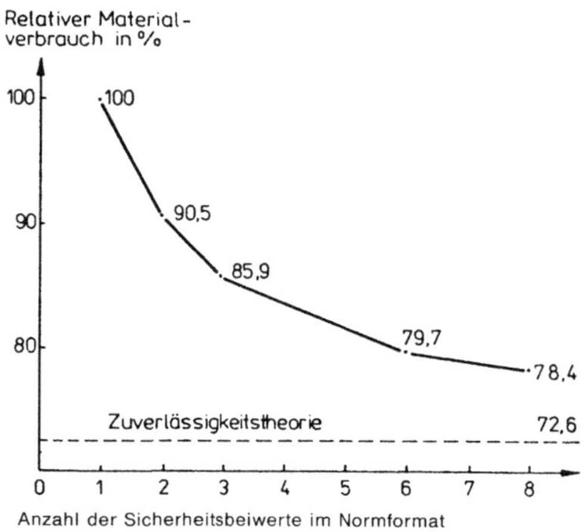

Abb. 5.5. Abnahme des relativen Materialverbrauchs mit wachsender Flexibilität des Normformates bei gleicher zulässiger Versagenswahrscheinlichkeit für ein Beispiel nach [5.6]

Soll ein bestimmtes Sicherheitsniveau mit einer einfachen Norm eingehalten werden, so ist diese Einfachheit immer mit höherem Aufwand an Material zu bezahlen.

5.5 Bestimmung der Kombinationsfaktoren

Ein Problem, das man wegen seiner eigenständigen Kompliziertheit aus der Gesamtoptimierungsaufgabe herauslösen wird, ist die Bestimmung der Kombinationsfaktoren ψ_0 für veränderliche Lasten.

Offensichtlich werden Kombinationsregel und Kombinationsfaktoren dann besonders günstig sein, wenn die Wahrscheinlichkeit der Überschreitung der Bemessungswerte der Lastwirkungen in der Zeiteinheit für alle Übertragungsfaktoren c_i zwischen Lasten und Lastwirkungen gleich ist. Das heißt, die Niveaukreuzungsrate Gl. (2.107)

$$\nu_x^+(x_d) = \lim_{\Delta t \to 0} \frac{1}{\Delta t} P[X(t) < x_d \cap X(t + \Delta t) > x_d]$$

soll für alle Lasten und alle Lastkombinationen gleich sein. Diese Forderung wird auch vom Eurocode an die Festlegung der Kombinationsfaktoren gestellt [4.1].

Zur Vereinfachung und zur Erzielung einer Analogie zu den im Abschnitt 4.4.2.6 definierten und diskutierten Regellinien und Regelflächen werden auf die Bemessungswerte bezogene Lastprozesse $U_i(t) = X_i(t)/x_{i,d}$ eingeführt.

$$\nu_U^+(1) = \lim_{\Delta t \to 0} \frac{1}{\Delta t} P[U(t) < 1 \cap U(t + \Delta t) > 1]. \tag{5.31}$$

Für den Vergleich und die Bewertung von Kombinationsregeln, die durch Regellinien oder Regelflächen beschrieben sind, wurden von Fießler [4.14] Kombinationslinien ($m = 2$) oder Kombinationsflächen ($m = 3$) im Raum der Übertragungsfaktoren zwischen Lasten und Lastwirkungen c_i definiert durch

$$\nu_{U_i}^+(1) = \nu_T^+ \tag{5.32}$$

$$i = 1, 2, \ldots, m,$$

$$\nu_{\Sigma c_i U_i}^+(1) = \nu_T^+, \tag{5.33}$$

wobei ν_T^+ ein vorgegebener Zielwert der mittleren Niveaukreuzungsrate ist.

Durch den Zielwert ν_T^+ sind mit den Gln. (5.32) die m Rechenwerte der Lasten festgelegt. Gleichung (5.33) ist dann die Gleichung der Kombinationslinie (-fläche) im c_i-Raum. Da die c_i in Gl. (5.33) implizit enthalten sind, ist die Berechnung von Punkten der Kombinationsfläche recht kompliziert und nur mit numerischen Methoden möglich.

Bemerkt werden sollte, daß nicht nur die Kombinationsregeln der Normen (siehe S. 224), sondern auch die zuverlässigkeitstheoretischen Kombinationsmodelle nach Gl. (5.33) die Kompatibilitätsbedingungen mit einer einzelnen Last erfüllen müssen. Die Kombinationsfläche schneidet dann ebenfalls die c_i-Achsen in den Punkten $c_i = 1$. Sind die Kombinationsflächen bekannt, dann lassen sich die Regelflächen einer Norm an diese anpassen. Je besser die Anpassung ist, um so besser wird die Bedingung gleicher mittlerer Niveaukreuzungsraten durch die Norm erfüllt sein. Eine genaue Übereinstimmung ist nicht möglich, da die Regelfläche aus mehreren Ebenen besteht, während die Kombinationsfläche stetig gekrümmt ist. Die Kombinationsregel liegt in bezug auf den Zielwert auf der sicheren Seite, wenn die Regelfläche innerhalb der Kombinationsfläche liegt. Die Kombinationsregel der Vorschrift sollte deshalb von innen an die Kombinationsfläche angepaßt werden.

Beispiel 21. Als Beispiel wird ein Lastkombinationsproblem mit stationären, aus Rechteckpulsen bestehenden Pulsprozessen betrachtet.

Setzt man voraus, daß die Erneuerungszeiten und die Lastamplituden stochastisch sind, daß aufeinanderfolgende Lastpulse unabhängig sind und daß an jedem Erneuerungspunkt die Last U_i auf Null zurückgeht, so lassen sich für positive Lasten U_i und positive Übertragungsfaktoren c_i folgende Beziehungen für die Niveaukreuzungsrate angeben

$$\nu^+_{U_i}(1) = \lambda_i P(U_i > 1) \tag{5.34}$$

$$\nu^+_{\Sigma c_i U_i}(1) = \sum_{i=1}^{m} \lambda_i \left[P\left(\sum_{j=1}^{m} c_j U_j > 1 \right) - P\left(\sum_{\substack{j=1 \\ j \neq i}}^{m} c_j U_j > 1 \right) \right]. \tag{5.35}$$

Die Wahrscheinlichkeiten in Gl. (5.34) und (5.35) können als Faltungsintegrale bestimmt werden. Aber auch alle Näherungen, wie die Methoden der Zuverlässigkeitstheorie 1. und 2. Ordnung, können hier angewendet werden.

Um einen gewissen Einblick in die Form der Kombinationsfläche zu erhalten, wurde die Kombination einer außergewöhnlichen, einer veränderlichen und einer ständigen Last mit folgenden Eingabedaten untersucht.

X_1 außergewöhnliche Last.

Der Mittelwert der Zeit zwischen zwei aufeinanderfolgenden Belastungsereignissen beträgt 10 Jahre, die Belastungsdauer 1 Stunde, und die maximale Lastintensität ist sehr ungewiß, so daß der Variationskoeffizient mit $v_1 = 1{,}0$ angenommen wird.

Mittelwert der Lastdauer: $m_D = 1\ \text{h} = \dfrac{1}{365 \cdot 24}\, a,$

Mittelwert der Zeitintervalle zwischen Erneuerungspunkten:

$$m_E = 10a$$

$$\lambda_1 = 365 \cdot 24 = 8\,760 a^{-1}$$

$$q_1 = 1/(10 \cdot 365 \cdot 24) = 1{,}142 \cdot 10^{-5}$$

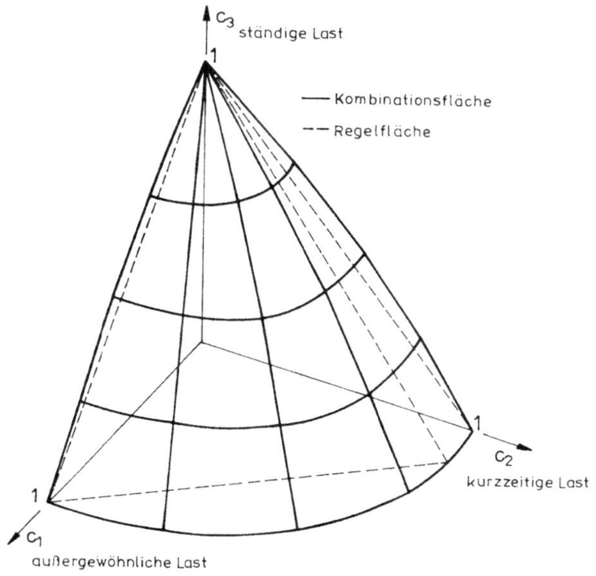

Abb. 5.6. Kombinationsfläche und Regelfläche für ein Beispiel

X_2 veränderliche Last, z. B. Schnee im Flachland.
Die Last wirkt im Mittel 4mal jährlich für im Mittel 14 Tage, und der Variationskoeffizient ist $v = 0{,}8$.

$$\lambda_2 = 365/14 = 26{,}07\text{a}^{-1}, \qquad q_2 = 14 \cdot 4/365 = 0{,}1534$$

X_3 ständige Last (Eigenlast), die während der geplanten Nutzungsdauer der Konstruktion von 50 Jahren unverändert wirkt. Ihre stochastische Unsicherheit ist gering;

$$v_3 = 0{,}08, \qquad \lambda_3 = 1/50 = 0{,}02a^{-1}, \qquad q_3 = 1 .$$

Der Einfachheit halber wurden alle Lastamplituden normalverteilt angenommen.

Abbildung 5.6 zeigt das Ergebnis der Computerrechnung für $\nu_T(1) = 10^{-5}$ pro Jahr und den Vergleich mit der Regelfläche für die Norm TGL 32274/01. Die Kombinationsmatrix dieser Norm hat die Form

$$\psi = \begin{pmatrix} 0 & 1 & 1 \\ 1 & 0{,}8 & 1 \end{pmatrix}.$$

Es sind zwei Nachweise zu führen. Zunächst ist die Kombination der veränderlichen Last X_2 und der ständigen Last X_3 ohne Abminderung anzusetzen (Grundkombination). Wenn eine außergewöhnliche Last X_1 angreift, darf die veränderliche Last X_2 durch einen Kombinationsfaktor 0,8 abgemindert werden (Unfallkombination). Die Regelfläche besteht demzufolge aus zwei Ebenen.

Der Vergleich zeigt, daß die Regelfläche dieser Norm für fast alle möglichen Kombinationen innerhalb der Kombinationsfläche, also auf der sicheren Seite liegt. Zuverlässigkeitsreserven sind besonders dann vorhanden, wenn keine der 3 Lasten dominiert, und der Anteil der ständigen Last klein ist.

Eine ausführliche Darstellung der Theorie findet man bei Fießler [4.14] und die Ergebnisse weiterer Parameterstudien in [5.9] und [5.10].

6 Statistische Daten

6.1 Allgemeines

Zuverlässigkeitstheoretische Berechnungen stellen nicht nur höhere Anforderungen in theoretischer Hinsicht, sondern auch an das Niveau der Informationen über die Basisvariablen, die als Eingangsdaten auftreten.

Im folgenden werden einige Angaben aus der Literatur zusammengefaßt. Der Schwerpunkt liegt dabei auf Informationen zu den Verteilungstypen und den Bereichen, in denen die wichtigsten Verteilungsparameter zu finden sind. Da die statistischen Parameter von der Stichprobe und den Untersuchungsbedingungen abhängen, zeigen sie selbst eine gewisse Streuung.

Natürlich können die Angaben nur recht grob sein. Sie beschränken sich auf wenige wichtige Größen und sind in vieler Hinsicht unvollständig.

Es wird nicht auf die Nennwerte oder andere Festlegungen in Normen eingegangen.

Diese kurze Information kann natürlich nicht eigene Bestrebungen zur Datenbeschaffung ersetzen, die immer notwendig sind, um ein spezielles Problem mit zuverlässigkeitstheoretischen Methoden zu bearbeiten. Sie soll einen gewissen Überblick über die Größenordnung der Verteilungsparameter und damit eine Hilfestellung bei der Festlegung von Eingabedaten geben. Für Basisvariable, deren Wichtungsfaktoren für den betrachteten Grenzzustand klein sind, können die Angaben auch ausreichend sein.

6.2 Materialeigenschaften

6.2.1 Stahl

Die Streckgrenze der Baustähle ist die wichtigste Festigkeitsgröße. Ist sie in der Arbeitslinie nicht ausgeprägt, wie z. B. bei höherfesten Stählen, wird sie durch die $\sigma_{0,2}$-Grenze ersetzt, d. h. durch die Spannung, bei der die bleibende Dehnung nach Entlastung 0,2% beträgt.

Ihre Streuung hängt stark davon ab, welche Grundgesamtheit betrachtet wird. Die Veränderlichkeit der Eigenschaften innerhalb eines Stabes ist meist vernachlässigbar klein. Bis zu Stablängen von 10 m kann man auch den

Korrelationskoeffizienten ϱ ausreichend genau gleich 1 setzen. Größer sind schon die Streuungen von Profilen, die aus verschiedenen Chargen stammen, und noch größer die Gesamtstreuung für Erzeugnisse von verschiedenen Herstellerwerken. Offensichtlich wirken sich hier die unterschiedlichen Herstellungstechnologien und Qualitätssicherungsmaßnahmen aus.

Bei der Festlegung von Standardabweichung oder Variationskoeffizient als Eingabewert für zuverlässigkeitstheoretische Untersuchungen sind diese Abhängigkeiten zu beachten und in Übereinstimmung mit dem Gegenstand und den Zielen der Untersuchung zu bringen. Bezieht sich die Untersuchung z. B. auf eine nationale Norm, die für alle Bedingungen gelten soll, so ist dafür die gesamte Stahlproduktion aller Herstellerwerke von Interesse.

Bei Betonstählen ist der Wert der Streckgrenze auch von der Fläche abhängig, auf die die Zugkraft bei der Streckgrenzenbestimmung bezogen wird, die Nennfläche oder die tatsächliche Fläche des Prüfstabes. Bei einem Bezug auf die Nennfläche ist auch die Streuung der Walztoleranzen in diesem Streckgrenzenwert und in allen daraus errechneten Größen enthalten.

In der Literatur werden für den Variationskoeffizienten der Streckgrenze Werte genannt, die in folgenden Bereichen liegen:

gleiches Stabprofil, gleiches Herstellerwerk $v = 0{,}01 \cdots 0{,}04$
unterschiedliche Profile aus gleichem Herstellerwerk $v = 0{,}04 \cdots 0{,}07$
gleiche Profile aus verschiedenen Herstellerwerken $v = 0{,}05 \cdots 0{,}08$
unterschiedliche Profile aus verschiedenen Herstellerwerken $v = 0{,}06 \cdots 0{,}12$.

Mit zunehmender Stahlgüte steigt die Standardabweichung etwas an, aber in der Regel nicht so stark wie der Mittelwert, so daß der Variationskoeffizient etwas abfällt und für niedere Stahlgüten obere Werte und für höhere Güten untere Werte aus den obengenannten Bereichen des Variationskoeffizienten zu erwarten sind.

Als Verteilungstypen werden in der Literatur Normalverteilung, logarithmische Normalverteilung, gestutzte Normalverteilung, Beta-Verteilung und Extremwertverteilung vom Typ I verwendet. Die überwiegende Mehrzahl der Stichproben zeigt eine positive Schiefe. Das ist auf Grund der Qualitätskontrollen, die Mindergüten aussortieren bzw. in niedere Güteklassen einstufen, auch zu erwarten. Das führt auch dazu, daß stets ein gewisser Minimalwert existiert, der mit Gewißheit nicht unterschritten wird. Das läßt es sinnvoll erscheinen, einen Verteilungstyp mit Minimalwert zu wählen, z. B. eine verschobene logarithmische Normalverteilung. Auch aus theoretischen Gründen (siehe Abschnitt 5.2) ist es empfehlenswert, keine Verteilung zu verwenden, die negative Streckgrenzen zuläßt.

Die Zugfestigkeit liegt bei normalem Baustahl um rund 50%, bei niedrig legiertem Stahl um rund 40% und bei vergüteten Stählen um 10···25% über der Streckgrenze. Der Variationskoeffizient der Zugfestigkeit ist meist etwas kleiner als der Variationskoeffizient der Streckgrenze. Es können für beide

Größen die gleichen Verteilungstypen angesetzt werden. Zwischen Zugfestigkeit und Streckgrenze besteht eine Korrelation, die in der Größenordnung von $\varrho = 0{,}75$ liegen dürfte.

Für den Variationskoeffizienten des Elastizitätsmoduls werden Werte zwischen 0,02 und 0,06 angegeben.

Der Variationskoeffizient der Querdehnungszahl kann zu 0,03 angenommen werden.

Für den Ermüdungsnachweis ist die Lage der Wöhlerlinie wichtig, die wesentlich von zufälligen Einflüssen abhängt. Für die Dauerfestigkeit und den Neigungsexponenten der Wöhlerlinie gibt die logarithmische Normalverteilung eine gute Anpassung an die beobachteten Daten. Mit zunehmender Kerbschärfe der Konstruktionsdetails nehmen sowohl die Dauerfestigkeit als auch der Neigungskoeffizient ab. Nach Quel, Geidner [3.63] fällt der Mittelwert der Dauerfestigkeit von 392 N/mm^2 für das Grundmaterial St. 52 auf 113 N/mm^2 für stark gekerbte Schweißverbindungen. Der Variationskoeffizient liegt beim Grundmaterial bei 0,07 und bei Schweißverbindungen zwischen 0,11 und 0,25. Der Mittelwert des Wöhlerlinienexponenten fällt von 10,57 beim Grundmaterial auf 2,97 bei sehr starker Kerbwirkung. Für seinen Variationskoeffizienten werden Werte zwischen 0,20 und 0,50 angegeben.

6.2.2 *Beton*

Die wichtigsten Quellen für die Streuungen der Betoneigenschaften sind die Streuungen der Eigenschaften der einzelnen Komponenten, die Streuungen in der Zusammensetzung, die zufälligen Einflüsse während des Mischvorgangs, des Transportes, des Einbaus und der Nachbehandlung und die Unterschiede in der Qualitätsüberwachung, der Kontrolle und den Prüfverfahren.

Die verfügbaren Daten für die Druckfestigkeit zeigen, daß in den mittleren und höheren Festigkeitsbereichen mit einer konstanten Standardabweichung σ und in den unteren Festigkeitsbereichen mit einem konstanten Variationskoeffizienten v zu rechnen ist. Für die Grenze zwischen beiden Bereichen werden mittlere Betonfestigkeiten zwischen 12,5 N/mm^2 und 28 N/mm^2 genannt [6.4].

Die statistischen Parameter der Verteilung der Druckfestigkeit sind abhängig von der Qualität der Fertigung und der Kontrolle. In Tabelle 6.1 sind Angaben über die zu erwartende Größenordnung des Variationskoeffizienten und der Standardabweichung zusammengestellt.

In diesen Werten ist ein Anteil enthalten, der durch die Prüfung selbst hervorgerufen wird. Dieser kann durch Probenahme aus der gleichen Mischung bestimmt werden. Für die Prüfstreuung werden Variationskoeffizienten zwischen $v = 0{,}005$ und 0,08, im Mittel von $v = 0{,}04$ angegeben.

Tabelle 6.1. Standardabweichungen und Variationskoeffizienten für die Druckfestigkeit von normalem Schwerbeton

Qualität der Fertigung und Kontrolle	Variationskoeffizient für Beton mit einer mittleren Druckfestigkeit $m < 20$ N/mm² —	Standardabweichung für Beton mit einer mittleren Druckfestigkeit $m \geqq 20$ N/mm² N/mm²
Betonwerke mit guten Ausgangsstoffen, geschultem Personal und einwandfreier Fertigungskontrolle	$v = 0{,}125 \cdots 0{,}20$ **0,15**	$s = 2{,}5 \cdots 4{,}0$ **3,0**
Größere Baustellen und Transportbeton mit normalen Fertigungs- und Kontrollbedingungen	$v = 0{,}20 \cdots 0{,}275$ **0,225**	$s = 4{,}0 \cdots 5{,}5$ **4,5**
Kleinere Baustellen mit Herstellung des Betons auf der Baustelle	$v = 0{,}275 \cdots 0{,}35$ **0,30**	$s = 5{,}5 \cdots 7{,}0$ **6,0**

Die Mehrzahl der Autoren kommt zu dem Ergebnis, daß die Verteilung der Betondruckfestigkeit am besten durch eine Normalverteilug dargestellt werden kann. Rüsch u. a. [6.6] fanden z. B. bei 829 untersuchten Stichproben bei 92,8% eine Normalverteilung. Der Rest teilte sich ziemlich gleichmäßig auf positiv schiefe, negativ schiefe und Mischverteilungen auf.

Die Festigkeit im Bauwerk ist offenbar etwas geringer als die Prüffestigkeit. Die Verhältniswerte verschiedener von Mirza [6.4] zusammengefaßter amerikanischer Untersuchungen an Zylindern schwanken zwischen 0,74 und 0,96. Der Mittelwert aus allen Untersuchungen lag bei 0,87. Henzel und Grube [6.8] erhielten ein mittleres Verhältnis von Bohrkernen zur Würfelfestigkeit (20-cm-Würfel) von 0,79.

Die Betondruckfestigkeit wird stark von der Belastungs- bzw. Dehnungsgeschwindigkeit beeinflußt. Je höher die Dehnungsgeschwindigkeit, desto größer auch die Betondruckfestigkeit. Eine ausführliche Zusammenstellung der Forschungsergebnisse zu dieser Problematik findet man bei Müller, Keintzel, Charlier [6.9].

Bei sehr kurzzeitigen stoßartigen Belastungen ergeben sich erhebliche Festigkeitssteigerungen. Über die Änderung der Standardabweichung in Abhängigkeit von der Dehnungsgeschwindigkeit gibt es kaum Informationen, es wird jedoch vermutet, daß dieser Einfluß vernachlässigbar ist.

Für die Beziehung zwischen Betondruck- und der Betonzugfestigkeit sind verschiedene empirische Formeln entwickelt worden. Als Beispiel sei die Gleichung

$f_{\mathrm{ctm}} = 0{,}30 \cdot f_{\mathrm{ck}}^{2/3}$ $\quad f_{\mathrm{ctm}}$ = Mittelwert der Zugfestigkeit
f_{ck} = charakteristische Zylinderdruckfestigkeit

angeführt, die Grundlage für entsprechende Festlegungen im Eurocode [4.2] wurde. Der Variationskoeffizient der Betonzugfestigkeit ist nach den vorliegenden

Daten etwas größer als der Variationskoeffizient der Druckfestigkeit. Auch für die Zugfestigkeit kann als Verteilungstyp die Normalverteilung angenommen werden.

6.2.3 *Holz*

Holz ist ein natürlich gewachsener Baustoff mit stark streuenden Festigkeitseigenschaften. Bauholz wird deshalb Stück für Stück ausgewählt und nach genormten Regeln einzelnen Güteklassen zugeordnet.

Die Arbeitslinie des Bauholzes hat für Zug- und Druckbeanspruchung parallel zur Faser den in Abb. 6.1 dargestellten Verlauf. Im Zugbereich ist der Verlauf praktisch linear, und hier zeigt Holz ein sprödes Materialverhalten. Bei Druckbeanspruchung ist die Spannungs-Dehnungs-Linie ausgesprochen nichtlinear. Ein mathematisches Modell zur Beschreibung dieses nichtlinearen Verlaufs findet man bei Glos [6.11].

Nach den in [6.11] ausgewerteten und zusammengestellten Forschungsergebnissen kann man für die Holzfestigkeiten und den Elastizitätsmodul die folgenden statistischen Parameter annehmen:

Tabelle 6.2. Statistische Parameter für europäisches Nadelholz

		Festigkeiten			Elastizitätsmodul
		Druck	Zug	Biegung	
Mittelwert in N/mm^2		30 ··· 35 **32**	25 ··· 35 **30**	35 ··· 40 **37**	10000 ··· 13000 **11500**
Variationskoeffizient		0,16 ··· 0,20 **0,18**	0,30 ··· 0,40 **0,35**	0,25 ··· 0,30 **0,27**	0,20 ··· 0,25 **0,22**
5%-Fraktile in N/mm^2		21	15	24	7000
95%-Fraktile in N/mm^2		50	55	55	16500
Parameter	x_0 in N/mm^2	14	8	15	3500
der Extrem-	$\lambda^{-1/k}$ in N/mm^2	20	26	26	9000
wertverteilung	k	2,4 ··· 2,9	1,7 ··· 2,2	2,2 ··· 2,8	2,8 ··· 3,4
Typ III, Kleinstwerte		**2,6**	**2,0**	**2,5**	**3,1**

Diese Werte gelten für europäisches Nadelholz, visuell sortiertes Material der Güteklasse II, geprüft im Kurzzeitversuch von 1···5 min Dauer bei einer Temperatur von $20 \pm 2\,°C$ und einer Holzfeuchtigkeit von 10···15%. Der Elastizitätsmodul ist für Zug, Druck und Biegung praktisch gleich groß.

Als Verteilungstyp erweist sich die Extremwertverteilung vom Typ III der Kleinstwerte nach Gl. (2.56) bzw. Anhang II.9 (um x_0 verschobene Weibullverteilung) als gut geeignet. Diese besitzt einen absoluten Minimalwert x_0, der nicht unterschritten wird. x_0 und die übrigen in Gl. (2.56) auftretenden Größen

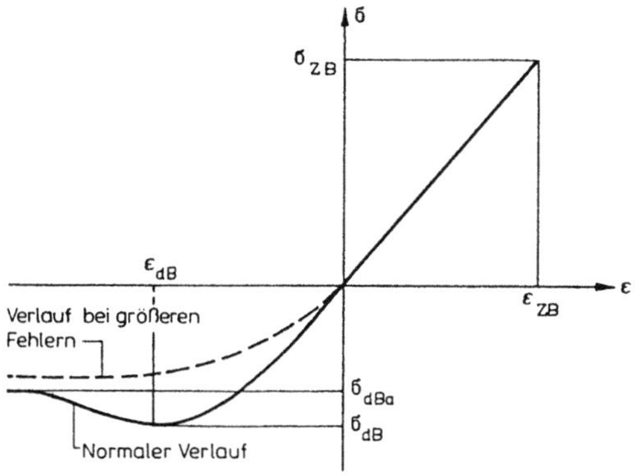

Abb. 6.1. Arbeitslinie des Holzes parallel zur Faserrichtung

sind in Tabelle 6.2 mit angegeben. Eine Rechtfertigung für die Wahl dieses Verteilungstyps läßt sich auch aus der Theorie der Festigkeit spröder Körper herleiten.

Die Festigkeit nimmt mit steigendem Feuchtigkeitsgehalt des Holzes ab. Dieser Einfluß kann mit den Werten der Tabelle 6.3 für den Geltungsbereich von 5···25% Feuchtigkeit abgeschätzt werden. Bei Feuchtigkeiten über 25% ändern sich die Holzfestigkeiten kaum noch.

Die Festigkeitseigenschaften nehmen mit steigender Temperatur ab. Untersuchungen an Kleinproben im Temperaturbereich von −20 °C bis +40 °C und mit einem Feuchtigkeitsgehalt von 10···15% ergaben die in Tabelle 6.4 zusammengestellten Werte. Der Temperatureinfluß wächst mit zunehmender Holzfeuchte.

Die Festigkeit nimmt mit zunehmender Bauteilgröße des beanspruchten Teiles ab, wobei dieser Einfluß bei Holz großer Festigkeit stärker ausgeprägt

Tabelle 6.3. Änderung der Festigkeitseigenschaften in % bei einer Änderung des Feuchtigkeitsgehaltes um $\Delta u = \pm 1\%$, Basis $u = 12\%$, Geltungsbereich $u = 5-25\%$ nach [6.11]

	Holzqualität		
	gering (5%-Fraktile)	mittel (50%-Fraktile)	sehr gut (95%-Fraktile)
Druckfestigkeit	∓1	∓4	∓6
Zugfestigkeit	0	0	∓1
Biegefestigkeit	0	∓2	∓3,5
Druck-*E*-Modul	∓1	∓2	∓3,5
Zug-*E*-Modul	0	0	0
Biege-*E*-Modul	0	∓1	∓1,5

Tabelle 6.4. Änderung der Festigkeitseigenschaften in % bei einer Änderung der Temperatur um $\Delta T = \pm 10\,^\circ C$, Basis $T = 20\,^\circ C$, Feuchtigkeitsgehalt $u = 10 \cdots 15\%$ nach [6.11]

	Holzqualität fehlerfreies Material
Druckfestigkeit	∓ 5
Zugfestigkeit	∓ 1
Biegefestigkeit	∓ 5
E-Modul	∓ 3

ist als bei Holz geringer Festigkeit. Für große Bauteile einschließlich Brettschichtträger kann der Größeneinfluß durch einen Reduktionsfaktor

$$k_V = \left(\frac{V}{V_0}\right)^{-0{,}086}$$

berücksichtigt werden [6.11]. Darin ist V das Volumen in m^3 und $V_0 = 1\ m^3$ das Basisvolumen.

Die Festigkeit sinkt mit zunehmender Belastungsdauer. Für übliche Lastfälle kann eine Abminderung mit einem Faktor $\leqq 0{,}85$ angesetzt werden.

Bei chemischer Schutzbehandlung gegen Feuer sollte, falls keine weitergehenden Informationen vorliegen, ein Reduktionsfaktor von 0,9 angesetzt werden. Schutzmittel gegen Pilze und Insekten wirken sich nicht ungünstig auf die Festigkeitseigenschaften aus.

6.2.4 *Baugrund*

Der Baugrund bzw. der Boden ist in der erdgeschichtlichen Vergangenheit in geologischen Bildungs- und Veränderungsprozessen entstanden. Auf Grund dieser Vorgänge ist der Baugrund äußerst heterogen und tritt in großer qualitativer und geometrischer Vielfalt auf. Seine Eigenschaften und Kenngrößen streuen deshalb im allgemeinen wesentlich stärker als diejenigen produzierter Werkstoffe. Selbst innerhalb einer scheinbar homogenen Baugrundschicht können die Eigenschaften eine große Streuung aufweisen. Infolge der Entstehungsvorgänge weichen die Bodenkenngrößen in benachbarten Punkten einer Schicht jedoch in der Regel nicht völlig zufällig voneinander ab, sondern sind in bestimmtem Maße räumlich stochastisch voneinander abhängig. Die rechnerische Erfassung und Berücksichtigung dieser Autokorrelation zur Streuungsreduktion ist Gegenstand vieler Untersuchungen [6.13 bis 6.16]; global quantifizierbare Ergebnisse sind wegen der Komplexität der Zusammenhänge nicht angebbar.

Neben diesen genetisch bedingten Ursachen gibt es noch weitere Quellen für die Streuungen der ermittelten Baugrundeigenschaften; von Soos [6.17] führt insbesondere an:

- Streuungen durch Beeinträchtigung der Probe bei der Probenahme (z. B. Auflockerung, Verdichtung, Wassergehaltsänderung)
- versuchsbedingte Streuungen (z. B. Streuungen infolge systematischer Versuchsfehler, Wiederhol- und Vergleichsstreuungen).

Die genannten Fehler können zufälliger oder systematischer Natur sein. Weiterhin ist zu beachten, daß sich Baugrundeigenschaften in Abhängigkeit von bestimmten Einflüssen – wie z. B. Wasser, dynamische Anregung, Konsolidierung, anthropogene Einwirkungen – ändern können.

Die erforderlichen Kenntnisse über den Baugrund sind durch Baugrunderkundungen, Feld- und Laborversuche zu ermitteln. Wegen des großen Aufwandes für diese Erkundungen und Prüfungen ist es nur in Ausnahmefällen vertretbar, statistisch abgesicherte Ergebnisse zu ermitteln. Die Unter-

Tabelle 6.5. Größenordnung der Variationskoeffizienten von Kenngrößen der Böden, bezogen auf größere Grundgesamtheiten

Bodenkenngrößen	Formelzeichen	Variationskoeffizient V	
		gesamt (V_1)	infolge Versuchsfehler (V_2)
Wassergehalt	w	0,10 ··· 0,30	keine Angabe
Fließgrenze	w_L	0,10 ··· 0,35	··· 0,05
Ausrollgrenze	w_P	0,15 ··· 0,30	··· 0,10
Plastizitätszahl	I_P	0,30 ··· 0,60[1] 0,15 ··· 0,50[2]	··· ca. 0,10
Konsistenzzahl	I_C	0,20 ··· 0,50[1] 0,10 ··· 0,30[2]	–
Dichte	ϱ	0,01 ··· **0,05** ··· 0,10	keine Angabe
Porenzahl	e	0,10 ··· 0,30	··· max. 0,10
Porenanteil	n	0,05 ··· 0,15	keine Angabe
einaxiale Druckfestigkeit	q_U	0,40 ··· 0,60	··· 0,20
scheinbare Kohäsion	c_U	0,15 ··· 0,50	ca. 15% des Gesamtwertes
wirksame Kohäsion	c'	0,15 ··· 0,60	ca. 15% des Gesamtwertes
wirksamer Reibungswinkel	φ'	0,10 ··· 0,25[1,2] 0,05 ··· 0,15[3]	ca. 15% des Gesamtwertes

[1] für schwach- und mittelbindige Böden
[2] für stark- und hochbindige Böden
[3] für nichtbindige Böden

suchungsergebnisse sind in jedem Falle nur Schätzungen aus Stichproben. Aus diesem Grund ist die systematische Erfassung, Aufbereitung, Verarbeitung und Auswertung bodenmechanischer Kennwerte – bezogen auf regionalgeologische Einheiten – in Datenbanken zu empfehlen.

Bezüglich der Streuung der Baugrundeigenschaften kann davon ausgegangen werden, daß innerhalb größerer Grundgesamtheiten der Variationskoeffizient v eine konstante Größe ist. In Tafel 6.5 sind auf der Grundlage der Untersuchungen verschiedener Autoren, insbesondere von Lumb [6.18] und Schultze [6.19, 6.20] sowie nach von Soos [6.21] Angaben über die Größenordnung der Variationskoeffizienten der wichtigsten bodenmechanischen Kenngrößen zusammengestellt. Diese Variationskoeffizienten können in Einzelfällen noch überschritten werden. Aus dem durch Versuche ermittelten Gesamtvariationskoeffizienten v_1 läßt sich bei bekannter Versuchsfehlerstreuung – repräsentiert durch den Variationskoeffizienten v_2 – der im Gelände vorhandene Variationskoeffizient v_{nat} nach der Formel

$$v_{nat} = (v_1^2 - v_2^2)^{1/2}$$

ermitteln.

Häufig wird davon ausgegangen, daß die bodenmechanischen Kenngrößen normalverteilt sind. Diese Annahme trifft aber in der Regel, insbesondere im Bereich kleiner Wahrscheinlichkeiten, nicht zu, da bodenmechanische Kenngrößen keine negativen Werte annehmen. Besser läßt sich die logarithmische Normalverteilung anpassen; ihre Anwendung hat sich deshalb weitgehend durchgesetzt. Sofern zutreffende Ausgangswerte vorliegen oder festgelegt werden können, ist die dreiparametrige logarithmische Normalverteilung vorteilhaft, ansonsten ist die zweiparametrige zu verwenden. Für die Kenngrößen der Scherfestigkeit liegen für den Fall, daß keine Anfangswerte bekannt sind, folgende Annahmen auf der sicheren Seite:

Anfangswert des Reibungswinkels = 0,5 · mittl. Reibungswinkel
Anfangswert der Kohäsion = 0.

Auch die Beta-Verteilung eignet sich wegen ihres beidseitig begrenzten Geltungsbereiches und der Möglichkeit der Berücksichtigung der Schiefe gut für viele bodenmechanische Kenngrößen.

6.3 Lasten

6.3.1 *Eigenlast*

Die Eigenlast kann unterteilt werden in die Eigenlast der tragenden Konstruktionen, die zeitunabhängig ist, und die Eigenlast nichttragender Bauelemente, die während der Nutzungsdauer einigen Lastwechseln unterworfen sein kann.

Die Eigenlast der tragenden Konstruktion ist untrennbarer Bestandteil des Tragsystems und wirkt während der gesamten Lebensdauer ohne wesentliche Änderungen. Sie läßt sich daher als Zufallsgröße darstellen.

Die Eigenlast der nichttragenden Bauteile kann sich während der Lebensdauer durch Reparaturen und Modernisierungen verändern. Diese Änderungen können sowohl die Größe als auch die räumliche Verteilung der Last betreffen. Der zeitliche Verlauf läßt sich durch einen Prozeß nach Abb. 2.9d modellieren. Die mittlere Erneuerungsrate liegt zwischen $\lambda = 0{,}02$ und 0,1 je Jahr. Ein stochastisches Modell, das die räumliche Verteilung darstellt, findet man in [6.22].

Mögliche Ursachen für Ungewißheiten in der Vorhersage der Eigenlasten können Streuungen in der Dichte der Materialien, Abweichungen der Abmessungen von den Sollwerten, Ungewißheiten in der endgültigen Wahl der Baustoffe, Lastanteile von Verbindungselementen, spätere Änderungen im Ausbau, Vereinfachungen in den Berechnungsansätzen und die Wirkung von Umwelteinflüssen auf die Baustoffe (z. B. Wasseraufnahme) sein.

Die Eigenlast läßt sich als Produkt zweier Zufallsgrößen, des Raumgewichts und des Volumens, darstellen. Die Streuung des Volumens ist von der Streuung der geometrischen Abmessungen abhängig. Die Mittelwerte der Abmessungen stimmen in der Regel mit den geplanten Abmessungen überein.

Tabelle 6.6. Mittelwert und Variationskoeffizient für das Raumgewicht[1]

Material	Mittelwert (kN/m^3)	Variationskoeffizient
Beton		
Normalbeton[2] $f_c = 20$ MPa	23,5	0,04
$f_c = 40$ MPa	24,5	0,03
Leichtbeton	abhängig vom Mischungsverhältnis und der Herstellungsmethode	0,04···0,08
Schaumbeton		0,05···0,10
Schwerbeton für Spezialzwecke		0,01···0,02
Mauerwerk	–	≅ 0,05
Stahl	77	< 0,01
Holz[3]		
Fichte	4,4	≅ 0,10
Kiefer	5,1	
Lärche	6,6	
Buche	6,8	
Eiche	6,5	

[1] Die Werte beziehen sich auf große Populationen. Sie basieren auf Daten verschiedenen Ursprungs

[2] Die Werte gelten für Beton ohne Bewehrung und mit stabilem Feuchtigkeitsgehalt. Im Falle ständiger Trocknung unter erhöhter Temperatur ist das Raumgewicht nach 50 Tagen um 1,0···1,5 kN/m^3 niedriger

[3] Feuchtigkeitsgehalt 12%. Ein Anstieg des Feuchtigkeitsgehaltes von 12% auf 22% verursacht einen Anstieg des Raumgewichtes von 10%

Tabelle 6.7. Mittelwert und Standardabweichung der Abweichungen der Querschnittsabmessungen von Nennwert a_n [1]) nach [6.22]

Bauelement aus	Mittelwert	Standardabweichung
Beton[2]		
$a_n \leqq 1\,000$ mm	$0{,}003 \cdot a_n$	$4 + 0{,}006 \cdot a_n$
$a_n > 1\,000$ mm	3 mm	10 mm
Mauerwerk		
ungeputzt	$0{,}02 \cdot a_n$	$0{,}04 \cdot a_n$
geputzt	$0{,}02 \cdot a_n$	$0{,}02 \cdot a_n$
Walzstahl		
Profile, Fläche A	$0{,}01 \cdot A_n$	$0{,}04 \cdot A_n$
Bleche, Dicke t	$0{,}01 \cdot t_n$	$0{,}02 \cdot t_n$
Holz		
Bretter und Kanthölzer	$0{,}05 \cdot a_n$	2 mm
Brettschichtträger, gehobelt	$\cong 0$	1 mm

[1] Die Werte gelten für große Populationen. Sie basieren auf Daten verschiedenen Ursprungs und beziehen sich auf Bauelemente mit allgemein akzeptierter Genauigkeit.
[2] Die Werte gelten für Bauwerke aus Ortbeton. Für in Werken produzierte Elemente können die Abweichungen wesentlich kleiner sein

Allerdings ist bei kleineren Abmessungen im Betonbau die Tendenz zu etwas vergrößerten mittleren Abmessungen (bis zu 2 cm) zu beobachten.

Bei Stahlbetonkonstruktionen sollte der Bewehrungsprozentsatz gesondert berücksichtigt werden.

Bei Baustoffen, die eine Wasseraufnahmefähigkeit besitzen, ist dies zu beachten und eventuell vom durchfeuchteten Zustand auszugehen.

In den Tabellen 6.6 und 6.7 sind statistische Parameter für Raumgewicht und Querschnittsabmessungen nach CIB-Report 115 [6.22] angegeben.

6.3.2 *Verkehrslasten im Hochbau*

Die Verkehrslasten in Gebäuden werden durch das Gewicht von Möbeln, Einrichtungen, Lagergütern und Personen verursacht. Sie sind zufällige Funktionen des Ortes und der Zeit.

Zur wirklichkeitsnahen stochastischen Beschreibung teilt man die Last in zwei Anteile:

- die langzeitig wirkende Verkehrslast, die ständig vorhanden ist und sich nur selten ändert und
- die kurzzeitig wirkende Verkehrslast, die mit außergewöhnlichen Situationen von kurzer Dauer und großer Lasthöhe verbunden ist.

Die langzeitigen Lasten wirken mehrere Jahre relativ unveränderlich, bis sich ein plötzlicher Wechsel in der Lasthöhe z. B. durch Umzug oder

Änderung in der Nutzung ergibt. Beispiele für diese Lasten sind die Möbel in Wohn- und Bürogebäuden, Maschinen im Industriebau oder die Lagergüter in Lager- und Warenhäusern. In der Regel werden zu diesen Lasten auch die Personen mitgerechnet, die bei normaler Nutzung in den Gebäuden wohnen oder arbeiten.

Mathematisch läßt sich das zeitabhängige Verhalten dieser Lasten sehr gut durch zweiparametrige Pulsprozesse nach Abschnitt 2.4.7.1 mit rechteckiger Pulsform modellieren.

Mit den kurzzeitigen Lasten werden Zustände erfaßt, die nicht sehr häufig auftreten, auch nicht sehr lange wirken, aber relativ hohe Lastintensitäten besitzen und deshalb für die Extremwerte der Lasten während der Nutzungsdauer wichtig sind. Beispiele dafür sind Zustände durch zeitweiliges Zusammenstellen von Möbeln während Renovierungsarbeiten, die Ansammlung von Personen während Versammlungen und Feiern, aber auch ein mögliches Zusammendrängen von Personen in Notstands- oder Paniksituationen. Mathematisch lassen sich solche Lasten durch dreiparametrige Pulsprozesse mit sehr kurzer Lastdauer D bzw. durch Spikeprozesse beschreiben. Der zeitliche Verlauf der superponierten Gesamtlast kann durch eine Funktion nach Abb. 6.2 dargestellt werden.

Tabelle 6.8. Mittelwert und Standardabweichung der Momentanverteilung der langzeitigen Verkehrslast nach [6.33]

	Gesamte untersuchte Fläche m^2	Bezugsfläche m^2	Mittelwert kN/m^2	Standardabweichung kN/m^2
Büros	353 400	18,6	0,52	0,28
Bürogebäude, Lobbies	1 580	18,6	0,22	0,16
Wohnungen	18 970	18,6	0,29	0,13
Hotelräume	62 300	18,6	0,22	0,06
Krankenzimmer	7 350	18,6	0,36	0,31
Laboratorien und Operationsräume in Krankenhäusern	3 160	18,6	0,68	0,39
Bibliotheken – Archive	560	18,6	1,66	0,52
Klassenzimmer	2 900	93	0,58	0,13
Warenhäuser				
Erdgeschoß	11 530	93	0,86	0,24
Obergeschosse	102 300	93	0,58	0,46
Lagerhäuser	18 320	93	3,43	2,78
Leichtindustrie	73 470	93	0,91	0,91
Schwerindustrie	6 880	93	2,88	1,63

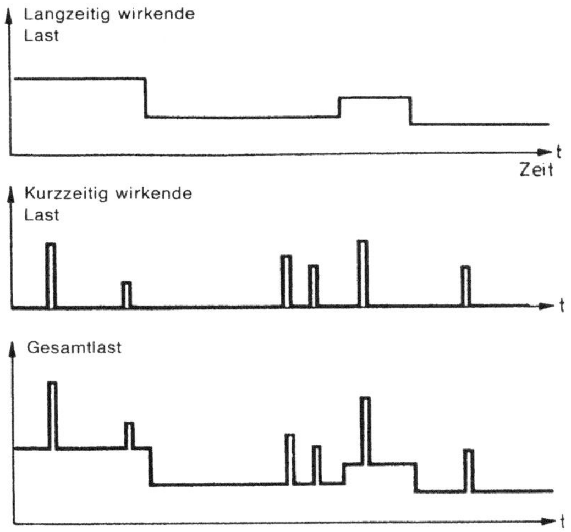

Abb. 6.2. Zeitlicher Verlauf der Verkehrslasten im Hochbau

Die zufällige Lastintensität ist aber auch vom Ort abhängig. Stochastische Lastmodelle, die diese Abhängigkeiten modellieren, findet man unter anderem im CIB-Report 116 [6.25] und bei Peir und Cornell [6.26]. Sowohl diese theoretischen Untersuchungen als auch praktische Lastmessungen zeigen, daß die Standardabweichung einer äquivalenten örtlich gleichmäßig verteilten Last stark von der Größe der betrachteten Fläche abhängt. Je größer die zu einer Schnittgröße gehörende Einzugsfläche ist, desto kleiner sind die Standardabweichung und damit auch der obere Fraktilwert der äquivalenten gleichmäßig verteilten Lasten.

Angaben über durchgeführte Lastmessungen findet man unter anderem bei Karman [6.27], Mitchell, Woodgate [6.28, 6.29], Culver [6.30], Corotis, Doshi, Tsay [6.31, 6.32], Chalk, Corotis [6.33] und Ellingwood, Culver [6.34].

In Tabelle 6.8 sind die Ergebnisse umfangreicher Lastmessungen von Chalk und Corotis [6.33] zitiert, die Anhaltspunkte über die Größenordnung der statistischen Daten geben.

Die Häufigkeitsverteilungen zeigen stets eine ausgesprochen positive Schiefe. Als Verteilungstypen werden daher sehr häufig Gammaverteilungen, aber auch logarithmische Normalverteilungen und Extremwertverteilungen *I* verwendet. Die Schiefe nimmt mit wachsender Einzugsfläche A_b ab, und für sehr große Flächen nähert sich die Verteilung in Übereinstimmung mit dem zentralen Grenzwertsatz immer mehr der Normalverteilung.

Während man sich bei den langzeitig wirkenden Lasten auf sehr viele Meßdaten stützen kann, ist man bei den kurzzeitig wirkenden Lastzuständen weitgehend auf eine ingenieurmäßige Einschätzung angewiesen. In Tabelle 6.9 sind Angaben nach Corotis, Tsay [6.32] zitiert, die einen gewissen Anhaltspunkt geben können.

Tabelle 6.9. Parameter der Verteilung der kurzzeitigen, außergewöhnlichen Lasten nach [6.32]

	Belastungszustände durch Umräumen der Einrichtung			
	Mittel-wert kN/m^2	Standard-abweichg. kN/m^2	Erneue-rungsrate 1/Jahr	mittlere Dauer Wochen
Läden und Warenhäuser $A_b = 93\ m^2$	0,42	0,20	0,2	2
Büros $A_b = 18{,}6\ m^2$	0,41	0,48	0,25	2
Hotels $A_b = 18{,}6\ m^2$	0,13	0,12	0,50	2
Wohnungen $A_b = 18{,}6\ m^2$	0,23	0,21	0,10	2

6.3.3 *Schneelast*

Die Schneelast entsteht aus einem sehr komplexen Zusammenwirken von Akkumulations- und Zerfallsprozessen, die im wesentlichen vom Niederschlag, von der Lufttemperatur, dem Wind, der Sonneneinstrahlung, der Dachform und der Wärmeabgabe des Daches abhängen.

Als vereinfachtes stochastisches Modell zur Darstellung der zeitlichen Veränderung der Schneelast eignet sich der Poissonsche Pulsprozeß mit Dreieckform (Abb. 2.11 b). Im maritimen Klima besitzt der Prozeß mehrere Belastungsimpulse je Winter, während in kontinentalem Klima und in Gebirgslagen in der Regel nur ein Belastungszeitraum existiert. Die Erneuerungsrate λ [1/Jahr] beträgt nach [6.23]

$\lambda = 1$ für kontinentales Klima

$\lambda = 2 \cdots 20$ für maritimes Klima.

Die Auswertung für Potsdam für den Zeitraum von 1951 bis 1980 ergab $\lambda = 6{,}6$, wobei Schneehöhen über 1 cm berücksichtigt wurden.

Der Spitzenwert der Schneelast auf dem Dach für eine Belastungsperiode läßt sich nach [6.40, 6.41] durch die Formel

$$S = k \cdot C \cdot \Gamma \cdot H \quad \text{in } kN/m^2 \tag{6.1}$$

darstellen mit

k dimensionsloser Faktor, der die Form des Daches und die Dachneigung berücksichtigt

Belastungszustände durch Versammlungen, Feiern u. ä.				Belastungszustände durch Personen in Notstandssituationen			
Mittelwert kN/m²	Standardabweichg. kN/m²	Erneuerungsrate 1/Jahr	mittlere Dauer Std.	Mittelwert kN/m²	Standardabweichg. kN/m²	Erneuerungsrate 1/Jahr	mittlere Dauer min
0,33	0,16	4	6	0,83	0,41	0,1	15
0,49	0,44	0,40	6	1,24	1,11	0,02	15
0,37	0,31	10	6	1,24	1,11	0,1	15
0,99	0,89	2	4,6	–	–	–	–

C Umrechnungsgröße, Verhältnis von Schneelast auf dem Dach zur Schneelast auf dem Boden
Γ Schneedichte in kN/m^3
H Spitzenwert der Schneehöhe in der Belastungsperiode in m, gemessen auf dem Boden.

Der Koeffizient k wird in der Regel als deterministische Größe betrachtet. Er ist von der Dachneigung, der Dachform und der Rauhigkeit der Dachdeckung abhängig.

Für einfache Sattel- und Pultdachformen wird bis zu einer Dachneigung von $15^\circ \cdots 30^\circ$ $k = 1$ und über $60^\circ \cdots 75^\circ$ $k = 0$ angenommen. Zwischen diesen Grenzwerten wird meist ein linearer Verlauf vorausgesetzt. Der Koeffizient berücksichtigt aber außer der Schneelastverminderung durch Herabrutschen des Schnees auch eine mögliche Schneelasterhöhung durch Verwehungen hinter Hindernissen oder infolge Herabrutschens von höher gelegenen Dachflächen. Diagramme für den Verlauf von k bei verschiedenen Dachformen findet man unter anderem in [6.43, 6.44, 6.47].

Die Umrechnungsgröße C wird definiert als Quotient aus Maximalwert der Dachschneelast und Maximalwert der Grundschneelast, gemessen in der Nähe des Gebäudes während einer Schneeperiode. Dabei ist zu beachten, daß die beiden Maximalwerte meist zeitlich nicht zusammenfallen. In der Regel hat die Dachlast ihr Maximum früher als die Grundlast. Über umfangreiche Untersuchungen in den USA zum Umrechnungsfaktor C wird von O'Rourke, Redfield und v. Bradsky [6.40] berichtet. Sie kommen zu dem Ergebnis, daß man für

$$C = 0{,}47 \cdot E \cdot T \cdot \varepsilon_C \tag{6.2}$$

setzen kann, mit E Koeffizient zur Berücksichtigung des Einflusses des Windes

$$E = \begin{cases} 1{,}32 & \text{windgeschützte Lage} \\ 1{,}00 & \text{halbgeschützte Lage} \\ 0{,}95 & \text{freie Lage} \end{cases}$$

T Koeffizient zur Berücksichtigung des Einflusses der Temperatur

$$T = \begin{cases} 1{,}22 & \text{ungeheiztes Gebäude oder sehr stark wärmegedämmtes Dach} \\ 1{,}00 & \text{geheiztes Gebäude.} \end{cases}$$

ε_C ist eine Fehlergröße, die die zufälligen Abweichungen berücksichtigen soll. Sie wird als logarithmische Normalverteilung mit der Dichte

$$f(\varepsilon_C) = \frac{1}{0{,}42\varepsilon_C\sqrt{2\pi}} \exp\left(-\frac{1}{2}\left(\frac{\ln \varepsilon_C}{0{,}42}\right)^2\right) \tag{6.3}$$

angegeben.

Die Schneelast auf dem Boden entspricht dem Wasseräquivalent, d. h. dem Gewicht des geschmolzenen Schnees einer aus der Schneedecke herausgestochenen Zylinders, bezogen auf die Fläche. Diese kann direkt gemessen werden oder aus dem Produkt von gemessener Schneedichte und gemessener Schneehöhe ermittelt werden.

Die Schneedichte Γ wächst mit der Zeit durch Verdichtung infolge Setzung, Tau-Frost-Wechsel u. ä. und wächst mit der Schneehöhe infolge Zusammendrückung der unteren Lagen der Schneedecke. Die Dichte von frisch gefallenem Schnee wird mit $0{,}5 \cdots 1{,}0\,\text{kN m}^{-3}$ angegeben. Sie steigt gegen Ende des Winters auf Werte zwischen 2,0 und $5{,}0\,\text{kN m}^{-3}$, in Hochgebirgsregionen auch darüber. Als einfaches stochastisches Modell für das Bauwesen kann

$$\Gamma = (3 - 1{,}5 \exp(-1{,}5 m_H))\,\varepsilon_\Gamma \qquad [\text{kN m}^{-3}] \tag{6.4}$$

verwendet werden. Darin ist m_H der Mittelwert der Schneehöhe auf dem Boden in m, und ε_Γ ist ein Fehlerglied, das aus einer logarithmisch normalverteilten Zufallsgröße mit Mittelwert $m_{\varepsilon_\Gamma} = 1$ und Variationskoeffizient $v_{\varepsilon_\Gamma} = 0{,}2$ besteht.

Die Schneehöhe H ergibt sich aus den Meßwerten der meteorologischen Stationen. Sie ist für ein bestimmtes Klimagebiet im wesentlichen von der Höhe des Standortes über NN abhängig.

Abb. 6.3 zeigt diesen Anstieg mit der Höhe für das 98%-Fraktil der Jahresextremwerte (das entspricht einer Wiederholungsperiode von 50 Jahren) für Meßstationen in Ostdeutschland. Bis zu einer Höhe von etwa 300 m verläuft der Fraktilwert fast konstant, während über 400 m ein ausgeprägter fast linearer Anstieg zu verzeichnen ist. Es gibt mehrere Versuche, diese Höhenabhängigkeit durch eine empirische Beziehung zu modellieren. Der

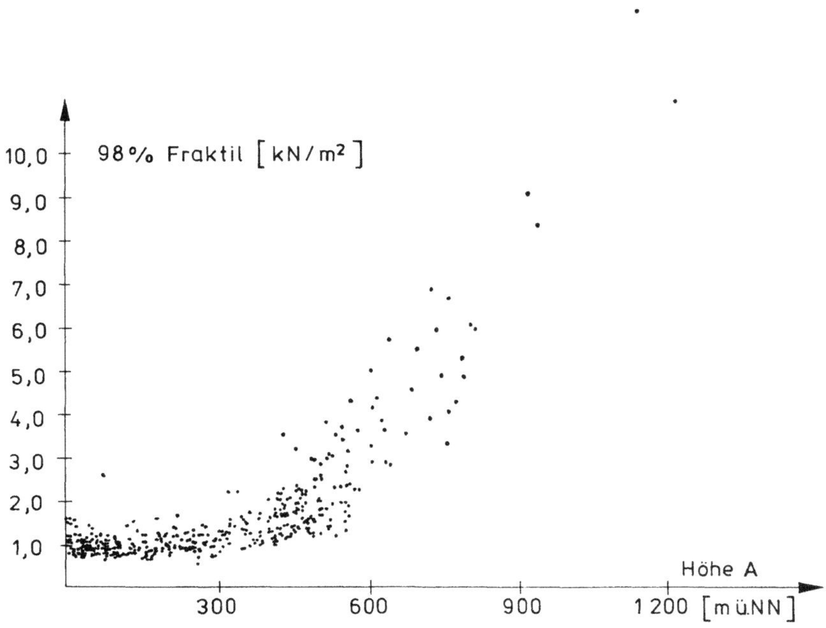

Abb. 6.3. 98%-Fraktil der Jahresextremwerte der Schneelast auf dem Boden, 455 Meßstationen in Ostdeutschland

Entwurf des Eurocodes 1 gibt für die Höhenabhängigkeit des charakteristischen Wertes die Formel

$$s_0 = 0{,}4 \cdot z \cdot \sqrt{1 + \left(\frac{A}{280}\right)^2} \tag{6.5}$$

an. Darin ist A die Höhe über NN in m und Z die Nummer des Schneelastgebietes ($Z = 1, 2, 3, \ldots$). Durch Z werden die großräumigen Klimaunterschiede in den einzelnen Gebieten dargestellt. Dafür werden Schneekarten ausgearbeitet. Gl. (6.5) unterschätzt allerdings den Anstieg der Schneelast mit der Höhe etwas.

6.3.4 *Windlast*

Der Wind ist eine turbulente, sich zeitlich und örtlich zufällig ändernde Luftbewegung. Eine relativ einfache Beschreibung gelingt, wenn man die Windgeschwindigkeit v in einen langsam ändernden Anteil $\bar{v}$ und einen turbulenten Anteil v' aufteilt

$$v(t) = \bar{v}(t) + v'(t)\,. \tag{6.6}$$

Da sich die Windgeschwindigkeit ständig ändert, ist $\bar{v}(t)$ vom Mittelungsintervall abhängig. Übliche Mittelungszeiten sind 1 Stunde und 10 min.

Tabelle 6.10. Statistische Parameter der Windgeschwindigkeit $\bar{v}$ in m/s, gemessen in 10 m Höhe, errechnet nach den Angaben in [6.50] und [6.51]

Meteorologische Station	Beobachtungszeitraum	Jahresmaxima						Momentanwerte	
		Stundenmittel		10-min-Mittel		Spitzen der Windgeschwindigkeit, Mittelungszeiten $2 \cdots 10$ s		Stundenmittel	
		m_v	σ_v	m_v	σ_v	m_v	σ_v	m_v	σ_v
Warnemünde	1948 ··· 80	22,95	3,33	26,09	3,89	32,51	4,05	5,12	3,04
Schwerin	1949 ··· 80	17,81	3,00	21,55	3,64	32,88	5,31	4,18	2,39
Neustrelitz	1949 ··· 75	13,66	3,00	17,51	3,91	28,22	4,04	3,51	2,12
Potsdam	1948 ··· 80	17,53	3,64	20,18	3,77	34,37	4,36	4,42	2,10
Weimar	1953 ··· 80	18,85	2,83	21,37	2,72	32,53	5,28	3,90	2,97
Fichtelberg	1951 ··· 80	25,28	2,69	28,22	3,67	44,52	7,99	8,71	4,23

Tabelle 6.10 zeigt Verteilungsparameter der Windgeschwindigkeit $\bar{v}$ für einige Wetterstationen in Ostdeutschland. Die Meßwerte der Jahresmaxima passen sich gut der Extremwertverteilung *I* und die Momentanwerte der zweiparametrigen logarithmischen Normalverteilung an.

Die ausgewählten Stationen repräsentieren folgende Standorte

Warnemünde: Küstengebiet (außer besonders exponierte Lage)
Schwerin: Binnentiefland, freie Lagen
Potsdam: Binnentiefland, freie Lagen
Neustrelitz: Binnentiefland, mäßig windgeschützte Lagen
Weimar: Mittelgebirgsvorland, mäßig windgeschützte Lagen
Fichtelberg: Kamm- und Gipfellagen der Mittelgebirge (außer Brocken).

Die Windgeschwindigkeit ist von der Höhe über Gelände abhängig, da sie durch die Rauhigkeit des Geländes mit der Höhe zunimmt. Als ingenieurmäßige Näherung für die Höhenabhängigkeit der mittleren Geschwindigkeit $\bar{v}(h)$ kann das Potenzgesetz

$$\bar{v}(h) = \left(\frac{h}{10}\right)^{\alpha} \bar{v}(10) \tag{6.7}$$

verwendet werden, mit

$\bar{v}(10)$ Geschwindigkeit in 10 m Höhe
h Höhe in m
α Koeffizient, abhängig von der Bodenrauhigkeit nach Tabelle 6.11.

Die Windgeschwindigkeit wird in den unteren Luftschichten auch durch die Geländetopographie beeinflußt. Auf Bergen und an Geländesprüngen ergibt sich eine Geschwindigkeitserhöhung, über die man Angaben in [6.59] und [4.1] findet.

Tabelle 6.11. Parameter α und k in Abhängigkeit von der Oberflächenrauhigkeit nach [6.52, 6.53]

Beschreibung des Geländes	α	k
Offenes Gelände mit wenig Hindernissen	0,16	0,005
Gleichmäßig bebautes Gelände, Kleinstädte, Vororte, Wälder	0,22	0,009
Stadtgebiete, Großstädte, stark gegliedertes Gelände	0,28	0,015
Citys mit dichter Hochhausbebauung	0,40	0,050

Der turbulente, pulsierende Anteil $v'(t)$, der um den Windanteil $\bar{v}(t)$ zufällig schwankt, kann als ergodischer Gaußprozeß dargestellt werden. Seine Spektraldichte

$$S_{v'}(f) = 4k\bar{v}^2 \frac{1}{f} \frac{x^2}{(1 + x^2)^{4/3}} \tag{6.8}$$

ist durch umfangreiche Messungen ausreichend abgesichert [6.54]. Darin ist

$S_{v'}(f)$ Spektraldichte der Geschwindigkeit in $m^2\, s^{-1}$,
f Frequenz in s^{-1},
k Widerstandsbeiwert der Oberfläche nach Tabelle 6.11,
$\bar{v}$ 10 min – Mittel der Windgeschwindigkeit in 10 m Höhe in $m\, s^{-1}$,

$$x = 1\,200 \frac{f}{\bar{v}}.$$

Diese Spektraldichte gilt für den gesamten baupraktisch interessanten Höhenbereich.

Die Standardabweichung des turbulenten Anteils v' der Windgeschwindigkeit erhält man aus

$$\sigma_{v'} = \sqrt{\int_0^\infty S_{v'}(f)\, \mathrm{d}f}\,. \tag{6.9}$$

Der Mittelwert von $v'(t)$ ist Null.

Wie die Windgeschwindigkeit, so setzt sich auch der Staudruck des Windes aus einem langzeitig wirkenden Anteil $\bar{q}$, der die Bauwerke statisch beansprucht, und einem turbulenten Anteil q', der empfindliche Bauwerke auch zu Schwingungen anregen kann, zusammen

$$q = \bar{q} + q'.$$

Der erste Anteil folgt aus

$$\bar{q} = \frac{1}{2}\varrho\bar{v}^2 = \frac{\bar{v}^2}{1600}$$

ϱ Luftdichte = 1,226 kg/m^3,
$\bar{v}$ in m/s und $\bar{q}$ in kN/m^2.

Die Windbelastung auf ein Bauteil folgt aus dem Staudruck durch Multiplikation mit der angeströmten Fläche A und einem aerodynamischen Beiwert c, der für die verschiedenen Bauwerksformen durch Windkanalmessungen ermittelt wurde und in Beiwertsammlungen zusammengestellt ist. c ist ein dimensionsloser Proportionalitätsfaktor, der von der geometrischen Form des angeströmten Körpers, der Oberflächenrauhigkeit, der Anströmrichtung und im allgemeinen von der die Strömung kennzeichnenden Reynoldsschen Zahl abhängt. Der turbulente Anteil des Winddrucks auf nicht schwingungsanfällige Baukörper wird durch den Böenreaktionsfaktor erfaßt, der nach [4.1, 6.59] berechnet werden kann.

Die Berechnung der Windwirkungen auf schwingungsanfällige Baukörper erfordert eine Berechnung mit Methoden der stochastischen Schwingungstheorie oder darauf basierenden Ingenieurmethoden [2.4, 6.58, 6.61, 6.62].

6.3.5 *Fahrzeuglasten des Straßenverkehrs*

Die Wahrscheinlichkeitsverteilungen der Achslasten des Straßenverkehrs sind ausgesprochene Mischverteilungen. In ihnen spiegelt sich die Häufigkeit der im Verkehrsstrom auftretenden verschiedenen Fahrzeugtypen mit sehr unterschiedlichen Gewichten wider. Die Mehrzahl der Achsen mit rund 75% sind relativ leichte PKW-Achsen. Aber auch in der Verteilung für die Nutzfahrzeuge ist der Einfluß unterschiedlicher Gewichte der Fahrzeuge und der Ladungen erkennbar.

Für die Bestimmung der Achslasten eignen sich am besten vollautomatische Meßanlagen, die an ausgewählten Stellen des Straßennetzes eingesetzt werden und über längere Zeit die Gewichte der darüberrollenden Fahrzeugachsen registrieren. In [6.63, 6.64] sind solche Messungen an Autobahnen beschrieben, und in [6.65] werden weitere Möglichkeiten zur Achslastmessung gezeigt. Moderne Meßanlagen ermöglichen zusätzlich die Unterscheidung und Registrierung von Nutzfahrzeugtypen und die Messung der jeweiligen Fahrzeuggeschwindigkeit und des Fahrzeugabstandes [6.66].

Aus den Ergebnissen solcher Messungen lassen sich bei Berücksichtigung von Zuschlägen für die Fahrzeug- und Verkehrsentwicklung und für Schwerlasttransporte mit Sondergenehmigung Einheits-Achslastkollektive ableiten [6.64].

Solche Einheits-Achslastkollektive sind neben anderen statistischen Daten des Straßenverkehrs (Nutzfahrzeugtypen, Fahrzeugabstände) wichtige Aus-

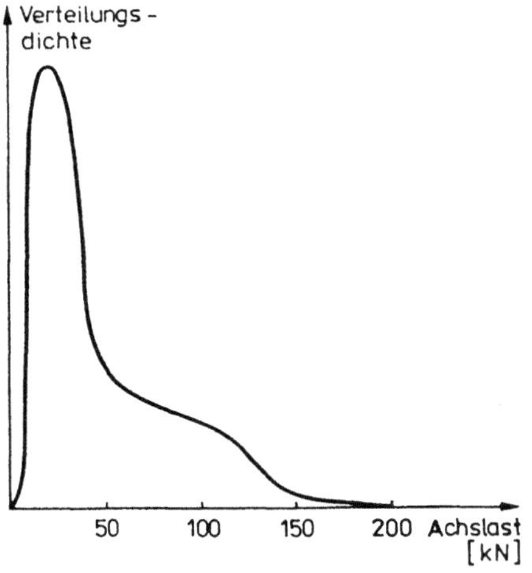

Abb. 6.4. Prinzipieller Verlauf der Verteilungsdichte der Achslasten von Nutzfahrzeugen im Straßenverkehr

gangsdaten für grundlegende zuverlässigkeitstheoretische Untersuchungen an Straßenbrücken, wie sie zum Beispiel bei der Normenbearbeitung durchgeführt werden.

Sind außergewöhnlich beanspruchte, bestehende Straßenbrücken (z. B. in Hafennähe oder in Industriegebieten) zuverlässigkeitstheoretisch zu beurteilen, liefern entsprechende Achslastmessungen ebenfalls die wichtigsten verkehrsspezifischen Grundlagen.

Aber mit den Verteilungen der Lasten allein können noch keine Verteilungen der Lastwirkungen, die für den Zuverlässigkeitsnachweis von Brücken notwendig sind, ermittelt werden. Hier sind die zufällige Laststellung und die starke Korrelation zwischen den Achslasten innerhalb eines Fahrzeugs von Bedeutung.

Im allgemeinen ist die Untersuchung zweier Verkehrszustände, des Fahrzeugstaus und des fließenden Verkehrs, notwendig.

Beim Fahrzeugstau ist die Spur mit Fahrzeugen vollgestellt, und der Fahrzeugabstand kann als konstante Größe betrachtet werden. Auch ist die Fahrgeschwindigkeit dann so langsam, daß dynamische Einflüsse vernachlässigbar sind.

Beim fließenden Verkehr können die Fahrzeugabstände genügend genau als logarithmisch normalverteilt angenommen werden. Für stark belastete Straßen geben der Mittelwert 70 m und die Standardabweichung 85 m recht gute Übereinstimmung mit Meßwerten aus Verkehrszählungen.

Der Zustand des Fahrzeugstaus wird in der Regel bei Brücken mit großen Spannweiten maßgebend sein, während der fließende Verkehr bei kleinen Brücken ungünstigere Werte ergeben kann. Bei durchlaufenden Tragwerken mit Einflußlinien wechselnden Vorzeichens kann es auch notwendig sein, den Verkehr genauer als fließenden Verkehr mit eingelagerten Staus zu erfassen.

Zur rechnerischen Ermittlung der Lastwirkungen werden Methoden der Theorie der stochastischen Schwingungen [6.67, 6.68, 6.69] oder Monte-Carlo-Simulationen [6.70, 6.71] angewendet. Mit den erstgenannten Methoden ist es relativ einfach möglich, auch Schwingungseinflüsse zu berücksichtigen, während sich mit Simulationsverfahren sehr wirklichkeitsnahe Lastbilder mit sehr vielen, beliebig verteilten Zufallsgrößen, die auch untereinander korreliert sein können, gut behandeln lassen. Allerdings ist der Rechenzeitaufwand dafür sehr groß.

In [6.70, 6.71] ist ein Simulationsmodell beschrieben, dessen Achslasten sehr gut mit dem schweren Einheits-Achslastkollektiv nach [6.64] übereinstimmen. Hier werden nicht die Achsen selbst, sondern Fahrzeuggewicht und Gewicht der Ladung als unabhängige Zufallsgrößen aufgefaßt und die Summe beider auf die Achsen aufgeteilt. So ist es sehr einfach möglich, die starke Korrelation zwischen den Achslasten eines Fahrzeuges zu erfassen.

7 Literatur

[1.1] *Matousek, M.; Schneider, J.:* Untersuchungen zur Struktur des Sicherheitsproblems von Bauwerken. ETH Zürich, Institut für Baustatik und Konstruktion, Februar 1976

[1.2] *Blaut, H.:* Gedanken zum Sicherheitskonzept im Bauwesen. Beton- und Stahlbetonbau (1982), H. 9, S. 235–237

[1.3] *Schneider, Th.:* Sicherheit als sozio-ökonomisches Optimierungsproblem. IVBH, 11. Kongreß Wien (1980), Einführungsbericht S. 225–236

[1.4] *Bøe, C.:* Risk-Management – The Realization of Safety. IVBH, 11. Kongreß Wien (1980), Einführungsbericht, S. 237–246

[1.5] *Kuhlmann, H.:* Einführung in die Sicherheitswissenschaft. Wiesbaden: Vieweg & Sohn, 1981

[1.6] *Matousek, M.; Schneider, J.:* Gewährleistung der Sicherheit von Bauwerken – Ein alle Bereiche der Bauprozesse umfassendes Konzept. ETH Zürich, Oktober 1983

[1.7] Seismic Design of Concrete Structures. Preliminary Draft of the CEB-FIP Model Code April 1980. CEB-Bulletin d'Information Nr. 133

[1.8] Eurocode No 8. Structures in Seismic Regions - Design. Part 1, General and Building, 1988

[1.9] *Mayer, M.:* Die Sicherheit der Bauwerke und ihre Berechnung nach Grenzkräften. Berlin: Springer, 1926

[1.10] *R. G. Sexsmith; Lind, N. C.:* Policies for Selection of Target Safety Levels. Zweite Internationale Konferenz über Tragwerkssicherheit und Zuverlässigkeit, TU München, 1977. Düsseldorf: Werner-Verlag

[1.11] First Order Reliability Concepts for Design Codes. Joint Committee on Structural Safety. CEB-Bulletin Nr. 112, 1976

[1.12] *Mathieu, H.:* Anwendungsbedingungen und Bereiche verschiedener Nachweisformate für Bauwerke. Sicherheit der Bauwerke – Günther Breitschaft Symposium; IfBT, 22. März 1989, S. 30–44

[1.13] *Rosenblueth, E.; Mendoza, E.:* Reliability Optimization in Isostatic Structures. ASCE, Journal of the Engineering Mechanics Division, EM 6, 1971, S. 1625–1642

[2.1] *Smirnow, N. W.; Dunin-Barkowski, I. W.:* Mathematische Statistik in der Technik. Berlin: VEB Deutscher Verlag der Wissenschaften, 1969

[2.2] *Storm, R.:* Wahrscheinlichkeitsrechnung mathematische Statistik und statistische Qualitätskontrolle. Leipzig: Fachbuchverlag, 1976

[2.3] *Fisz, M.:* Wahrscheinlichkeitsrechnung und mathematische Statistik. Berlin: Deutscher Verlag der Wissenschaften, 1970

[2.4] *Heinrich, W.; Hennig, K.:* Zufallsschwingungen mechanischer Systeme. Berlin: Akademie-Verlag, 1977

[2.5] *Köchel:* Zuverlässigkeit technischer Systeme. Leipzig: VEB Fachbuchverlag, 1982

[2.6] *Sweschnikow, A. A.:* Untersuchungsmethoden der Theorie der Zufallsfunktionen mit praktischen Anwendungen. Leipzig: Teubner, 1965

[2.7] *Gumbel, E. J.:* Statistics of Extremes. New York: Columbia University Press, 1958

[2.8] *Bronstein, I. N.; Semendjajew:* Taschenbuch der Mathematik. Leipzig: Teubner, 1979

[2.9] *Abramowitz, M.; Stegun, I. A.:* Handbook of Mathematical Functions. National Bureau of Standards, 1964

[2.10] *Vorliček, M.:* Distribution of Extreme Values in Structural Theory. Acta Technica CSAV 1969, H. 6, S. 775–813

[2.11] *Stange, K.:* Bayes-Verfahren, Schätz- und Testverfahren bei Berücksichtigung von Vorinformationen. Berlin, Heidelberg, New York: Springer 1977

[2.12] *Benjamin, J. R.; Cornell, C. A.:* Probability, Statistics and Decision for Civil Engineers. New York: McGraw-Hill, 1970

[2.13] *Johnson, N. L.; Kotz, S.:* Distributions in Statistics. Continuous Multivariate Distributions. New York: John Wiley & Sons, 1972

[2.14] *Curnow, R. N.; Dunnett, C. W.:* The Numerical Evaluation of Certain Multivariate Normal Integrals. The Annals of Mathematical Statistics, Vol. 33, No. 2, 1962, S. 571–579

[2.15] *Owen, D. B.:* Tables for Computing Bivariate Normal Probabilities. The Annals of Mathematical Statistics, Vol. 27, No 4, 1956, S. 1075–1090

[2.16] *Ditlevsen, O.:* Narrow Reliability Bounds for Structural Systems. J. Structural Mechanics 7 (4), 1979, S. 453–472

[2.17] *Ditlevsen, O.:* System Reliability Bounding by Conditioning. J. of the Engineering Mechanics Div., ASCE, Vol 108, Okt. 1982, S. 708–718

[2.18] *Breitung, K.:* Asymptotic Approximations for Multinormal Integrals. Journal of Engineerings Mechanics Div. (ASCE) 1984, No. 3, S. 357–366

[2.19] *Tang, L. K.; Melchers, R. E.:* Improved Approximation for Multinormal Integral. Structural Safety 4 (1987) S. 81–93

[2.20] *Gollwitzer, S.; Rackwitz, R.:* An Efficient Numerical Solution to the Multinormal Integral. Probabilistic Engineering Mechanics, Vol. 3, No 2, 1988, S. 98–101

[2.21] *Bolotin, V. V.:* Wahrscheinlichkeitsmethoden zur Berechnung von Konstruktionen. Berlin: VEB Verlag für Bauwesen, 1979

[2.22] *Madsen, H. O.:* Load Models and Load Combinations. Dissertation, Universität Dänemark, Februar 1979

[2.23] *Larrabee, R. D.; Cornell, A.:* Combination of Various Load Processes. ASCE, Journal of the Structural Division, St 1, Januar 1981, S. 223–239

[2.24] *Breitung, K.:* Überschreitungsraten für Lastprozesse mit rechteckförmigen Impulsen. TU München: Berichte zur Zuverlässigkeitstheorie der Bauwerke (1979) H. 42

[2.25] *Breitung, K.:* Niveauüberschreitungen von Summen von Zufallsprozessen, deren Pfade Sprungfunktionen sind. TU München: Berichte zur Zuverlässigkeitstheorie der Bauwerke (1978) H. 32

[2.26] *Wen, Y. K.; Pearce, H. T.:* Combined Dynamic Effects of Correlated Load Processes. Nuclear Engineering and Design (1982) S. 179–189

[3.1] *Schuëller, G. I.:* Einführung in die Sicherheit und Zuverlässigkeit von Tragwerken. Berlin, München: W. Ernst & Sohn, 1981

[3.2] *Tichy, M.; Vorlíček, M.:* Statistical Theory of Concrete Structures. Prague 1972

[3.3] *Thoft Christensen, P.; Baker, M. J.:* Structural Reliability Theory and Its Applications. Berlin, Heidelberg, New York: Springer, 1982

[3.4] *Ditlevsen, O.:* Uncertainty Modeling. New York: McGraw-Hill, 1981

[3.5] *Augusti, G.; Baratta, A.; Casciati, F.:* Probability Methods in Structural Engineering. New York: 1984

[3.6] *Madsen, H. O.; Krenk, S.; Lind, N. C.:* Methods of Structural Safety. New Jersey: Englecliffs, 1986

[3.7] *Melchers, R. E.:* Structural Reliability, Analysis and Predictions. Chichester: Wiley, 1987

[3.8] *Ditlevsen, O.:* Fundamental Postulate in Structural Safety. Journal of Eng. Mechanics, Vol. 109, No 4, 1983, S. 1096–1102

[3.9] *Rüsch, H.:* Einführung in die Begriffe, Methoden und Aufgaben der Sicherheitstheorie. Arbeitstagung Sicherheit von Betonbauten des Deutschen Beton-Vereins, Berlin, 7.–8. 5. 1973

[3.10] *Lind, N. C.; Xing, Chen:* Consistent Distribution Parameter Estimation for Reliability Analysis. Structural Safety 4 (1987) S. 141–149

[3.11] *Basler, E.:* Untersuchungen über den Sicherheitsbegriff. Dissertation, ETH Zürich, 1960

[3.12] *Blaut, H.:* Über den Zusammenhang zwischen Qualität und Sicherheit im Betonbau. Deutscher Ausschuß für Stahlbeton, Nr. 149, Berlin: W. Ernst & Sohn, 1962

[3.13] *Cornell, C. A.:* A Probability-Based Structural Code. ACI 3. 66 (12) 1969, S. 974–985

[3.14] *Cornell, C. A.:* A First-Order Reliability Theory for Structural Design. University of Waterloo, Solid Mechanics Division, Ontario, Canada

[3.15] *Benjamin, J. R.; Cornell, C. A.:* Probability, Statistics and Decision for Civil Engineers. New York: McGraw-Hill, 1970

[3.16] *Spaethe, G.:* Wahrscheinlichkeitstheoretische Analyse der Tragwerkssicherheit – Methoden und Anwendungen. Berlin, Bauinformation: Reihe Technik und Organisation, H. 69, (1974)

[3.17] *Hasofer, A. M.; Lind, M. C.:* Exact and Invariant Second Moment Code Format. Journal of the Engineering Mech. Div., (1974) S. 111–121

[3.18] *Ditlevsen, O.:* Generalized Second Moment Reliability Index. Journal of Structural Mech. 7 (1979) 4, S. 435–451

[3.19] *Ditlevsen, O.:* Extended Second Moment Algebra as an Efficient Tool in Structural Reliability. Nuclear Engineering and Design, 71 (1982), S. 317–323

[3.20] *Rackwitz, R.:* Practical Probabilistic Approach to Design. Comité Européen du Béton Bulletin d'Information Nr. 112, S. 13–71

[3.21] *Lind, N. C.:* Formulation of Probabilistic Design. Journal of the Engin. Mechanics Div. April 1977, S. 273–285

[3.22] *Lind, N. C.:* Optimal Reliability Analysis by Fast Convolution. Journ. of the Engin. Mechanics Division, Vol. 105, Juni 1979, S. 447–452

[3.23] *Fießler, B.; Hawranek, R.; Rackwitz, R.:* Numerische Methoden für probabilistische Bemessungsverfahren und Sicherheitsnachweise. TU München, Berichte zur Zuverlässigkeitstheorie, 1976, H. 14

[3.24] *Kreko, B.:* Optimierung – Nichtlineare Modelle. Berlin: Deutscher Verlag der Wissenschaften, 1974

[3.25] *Pei-Ling Liu; Armen Der Kiureghian:* Optimization Algorithms for Structural Safety, 9 (1991), S. 161–177

[3.26] *Proban:* The Probabilistic Analysis Programs. Norway: A. S. Veritas Research, 1991

[3.27] *Ditlevsen, O.:* Principle of Normal Tail Aproximation. Journal of Eng. Mech. Div. (1981), S. 1191–1208

[3.28] *Shinozuka, M.:* Basic Analysis of Structural Safety. Journal of Struct. Engineering (1983), S. 721–740

[3.29] *Rackwitz, R.; Fießler, B.:* Zwei Anwendungen der Zuverlässigkeitstheorie erster Ordnung bei zeitlich veränderlichen Lasten. TU München; Berichte zur Sicherheitstheorie der Bauwerke, H. 17 (1977)

[3.30] *Dolinski, K.:* First-Order Second-Moment Approximation in Reliability of Structural Systems: Critical Review and Alternative Approach. Structural Safety, 1 (1983), S. 211–231

[3.31] *Neumann, H. J.; Fießler, B.; Rackwitz, R.:* Die genäherte Berechnung der Versagenswahrscheinlichkeit mit Hilfe rotationssymmetrischer Grenzzustandflächen 2. Ordnung. TU München; Berichte zur Sicherheitstheorie der Bauwerke, H. 22 (1977)

[3.32] *Fießler, B.; Neumann H. J.; Rackwitz, R.:* Quadratic Limit States in Structural Reliability. Journal of the Engineering Mechanics Div. (1979), S. 661–676

[3.33] *Breitung, K.:* Asymptotic Approximations for Multinormal Integrals. TU München; Berichte zur Zuverlässigkeitstheorie der Bauwerke, H. 69 (1984)

[3.34] *Breitung, K.:* Asymptotic Approximations for Multinormal Integrals. Journal of the Engineering Mechanics Division (1984), S. 357–366

[3.35] *Hohenbichler, M.; Rackwitz, R.:* Non-Normal Dependent Vectors in Structural Safety. Journal of the Engineering Mechanics Division (1981), S. 1227–1238

[3.36] *Ermakow, S. M.:* Die Monte-Carlo-Methode und verwandte Fragen. Berlin: Deutscher Verlag der Wissenschaften, 1975

[3.37] *Zielinski, R.:* Erzeugung von Zufallszahlen. Leipzig: Fachbuchverlag, 1978

[3.38] *Rubinstein, R. Y.:* Simulation and the Monte Carlo Method. New York: John Wiley & Sons, 1981

[3.39] *Melchers, R. E.:* Importance Sampling in Structural Systems. Structural Safety 6 (1989), S. 3–10

[3.40] *Bucher, C. G.:* Adaptive Sampling – An Iterative Fast Monte Carlo Procedure. Structural Safety 5 (1988), S. 119–126
[3.41] *Yaacolo Ibrahim:* Observations on Applications of Importance Sampling in Structural Reliability Analysis. Structural Safety, 9 (1991), S. 269–281
[3.42] *Freudenthal, A. M.; Garrelts, J. M.; Shinozuka M.:* The Analysis of Structural Safety. J. Structural Division, ASCE, 92 (1966), No. ST4, Proc. Paper 4682
[3.43] *Krzykacz, B.; Kersken-Bradley, M.:* Wahrscheinlichkeitstheoretische Analyse der Lebensdauerverteilung nach Freudenthal et al. TU München; Berichte zur Sicherheitstheorie der Bauwerke, H. 12 (1976)
[3.44] *Ang, A.; Amin, M.:* Reliability of Structures and Structural Systems. Journal of the Engineering Mechanics Division (1968), S. 671–691
[3.45] *Bickley, D.:* Probability Distribution of Maximum Sustained Load. Journal of the Structural Division (1974), S. 2361–2365
[3.46] *Geidl, V.; Saunders, S.:* Calculations of Reliability for Time-Varying Loads und Resistances. Structural Safety, 4 (1987), S. 285–292
[3.47] *Kayser, J. R.; Nowak, A. S.:* Reliability of Corroded Steel Girder Bridges. Structural Safety, 6 (1989), S. 53–63
[3.48] *Rackwitz, R.:* Approximate Combination of Correlated Load Sequences. TU München; Berichte zur Sicherheitstheorie der Bauwerke 21 (1977), S. 36–48
[3.49] *Grigoriu, M.; Turkstra, C.:* Structural Safety Indices for Repaeted Loads. Journal of Engineering Mechanics Division (1978), S. 829–844
[3.50] *Wen, Y. K.:* Clustering Model for Correlated Load Processes. Journal of the Structural Division (1981), S. 965–983
[3.51] *Grigoriu, M.:* Crossings of Non-Gaussian Translation Processes. Journal of Engineering Mechanics 110 (1984), S. 610–620
[3.52] *Grigoriu, M.:* Load Combination Analysis by Translation Processes. Journal of Structural Engineering 110 (1984), S. 1725–1734
[3.53] *Wen, Y. K.:* Statistical Combination of Extreme Loads. Journal of the Structural Division (1977), S. 1079–1093
[3.54] *Wen, Y. K.:* Statistics of Extreme of Live Load on Buildings. Journal of the Structural Division (1979), S. 1893–1900
[3.55] *Larrabee, R. D.; Cornell, C. A.:* Upcrossing Rate Solution for Load Combinations. Journal of the Structural Div. (1979), S. 125–132
[3.56] *Pearce, H. T.; Wen, Y. K.:* Stochastic Combination of Load Effects. Journal of Structural Engineering (1984), S. 1613–1629
[3.57] *Der Kiureghian, A.:* Probabilistic Load Combination. Proceedings of the Specialty Conference on Probabilistic Mechanics and Structural Reliability, Tucson, (1979), S. 59–64
[3.58] *Turkstra, C. J.; Madsen, H. O.:* Load Combinations in Codified Structural Design. Journal of Structural Division (1980), S. 2527–2543
[3.59] *Winterstein, S. R.; Cornell, C. A.:* Load Combinations and Clustering Effects. Journal of Structural Engineering (1984), S. 2690–2709
[3.60] *Turkstra, C. J.:* Theory of Structural Design Decisions, Study No. 2. Ontario, Canada: Solid Mechanics Division, University of Waterloo, 1970
[3.61] *Reppermund, K.:* Konzepte zur Berechnung der Versagenswahrscheinlichkeit bei Ermüdungsbeanspruchung. TU München; Berichte zur Zuverlässigkeitstheorie der Bauwerke, H. 64 (1981)
[3.62] Fatigue and Fracture Reliability: A State-of-the-Art Review. Journal of the Structural Division (1982), S. 1–88
[3.63] *Quel, R.; Geidner, Th.:* Zur Berechnung der Zuverläsigkeit von Konstruktionselementen bei Ermüdungsbeanspruchung. Der Stahlbau (1980), S. 17–23
[3.64] *Corten, H. T.; Dolan, T.:* Cumulative Fatigue Damage. Proceedings of the International Conference on Fatigue of Metals, London/New York: (1956), S. 235–246
[3.65] *Haibach, E.:* Modifizierte lineare Schadensakkumulationshypothese zur Berücksichtigung des Dauerfestigkeitsabfalls mit fortschreitender Schädigung. Technische Mitteilung TM 50/70. Darmstadt: Laboratorium für Betriebsfestigkeit, 1970.

[3.66] *Miner, M. A.:* Cumulative Damage in Fatigue. Journ. Appl. Mechanics (1945), S. 159–164

[3.67] *Hummitzsch, P.:* Zuverlässigkeit von Systemen. Berlin: Verlag Technik, 1965

[3.68] *Gnedenko, B. W.; Beljajew, J. K.; Solowjew, A. D.:* Mathematische Methoden der Zuverlässigkeitstheorie. Berlin: Akademie-Verlag, 1968

[3.69] *Reinschke, K.:* Zuverlässigkeit von Systemen. Berlin: Verlag Technik, 1971

[3.70] *Thoft-Christensen, P.; Murotsu, Y.:* Application of Structural Systems Reliability Theory. Berlin – Heidelberg – New York: Springer, 1986

[3.71] *Rackwitz, R.; Hohenbichler, M.:* Studien zur Zuverlässigkeit redundanter Tragsysteme. TU München; Bericht zur Zuverlässigkeitstheorie der Bauwerke, H. 58 (1981)

[3.72] *Hohenbichler, M.; Rackwitz, R.:* Reliability of Parallel Systems Under Imposed Uniform Strain. J. of Engineering Mechanics (1983), S. 896–907

[3.73] *Grigoriu, M.:* Reliability of Chain and Ductile-Parallel Systems. Journ. of Eng. Mech. (1983), S. 1175–1188

[3.74] *Wen, Y. K.:* System Reliability and Time Varying Loads. Journ. of Eng. Mech. 115 (1989), S. 808–839

[3.75] *Hohenbichler, M.; Gollwitzer, S.; Kruse, W.; Rackwitz, R.:* New Light on First- and Second-Order Reliability Methods. Structural Safety 4 (1987), S. 267–284

[3.76] *Melchers, R. E.; Tang, L. K.:* Dominant Failure Modes in Stochastic Structural Systems. Structural Safety 2 (1984), S. 127–143

[3.77] *Ditlevsen, O.:* System Reliability by Conditioning. Journ. of Eng. Mech. Div. (1984), S. 671–693

[3.78] *Rackwitz, R.:* Close Bounds for the Reliability of Structural Systems. TU München; Berichte zur Zuverlässigkeitstheorie der Bauwerke, H. 29 (1978)

[3.79] *Hohenbichler, H.:* An Approximation to the Multivariable Normal Distribution Function. In: Studies on the Reliability of Redundant Structural Systems. TU München; Berichte zur Zuverlässigkeitstheorie der Bauwerke, H. 58 (1981)

[3.80] *Tang, L. K.; Melchers, R. E.:* Improved Approximation for Multinormal Integral. Structural Safety 4 (1987), S. 81–93

[3.81] *Hohenbichler, M.; Rackwitz, R.:* First-Order Concepts in System Reliability. Structural Safety 3 (1983), S. 177–188

[3.82] *Dunett, C. W. L.; Sobel, A.:* Approximations to the Probability of Integral and Certain Percentage Points of a Multivariate Analogue of Students't-Distribution. Biometrika 42 (1955), S. 258–260

[3.83] *Thoft-Christensen, P.; Sørensen, J. D.:* Reliability of Structural Systems with Correlated Elements. Applied Mathematical Modeling (1982), S. 171–178

[3.84] *Rackwitz, R.; Peintinger, B.:* Reliability of General Structural Systems Under Combined Loading. TU München; Berichte zur Zuverlässigkeitstheorie der Bauwerke, H. 53 (1981), S. 83–132

[3.85] *Ditlevsen, O.:* Narrow Reliability Bounds for Structural Systems. Journal of Structural Mechanics (1979), S. 453–472

[3.86] *Ditlevsen, O.:* System Reliability Bounding by Conditioning. Journal of the Engineering Mechanics Div. (1982), S. 708–718

[3.87] *Schneider, J.:* Beurteilung der Tragsicherheit bestehender Bauwerke. Schweizer Ingenieur und Architekt (1990), S. 1328–1331

[3.88] *Hall, W. B.:* Reliability of Service-Proven Structures. Journal of Structural Engineering (1988), S. 608–623

[3.89] *Guoyang Jiao, Togeir Moan:* Methods of Reliability Model Updating Through Additional Events. Structural Safety 9 (1990), S. 139–153

[3.90] *Vrouwendvelder, A.:* Prenormative Research for Codes on Existing Structures. TNO Building and Construction Research, März 1991

[3.91] Statistisches Jahrbuch 1990 der Bundesrepublik Deutschland, Statistisches Bundesamt

[3.92] Statistisches Jahrbuch der Deutschen Demokratischen Republik, Staatsverlag der DDR 1982, 1983

[3.93] *O'Neil, R.:* Reactor Pressure Vessels Safety and Reliability Certainty and Uncertainty. Second International Conference on Structural Safety and Reliability, Berichtsband. München: 1977, S. 377–400

[3.94] *Thomas, J. M.:* Decision Methods in Risk Analysis. Nuclear Engineering and Design 71 (1982), S. 413–421

[3.95] *Farmer, F. R.:* Decisions in Reliability Analysis. Nuclear Engineering and Design 71 (1982), S. 399–403

[3.96] *Schneider, J.:* Risiko und Sicherheit technischer Systeme – Auf der Suche nach neuen Ansätzen. Basel: Birkhäuser 1991

[3.97] Internationales System einheitlicher technischer Baubestimmungen, Band 1: Einheitliche Regeln für verschiedene Bauarten und Baustoffe. Comité Euro-International du Beton Bulletin d'Information, No 116, November 1976

[3.98] *Ellingwood, B.:* Safety Checking Formats for Limit States Design. Journal of the Structural Division (1982), S. 1481–1493

[3.99] NEN 6700, Technical Principles for Building Structures. TGB 1990, General Principles, August 1989

[4.1] Eurocode for Actions on Structures, Draft June 1990

[4.2] Eurocode No. 2: Design of Concrete Structures. Part 1: General Rules and Rules for Buildings, Dezember 1989

[4.3] ISO 2394: General Principles on Reliability for Structures. Second Edition, 1986

[4.4] General Principles on Reliability for Structures. A Commentary on ISO 2394; CEB, Bulletin d'Information No. 191, 1988

[4.5] NABau: Grundlagen zur Festlegung von Sicherheitsanforderungen für bauliche Anlagen. Köln: Beuth Verlag, 1981

[4.6] Guidelines for Loading and Safety Regulations. NKB Report No. 55 E, 1987

[4.7] ST RGW 384-87: Zuverlässigkeit von Baukonstruktionen und Gründungen. Grundsätze für die Berechnung. Moskau 1987

[4.8] ST RGW 1407-88: Zuverlässigkeit von Baukonstruktionen und Gründungen. Lasten und Einwirkungen. Moskau 1988

[4.9] *Basler E.:* Untersuchungen über den Sicherheitsbegriff von Bauwerken. Schweizer Archiv (1961), S. 133–160

[4.10] *Herzog, M.:* Die praktische Berechnung des Sicherheitskoeffizienten für Baukonstruktionen. Schweizerische Bauzeitung (1965), S. 185–187

[4.11] *Baker, A.:* Tragberechnung von Stahl- und Spannbetontragwerken. Bauplanung – Bautechnik (1957), S. 475–480, 521–525

[4.12] Vorschrift 207/88 der Staatlichen Bauaufsicht der DDR: Wertigkeitsfaktoren nach der Methode der Grenzzustände.

[4.13] Eurocode Nr. 8: Bauten in Erdbebengebieten – Entwurf und Bemessung – Teil 1, Allgemeines und Gebäude, Mai 1988

[4.14] *Fießler, B.:* Entwicklung von Regeln zur Kombination stochastischer Lasten für die Tragwerksbemessung, Diss., TU München, 1983.

[4.15] *Turkstra, C. I.; Madsen, H. O.:* Load Combination in Codified Structural Design. Journal of Structural Division (1980), S. 2527–2543.

[5.1] *Pottharst, R.:* Zur Wahl eines einheitlichen Sicherheitskonzepts für den konstruktiven Ingenieurbau. Mitteilungen des Instituts für Massivbau der TH Darmstadt, H. 22 (1977). Berlin – München – Düsseldorf: W. Ernst & Sohn

[5.2] Euro-Code No. 1: Common Unified Rules for Different Types of Constructions and Materials. Appendix II: Guidelines for Determining Partial Coefficients, Draft, Februar 1980

[5.3] *Ravindra, K. L.; Lind, N. C.:* Theory of Structural Code Optimization. Journal of the Structural Div. (1983), S. 1541–1553

[5.4] *Ellingwood, B.:* Probability-Based Criteria for Structural Design. Structural Safety (1982), S. 15–26

[5.5] *Hawranek, R.:* Optimierung von Sicherheitsnachweisen mit besonderem Bezug auf den Tragsicherheitsnachweis von Stützen aus Formstahl. TU München; Berichte zur Zuverlässigkeitstheorie der Bauwerke, H. 34 (1978)

[5.6] *Spaethe, G.*: Sicherheitsfaktoren in Berechnungsvorschriften auf zuverlässigkeitstheoretischer Grundlage. Bauinformation, Schriftenreihe: Bauforschung – Baupraxis (1983), 114

[5.7] *Lind, N. C.*: Application to Design of Level I Codes. CEB – Bulletin Nr. 112, Part. III (1976), S. 73–89

[5.8] *Hawranek, R.; Kraemer, U.*: Determination of Safety Elements for Optimal Design. Second International Conference on Structural Safety and Reliability, München, 1977, S. 179–197

[5.9] *Spaethe, G.*: Grundlagen für die Erfassung der Kombination zeitlich veränderlicher Lasten und Einwirkungen. Forschungsbericht, Bauakademie, 1989

[5.10] *Spaethe, G.*: Lastkombination, Teil 1: Kombinationsregeln der Normen, Teil 2: Zuverlässigkeitstheoretische Bewertung von Lastkombinationsregeln. Bauplanung – Bautechnik (1989), S. 395–397, 499–501

[6.1] *Mrázik, A.*: Statistické zhodnotenie mechanických vlastnosti konstrukcných oceli vyrábaných v rokoch 1971 az 1975. Inzenýrske Stavby (1977), S. 400–406

[6.2] *Galambos, T. V.; Ravindra, M. K.*: Properties of Steel for Use in LRFD, Journal of the Structural Div. 104, ST 9 (1978)

[6.3] *Mirza, S. A.; Mac Gregor, J. G.*: Variability of Mechanical Properties of Reinforcing Bars. Journal of the Structural Division (1979), S. 921–937

[6.4] *Mirza, S. A.; Hatzinikolas, M.; Mac Gregor, J. G.*: Statistical Descriptions of Strength of Concrete. Journal of the Structural Division (1979), S. 1021–1037

[6.5] *Rüsch, H.*: Der Einfluß der Streuung bei der Betonkontrolle. Der Bauingenieur (1962), S. 373–377

[6.6] *Rüsch, H.; Sell, R.; Rackwitz, R.*: Statische Analyse der Betonfestigkeit H. 206. Berlin: Deutscher Ausschuß für Stahlbeton, 1969

[6.7] *Lewicki, B.*: Die Beziehung zwischen der Festigkeit des Betons im Bauwerk, der Rechenfestigkeit und der Probekörperfestigkeit unter Berücksichtigung der Streuung. Wiss. Zeitschrift der TU Dresden (1968), S. 1497–1507

[6.8] *Henzel, J.; Grube, H.*: Festigkeitsuntersuchungen an Bauwerksbeton und zugehörigen Gütewürfeln. Der Bauingenieur (1966), S. 487–491

[6.9] *Müller, P.; Keintzel, E.; Charlier, H.*: Dynamische Probleme im Stahlbetonbau, H. 342. Berlin: Deutscher Ausschuß für Stahlbeton, 1983

[6.10] *Glos, P.*: Zur Bestimmung des Festigkeitsverhaltens von Brettschichtholz bei Druckbeanspruchung aus Werkstoff- und Einwirkungskenngrößen. TU München; Berichte zur Zuverlässigkeitstheorie der Bauwerke, H. 35 (1978)

[6.11] *Glos, P.*: Zur Modellierung des Festigkeitsverhaltens von Bauholz bei Druck-, Zug- und Biegebeanspruchung. TU München; Berichte zur Zuverlässigkeitstheorie der Bauwerke, H. 61 (1981)

[6.12] *Spengler, R.*: Festigkeitsverhalten von Brettschichtholz unter zweiachsiger Beanspruchung. TU München; Berichte zur Zuverlässigkeitstheorie der Bauwerke, H. 62 (1982)

[6.13] *Alber, D.; Reitmeier, W.*: Beschreibung der räumlichen Streuungen von Bodenkennwerten mit Hilfe der Zeitreihenanalyse. TU München; Schriftenreihe Lehrstuhl und Prüfamt für Grundbau, Bodenmechanik und Felsbau, Nr. 7 (1986)

[6.14] *Gudehus, G.*: Sicherheitsnachweise für Grundbauwerke. Geotechnik (1987), S. 4–34

[6.15] *Vanmarke, E. H.*: Probabillistic Modelling of Soil Profiles. Journal of the Geot. Engng. Div. (1977), S. 1227–1246

[6.16] *Alber, D.*: Überlegungen zur stochastischen Formulierung von Bodenkennwerten. Bauingenieur 66 (1991), S. 239–242

[6.17] *v. Soos, P.*: Zur Ermittlung der Bodenkennwerte mit Berücksichtigung von Streuung und Korrelationen. Vorträge der Baugrundtagung 1982 in Braunschweig. Essen: Deutsche Gesellschaft für Erd- und Grundbau (1982), S. 83–103

[6.18] *Lumb, P.*: Precision and Accuracy of Soil Tests. Proceedings of the First International Conference on Applications of Statistics and Probability to Soil and Structural Engineering. Hong Kong: University Press, (1972), S. 329–345

[6.19] *Schultze, E.:* Etat de l'Art, Stabilitédes Pentes et Force Portante de Fondations Superficielles. Paris: Symposium Approche Probabiliste de la Sécurité pour Études de Mécanique des Solsstructures, 1979, S. 2
[6.20] *Schultze, E.:* Statistik von Bodeneigenschaften und Sicherheit von Bauwerken. Forschungsberichte aus Bodenmechanik und Grundbau, 8. Aachen 1983
[6.21] *v. Soos, V.:* Eigenschaften von Boden und Fels; ihre Ermittlung im Labor. Grundbautaschenbuch, Vierte Auflage, Teil 1, Abschnitt 1.5. Berlin: Ernst & Sohn, 1990
[6.22] Actions on Structures, Self-Weight Loads. CIB-Report, Publication 115, June 1989
[6.23] Joint Committee on Structural Safety, Basic Notes on Actions. Entwurf, April 1984
[6.24] *Maaß, G.; Rackwitz, R.:* Maßabweichungen bei Bauwerken in Ortbeton. Beton- und Stahlbetonbau 75 (1980), S. 9–13
[6.25] Actions on Structures, Live Loads in Buildings. CIB-Report, Publication 116, June 1989
[6.26] *Peir, J. C.; Cornell, C. A.:* Spatial and Temporal Variability of Live Loads. Journ. of the Structural Div. (1973), S. 903–922
[6.27] *Karman, Th.:* Untersuchungen über die Nutzlast von Decken bei Wohngebäuden. Österreichische Ingenieur-Zeitschrift 9 (1966), S. 119–123
[6.28] *Mitchell, G. R.; Woodgate, R. W.:* A Survey of Floor Loadings in Office Buildings, London: Report 25. Construction Industry Research and Information Association, 1970
[6.29] *Mitchell, G. R.; Woodgate, R. W.:* Floor Loadings in Domestic Buildings — The Results of a Survey. 1971: Buildings Research Establishment
[6.30] *Culver, C.:* Live Load Survey Results for Office Buildings. Journal of the Structural Division (1976), S. 2269–2284
[6.31] *Corotis, R. B.; Doshi, V. A.:* Probability Models for Live-Load Survey Results. Journal of the Structural Division (1977), S. 1257–1274
[6.32] *Corotis, R. B.; Tsay, W. Y.:* Probabilistic Load Duration Model for Live Loads. Journ. of Structural Engineering (1983), S. 859–874
[6.33] *Chalk, P. L.; Corotis, R. B.:* Probability Model for Design Live Loads. Journal of the Structural Division (1980), S. 2017–2033
[6.34] *Ellingwood, B.; Culver, C.:* Analysis of Live Loads in Office Buildings. Journal of the Structural Division (1977), S. 1551–1560
[6.35] *Corotis, R. B.; Jaria, V. A.:* Stochastic Nature of Building Live Loads. Journal of the Structural Division (1979), S. 493–511
[6.36] *Corotis, R. B.; Jaria, V.:* Stochastic Considerations for Office Floor Loads. Proceedings of the Speciality Conference on Probabilistic Mechanics and Structural Reliability, Tuscon, 1979, S. 65–69
[6.37] *König, G.; Marten, K.:* Zum wirklichkeitsnahen Erfassen von Nutzlasten. Bautechnik (1975), S. 275–281
[6.38] *König, G.; Marten, K.:* Nutzlasten in Bürogebäuden. Beton- und Stahlbetonbau (1977), S. 165–170
[6.39] Schaffung von Grundlagen für die Überarbeitung von Lastnormen. Forschungsbericht im Auftrage des Instituts für Bautechnik, Berlin, September 1986
[6.40] *O'Rourke, M. J.; Redfield, R.; v. Bradsky, P.:* Uniform Snow Loads on Structures. Journal of the Structural Division (1982), S. 2781–2789
[6.41] *O'Rourke, M. Z.; Stiefel, U.:* Roof Snow Loads for Structural Design. Journ. of Structural Engineering (1983), S. 1527–1537
[6.42] Meteorologischer Dienst der DDR: Extremwerte einiger volkswirtschaftlich wichtiger meteorologischer Größen. Potsdam 1982
[6.43] ISO 4355: Bases for Design of Structures — Determination of Snow Loads on Roofs. Draft proposal, June 1989
[6.44] Loads on Roofs from Snow Drifting Against Vertical Obstructions and in Valleys. BRE Digest 332, May 1988
[6.45] TGL 32274/05: Lastannahmen für Bauwerke, Schneelasten. Dezember 1976
[6.46] *Sack, L.:* Snow Loads on Sloped Roofs. Journ. of Struct. Eng. (1988), S. 501–517
[6.47] *O'Rourke, J.; Speck, R. S.; Stiefel, S.:* Drift Snow Loads on Multilevel Roofs. Journ. of Struc. Eng. (1985), S. 290–306

[6.48] Actions on Structures – Snow Loads. CIB-Report, August 1991
[6.49] *Caspar, W.:* Maximale Windgeschwindigkeiten in der Bundesrepublik Deutschland. Die Bautechnik (1970), S. 335–339
[6.50] Hauptamt für Klimatologie: Extremwerte einiger volkswirtschatlich wichtiger meteorologischer Größen. Potsdam 1982
[6.51] Meteorologischer Dienst der DDR: Klimadaten der DDR. Ein Handbuch für die Praxis. Reihe B, Bd. 4: Wind. Potsdam 1983
[6.52] *Davenport, A. G.:* The Relationship of Wind Structure to Wind Loading. Proc. of the Conf. of Wind Effects on Buildings and Structures, Teddington (1963), S. 54–102
[6.53] *Davenport, A. G.:* The Application of Statistical Concepts to the Wind Loading of Structures. Proceedings of the Institution of Civil Engineers (1961), S. 443–471
[6.54] *Davenport, A. G.:* The Spectrum of Horizontal Gustiness Near the Ground in High Winds. Quart. J. R. Met. Soc. (1961), S. 194–211
[6.55] ISO/DIS 4354: Wind Actions on Structures. 1990
[6.56] *Siedenburg, R.:* Beitrag zur Beurteilung von Windlasten und ihrer Häufigkeit. Der Stahlbau (1974), S. 375–379
[6.57] *König, G.; Zilch, K.:* Zur Windeinwirkung auf Gebäude. Beton und Stahlbetonbau (1972), H. 2, S. 32–42
[6.58] *König, G.; Zilch, K.:* Ein Beitrag zur Berechnung von Bauwerken im böigen Wind. Mitteilungen aus dem Institut für Massivbau der TH Darmstadt, H. 15. Berlin: Ernst & Sohn, 1970
[6.59] Building Research Establishment. The Assessment of Wind Loads. BRE Digest Garston, Watford, UK
[6.60] *Schroers, H.; Lösslein, H.; Zilch, K.:* Untersuchung der Windstruktur bei Starkwind und Sturm. Meteorologische Rundschau (1990), S. 202–212
[6.61] *Ruscheweyh, H.:* Dynamische Windwirkung an Bauwerken, Band 1 und 2. Wiesbaden–Berlin: Bauverlag 1982
[6.62] *Rosemeier:* Winddruckprobleme bei Bauwerken. Berlin–Heidelberg–New York: Springer, 1976
[6.63] *Krämer, W.:* Ermittlung von Lastkollektiven des Straßenverkehrs durch eine transportable Achslastwaage. Die Straße (1971), S. 537–542
[6.64] *Pohl, S.:* Straßenverkehrsdaten als Grundlage für Beanspruchungskollektive von Straßenbrücken. Die Straße (1977), S. 150–154
[6.65] *Breyer, G.:* Auswahl geeigneter Radlastwiegevorrichtungen für Österreich. Straßenforschung, Heft 101 (1978)
[6.66] *Breyer, G.; Steuerwald, G.; Stöcker, K.; Fußeis, W.:* Erprobung eines Achslasterfassungsgerätes im Dauereinsatz. Straßenforschung, H. 255 (1984)
[6.67] *Geidner, T.:* Zur Untersuchung stationärer Lastwirkungsprozesse von statisch reagierenden Straßen- und Eisenbahnbrücken mit der Spektralmethode. TU München; Berichte zur Sicherheitstheorie der Bauwerke, H. 19 (1977)
[6.68] *Geidner, T.:* Zur Anwendung der Spektralmethode auf Lasten und Beanspruchungen bei Straßen- und Eisenbahnbrücken. TU München; Berichte zur Zuverlässigkeitstheorie der Bauwerke, H. 37 (1979)
[6.69] *Slavik, M.:* Beitrag zur wirklichkeitsnahen Analyse der dynamischen Beanspruchung von Straßenbrücken. Die Straße (1983), S. 165–168, 210–214
[6.70] *Spaethe, G.:* Beanspruchungskollektive von Straßenbrücken. Die Straße (1977), S. 241 bis 246
[6.71] *Spaethe, G.:* Erweiterung und Verbesserung des Simulationsmodells zur Berechnung von Beanspruchungskollektiven von Straßenbrücken als Grundlage für die Anwendung im Betriebsfestigkeitsnachweis. Forschungsbericht, Entwurfs- und Ingenieurbüro des Straßenwesens

Anhang I: Zusammenstellung einiger häufig verwendeter Bezeichnungen

Fettgedruckte Buchstaben kennzeichnen Vektoren und Matrizen

A	Querschnittswert, z. B. Fläche, Widerstandsmoment o. ä. (im Abschnitt 2: zufälliges Ereignis)
erf A	erforderlicher Querschnittswert auf Grund einer zuverlässigkeitstheoretischen Bemessung
α_i	Wichtungsfaktor, Sensibilitätsfaktor der Basisvariablen X_i
β	Sicherheitsindex
c_i	Koeffizient einer linearen Grenzzustandsgleichung
$\mathrm{Cov}[X_i, X_j]$	Kovarianz von X_i und X_j
$\boldsymbol{C}_X$	Matrix der Kovarianzen des Zufallsvektors $\boldsymbol{X}$
d	Belastungsdauer von konstanter Größe
D	Belastungsdauer von zufälliger Größe (im Abschnitt S. 161 ff.: Schaden durch Ermüdungsbeanspruchung)
δ	kürzester Abstand zwischen Koordinatenursprung und Grenzzustandsgleichung im standardisierten Raum
E	zufällige Zeitdauer zwischen zwei aufeinanderfolgenden Belastungen
$\mathrm{E}[X_i]$	Erwartungswert der Zufallsgröße X_i $\mathrm{E}[X_i] = m_{X_i}$
f_X	Verteilungsdichte der Basisvariablen X
F_X	Verteilungsfunktion der Basisvariablen X
F_X^{-1}	inverse Verteilungsfunktion der Basisvariablen X
Φ	Verteilungsfunktion der standardisierten Normalverteilung
Φ^{-1}	inverse Funktion von Φ
φ	Verteilungsdichte der standardisierten Normalverteilung (im Abschnitt S. 161 ff.: Neigungsexponent der Wöhlerlinie)
g	Gleichung des Grenzzustandes im Originalraum
G_{X_i}	Komplementäre Verteilungsfunktion $G_{X_i} = 1 - F_{X_i}$
$\nabla \boldsymbol{g}$	Vektor der Differentialquotienten der Grenzzustandsgleichung im Originalraum
γ_{X_i}	Schiefe der Zufallsgröße X_i
γ	Sicherheitsbeiwert oder Teilsicherheitsbeiwert
Γ	Gammafunktion
h	Gleichung des Grenzzustandes im Raum der standardisierten normalverteilten Zufallsgrößen Y_i
h_t	Ausfallrate
$\nabla \boldsymbol{h}$	Vektor der Differentialquotienten der Grenzzustandsgleichung im standardisierten Raum
l	Im Bemessungspunkt linearisierte Grenzzustandsgleichung im standardisierten Raum (in den Beispielen: Spannweite)

λ	Erneuerungsrate, mittlere Anzahl der Lasterneuerungen je Zeiteinheit (im Abschnitt S. 117ff.: Lagrangescher Multiplikator)
m	Anzahl der Zufallsgrößen
m_{X_i}	Mittelwert der Zufallsgröße X_i
m_i	i-tes Moment einer Zufallsgröße
μ_i	i-tes zentrales Moment einer Zufallsgröße
n	Anzahl von Belastungszuständen oder Anzahl von Grenzzuständen
N	zufällige Anzahl von Belastungszuständen
$N^+(r)$	zufällige Anzahl der positiven Kreuzungen des Niveaus r durch einen Zufallsprozeß
$\nu^+(r)$	Niveaukreuzungsrate, mittlere Anzahl der positiven Kreuzungen des Niveaus r während der Zeiteinheit
p	Wahrscheinlichkeit, daß im Lastprozeß Pausen auftreten
P	Wahrscheinlichkeit
P_s	Überlebenswahrscheinlichkeit, Wahrscheinlichkeit des Nichtüberschreitens eines Grenzzustandes
P_f	Versagenswahrscheinlichkeit, Wahrscheinlichkeit des Überschreitens eines Grenzzustandes
q	Wahrscheinlichkeit, daß ein Lastprozeß wirkt (im Abschnitt 4: Wahrscheinlichkeit, mit der der Normwert unterschritten wird)
r	Widerstand von konstanter Größe
R	Widerstand von zufälliger Größe (im Abschnitt S. 131ff.: im Intervall $[0, 1)$ gleichverteilte Zufallszahl)
$\boldsymbol{R}$	Matrix der Korrelationskoeffizienten
ϱ_{X_i,X_j}	Korrelationskoeffizient der Zufallsgrößen X_i und X_j
s	Beanspruchung von konstanter Größe
S	Beanspruchung von zufälliger Größe
S	sicherer Bereich
σ_F	Fließgrenze des Stahles
σ_{X_i}	Standardabweichung der Zufallsgröße X_i
t	Zeit
T	Bezugszeitraum, z. B. Nutzungsdauer
$\boldsymbol{y}^T$	transponierter Vektor
T_L	Lebensdauer, Zeit vom Nutzungsbeginn bis zum ersten Versagen
T_R	Rückkehrperiode, Wiederholungsperiode
τ	Zeitdifferenz
V	Versagensbereich
$\mathrm{Var}\,[X_i]$	Varianz von X_i, $\mathrm{Var}\,[X_i] = \sigma_{X_i}^2$
v_{X_i}	Variationskoeffizient der Zufallsgröße X_i
W	Widerstandsmoment
$x_{i,k}$	Nennwert der Größe X_i, charakteristischer Wert von X_i
$x_{i,d}$	Bemessungswert der Größe X_i
x_i^*	Koordinate des Bemessungspunktes im Originalraum
X_i	Basisvariable, Zufallsgröße
$X_i(t)$	Basisvariable, Zufallsprozeß
$\hat{X}_i$	zufälliger Spitzenwert des Prozesses $X_i(t)$
y_i^*	Koordinate des Bemessungspunktes im standardisierten Raum
Y_i	standardisierte normalverteilte Zufallsgröße
Z	Sicherheitsabstand

Anhang II: Formelzusammenstellungen

Tabelle II.1. Normalverteilung

	Allgemeine Form
Dichte $f(x)$	$\frac{1}{\sigma\sqrt{2\pi}}\exp\left(-\frac{1}{2}\left(\frac{x-m}{\sigma}\right)^2\right)=\frac{1}{\sigma}\varphi\left(\frac{x-m}{\sigma}\right)$
Geltungsbereich	$\sigma > 0$, x reell, m reell
Verteilungsfunktion $F(x)$	$\frac{1}{\sigma\sqrt{2\pi}}\int_{-\infty}^{x}\exp\left(-\frac{1}{2}\left(\frac{u-m}{\sigma}\right)^2\right)du=\Phi\left(\frac{x-m}{\sigma}\right)$
Fraktilwert, inverse Verteilungsfunktion $F^{-1}(q)$	$m+\sigma\Phi^{-1}(q)$
Erwartungswert m_x	m
Standardabweichung σ_x	σ
Variationskoeffizient v_x	σ/m
Schiefe γ_x	0
Exzeß ε_x	0
Median $F^{-1}(1/2)$	m
Modalwert $\hat{x}$	m
Momente m_1	m
m_2	$m^2+\sigma^2$
m_3	$m^3+3\sigma^2 m$
m_4	$m^4+6\sigma^2 m^2+3\sigma^4$
m_5	$m^5+10\sigma^2 m^3+15\sigma^4 m$
Zentrale Momente μ_1	0
μ_2	σ^2
μ_3	0
μ_4	$3\sigma^4$
μ_5	0
Bezogene Ableitung der Dichte $\frac{f'(x)}{f(x)}$	$-\frac{1}{\sigma}\left(\frac{x-m}{\sigma}\right)$

Standardisierte Form $m = 0$ $\sigma = 1$
$\varphi(x) = \frac{1}{\sqrt{2\pi}} \exp\left(-\frac{x^2}{2}\right)$
x reell
$\Phi(x) = \frac{1}{\sqrt{2\pi}} \int\limits_{-\infty}^{x} \exp\left(-\frac{u^2}{2}\right) du$ siehe Tafel II.3
$\Phi^{-1}(q)$ siehe Tafel II.4
0 1 ∞ 0 0 0 0
0 1 0 3 0
0 1 0 3 0
$-x$

Tabelle II.2. Funktionen zur Darstellung der Normalverteilung

Definitionen:

$$\Phi(x) = \frac{1}{\sqrt{2\pi}} \int_{-\infty}^{x} \exp\left(-\frac{u^2}{2}\right) du$$

$$\Phi_0(x) = \frac{1}{\sqrt{2\pi}} \int_{0}^{x} \exp\left(-\frac{u^2}{2}\right) du$$

$$\operatorname{erf}(x) = \frac{2}{\sqrt{\pi}} \int_{0}^{x} \exp(-u^2)\, du$$

$$\operatorname{erfc}(x) = \frac{2}{\sqrt{\pi}} \int_{x}^{\infty} \exp(-u^2)\, du$$

Φ_0 und $\operatorname{erf}(x)$ sind ungerade Funktionen

Umrechnungsformeln

	$\Phi(x)$	$\Phi_0(x)$	$\operatorname{erf}(x)$	$\operatorname{erfc}(x)$
$\Phi(x) =$	–	$\Phi_0(x) + 0{,}5$	$\frac{1}{2}\left(1 + \operatorname{erf}\left(\frac{x}{\sqrt{2}}\right)\right)$	$\frac{1}{2}\operatorname{erfc}\left(-\frac{x}{\sqrt{2}}\right)$
$\Phi_0(x) =$	$\Phi(x) - 0{,}5$	–	$\frac{1}{2}\operatorname{erf}\left(\frac{x}{\sqrt{2}}\right)$	$\frac{1}{2}\left(1 - \operatorname{erfc}\left(\frac{x}{\sqrt{2}}\right)\right)$
$\operatorname{erf}(x) =$	$2\Phi(x\sqrt{2}) - 1$	$2\Phi_0(x\sqrt{2})$	–	$1 - \operatorname{erfc}(x)$
$\operatorname{erfc}(x) =$	$2(1 - \Phi(x\sqrt{2}))$	$1 - 2\Phi_0(x\sqrt{2})$	$1 - \operatorname{erf}(x)$	–

Wichtige Funktionswerte

$x =$	$-\infty$	0	∞
$\Phi(x) =$	0	0,5	+1
$\Phi_0(x) =$	−0,5	0	+0,5
$\operatorname{erf}(x) =$	−1	0	+1
$\operatorname{erfc}(x) =$	2	1	0

Ableitungen von $\varphi(x)$

$\varphi'(x) = -x\varphi(x)$
$\varphi''(x) = (x^2 - 1)\,\varphi(x)$
$\varphi'''(x) = (-x^3 + 3x)\,\varphi(x)$
$\varphi^{IV}(x) = (x^4 - 6x^2 + 3)\,\varphi(x)$

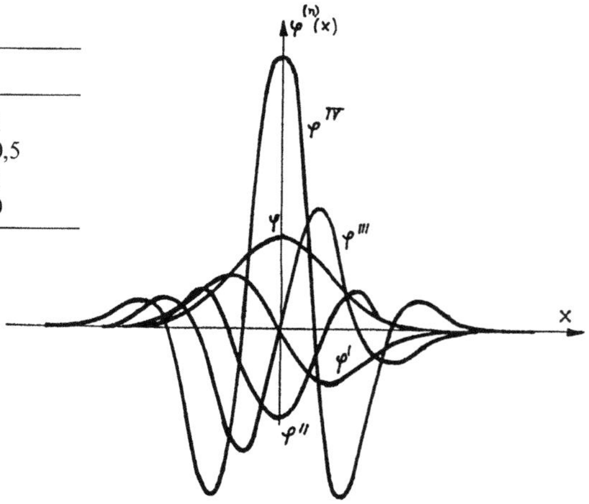

Tabelle II.3. Näherungsformel für die Verteilungsfunktion $\Phi(x)$ der Normalverteilung

Definition: $\Phi(x) = \frac{1}{\sqrt{2\pi}} \int_{-\infty}^{x} \exp\left(-\frac{t^2}{2}\right) dt$

$0 \leqq x < \infty$:

$$\Phi(x) = 1 - Z(x)\,(b_1 t + b_2 t^2 + b_3 t^3 + b_4 t^4 + b_5 t^5)$$

$$Z(x) = \frac{1}{\sqrt{2\pi}} \exp\left(-\frac{x^2}{2}\right)$$

$$t = \frac{1}{1 + px} \qquad p = 0{,}2316419$$

$b_1 = 0{,}319381530$, $b_3 = 1{,}781477937$, $b_5 = 1{,}330274429$,
$b_2 = -0{,}356563782$, $b_4 = -1{,}821255978$,

$-\infty < x < 0$: $\Phi(x) = 1 - \Phi(-x)$ Lit. [2.9]

Tabelle II.4. Näherungsformel für die inverse Verteilungsfunktion $\Phi^{-1}(x)$ der Normalverteilung

$0 < x \leqq 0{,}5$:

$$\Phi^{-1}(x) = -u + \frac{c_0 + c_1 u + c_2 u^2}{1 + d_1 u + d_2 u^2 + d_3 u^3}$$

$$u = \sqrt{\ln \frac{1}{x^2}}$$

$c_0 = 2{,}515517$, $c_1 = 0{,}802853$, $c_2 = 0{,}010328$,
$d_1 = 1{,}432788$, $d_2 = 0{,}189269$, $d_3 = 0{,}001308$

$0{,}5 < x \leqq 1$: $\Phi^{-1}(x) = -\Phi^{-1}(1 - x)$ Lit. [2.9]

Tabelle II.5. Standardisierte zweidimensionale Normalverteilung $\Phi_2(x_1, x_2; \varrho)$

Verteilungsdichte: $$\varphi_2(x_1, x_2; \varrho) = \frac{1}{2\pi\sqrt{1-\varrho^2}} \exp\left(-\frac{x_1^2 - 2\varrho x_1 x_2 + x_2^2}{2(1-\varrho^2)}\right)$$

Verteilungsfunktion: $$\Phi_2(x_1, x_2; \varrho) = \int_{-\infty}^{x_2} \int_{-\infty}^{x_1} \varphi_2(w_1, w_2; \varrho)\, dw_1\, dw_2$$

Berechnung von Φ_2 durch eindimensionale Integration

1. Möglichkeit: $$\Phi_2(x_1, x_2; \varrho) = \Phi(x_1)\,\Phi(x_2) + \int_0^{\varrho} \varphi_2(x_1, x_2; w)\, dw$$

$$= \Phi(x_1)\,\Phi(x_2) + \frac{1}{2\pi} \int_0^{\varrho} \frac{1}{\sqrt{1-w^2}} \exp\left(-\frac{x^2 - 2w x_1 x_2 + x_2^2}{2(1-w^2)}\right) dw$$

Bei negativem ϱ können numerische Probleme durch Differenzen annähernd gleich großer Zahlen entstehen.

2. Möglichkeit: $$\Phi_2(x_1, x_2; \varrho) = \int_{-\infty}^{+\infty} \Phi\left(\frac{x_1 + \lambda_1 w}{\sqrt{1-\lambda_1^2}}\right) \Phi\left(\frac{x_2 + \lambda_2 w}{\sqrt{1-\lambda_2^2}}\right) \varphi(w)\, dw$$

mit $\lambda_1 = \sqrt{\varrho}, \quad \lambda_2 = \sqrt{\varrho}$ für $\varrho > 0$

$\lambda_1 = \sqrt{-\varrho}, \quad \lambda_2 = -\sqrt{-\varrho}$ für $\varrho < 0$ $\quad$ Φ nach Tafel II.1 und II.3

Aus Symmetriebetrachtungen folgt:

$\Phi_2(x_1, x_2; \varrho) = \Phi_2(x_2, x_1; \varrho)$

$\Phi_2(x_1, x_2; \varrho) = \Phi(x_1) - \Phi_2(x_1, -x_2; -\varrho)$

$\Phi_2(x_1, x_2; \varrho) = \Phi(x_2) - \Phi_2(-x_1, x_2; -\varrho)$

$\Phi_2(x_1, x_2; \varrho) = \Phi(x_1) + \Phi(x_2) + \Phi_2(-x_1, -x_2; \varrho) - 1$

Sonderfälle:

$\Phi_2(x_1, x_2; 1) = \Phi(\min\{x_1, x_2\})$

$\Phi_2(x_1, x_2; 0) = \Phi(x_1)\,\Phi(x_2)$

$$\Phi_2(x_1, x_2; -1) = \begin{cases} 0 & \text{für } x_1 + x_2 \leqq 0 \\ \Phi(\max\{x_1, x_2\}) - \Phi(-\min\{x_1, x_2\}) & \text{für } x_1 + x_2 > 0 \end{cases}$$

$\Phi_2(-\infty, -\infty; \varrho) = 0$

$\Phi_2(-\infty, x_2; \varrho) = 0$

$\Phi_2(x_1, -\infty; \varrho) = 0$

$\Phi_2(0, 0; -1) = 0$

$\Phi_2(0, 0; 0) = 0{,}25$

$\Phi_2(0, 0; 1) = 0{,}5$

$\Phi_2(x_1, \infty; \varrho) = \Phi(x_1)$

$\Phi_2(\infty, x_2; \varrho) = \Phi(x_2)$

$\Phi_2(\infty, \infty; \varrho) = 1$

Φ nach Tafel II.1 und II.3

Tabelle II.5. (Fortsetzung)

Schranken nach Ditlevsen [2.16, 2.17]

$$\Phi_2(x_1, x_2; \varrho) \leqq \begin{cases} \Phi(x_1)\,\Phi\left(\dfrac{x_2 - x_1\varrho}{\sqrt{1-\varrho^2}}\right) + \Phi(x_2)\,\Phi\left(\dfrac{x_1 - x_2\varrho}{\sqrt{1-\varrho^2}}\right) & \text{für } \varrho > 0 \\[2ex] \min \begin{cases} \Phi(x_1)\,\Phi\left(\dfrac{x_2 - x_1\varrho}{\sqrt{1-\varrho^2}}\right) \\ \Phi(x_2)\,\Phi\left(\dfrac{x_1 - x_2\varrho}{\sqrt{1-\varrho^2}}\right) \end{cases} & \text{für } \varrho \leqq 0 \end{cases}$$

$$\Phi_2(x_1, x_2; \varrho) \geqq \begin{cases} \max \begin{cases} \Phi(x_1)\,\Phi\left(\dfrac{x_2 - x_1\varrho}{\sqrt{1-\varrho^2}}\right) \\ \Phi(x_2)\,\Phi\left(\dfrac{x_1 - x_2\varrho}{\sqrt{1-\varrho^2}}\right) \end{cases} & \text{für } \varrho \geqq 0 \\[2ex] 0 & \text{für } \varrho < 0 \end{cases}$$

Tabelle II.6. Logarithmische Normalverteilung

	3parametrig	2parametrig $x_0 = 0$
Dichte $f(x)$	$\frac{1}{\sigma_u(x - x_0)}\,\varphi\left(\frac{\ln(x - x_0) - m_u}{\sigma_u}\right)$	$\frac{1}{\sigma_u x}\,\varphi\left(\frac{\ln x - m_u}{\sigma_u}\right)$
Geltungsbereich	$x > x_0, \quad \sigma_u > 0$	$x > 0, \quad \sigma_u > 0$
Verteilungsfunktion $F(x)$	$\Phi\left(\frac{\ln(x - x_0) - m_u}{\sigma_u}\right)$	$\Phi\left(\frac{\ln x - m_u}{\sigma_u}\right)$
Fraktilwert $F^{-1}(q)$, inverse Verteilungsfunktion	$x_0 + \exp\left(m_u + \sigma_u \Phi^{-1}(q)\right)$	$\exp\left(m_u + \sigma_u \Phi^{-1}(q)\right)$
Erwartungswert m_x	$x_0 + \exp(m_u + \sigma_u^2/2)$	$\exp(m_u + \sigma_u^2/2)$
Standardabweichung σ_x	$\exp(m_u + \sigma_u^2/2)\sqrt{\exp \sigma_u^2 - 1}$	$\exp(m_u + \sigma_u^2/2)\sqrt{\exp \sigma_u^2 - 1}$
Variationskoeffizient v_x	$\frac{\exp(m_u + \sigma_u^2/2)}{x_0 + \exp(m_u + \sigma_u^2/2)}\sqrt{\exp \sigma_u^2 - 1}$	$\sqrt{\exp \sigma_u^2 - 1}$
Schiefe γ_x	$(\exp \sigma_u^2 + 2)\sqrt{\exp \sigma_u^2 - 1}$	$(\exp \sigma_u^2 + 2)\sqrt{\exp \sigma_u^2 - 1}$
Median $F^{-1}\left(\frac{1}{2}\right)$	$x_0 + \exp m_u$	$\exp m_u$
Modalwert $\hat{x}$	$x_0 + \exp(m_u - \sigma_u^2)$	$\exp(m_u - \sigma_u^2)$
Bestimmung von m_u, σ_u, aus m_x, σ_x, x_0	$\sigma_u = \sqrt{\ln\left(1 + \left(\frac{\sigma_x}{m_x - x_0}\right)^2\right)}$ $m_u = \ln(m_x - x_0) - (\sigma_u^2/2)$ $= \ln\left(\frac{m_x - x_0}{\sqrt{1 + \left(\frac{\sigma_x}{m_x - x_0}\right)^2}}\right)$	$v_x = \frac{\sigma_x}{m_x}$ $\sigma_u = \sqrt{\ln(1 + v_x^2)}$ $m_u = \ln m_x - \frac{\sigma_u^2}{2} = \ln\left(\frac{m_x}{\sqrt{1 + v_x^2}}\right)$

Tabelle II.6. (Fortsetzung)

	3parametrig	2parametrig $x_0 = 0$
Bestimmung von m_u, σ_u, x_0 aus m_x, σ_x, γ_x	Wähle einen Schätzwert von σ_u, Iteration von σ_u $\sigma_u^{(i+1)} = \left(\ln\left(\left(\frac{\gamma_x}{\exp\sigma_u^{(i)2} + 2}\right)^2 + 1\right)\right)^{1/2}$ $m_u = \frac{1}{2}\left(\ln\left(\frac{\sigma_x^2}{\exp\sigma_u^2 - 1}\right) - \sigma_u^2\right)$ $x_0 = m_x - \exp\left(m_u + \frac{\sigma_u^2}{2}\right)$	
Bezogene Ableitung der Dichte $\frac{f'(x)}{f(x)}$	$-\frac{1}{x - x_0}\left[1 + \frac{1}{\sigma_u}\left(\frac{\ln(x - x_0) - m_u}{\sigma_u}\right)\right]$	$-\frac{1}{x}\left[1 + \frac{1}{\sigma_u}\left(\frac{\ln x - m_u}{\sigma_u}\right)\right]$

Tabelle II.7. Extremwertverteilung Typ I

	Größtwerte	Kleinstwerte
Dichte $f(x)$	$a \exp\big(-a(x-u) - \exp(-a(x-u))\big)$	$a \exp\big(a(x-u) - \exp(a(x-u))\big)$
Geltungsbereich	$-\infty < x < +\infty,\ a > 0$	$-\infty < x < +\infty,\ a > 0$
Verteilungsfunktion $F(x)$	$\exp\big(-\exp(-a(x-u))\big)$	$1 - \exp\big(-\exp(a(x-u))\big)$
Fraktilwert, inverse Verteilungsfunktion $F^{-1}(q)$	$u - \frac{1}{a}(\ln(-\ln q))$	$u + \frac{1}{a}\ln(-\ln(1-q))$
Erwartungswert m_x	$u + 0{,}577\,216/a$	$u - 0{,}577\,216/a$
Standardabweichung σ_x	$\frac{\pi}{a\sqrt{6}} = 1{,}282\,55/a$	$1{,}282\,55/a$
Variationskoeffizient v_x	$\frac{1{,}282\,55}{au + 0{,}577\,22}$	$\frac{1{,}282\,55}{au - 0{,}577\,22}$
Schiefe γ_x	$1{,}139\,5$	$-1{,}139\,5$
Exzeß ε_x	$2{,}400\,0$	$2{,}400\,0$
Median $F^{-1}\left(\frac{1}{2}\right)$	$u + 0{,}366\,51/a$	$u - 0{,}366\,51/a$
Modalwert $\hat{x}$	u	u
Bezogene Ableitung der Dichte $\frac{f'(x)}{f(x)}$	$-a\big(1 - \exp(-a(x-u))\big)$	$a\big(1 - \exp(a(x-u))\big)$
Extremwerte aus Extremwertverteilungen vom Typ I n = Stichprobenumfang	Größtwerte aus Größtwertverteilungen: Ersetze u durch $u + \frac{\ln n}{a}$	Kleinstwerte aus Kleinstwertverteilungen: Ersetze u durch $u - \frac{\ln n}{a}$

Tabelle II.8. Extremwertverteilung Typ II

Abkürzungen: $\Gamma_1 = \Gamma\left(1 - \frac{1}{k}\right), \quad \Gamma_2 = \Gamma\left(1 - \frac{2}{k}\right), \quad \Gamma_3 = \Gamma\left(1 - \frac{3}{k}\right)$

Γ = Gammafunktion siehe Tafel II.15 und II.16

	Größtwerte	Kleinstwerte
Dichte $f(x)$	$\lambda k(x - x_0)^{-k-1} \exp\left(-\lambda(x - x_0)^{-k}\right)$	$\lambda k(x_0 - x)^{-k-1} \exp\left(-\lambda(x_0 - x)^{-k}\right)$
Geltungsbereich	$x_0 \leqq x < \infty,\ k,\ \lambda > 0$	$-\infty < x \leqq x_0,\ k,\ \lambda > 0$
Verteilungsfunktion $F(x)$	$\exp\left(-\lambda(x - x_0)^{-k}\right)$	$1 - \exp\left(-\lambda(x_0 - x)^{-k}\right)$
Fraktilwert $F^{-1}(q)$, inverse Verteilungsfunktion	$x_0 + \left(-\frac{1}{\lambda} \ln q\right)^{-1/k}$	$x_0 - \left(-\frac{1}{\lambda} \ln (1 - q)\right)^{-1/k}$
Erwartungswert m_X	$x_0 + \lambda^{1/k}\Gamma_1$	$x_0 - \lambda^{1/k}\Gamma_1$
Standardabweichung σ_X	$\lambda^{1/k}(\Gamma_2 - \Gamma_1^2)^{1/2}$ für $k > 2$	$\lambda^{1/k}(\Gamma_2 - \Gamma_1^2)^{1/2}$ für $k > 2$
Variationskoeffizient v_X	$(\Gamma_2 - \Gamma_1^2)^{1/2}/(x_0\lambda^{1/k} + \Gamma_1)$	$(\Gamma_2 - \Gamma_1^2)^{1/2}/(x_0\lambda^{-1/k} - \Gamma_1)$
Schiefe γ_X	$(\Gamma_3 - 3\Gamma_1\Gamma_2 + 2\Gamma_1^3)/(\Gamma_2 - \Gamma_1^2)^{3/2}$ für $k > 3$	$-(\Gamma_3 - 3\Gamma_1\Gamma_2 + 2\Gamma_1^3)/(\Gamma_2 - \Gamma_1^2)^{3/2}$ für $k > 3$
Median $F^{-1}\left(\frac{1}{2}\right)$	$x_0 + \left(\frac{\lambda}{\ln 2}\right)^{1/k}$	$x_0 - \left(\frac{\lambda}{\ln 2}\right)^{1/k}$
Modalwert $\hat{x}$	$x_0 + \left(\lambda \frac{k}{k+1}\right)^{1/k}$	$x_0 - \left(\lambda \frac{k}{k+1}\right)^{1/k}$
Bezogene Ableitung der Dichte $\frac{f'(x)}{f(x)}$	$\frac{1}{x - x_0}\left[\lambda k(x - x_0)^{-k} - k - 1\right]$	$\frac{1}{x_0 - x}\left[\lambda k(x_0 - x)^{-k} - k - 1\right]$
Extremwerte aus Extremwertverteilungen vom Typ II, n = Stichprobenumfang	Größtwerte aus Größtwertverteilungen: Ersetze λ durch $n \cdot \lambda$	Kleinstwerte aus Kleinstwertverteilungen: Ersetze λ durch $n \cdot \lambda$

Tabelle II.9. Extremwertverteilung Typ III

Abkürzungen: $\Gamma_1 = \Gamma\left(1 + \frac{1}{k}\right)$, $\Gamma_2 = \Gamma\left(1 + \frac{2}{k}\right)$, $\Gamma_3 = \Gamma\left(1 + \frac{3}{k}\right)$

$\Gamma(x)$ Gammafunktion siehe Tafel II.15 und II.16

	Größtwerte	Kleinstwerte
Dichte $f(x)$	$\lambda k(x_0 - x)^{k-1} \exp\left(-\lambda(x_0 - x)^k\right)$	$\lambda k(x - x_0)^{k-1} \exp\left(-\lambda(x - x_0)^k\right)$
Geltungsbereich	$-\infty < x \leqq x_0;\ k, \lambda > 0$	$x_0 \leqq x < \infty;\ k, \lambda > 0$
Verteilungsfunktion $F(x)$	$\exp\left(-\lambda(x_0 - x)^k\right)$	$1 - \exp\left(-\lambda(x - x_0)^k\right)$
Fraktilwert $F^{-1}(q)$, inverse Verteilungsfunktion	$x_0 - \left(-\frac{1}{\lambda} \ln q\right)^{1/k}$	$x_0 + \left(-\frac{1}{\lambda} \ln(1 - q)\right)^{1/k}$
Erwartungswert m_X	$x_0 - \lambda^{-1/k} \cdot \Gamma_1$	$x_0 + \lambda^{-1/k} \cdot \Gamma_1$
Standardabweichung σ_X	$\lambda^{-1/k}(\Gamma_2 - \Gamma_1^2)^{1/2}$	$\lambda^{-1/k}(\Gamma_2 - \Gamma_1^2)^{1/2}$
Variationskoeffizient v_X	$(\Gamma_2 - \Gamma_1^2)^{1/2}/(x_0\lambda^{1/k} - \Gamma_1)$	$(\Gamma_2 - \Gamma_1^2)^{1/2}/(x_0\lambda^{1/k} + \Gamma_1)$
Schiefe γ_X	$(-\Gamma_3 + 3\Gamma_1\Gamma_2 - 2\Gamma_1^3)/(\Gamma_2 - \Gamma_1^2)^{3/2}$	$(\Gamma_3 - 3\Gamma_1\Gamma_2 + 2\Gamma_1^3)/(\Gamma_2 - \Gamma_1^2)^{3/2}$
Median $F^{-1}\left(\frac{1}{2}\right)$	$x_0 - \left(\frac{\ln 2}{\lambda}\right)^{1/k}$	$x_0 + \left(\frac{\ln 2}{\lambda}\right)^{1/k}$
Modalwert $\hat{x}$	$x_0 - \left(\frac{k - 1}{\lambda k}\right)^{1/k}$	$x_0 + \left(\frac{k - 1}{\lambda k}\right)^{1/k}$
Bezogene Ableitung der Dichte $\frac{f'(x)}{f(x)}$	$\frac{1}{x_0 - x}[\lambda k(x_0 - x)^k - k + 1]$	$-\frac{1}{x - x_0}[\lambda k(x - x_0)^k - k + 1]$
Extremwerte aus Extremwertverteilungen vom Typ III n = Stichprobenumfang	Größtwerte aus Größtwertverteilungen: Ersetze λ durch $n \cdot \lambda$	Kleinstwerte aus Kleinstwertverteilungen: Ersetze λ durch $n \cdot \lambda$

Tabelle II.10. Gammaverteilung

	3parametrig	2parametrig $x_0 = 0$
Dichte $f(x)$	$\frac{b^p}{\Gamma(p)} \exp\left(-b(x-x_0)\right)(x-x_0)^{p-1}$	$\frac{b^p}{\Gamma(p)} \exp(-bx)\, x^{p-1}$
Geltungsbereich	$x \geqq x_0,\ b > 0,\ p > 0$	$x \geqq 0,\ b > 0,\ p > 0$
Verteilungsfunktion $F(x)$	$\frac{b^p}{\Gamma(p)} \int_{x_0}^{x} \exp\left(-b(u-x_0)\right)(u-x_0)^{p-1}\, du$	$\frac{b^p}{\Gamma(p)} \int_{0}^{x} \exp(-bu)\, u^{p-1}\, du$
Erwartungswert m_X	$x_0 + \frac{p}{b}$	$\frac{p}{b}$
Standardabweichung σ_X	$\sqrt{p}/b$	$\sqrt{p}/b$
Variationskoeffizient v_X	$\frac{\sqrt{p}}{x_0 b + p}$	$1/\sqrt{p}$
Schiefe γ_X	$2/\sqrt{p}$	$2/\sqrt{p}$
Exzeß ε_X	$6/p$	$6/p$
Modalwert	$x_0 + (p-1)/b$	$(p-1)/b$ für $p \geqq 1$
Bezogene Ableitung der Dichte $\frac{f'(x)}{f(x)}$	$\frac{p-1}{x-x_0} - b$	$\frac{p-1}{x} - b$
Bestimmung von b und p aus m_X, σ_X, x_0	$b = \frac{m_X - x_0}{\sigma_X^2}, \quad p = \frac{(m_X - x_0)^2}{\sigma_X^2}$	$b = \frac{m_X}{\sigma_X^2}, \quad p = \frac{m_X^2}{\sigma_X^2} = \frac{1}{v_X^2}$
Bestimmung von b und p aus m_X, σ_X, γ_X	$b = \frac{2}{\sigma_X \cdot \gamma_X}, \quad p = 4/\gamma_X^2, \quad x_0 = m_X - \frac{2\sigma_X}{\gamma_X}$	

Exponentialverteilung: $p = 1$, χ^2-Verteilung vom Freiheitsgrad n: $p = n/2$, $b = 1/2$

Tabelle II.11. Exponentialverteilung

	2parametrig	1parametrig $x_0 = 0$
Dichte $f(x)$	$b \exp\big(-b(x - x_0)\big)$	$b \exp(-bx)$
Geltungsbereich	$x \geqq x_0, \quad b > 0$	$x \geqq 0, \quad b > 0$
Verteilungsfunktion $F(x)$	$1 - \exp\big(-b(x - x_0)\big)$	$1 - \exp(-bx)$
Fraktilwert $F^{-1}(q)$ = inverse Verteilungsfunktion	$x_0 - \frac{1}{b} \ln(1 - q)$	$-\frac{1}{b} \ln(1 - q)$
Erwartungswert m_X	$x_0 + \frac{1}{b}$	$\frac{1}{b}$
Standardabweichung σ_X	$\frac{1}{b}$	$\frac{1}{b}$
Variationskoeffizient v_X	$\frac{1}{1 + bx_0}$	1
Schiefe γ_X	2	2
Exzeß ε_X	6	6
Median $F^{-1}\left(\frac{1}{2}\right)$	$x_0 + \frac{\ln 2}{b}$	$\frac{\ln 2}{b}$
Modalwert	x_0	0
Bezogene Ableitung der Dichte $\frac{f'(x)}{f(x)}$	$-b$	$-b$

Tabelle II.12. Betaverteilung

	Allgemeine Form in [a, b] 4parametrig	Standardisierte Form in [0, 1] 2parametrig
Dichte $f(x)$	$\dfrac{(x-a)^{p-1}(b-x)^{q-1}}{(b-a)^{p+q-1}B(p,q)}$	$\dfrac{x^{p-1}\cdot(1-x)^{q-1}}{B(p,q)}$
	mit $B(p,q)=\dfrac{\Gamma(p)\,\Gamma(q)}{\Gamma(p+q)}$	
Geltungsbereich	$a \leqq x \leqq b, \quad p, q \geqq 1$	$0 \leqq x \leqq 1, \quad p, q \geqq 1$
Verteilungsfunktion $F(x)$	Wenn p und q reelle Zahlen, dann $F(x)$ durch numerische Integration Wenn p = natürliche Zahl und q = reelle Zahl, dann ist $F(x)=1-\Gamma(p+q)\sum_{i=1}^{p}\dfrac{y^{i-1}(1-y)^{p+q-i}}{\Gamma(i)\,\Gamma(p+q+1-i)}$ mit $y=\dfrac{x-a}{b-a}$	$y = x$
Erwartungswert m_X	$a+(b-a)\dfrac{p}{p+q}$	$\dfrac{p}{p+q}$
Standardabweichung σ_X	$\dfrac{b-a}{p+q}\sqrt{\dfrac{pq}{p+q+1}}$	$\dfrac{1}{p+q}\sqrt{\dfrac{pq}{p+q+1}}$
Variationskoeffizient v_X	$\dfrac{b-a}{aq+bp}\sqrt{\dfrac{pq}{p+q+1}}$	$\sqrt{\dfrac{q}{p(p+q+1)}}$
Schiefe γ_X	$\dfrac{2(q-p)}{p+q+2}\sqrt{\dfrac{p+q+1}{pq}}$	
Exzeß ε_X	$\dfrac{6\big(p(p+1)(p-2q)+q(q+1)(q-2p)\big)}{pq(p+q+2)(p+q+3)}$	
Modalwert	$a+(b-a)\dfrac{p-1}{p+q-2}$	$\dfrac{p-1}{p+q-2}, \quad p, q \geqq 1$

Tabelle II.12. (Fortsetzung)

	Allgemeine Form in [a, b] 4parametrig	Standardisierte Form in [0, 1] 2parametrig
Bezogene Ableitung der Dichte $\frac{f'(x)}{f(x)}$	$\frac{p-1}{x-a} - \frac{q-1}{b-x}$	$\frac{p-1}{x} - \frac{q-1}{1-x}$
Berechnung von p und q aus m_X und σ_X	$m_0 = \frac{m_X - a}{b-a}$ $\sigma_0 = \frac{\sigma_X}{b-a}$ $p = \frac{m_0^2(1-m_0)}{\sigma_0^2} - m_0$ $q = \frac{p(1-m_0)}{m_0}$	$p = \frac{m_X^2(1-m_X)}{\sigma_X^2} - m_X$ $q = \frac{p(1-m_X)}{m_X}$

Tabelle II.13. Gleichverteilung und Dreiecksverteilung

	Gleichverteilung	Dreiecksverteilung Simpsonverteilung
Dichte $f(x)$	$\frac{1}{b-a}$	$\frac{2}{b-a}\left(1-\frac{2}{b-a}\left\lvert x-\frac{a+b}{2}\right\rvert\right)$
Geltungsbereich	$a \leqq x \leqq b$	$a \leqq x \leqq b$
Verteilungsfunktion $F(x)$	$\frac{x-a}{b-a}$	$2\left(\frac{x-a}{b-a}\right)^2$ für $a \leqq x \leqq \frac{a+b}{2}$ $1-2\left(\frac{b-x}{b-a}\right)^2$ für $\frac{a+b}{2} \leqq x \leqq b$
Fraktilwert $F^{-1}(q)$, inverse Verteilungsfunktion	$a+q(b-a)$	$a+(b-a)\sqrt{\frac{q}{2}}$ für $0 < q \leqq 0{,}5$ $b-(b-a)\sqrt{\frac{1-q}{2}}$ für $0{,}5 < q \leqq 1$
Erwartungswert m_X	$\frac{a+b}{2}$	$\frac{a+b}{2}$
Standardabweichung σ_X	$\frac{1}{\sqrt{12}}(b-a)$	$\frac{1}{\sqrt{24}}(b-a)$
Variationskoeffizient v_X	$\frac{1}{\sqrt{3}}\frac{b-a}{b+a}$	$\frac{1}{\sqrt{6}}\frac{b-a}{b+a}$
Schiefe γ_X	0	0
Exzeß ε_X	$-1{,}2$	$-0{,}6$
Median $F^{-1}\left(\frac{1}{2}\right)$	$\frac{a+b}{2}$	$\frac{a+b}{2}$
Modalwert $\hat{x}$	$\frac{a+b}{2}$	$\frac{a+b}{2}$

Tabelle II.13. (Fortsetzung)

	Gleichverteilung	Dreiecksverteilung Simpsonverteilung
Bezogene Ableitung der Dichte $\frac{f'(x)}{f(x)}$	0	$\frac{1}{x-a}$ für $a < x < m_X$ $\frac{1}{x-b}$ für $m_X < x < b$
Bestimmung von a und b aus m_X und σ_X	$a = m_X - \sqrt{3}\,\sigma_X$ $b = m_X + \sqrt{3}\,\sigma_X$	$a = m_X - \sqrt{6}\,\sigma_X$ $b = m_X + \sqrt{6}\,\sigma_X$

Tabelle II.14 Gestutzte Verteilung $f_X^*(x)$

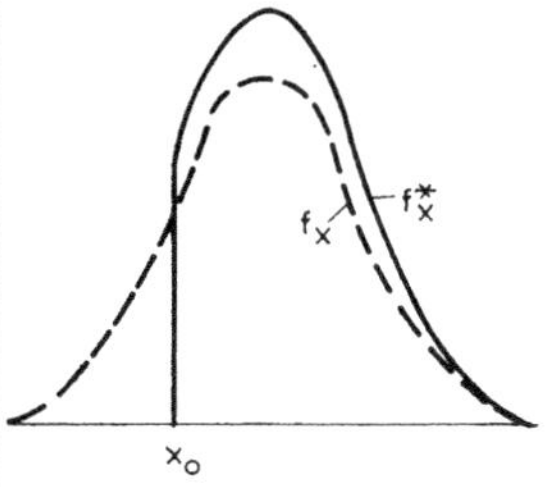

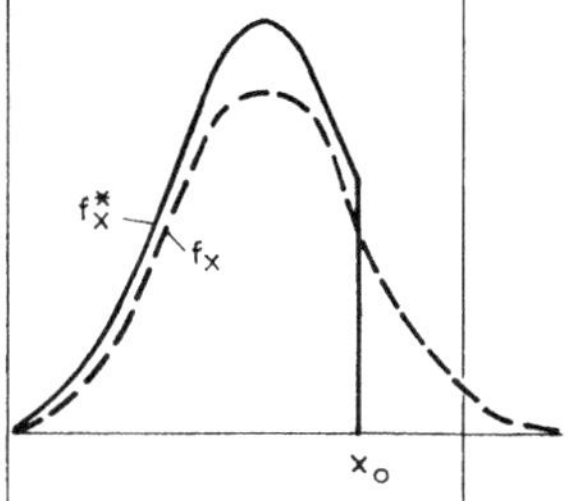

	Unten gestutzt	Oben gestutzt	
Verteilungsdichte $f_X^*(x) =$	0	$\dfrac{f_X(x)}{F_X(x_o)}$	$x < x_o$
	$\dfrac{f_X(x)}{1-F_X(x_o)}$	0	$x_o < x$
Verteilungsfunktion $F_X^*(x) =$	0	$\dfrac{F_X(x)}{F_X(x_o)}$	$x < x_o$
	$\dfrac{F_X(x)-F_X(x_o)}{1-F_X(x_o)}$	1	$x_o < x$
k-tes Moment $m_k^* =$	$\dfrac{1}{1-F_X(x_o)}\displaystyle\int_{x_o}^{\infty} x^k f_X(x)\,dx$	$\dfrac{1}{F_X(x_o)}\displaystyle\int_{-\infty}^{x_o} x^k f_X(x)\,dx$	

Tabelle II.15. Näherungsformel für die Γ-Funktion

Definition:

$$\Gamma(x) = \int_0^\infty t^{x-1}\, e^{-t}\, dt$$

***x* ganzzahlig, positiv:**

$$\Gamma(x) = (x-1)!$$

***x* > 2:**

Wähle $y = x - r$ so, daß $1 < y < 2$ und r ganzzahlig positiv

$$\Gamma(x) = (x-1)(x-2)\cdots(x-r)\,\Gamma(y)$$

1 < *x* < 2:

$y = x, \qquad \Gamma(x) = \Gamma(y)$

***x* < 1:**

Wähle $y = x + r$ so, daß $1 < y < 2$ und r ganzzahlig positiv

$$\Gamma(x) = \frac{\Gamma(y)}{x(x+1)(x+2)\cdots(x+r-1)}$$

mit
$$\begin{aligned}\Gamma(y) \approx 1 &- 0{,}577\,101\,66(y-1) + 0{,}985\,853\,99(y-1)^2 - 0{,}876\,421\,82(y-1)^3 \\ &+ 0{,}832\,821\,20(y-1)^4 - 0{,}568\,472\,90(y-1)^5 + 0{,}254\,820\,49(y-1)^6 \\ &- 0{,}051\,499\,30(y-1)^7\end{aligned}$$

Tabelle II.16. Näherungsformel für den natürlichen Logarithmus der Γ-Funktion

$10^{10} < x < 10^{70}$:

$\ln \Gamma(x) \approx x(\ln x - 1)$

$18 < x \leqq 10^{10}$:

$y = x, \qquad \ln \Gamma(x) = \ln \Gamma(y)$

$0 < x \leqq 18$:

Wähle $y = x + r$ so, daß $18 < y \leqq 19$ und r ganzzahlig positiv

$$\ln \Gamma(x) = \ln \Gamma(y) - \ln\,[x(x+1)(x+2)\cdots(x+r-1)]$$

mit
$$\begin{aligned}\ln \Gamma(y) \approx \left(y - \frac{1}{2}\right) \ln y - y + \ln \sqrt{2\pi} + (1/12 - u/360 + 26\,455u^2/333\,333 \\ - 0{,}000\,595\,238\,095\,2 \cdot u^3)/y\end{aligned}$$

und $u = \dfrac{1}{y^2}$

Tabelle II.17. Rechenregeln für Erwartungswerte, Varianzen, Kovarianzen und Korrelationskoeffizienten

$X_1, X_2, \ldots$	Zufallsgrößen
$c_1, c_2, \ldots$; $d_1, d_2, \ldots$	Konstanten
$g(x)$	Funktion von x
$f(x)$	Verteilungsdichte von X

Erwartungswert $E[X] = m_X$:

$$E[X] = \int_{-\infty}^{+\infty} x f(x)\, dx$$

$$E[g(X)] = \int_{-\infty}^{+\infty} g(x) f(x)\, dx$$

$$E[g(X_1, X_2)] = \iint_{-\infty}^{+\infty} g(x_1, x_2) f(x_1, x_2)\, dx_1\, dx_2$$

$$E[c] = c$$

$$E\left[\sum_i c_i X_i\right] = \sum_i c_i E[X_i]$$

$$E\left[\sum_i g_i(x)\right] = \sum_i E[g_i(x)]$$

Varianz $\mathrm{Var}\,[X] = \sigma_X^2$:

$$\mathrm{Var}\,[X] = \int_{-\infty}^{+\infty} (x - E[X])^2 f(x)\, dx = E[(X - E[X])^2] = E[X^2] - (E[X])^2$$

$$\mathrm{Var}\,[g(X)] = \int_{-\infty}^{+\infty} (g(x) - E[g(X)])^2 f(x)\, dx = E[(g(X) - E[g(X)])^2] = E[g^2(X)] - (E[g(X)])^2$$

$$\mathrm{Var}\,[g(X_1, X_2)] = \iint_{-\infty}^{+\infty} (g(x_1, x_2) - E[g(X_1, X_2)])^2 f(x_1, x_2)\, dx_1\, dx_2$$
$$= E[(g(X_1, X_2) - E[g(X_1, X_2)])^2] = E[g^2(X_1, X_2)] - (E[g(X_1, X_2)])^2$$

$$\mathrm{Var}\,[c] = 0$$

$$\mathrm{Var}\,[c \cdot X] = c^2 \cdot \mathrm{Var}\,[X]$$

$$\mathrm{Var}\left[\sum_{i=1}^{m} c_i X_i\right] = \sum_{i=1}^{m} \sum_{j=1}^{m} c_i c_j \,\mathrm{Cov}\,[X_i, X_j] = \sum_{i=1}^{m} c_i^2 \,\mathrm{Var}\,[X_i] + 2 \sum_{i=1}^{m-1} \sum_{j=i+1}^{m} c_i c_j \,\mathrm{Cov}\,[X_i, X_j]$$

Kovarianz $\mathrm{Cov}\,[X_1, X_2]$:

$$\mathrm{Cov}\,[X_1, X_2] = \iint_{-\infty}^{+\infty} (x_1 - E[X_1])(x_2 - E[X_2]) f(x_1, x_2)\, dx_1\, dx_2$$
$$= E[(X_1 - E[X_1])(X_2 - E[X_2])] = E[X_1 \cdot X_2] - E[X_1]\, E[X_2]$$

$$\mathrm{Cov}\,[X_1, X_1] = \mathrm{Var}\,[X_1]$$

$$\mathrm{Cov}\,[X_1, X_2] = \mathrm{Cov}\,[X_2, X_1]$$

$$\mathrm{Cov}\,[X_1, X_2 + X_3] = \mathrm{Cov}\,[X_1, X_2] + \mathrm{Cov}\,[X_1, X_3]$$

$$\mathrm{Cov}\,[X_1 + c_1, X_2 + c_2] = \mathrm{Cov}\,[X_1, X_2]$$

Tabelle II.17. (Fortsetzung)

$\mathrm{Cov}\,[c_1, X_1] = 0$

$\mathrm{Cov}\,[c_1X_1, c_2X_2] = c_1c_2\,\mathrm{Cov}\,[X_1, X_2]$

$$\begin{aligned}\mathrm{Cov}\,[g_1(X_1), g_2(X_2)] &= \mathrm{E}[(g_1(X_1) - \mathrm{E}[g_1(X_1)])\,(g_2(X_2) - \mathrm{E}[g(X_2)])] \\ &= \mathrm{E}[g_1(X_1)\cdot g_2(X_2)] - \mathrm{E}[g_1(X_1)]\cdot \mathrm{E}[g_2(X_2)]\end{aligned}$$

$$\mathrm{Cov}\left[\sum_{i=1}^{m} c_iX_i, \sum_{j=1}^{n} d_jX_j\right] = \sum_{i=1}^{m} c_i\left(\sum_{j=1}^{n} d_j\,\mathrm{Cov}\,[X_i, X_j]\right)$$

Korrelationskoeffizient $\varrho[X_1, X_2]$:

$$\varrho[X_1, X_2] = \frac{\mathrm{Cov}\,[X_1, X_2]}{(\mathrm{Var}\,[X_1]\cdot \mathrm{Var}\,[X_2])^{1/2}}$$

$\varrho[X_1 + c_1, X_2 + c_2] = \varrho[X_1, X_2]$

$\varrho[c_1X_1, c_2X_2] = \mathrm{sign}\,(c_1\cdot c_2)\cdot \varrho[X_1, X_2]$

$\varrho[X_1, c_2] = 0$

$$\varrho\left[\frac{X_1 - \mathrm{E}[X_1]}{(\mathrm{Var}\,[X_1])^{1/2}}, \frac{X_2 - \mathrm{E}[X_2]}{(\mathrm{Var}\,[X_2])^{1/2}}\right] = \varrho[X_1, X_2]$$

Sachverzeichnis

GPSR Compliance

The European Union's (EU) General Product Safety Regulation (GPSR) is a set of rules that requires consumer products to be safe and our obligations to ensure this.

If you have any concerns about our products, you can contact us on ProductSafety@springernature.com

In case Publisher is established outside the EU, the EU authorized representative is:

Springer Nature Customer Service Center GmbH
Europaplatz 3
69115 Heidelberg, Germany

Batch number: 10809610

Printed by Printforce, the Netherlands